实验心理学

勘破心理世界的侦探

THE PSYCHOLOGIST AS DETECTIVE

An Introduction to Conducting
Research in Psychology

原书第 6 版

[美] 伦道夫·史密斯（Randolph A. Smith）　史蒂芬·戴维斯（Stephen F. Davis）　著　高定国 译

机械工业出版社
CHINA MACHINE PRESS

图书在版编目（CIP）数据

实验心理学：勘破心理世界的侦探（原书第 6 版）/（美）伦道夫·史密斯（Randolph A. Smith），（美）史蒂芬·戴维斯（Stephen F. Davis）著；高定国译 . —北京：机械工业出版社，2017.8（2023.4 重印）
（美国名校学生喜爱的心理学教材）
书名原文：The Psychologist as Detective: An Introduction to Conducting Research in Psychology

ISBN 978-7-111-57697-6

I. 实⋯　II.①伦⋯　②史⋯　③高⋯　III. 实验心理学 – 教材　IV. B841.4

中国版本图书馆 CIP 数据核字（2017）第 186322 号

北京市版权局著作权合同登记　图字：01-2013-5552 号。

Randolph A. Smith, Stephen F. Davis. The Psychologist as Detective: An Introduction to Conducting Research in Psychology, 6th Edition.

ISBN 978-0-205-85907-8

Copyright © 2013，2010，2007 by Pearson Education, Inc.

Simplified Chinese Edition Copyright © 2017 by China Machine Press. Published by arrangement with the original publisher, Pearson Education, Inc. This edition is authorized for sale and distribution in the Chinese mainland (excluding Hong Kong SAR, Macao SAR and Taiwan).

All rights reserved.

本书中文简体字版由 Pearson Education（培生教育出版集团）授权机械工业出版社在中国大陆地区（不包括香港、澳门特别行政区及台湾地区）独家出版发行。未经出版者书面许可，不得以任何方式抄袭、复制或节录本书中的任何部分。

本书封底贴有 Pearson Education（培生教育出版集团）激光防伪标签，无标签者不得销售。

本书从心理学研究方法入手，逐渐深入，提出如何设计心理学实验，以及可以采用定性研究方法、非实验方法对所感兴趣的问题进行研究。本书从几个角度对实验中的变量进行讨论，包括如何控制和设计变量。同时要注意内外部效度在实验中的重要性以及对效度的调整方法。在本书之后的几章中介绍了统计分析知识以及如何按照 APA 格式进行规范的论文写作。

本书语言通俗易懂，案例生动鲜活，论述详尽透彻，相信对于想要了解实验心理学的读者来说是一个理想的选择。

读者对象：高校相关专业师生和对此领域感兴趣的读者

出版发行：机械工业出版社（北京市西城区百万庄大街 22 号　邮政编码：100037）

责任编辑：朱婧婉		责任校对：殷　虹	
印　　刷：北京捷迅佳彩印刷有限公司		版　次：2023 年 4 月第 1 版第 2 次印刷	
开　　本：214mm×275mm　1/16		印　张：17.5	
书　　号：ISBN 978-7-111-57697-6		定　价：65.00 元	

客服电话：(010) 88361066　68326294

版权所有·侵权必究
封底无防伪标签均为盗版

由于从本书第 1 版至第 6 版的目标、愿景以及栏目均未改变，因此前言也不应有多大改变。

写给教师的话

Margery Franklin（1990）引用了前克拉克大学教授和系主任 Heinz Werner 关于心理学研究的观点。Werner 指出：

学生常被教导，他们在实验室里唯一能被接受的做法就是设定一个或一组假设并试图证明或否定之。我对此现象深表忧虑。这里缺失的东西是科学家作为一个未知领域的发现者或探索者应起的作用……"假设"是一项研究的关键元素，但它们并不是死板的命题，而是探索过程中可以变化的部分；同理，由结果得出的结论既是结束也是开始……现在，心理学者开始不再将研究看成是对规则的严格执行，而是一个问题解决过程，一个对未知的探索过程，其中充满了不是僵化而是可变的计划，既有进也有退，既可能探索多个方向，也可能专注一点。（p.185）

很明显，Werner 虽是在行为主义鼎盛时期提出了这种观点，但在 21 世纪的今天仍然适用；它们完全代表了本书作者的意图。

我们认为，心理学研究就像侦破一个个案件；这也是我们选择"勘破心理世界的侦探"作为副书名的原因。一个问题自然而然地出现了；我们发现相关线索；评估各种彼此竞争的证据，并试图证明或否定它们；最后，我们准备一个关于案件（研究）的报告或总结，并请同行审核。

沿着这一思路，我们相信心理学研究过程将是一项对学生来说有趣和刺激的活动。总之，我们的目标就是让学生因一项研究本身的有趣之处而被吸引。

为了实现这一目标，我们在课本中设置了几个教育栏目。

1. 为了体现相关性和连续性，"作为侦探的心理学家"这个主题贯穿全书。

2. **互动写作形式**。由于我们相信实验心理学 / 心理学研究方法本应是生动和吸引人的，因此采用了一种互动和对话式的写作形式，以帮助学生理解相关材料。

3. **心理侦探**。这些栏目中的问题或情境将促进学生的批判性思维，也有助于引出课堂讨论。

4. **定义**。在每一关键术语的旁边，我们会给出相关定义。

5. **回顾总结**。为了帮助学生理解材料的核心内容，我们在每章附上了一个或多个总结。

6. **检查你的进度**。每章的回顾总结之后会有一个"检查你的进度"栏目。学生可以利用这些栏目去检查他们对刚才所学材料的掌握情况。这些小问题对学生准备考试尤为有用。

我们希望这些栏目在学生学习心理学研究方法时能产生积极作用。

写给学生的话

欢迎来到心理学研究的世界！我们两个人教这门课已经超过 70 年了（当然是加起来）。我们看到一代接一代的学生从研究中享受乐趣。正如你将要看到的，从事心理学研究很像侦探在侦查案件。

贯穿全书，我们都试图表明，研究是一件你能够而且应该投入的事情。我们希望你能够喜欢我们提供的那些学生研究计划。学生研究计划为我们的领域做出了积极贡献。我们也希望你的名字未来能出现在这些贡献者之中。现在，我们鼓励你立即停下来去看一下在"写给教师的话"中介绍的几个教育栏目。

为了迎合我们，你真的看了那几个介绍吗？如果没有，那请现在就去读一遍。为了充分利用本书，你需要积极投入；这些教育栏目会对你有所帮助。积极投入意味着，当你看到"心理侦探"栏目时，需要停下来做一些思考；按要求参看有关图表；以及当"检查你的进度"出现时，完成它们。积极投入将使你觉得材料更生动；你的成绩以及你未来的心理学前途也会更好。

第 6 版有什么新内容

尽量使新版超越之前的版本是我们的心愿。第 6 版包括了如下新内容。

1. 第 2 章：更新和扩展了"调查心理学文献"，并在"文献的计算机检索"中增加了一个表格。

2. 第 3 章：对定性研究方法增加了下述新内容

  a. 访谈研究   b. 叙事研究   c. 人工制品分析   d. 史学研究   e. 互动符号

3. 第 6 章：对内容进行了删减，以更符合阅读习惯，同时删除了几个不好理解且不太关键的表格。

4. 第 14 章：做了全面修改，以符合新的 APA 格式。

5. 更新了所有表格，并校正了所有网站地址信息。

6. 增加了很多自 2011 年以来发表的研究实例。

致谢

我们对本书提出过改进意见的各位专家表示衷心感谢。他们是：Bryan K. Saville（詹姆斯麦迪逊大学）、Constance Jones（加州州立大学弗雷斯诺分校）、Michael T. Dreznick（圣母湖学院）、Jonathan W. Amburgey（犹他大学）、Nancy J. Knous（西北俄克拉何马州立大学）、Lauren Mizock（萨福克大学）、Roger A. Chadwick（新墨西哥州立大学）、Katia Shkurkin（圣马丁大学）、Oriel Strickland（加州州立大学萨克拉门托分校）和 Keiko Taga（加州州立大学富尔顿分校）。

此外，我们也十分感谢对前版提出宝贵意见的各位专家。他们是：Chris Spatz（汉德里克斯学院）、Beth Uhler（迈阿密大学）、Janet Larsen（约翰卡罗尔大学）、Doreen Arcus（马萨诸塞大学洛威尔分校）、Lynette Zeleny（加州州立大学弗雷斯诺分校）、Robert Batsell（卡拉马祖学院）、Scott Gronlund（俄克拉何马大学）、Laura Bowman（中康涅狄格州立大学）、Celia Brownell（匹兹堡大学）、Lee Fernandez（优山美地社区学院）、Michael Brannick（南佛罗里达大学）、Maureen McCarthy（肯尼索州立大学）、Elizabeth Yost Hammer（芝加哥洛约拉大学）、Terry Pettijohn（梅西赫斯特大学）、Gina Grimshaw（加州州立大学圣马可斯分校）、Susan Burns（莫宁赛德学院）、Mark Stellmack（明尼苏达大学）、Karen Schmidt（弗吉尼亚大学）、Morton Heller（东伊利诺伊大学）、Joy Drinnon（密里根学院）、Rebecca Regeth（宾州加利福尼亚大学）、Christina Sinsi（查尔斯顿南方大学）、Rick Froman（约翰布朗大学）、Libbe Gray（奥斯丁学院）、Mizuho Arai（马萨诸塞大学波士顿分校）、Theresa L. White（莱莫恩学院）、David E. Anderson（阿勒格尼学院）、Jerome Lee（阿尔布莱特学院）和 Scott A. Bailey（得克萨斯路德大学）。

目录 | Contents

第 1 章

心理学研究与研究方法课程

欢迎来到心理学研究的世界！我们两个人教这门课加起来已超过 70 年了，看到研究训练让一个又一个学生发生了令人激动的变化。贯穿本书，我们都试图向你说明，研究是你能够而且应该参与进来的。我们希望你能够欣赏本书中用作研究示例的学生研究项目。这些学生项目对我们这个领域很有价值。同时，我们也希望在本书未来的贡献者名单中能见到你的名字。

要充分利用本书，你就必须积极参与进来。积极参与意味着你需要做到以下几点。

1. 你要对"心理侦探"栏目所反映的内容进行思考。每个栏目会要求你思考并回答一个有关心理学研究的问题。请充分利用这些栏目。我们设计这些栏目来帮助你对心理学研究进行批判性思维（critical thinking）。批判性思维对侦探工作起到十分重要的作用，我们希望你能成为最好的心理侦探。

2. 当有要求参看图表时，请按要求去做。

3. 当看到"检查你的进度"时，请予以完成。

积极参与本课程有助于发挥有关材料的作用；你的努力会体现在你的成绩以及未来你在心理学领域的表现上。

我们特意在书名中加入"侦探"，是想传达当心理学家探索他们认为的核心问题时所体会到的那种激动。为了使第 6 版尽可能生动，我们大量引用了柯南·道尔笔下著名侦探福尔摩斯的经典语录。例如，福尔摩斯对他的工作充满了激情，说道："我发誓不超过第二天，我就能发现那个人所发现的核心问题。"（Doyle，1927，p.732）心理学研究者在追求真理的过程中也是一样充满激情的。

从事心理学研究和做侦探工作有许多相似之处。侦探需要知道一个案件的嫌疑人范围（研究者要提出一个研究问题），排除嫌疑人（研究者要对无关变量进行控制），收集证据（研究者要进行实验和观察），提出一个解决方案（研究者要分析数据并做出相关解释），以及给陪审团提供方案（研究者要把他们的结果与解释与同行分享，而这些同行可能给出评估和批评）。

我们这里给出一个研究计划，可能会吸引最优秀的心理侦探。

几个月来，你不断收到垃圾邮件，邀请你去尝试网上约会服务。你的常见反应就是点击"删除"键；然而，你最终还是对网上约会有些好奇。在约会中，人们最看重什么特征呢？在这些特征中，男女会有差异吗？

这样的问题促使金姆·德里格斯（Kim Driggers）和塔莎·赫尔姆斯（Tasha Helms）（均是俄克拉何马州立大学学生）设计了一项研究，调查在约会中收入是不是一个影响因素。Driggers 和 Helms（2000）要求"男女大学生根据异性照片对其吸引力和与其约会的倾向性打分"（p.76）。正如图 1-1 所示，他们发现随着收入的增加，约会意愿也会增加。而且，女性似乎比男性更易受到高收入水平的影响。

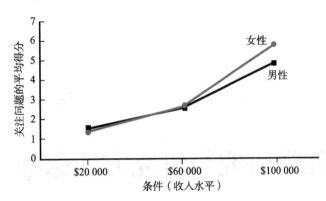

图 1-1　男女被试在焦点问题（你有多愿意与这个人约会）上针对每一条件（$20 000、$60 000、$100 000）的平均评分

资料来源：fig 1 from Driggers, K. J. and Helms, T. (2000). "The effects of salary on willingness to date." *Psi Chi Journal of Undergraduate Research, 5*, 76–80. G144. Copyright © 2000 Psi Chi, The National Honor Society in Psychology (www.psichi.org). Reprinted by permission. All rights reserved.

限于篇幅，这里不具体介绍 Driggers 和 Helms 是如何收集数据的。我们关心的是他们为什么要收集这些信息。答案其实是很直接的：他们有一个需要解答的有趣问题。提出并试图回答问题是心理学家最关心的。一句话，心理学家干的事情就是获得新知识。

心理学家怎样获得知识

心理学总能引人入胜的原因之一是它研究人和动物的各种行为。毫无疑问，我们说的是多种行为。这里，我们还要加上这些行为所处的多种情境和条件。引起研究者兴趣的问题如此之多，确实会令人产生敬畏之情。

由于这些问题太多样化了，因此心理学家发展出了不同的研究方法。每种方法都针对某一条件下某种行为的某个问题，并给出答案。例如，研究收入与约会关系的方法与研究大城市里路怒行为或大白鼠走迷津的方法是不同的。

在接下来的章节中，我们将探讨心理学最常用的研究方法。具体来说，这些方法包括定性研究（qualitative research）、描述性方法（descriptive method）、相关性研究（correlational study）、调查（survey）、问卷（questionnaire）、测验（test）和成套测验（inventory）、事后回溯研究（ex post facto study）和实验（experiment）。表 1-1 给出了这些方法的简短介绍以及所在章节。

表 1-1　心理学家使用的研究方法

方法	介绍	本书位置
定性研究	适用于自然环境的一种整体性方法。关注整个现象、亚文化或文化。这种方法的目标是对感兴趣的行为进行完整描述。	第 3 章
描述性方法	这种方法不涉及对因素或变量的操控。研究者可以从档案和其他在册的资料库、个案和临床观察中获取数据。	第 4 章
相关性研究	研究两个因素或变量之间关系强度的数学方法。	第 4 章
调查、问卷、测验和成套测验	研究者用来评估态度、思想、情绪和感受的一类方法。	第 4 章
事后回溯研究	正如其名，这是研究者事后研究因子或变量的方法。	第 4 章
实验	探索因果关系的一种方法。这种方法涉及对自变量的操控，对因变量变化的记录以及对无关变量的控制。	第 5 ～ 7 章

正如你将要在下面章节中看到的，每种方法有几种类型或变式。然而，不管研究人员选用什么方法，总体研究过程都是一样的。

研究过程

研究过程是由一连串相互关联的活动组成的。表 1-2 列出了这些活动。正如你所看到的，一个活动会引起下一个活动，直到我们与其他研究者一同分享这些信息为止，然后再开始新一轮的研究。我们这里只简单介绍每一个步骤，在后面的章节中会予以详细描述。

表 1-2　研究过程所包括的步骤

每个步骤都建立在前一个步骤的基础上，直到提出一个新问题，新一轮研究又得以开始。	
发现问题	你在已有的知识结构里发现了一个分歧或者一种未知的关系。
文献综述	通过查阅以往的报告来确定你所感兴趣领域的已有发现。

（续）

理论思考	这个文献综述突出那些指向相关研究项目的理论。
假设	这个文献综述同时也会突出相关假设（指在某一限定领域中变量之间关系的陈述）。这些假设会帮助你提出实验假设，即对你所研究项目的预期结果。
研究设计	针对研究项目，你提出一个总体计划或研究设计。
开展项目	根据研究计划或实验设计开展研究项目。
分析研究结果	分析研究结果。许多项目会涉及统计分析和统计推断。
根据以往研究和理论做出决定	你的发现会引导你做出现有研究与以往研究和理论存在何种关系的结论。
准备研究报告	根据美国心理学会的要求撰写一份描述基本原理、过程和研究结果的报告。
分享你的结果：报告与出版	在专业学术会议或专业期刊中向你的同行分享你的研究报告。
发现一个新问题	研究结果突出了另一个已有知识结构中存在的分歧，然后你开始新一轮研究。

发现问题

每个研究项目都是从一个需要回答的问题开始的。例如，Driggers 和 Helms（2000）想知道一个人的收入是否会影响其他人与之约会的意愿。

文献综述

一旦选择了打算研究的问题，就必须知道心理学家就这个问题已经知道了什么。因此，接下来就是去搜索专业期刊或会议刊物，寻找这一领域已经发表的研究。

> **心理侦探**
>
> 为什么在开展一个研究项目之前做一个全面的文献综述很重要呢？在往下阅读之前，请仔细思考一下这个问题并给出你的理由。

你可能发现你构想的整个项目实际上都已经被做过很多次了。因此，适当修改你的构想而不是直接重复可能更有价值。

理论思考

在文献综述过程中，你一定会遇到一些研究者就你所研究的领域提出的理论。**理论**（theory）是在某个领域中对你所感兴趣的变量或因素之间关系的正式陈述。一个心理学理论并不是根据研究者对变量之间关系的猜测而提出的，而是以大量实证研究为基础的。

> ◆ **理论**　某研究领域中变量之间关系的正式陈述。

利昂·费斯廷格（Leon Festinger）（1957）的认知失调理论就是一个很好的例子。这个理论引发了相当多的研究。费斯廷格提出，当两种信念、思想或行为在心理上不一致（即失调）时，我们就会紧张。相应地，我们就会有动力通过改变我们的思想或行为使它们更趋兼容，从而减少认知失调。例如，①相信高胆固醇对你的健康是有害的，和②几乎每天都吃比萨（导致胆固醇升高）这两个信念是不一致的。因这种不一致信念引起的失调能通过判定胆固醇有害的结论实际上不正确或者少吃比萨而得到减缓。多年以来，众多研究者根据费斯廷格的理论验证了各种预测。

一个好理论具有两个特征。第一，它试图对一组科学数据进行组织。如果某一个领域还没有发展出一个理论，那么我们就需要考虑众多实验的结果，并决定它们之间的关系。

第二，它对新研究具有指引作用。通过展示有关变量之间的关系，若一个理论是好理论（即可验证的理论），则根据其展示的变量之间的关系，研究者可以通过逻辑推理若实施某种实验操纵，将会观测到什么样的结果。你可以把一个理论设想为你所在州的交通图。道路把各个市镇联系起来，并表明市镇之间的关系。通过这个图以及一点儿逻辑推理，你应该能知道怎样从 A 点到达 B 点。从而在做文献综述时，你遇到的有关理论将帮助你设计相关研究项目。

假设

如果你把一个理论设想为你所在州的交通图，那么假设就好比你所在州的某个镇的地图。一个**假设**（hypothesis）试图阐明一个大而全面的研究领域或理论中某一部分的有关变量的特定关系。在认知失调理论的大框架下，许多研究只是关注"认知失调导致唤起"这一发现。出汗和心率升高表明唤醒水平升高（Losch & Cacioppo，1990）。正如你家乡的地图告诉你有好几条路可以到达目的地一样，研究者也会发现可能有不止一种方案可以实现既定目标。因此，研究者可以做出几个假设来回答其要研究的问题。例如，你可以预测唤醒水平下降会导致认知失调下降。这一预测得到了验证；一个实验显示，饮酒（唤醒下降）被试的认知失调水平会下降（Steele，Southwick & Critchlow，1981）。

> ◆ **假设** 在综合性的大理论框架下，试图梳理出数据以及变量之间的关系。

研究项目开始成形时，你需要提出一个特定的假设。这个假设（常被称为**研究或实验假设**，research or experimental hypothesis）将是你研究的预期结果。在阐述这个假设时，你实际上在阐述一个关于你研究中变量之间关系的可检验的预测。基于你的文献综述，你的假设将受到你所感兴趣领域的其他假设和理论的影响。例如，如果你对消费者行为感兴趣，则假设可以是："如果潜在消费者的穿着破旧过时，则他们将不如那些穿戴整洁优雅的消费者一样得到及时接待。"

> ◆ **研究或实验假设** 实验者对于研究项目的预期结果。

研究计划

一旦已经形成了研究假设，就需要一个总体计划或研究设计来开展研究并收集数据。这个计划被称为**研究设计**（research design）。

> ◆ **研究设计** 展开研究以及收集数据的综合计划。

开展研究

接下来就是开展研究项目。你的研究并不一定只能在实验室进行。你可能在一个商业中心、一个动物观测站、一个档案馆或者许许多多其他可能之所收集数据。收集数据时，你会做好一切准备，并对过程严加控制。

分析研究结果

收集完数据后，其实你的研究计划还没有完成；下一步就是分析你收集回来的数据。正如你将在定性研究的讨论中看到的（参见第 3 章），这个分析可能会对所感兴趣行为做出相当长的文字描述。然而，多数

研究都会涉及数字信息。这就是统计能发挥作用的地方；统计是数学的一个分支，我们用它理解和分析数字信息。根据数据分析的结果，我们将决定结果是频繁发生的还是很少随机发生的。如果结果是很少随机发生的，则研究者可得出结论，它是一个统计显著的（statistically significant）结果。你应该注意的是，即使得到一个统计显著结果也不一定有任何实际意义。它可能只是一个极端罕见的事件。我们需要进一步检验我们的结果，询问更多问题，再对结果的实际意义做出判断。

根据以往研究与理论做出决定

一旦你完成了数据分析，就必须根据以往研究和理论对你的结果做出解释。你的研究假设得支持了吗？你的结果支持以往研究吗？它们怎样纳入本研究领域的现有理论之中？如果你的结果与现有理论并不完全吻合，那么你应该对你的解释或者现有理论做怎样的改变呢？你的假设没有得到支持，能够推翻现有的理论吗？在后续章节中，我们会进一步阐述有关假设检验和理论的问题。

研究者希望尽可能扩展和推广其研究结果。Driggers 和 Helms（2000）关于收入影响约会意愿的结论能适用于大学生以外的被试吗？这就是可推广性问题。

准备研究报告

在你与学术界分享你的结果之前，你必须准备一份书面的研究报告。你可以根据美国心理学会（American Psychological Association，APA）的有关要求准备你的报告。这就是所谓的 APA 格式。具体可以参见《APA 格式：国际社会科学学术写作规范手册》（*Publication Manual of the American Psychological Association*，2011）。

尽管随着时间推移，APA 格式做了许多具体修改，但威斯康星大学心理学家约瑟夫·贾斯特罗（Joseph Jastrow）在 20 世纪初首先提出了一个研究报告的基本结构。贾斯特罗的目的是使心理学论文具有标准格式，因而有利于研究交流。一个标准格式使得研究者知道应该在论文中包括哪些东西，而读者也知道在哪里找到他们感兴趣的研究细节。我们将在第 14 章详

细讨论 APA 格式。我们鼓励你现在就去阅读那一章，并且在阅读本书的过程中都参考它。你越熟悉这种格式，就越容易准备自己的研究报告。

分享你的结果：报告和出版论著

一旦你已经完成了研究计划，分析了结果并且准备了研究报告，接下来就是分享结果的时候了。实现这一目标的两个最常见方式是：①在一个心理学会议上口述或张贴报告论文，以及②在一本专业期刊上发表一篇论文。

即使你们中的多数可能会摇头，并且说"我永远都不会做这个"，但我们相信（而且我们的经验也告诉我们）绝大多数渴求卓越的本科生是能够做到的。事实上，这样的机会（特别是在心理学会议上口述或张贴报告论文）近年已经显著增加。最突出的是，各个州以及区域心理学会议有了显著增加。表 1-3 列出了这样的一些特别适合（在美学习）本科生的会议。

表 1-3　适合本科生的心理学会议

州和区域会议
佐治亚本科生心理学研究会议
东南本科生心理学研究会议
阿肯色心理学学生研讨会
ILLOWA 本科生心理学会议
美国中部地区本科生心理学研究会议
大平原学生心理学会议
堪萨斯和内布拉斯加心理学会心理学和教育学研究分会联合会议
明尼苏达本科生心理学会议
本科生研究全国会议
Carolinas 心理学会议
Delaware Valley 本科生研究会议
Lehigh Valley 本科生心理学研究会议
Winnipeg 大学本科生心理学研究会议

你可以上网搜索这些会议详情。

如果你所在的地区没有这样的会议，那么你可以考虑在 Psi Chi（国际心理学荣誉学会，International Honor Society in Psychology）的某一个区域会议上报告你的研究。六个区域会议（东部、中西部、落基山、东南、西南和西部心理学会）每年轮流举办一次（见表 1-4）。除了上述区域会议，Psi Chi 资助学生在美国心理学会和心理科学学会（Association for Psychological Science）全国年会本科生分场报告有关

成果。最后，如果上述机会对你都不可行，则你可以在你所在的大学举办读书会或者张贴报告会。好多学校每年都会成功举办这类活动。

表 1-4　Psi Chi 资助的本科生会议

Psi Chi 常规资助本科生出席下述会议。

Eastern Psychological Association	Rocky Mountain Psychological Association
Southeastern Psychological Association	Western Psychological Association
Midwestern Psychological Association	American Psychological Association
Southwestern Psychological Association	Association for Psychological Science

要了解 Psi Chi 以及这些会议，请联系
Psi Chi Office
P. O. Box 709
Chattanooga，TN 37041-0709
423-756-2044
psichi@psichi.org

有关这些会议的举办日期和地点按惯例会刊登于 American Psychologist（APA 教师会员会收到这本杂志）以及 Teaching of Psychology。

嗨，对我来说，你看起来不像一个实验心理学家。

出席一个心理学会议会让你了解，实验心理学家是一个非常多元化的群体。尽管你现在可能还不觉得自己是一个实验心理学家，但完成一两个心理学实验后，你可能就不这样认为了。

相比在会议上报告论文，在期刊上发表论文虽然要困难一些，但这种机会也确实存在。例如，*The Journal of Psychological Inquiry* 和 *Psi Chi Journal of Undergraduate Research*（见表 1-5）就主要发表这类本科生研究论文。如果你的导师在研究设计和完成方面也有重要贡献，那么你可以邀请其担任论文合作者。*Journal of Psychology and Behavioral Sciences* 是一个发表学生和教师合作论文的年刊。你的导师也会建议把论文投到其他期刊。尽管本科生一般不在专业期刊独立发表论文，但师生合作发表的情况并不少见。

表 1-5　针对学生的刊物

有几个期刊主要发表学生的研究成果，你可以联系这些杂志以获取投稿要求。

1. *The Journal of Psychology and Behavioral Sciences*
   Psychology and Counselling Department
   Fairleigh Dickinson University
   Madison，NJ 07904
   973-443-8094
2. *Modern Psychological Studies*
   Department of Psychology
   University of Tennessee at Chattanooga
   Chattanooga，TN 37043-2598
3. *Psi Chi Journal of Psychological Research*
   Psi Chi National Office
   P. O. Box 709
   Chattanooga，TN 37041-0709
   423-756-2044
4. *Journal of Psychological Inquiry*
   Dr. Jennifer Bonds-Raacke，Co-Editor
   jmbondsraacke@fhsu.edu
   Department of Psychology
   Dr. John Raacke，Co-Editor
   Department of Justice Studies
   jdraacke@fhsu.edu
   Fort Hays State University
   600 Park Street
   Hays，KS 67601

本科生研究理事会在其网站也列出了针对本科学生发表研究成果的更多期刊。请参见 http://www.cur.org/。我们推荐你浏览这一网站。

我们介绍这些内容的主要目的是鼓励你抓住机会与他人分享你的研究结果。你在本书中读到的许多研究都由学生完成，然后在学术会议上宣读或者发表在 *Psi Chi Journal of Undergraduate Research* 和 *Journal of Psychological Inquiry* 这样的期刊上。既然他们能做到，你当然也能。一旦参与到研究之中，你很快就会看到，这似乎是一项高度刺激而且永无止境的工作。你总是能在研究之中发现新问题。

发现新问题

当你考虑你的实验结果与以往研究和理论的关系，并且与那些给你反馈的研究者分享结果时，新的想法就会自然而然地出现（参见 Horvat & Davis，1998）。为什么结果与预测不完全一致呢？你不能解释某一因素或变量的作用吗？你如果以另一种方式操控这个或那个变量又会发生什么呢？越深入一个研究领域，你就越能发现更多问题。正如你能从表 1-1 看到的，我们将详细介绍开展一项研究的进程。

为什么研究方法课程重要

当问学生"你为什么要选研究方法（或实验心理学）这门课"时，典型回答可能会是以下这样。

"它是心理学必修课。"

"我确实不知道；在这门课之后我也不会开展什么研究了。"

在本书中，我们希望让你相信，掌握研究方法和数据分析手段能使你在心理学领域真正具有某些优势。下面就是其中一些优势。

1. **对其他心理学课程提供帮助。** 由于心理学的知识基础依赖研究，因此你不难理解其他心理学课程的许多内容都包括心理学研究实例。你越掌握心理学研究方法，就越能理解其他心理学课程所涉及的材料。虽然你可能认为对于感觉与知觉这样的课程来说确实如此，但实际上人格心理学和变态心理学这些课程也一样。

2. **开展一个原创性研究课题。** 通常，研究方法课会要求学生开展一项原创性研究课题。如果你有这样的机会，请充分利用，然后尽量去报告和发表你的研究发现（请参考我们之前介绍过的研究进程部分）。

3. **在毕业后开展研究课题。** 本书作者很早以前就知道，不要说"从不"。作为心理学系学生，这个警示同样适用。请看下面一个例子：几年前，一个聪明的学生修读了本书一个作者的研究方法课，尽管这个学生发现研究方法课堂环节有趣且富于启发性，但她不喜欢那些课后材料并发誓在课程结束后再也不会开展心理学研究。事实上她错了，因为她毕业后的第一份工作就是在弗吉尼亚医学院从事研究工作。如果你的职业规划是将来有点儿可能与心理学相关，那么你还是极有可能在工作中从事某类研究的。很明显，一门研究方法课程将让你知道在这些情况下自己需要做什么。即使那些去非心理学领域工作的毕业生，他们也可以利用在研究方法上的训练在这些领域从事一些研究工作。

4. **进入研究生阶段学习。** 一个不能回避的事实是，心理学专业录取研究生时会将申请人修读过研究方法课程作为重要参考因素（Keith-Spiegel & Wiederman, 2000；Landrum & Davis, 2006）。你曾经完成过这样一门课程，等于告知招生老师你充分掌握了基本研究方法。所有心理学研究生计划都重视这样的知识。当然，研究生招生委员会也高度重视你报告或发表研究的经历（Landrum & Davis, 2006；Thomas, Rewey & Davis, 2002）。

5. 成为一位有知识的研究消费者。 我们的社会充斥各种知识，其中很多都与心理学研究和现象有关。例如，某种饮食有助于改善你的性情，智力测验是有益的（或无益的），科学测验已经证明某种牌子的可乐口味最好，或者某种牙膏对预防蛀牙比其他牙膏更有效。你怎样才能明白哪些是值得相信的呢？

如果你了解支持或反对这些观点的研究，那么你就这些观点做出的决定就更像受过系统训练的具有良好教养的人所做出的决定。研究方法课有助于你对生活中的各种知识做出类似明智的决定。

回顾总结

1. 心理学家运用多种方法来回答关于人和动物行为的诸多问题。
2. 研究进程包括几个相互关联但又有先后顺序的步骤：发现问题，完成文献综述，理论思考，提出假设，选定研究设计，开展项目，完成数据分析和统计推断，根据以往研究和理论来评估有关决定，准备研究报告，分享结果以及发现一个新问题。
3. **理论**是在某个领域中对你所感兴趣的变量之间关系的正式陈述，而**假设**是根据某一理论的某一部分对某些变量的关系做出的特定预测。
4. **研究或实验假设**是研究者对即将开始的实验做出的结果预测。
5. **研究设计**明确实验者怎样①选择被试，②形成组别，③控制无关变量以及④收集数据。
6. 我们鼓励学生在专业学术会议或期刊上报告或发表论文。
7. 研究方法课可以：①帮助你理解其他课程所涉及的研究，②使你能够在毕业后开展研究，③增加你进入研究生院进一步深造的机会，以及④使你成为一个有知识的心理学研究消费者。

检查你的进度

1. 请简述研究进程所涉及的步骤。
2. 在某个领域中对你所感兴趣的变量之间关系的正式陈述，最符合以下选项：
   a. 通过权威获取知识
   b. 一个符合逻辑的三段论
   c. 通过经验获取的知识
   d. 一个理论
3. 你相信给老鼠一定剂量的维生素 C 将改善它们的学习能力。这是一个：
   a. 理论
   b. 实验设计
   c. 问题
   d. 假设
4. 下述哪种表述说的是把你的结果与学术界分享？
   a. 在一个本科生研究会议上报告你的论文
   b. 在一个心理学会议上口述或张贴你的论文
   c. 在一本专业期刊上发表论文
   d. 以上都是
5. 在找到研究问题后，你接下来应该做什么？
   a. 提出假设
   b. 文献综述
   c. 设计研究计划
   d. 发现相关理论
6. 除了作为必修课的要求，请你说出选择心理学研究方法或实验心理学课程的理由。

展望

本章我们就心理学家如何收集数据给出了一个总体性的介绍。接下来的章节就围绕这些问题展开。在第2章中，我们将考查怎样发现一个可研究的问题。一旦确定了研究问题的范围，我们就将讨论如何建构一个好的研究假设。

第2章

提出良好的研究问题并开展合乎伦理的研究项目

研究想法

一项研究计划始于一个**研究想法**（research idea）或问题。当你从现有知识体系或者某个尚未解决的问题中确定了一个分歧时，你就发现了一个研究想法。例如，在第1章中，我们看到金姆·德里格斯和塔莎·赫尔姆斯对收入水平是否影响约会意愿感兴趣。他们发现以往研究没有回答这个问题，从而开展了一项研究来弥补这一缺憾。在本章，我们将先考查好研究想法所具有的特点，然后探讨几种研究想法的来源。

◆ **研究想法** 知识体系的空白之处或者感兴趣领域的未知问题。

好研究想法的特点

侦破一个案件的所有可能方法并不都是一样有效的。同样，不是所有研究想法都是好的。好想法具有如下特点。

可验证

一个好的研究想法所具有的最重要特点就是它是可验证的。你能想象自己要研究一个不可测量或验证的现象或主题吗？这种情况就有点儿像回答"一个针头上可以容纳多少天使跳舞"一样。多年来，人们都认为这个问题是无解的，因为我们没办法测量一个天使的行为。你可能会笑着对自己说"我从来都不会问

那种问题"，但请记住我们在第1章所提醒的，决不说"从不"。

例如，假设你对动物认知感兴趣。尽管人类能描述他们自己的思维，但设计用于直接测量动物认知能力的研究计划一开始就注定是要失败的。就目前的情况来看，最好的办法就是对动物认知进行间接测量。例如，请看艾琳·佩珀伯格（Irene Pepperberg）对一只叫 Alex 的非洲灰鹦鹉所做的研究。Pepperberg（1994）报告，Alex 能够形成"蓝色键"这个概念，而且当问"有多少个蓝色键"时，Alex 能够从10～14个键中找出有多少个蓝色键。的确，Alex 似乎已经具有优异认知能力。我们想说的是，尽管有些问题（如一个针头上可以容纳多少天使跳舞）可能从来都不是可验证的，但另外一些问题（如动物认知）则可以通过间接测量方法进行验证。而且，一个当前不可验证的问题并不意味着永远不能验证。你可能需要等待技术进步，从而验证问题。例如，科学家在能直接观察并确定神经系统中的突触和神经递质很久以前就提出了这两个概念。

成功率高

仔细想一下，你就会明白每个研究都旨在揭示自然的奥秘（如果我们已经知道自然界的所有奥秘，那么就没有开展研究的必要了）。考虑到对自然的认识还不完整，我们必须尽可能使研究计划接近真实情况（Medewar，1979）。研究计划越接近实际情况，我们

就越有可能成功揭示自然的某些奥秘。有时，我们对自然的认识不是很清晰，而且我们的研究也不能很好揭示这些知识。请看下面的例子。

20 世纪 80 年代，有研究者宣称苦精这种化合物是现存最苦的物质。由于苦精具有重要实用价值（如作为塑料光纤和计算机连接线外皮添加物以防虫咬），因此本书其中一位作者和他的几位学生就开始对这种有毒的化学品开展研究。我们的认识是，苦精确实很苦，而且所有大小动物都会对这种物质做出相同的反应。为了验证这个预测，我们开始测试各种动物（从老鼠、食蝗鼠、沙鼠到土拨鼠）对苦精的厌恶程度。一次又一次的测试都获得了相同结果：这些动物对苦精的反应都不是特别苦或厌恶（Davis, Grover, Erickson, Miller & Bowman, 1987；Langley, Theis, Davis, Richard & Grover, 1987）。在人类被试评定苦精为极苦的物质（相比可溶性的奎宁）后（Davis, Grover & Erickson, 1987），我们的观点变了。苦精对人类来说是极苦的，但对动物来说，不能产生相同效果。如果不改变观点，我们就会继续一个又一个的实验去了解为什么这些动物不像我们预想的那样反应。

从而，除了可验证，一个好想法的第二个特点是，当你对自然的认识更接近实际情况时，你获得成功的机会就能增加。

心理侦探

相比采用尝试错误的方法，怎样才能更有效地确定研究想法的相关变量呢？

检查以往研究是最好的办法。那些以往研究中的有效变量在你的实验中也有可能是有效的。我们这里会更全面介绍这个问题。

研究想法的来源

研究想法通常有两个来源：非系统性来源和系统性来源。我们将分别对这两种来源进行详细介绍。

非系统性来源

非系统性来源（non-systematic source）包括那些给我们一种已过时错觉的研究想法。这些来源是非系统性的，因为我们根本没有刻意去确定研究想法；它

们以某种意想不到的方式呈现在我们面前。尽管把这些来源称为非系统性的，但我们不是说研究者并不熟悉这个领域。好的研究者熟悉所发表的文

◆ **非系统性来源**　这种研究想法的源泉以其难以预料的出现方式为特征；尚未试图通过系统协调的方式去寻找研究想法。

献和以前的研究发现。我们一般不太容易对自己不熟悉的领域产生有意义的研究想法。

主要的非系统性来源包括灵感、巧合和日常事件。

灵感　有些研究想法来自一些天才的灵光一现；眨眼间一个主意就出现了。也许最著名的一个例子是来自爱因斯坦的（Koestler, 1964）。特别是他在航海时，各种想法不断闪现在他的脑海里。尽管这些想法就这样莫名其妙地来了，但一般来说，研究者都已经对这个研究领域思考了一段时间。我们只是见到了最后的产品，而没有见到这些想法出现前的思索。

巧合　巧合（serendipity）指我们旨在探索某种现象，但发现了另外的东西。巧合常常是产生研究想法的曼妙途径。斯金纳（B. F. Skinner, 1961）说："当你恰好碰到一些有趣的东西时，停下手头的事务来研究它。"

◆ **巧合**　探索某种现象时意外发现了另外的东西。

请看下面斯金纳描述在操作性条件反射箱（即斯金纳箱）中食物槽不好使的场景。

当你想把一个仪器设计得更复杂时，你有必要记住科学实践的第四原则：仪器有时会坏掉。我只能等着那个食物槽卡住，以取得一条消退曲线。开始，我以为出现了问题，并急于解决它。但最终，我故意拿开了食物槽。我至今记得第一次获得一条完整消退曲线时的激动心情。我与巴甫洛夫的工作最终取得了一致……我不是说如果仪器不出问题我就不能获得消退曲线……但是毫不夸张地说，正是由于相似的事故，一些最有趣和令人惊讶的结果就先出现了（Skinner, 1961, p.86）。

他的第一反应是可以预期的；他把问题看成一个故障，并试图解决。然而，作为一位有灵气的研究者，他超越了暂时的挫折而发现了更重要的东西。他通过

切断食物槽而研究了消退现象。所有后续关于消退的研究以及斯金纳发展出来的各种强化时间表说明，他充分利用了这一机会。这完全是一种巧合。

日常事件　你不一定需要在某个实验室工作才能产生一个好的研究想法。我们的日常经历也常常能提供一些很好的研究想法。斯金纳生活中的另一事件是这种想法来源的一个很好实例。

当我们决定再要一个孩子时，妻子和我想：最好发明一个能省点儿力的设备以解决带孩子的问题。我们首先一步一步分析了作为一个年轻妈妈那些令人烦心的日常事务。我们只问了一个问题：这种实践活动有助于孩子的生理及心理健康吗？如果没有，我们就从计划中删除掉该项。然后，设计这个小玩意的工作就开始了……我们着手处理的第一个问题是保温。一般的解决办法是把婴儿裹在几层布（如衬衣、睡衣、被单、毛毯）里。但这种方法一直都不是完美的。我们认为，为什么不去掉这一层层的布（除了具有其他功能的尿布以外）而给孩子直接提供一个温暖的生活空间呢？在现代家庭里，这应该是一个简单的技术问题。我们的解决方案是，设计了一个婴儿床那么大的封闭空间（参见图2-1）。隔板是绝缘的，而其中一面是一块透明的安全玻璃，可以像窗口一样上下翻动……我们的小女儿在这个装置里已经生活了11个月。她非常健康和快乐，而妻子也为省了不少事而倍感欣慰。

图2-1　伊冯·斯金纳和她躺在透气婴儿床中的女儿

资料来源：Bettmann / CORBIS.

这个叫作"**透气婴儿床**"的婴儿用品于1945年被设计出来。之后，它被商业化生产，并被数百婴儿

使用。因此，一个日常生活问题使斯金纳开展了一项有趣的研究计划。

还有一点也很清楚，你从日常生活中发现潜在研究想法的能力取决于你在所感兴趣领域的知识基础。由于斯金纳在行为控制技术方面知识丰富，因此他能概念化并设计透气婴儿床。由于本书的两位作者都不精通考古学，因此我们也看不到任何他们能有什么考古发现的可能性。相反，一个考古学家也难以提出一个有意义的心理学研究问题。

系统性来源

对某一主题的研究及相关知识是研究想法系统性来源的基础。从**系统性来源**（systematic source）发展而来的研究想法一般具有组织细致和富于逻辑的特点。以往研究结果、理论以及课堂讲课内容都是研究想法系统性来源的最常见例子。

> ◆ **系统性来源**　通过缜密思考，精心规划的方式获取研究想法。

以往研究　查看以往研究结果时，你会逐渐对某一研究领域形成一个整体性了解。也许这种了解会凸显现有知识（如衣着对目击证词可信度的影响）的不足。你可能还会发现在文献中有互相矛盾的结果；某个研究支持某一现象，另一个研究则怀疑这一研究的效度。也许，你的研究就旨在分离这些产生矛盾结果的变量。你对以往研究的思考也表明，一个只做了一次的实验还需要重复，或者一个已经重复了多次的研究计划并不需要重复，而是应该开始一项新研究。在所有这些例子中，我们对以往研究的文献综述都会提升自身的研究计划。

在以往研究中，有一类特别的研究对于发现研究想法具有特别的意义。没能重复以往发现对于心理学家发现新问题特别有启发意义。原来研究的哪些特征导致出现这种现象呢？在重复过程中，哪些改变造成了结果的差异呢？只有进一步研究能够回答这些问题。正如福尔摩斯所说的，"数据！数据！数据！巧妇难为无米之炊！"（Doyle，1927，p.318）。

理论　正如我们在第1章中提到的，理论的两个功能是组织数据和指导未来研究。理论的指导功能为不厌其烦地去理解它以及其意义的研究者提供一个广阔的研究图景。

在仔细实验后，朱迪丝·迈尔决定，与她丈夫说话不能像对着一堵墙讲话一样。

我们来看一下社会促进理论（social facilitation theory）这个例子。罗伯特·扎荣茨（Robert Zajonc）（1965）提出，他人在场可以促进一个人的表现。进而，这种增加的唤醒水平会促进最优势的反应。如果你是一位技艺高超的钢琴师，那么独奏时有他人在场很可能使你有优异的表现；在这种情况下，演奏好是一种优势反应。如果你只是刚学钢琴，那么出错就是你的优势反应，当然他人在场也导致你演奏得更差。研究者针对这个理论开展了超过 300 个社会促进研究，涉及数千名被试（Guerin，1986）。你可以看出，理论确实能指导研究。

课堂内容　许多卓越的研究计划源自课堂。你的老师介绍某一领域的研究进而激发你的兴趣，而且最终这种兴趣会促使你去发展与完成一项研究计划。尽管课堂讲课内容不是严格的非系统性或系统性来源，但是我们把它归入系统性来源，因为它常常会对相关文献做一个有组织的综述。

例如，在听了我们一堂关于习惯性味道厌恶（conditioned taste aversion，指动物和人学会不去嗅和躲避一种新异味道的过程）的课程后，学生苏珊·纳什（Susan Nash）对这个问题很感兴趣。后来，她完成了一篇学期论文并且进行了进一步的研究。而且，她在研究生阶段所做的几项研究也是关于动物习得味道厌恶（acquire taste aversion）的。是的，一堂课可能引发众多研究想法；当你认为某些想法是潜在研究领域时，你应该仔细听讲，并且做详细笔记。

提出一个研究问题

不管你的研究想法源自哪里，你的首要目标还是把自己的想法转变成一个问题。在完成本章接下来的一些活动时，请你在心中总是带着一个问题。不需什么努力，你也许就能想起某个问题指导了你的某项研究。例如，当你是个孩子的时候，你拥有了一个化学品盒。就像大多数拥有化学品盒的孩子一样，你可能想知道："如果我把一种化学品与另一种混合起来，会产生什么结果呢？"也像大多数孩子一样，你把两种物质混合了，并且找到了答案。在我们之前提到的例子中，你也可以想象，斯金纳会对他自己说："我想知道食品槽被堵住了，老鼠为什么就放弃压杆了？"或者"我想知道怎样才能更容易地照顾一个婴儿呢？"这些问题指导了他的研究。

同样，我们希望你能记住在课堂上你问老师"如果他们……则会发生什么"或者"有没有人曾经想这样做吗"这样问题的那些时刻。这些都是问题指导研究的很好例子。一旦有了一个问题，那么你需要做的就是找出心理学家已就这个问题知道了哪些知识，即你需要调查有关文献。

提出恰当的问题是一个好研究计划的关键一步。

我现在还不知道全部答案，但已经开始问恰当的问题了。

调查心理学文献

我们已经在本章多次提到了解以往研究的重要

性。然而，调查针对一个领域的文献似乎是一项非常困难的任务。Adair 和 Vohra（2003，p.15）提道："知识爆炸导致研究者在了解、接触和加工大量新文献时会遇到极大困难。"这种知识爆炸究竟有多广泛，以及怎样影响心理学家开展研究呢？这里是一个例子：1997 年所发表的科学摘要是 370 万，而 1957 年只有 55 万，1977 年是 224 万（Kaiser，1977）。毫无疑问，我们现有的技术革命甚至会帮助研究者每年发表更多论文。

考虑到文献的海量，你需要一种有组织的策略来处理这些信息。表 2-1 总结了你在综述某一领域文献时应该遵守的步骤。这些步骤如下所示。

表 2-1 文献调查的步骤

1. 索引词的选定。为你感兴趣的领域选择相关的术语。囊括这些术语的最完备的资料是《心理学术语索引词典》

2. 文献的计算机检索。使用选中的索引词访问计算机数据库。比如 psycINFO 数据库

3. 获取相关论著。利用阅读、笔记、影印、馆际互借、写作或者电子邮件获取复印件等综合手段获取需要的材料

4. 整合文献搜索结果。制订一个搜索计划将有助于整合文献搜索的结果，同时提高搜索效率

1. 索引词的选定。文献检索的关键是你要用恰当的词对某一领域进行检索。你需要决定采用哪些心理学术语来检索。心理学家可能会采用不同于你的术语。

你可以参考美国心理学会《心理学索引术语词典》（*Thesaurus of Psychological Index Terms*）来选定索引词。该词典的每一版都会增加一些索引词，以把各种关联概念和类别包括进来。

让我们看一下收入影响约会那个研究（见第 1 章 Driggers & Helms，2000）。我们的研究助理，拉玛尔大学学生卡拉·奥布雷贡（Karla Obregon）做了如下文献搜索。她运用《心理学索引术语词典》开始文献综述。图 2-2 是从词典中截取的一页关于社交约会（social dating）的信息。她选择"社交约会"作为关键词。

2. 文献的计算机检索。一旦选定了关键词，下一步就是用它来进入一个数据库。目前，大多数大学和学院都使用美国心理学会的 PsycINFO 数据库检索已经出版的文献。表 2-2 列出了美国心理学会提供的几个数据库。

图 2-2 从《心理学索引术语词典》获得的一个页面

表 2-2 美国心理学会数据库

PsycINFO	PsycINF 包括 1887 年出版的《美国心理学杂志》（*American Journal of Psychology*）在内的 2 491 种期刊所发表的文献。每条记录均包括论文题目、作者全名、电子邮件和通信地址（如果原文提供了的话）、期刊详细信息以及论文摘要
PsycARTICLES	PsycARTICLE 提供部分期刊（包括 34 种美国心理学会期刊、教育出版基金会期刊、加拿大心理学基金会期刊、Hogrefe 出版集团部分期刊以及美国国立精神卫生研究院出版的 *Schizophrenia Bulletin* 全文
PsycBOOKS	这个数据库包括部分临床心理学、健康心理学、发展和认知、青少年儿童和暴力领域的当代和历史上重要著作。著作在出版 12 个月后才会被收入该数据库
PsycEXTRA	PsycEXTRA 收录来自技术报告和会议报告的前沿研究。这个数据库使研究者能够在一项研究在期刊上发表之前就获得有关信息

由于美国心理学会所提供的各个数据库服务其范围和特点都有所不同，因此你应该通过你所在大学或

学院去熟悉这些服务。你也可以通过美国心理学会网站 www.apa.org 了解更多信息。

为了避免以前的错误以及无谓重复，你很有必要进行尽可能全面的文献综述。计算机检索可以提供每篇文章的作者、题目、期刊、卷和页码以及摘要信息。你需要做的就是根据《心理学索引术语词典》确定索引词，然后让计算机完成余下工作。（图 2-3 是卡拉·奥布雷贡利用 PsycINFO 打印出的页面。）一旦你确定了自己选定领域所发表的文献数量，就可以根据需要缩小或扩大你的选择。

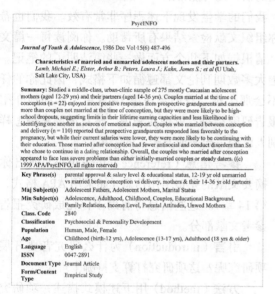

图 2-3　从 PsycINFO 打印的一个页面

资料来源：Reprinted with permission of the American Psychological Association, publisher of the PsycINFO database, all rights reserved.

互联网能提供什么帮助呢？互联网所提供的信息令人眼花缭乱。那么这样的海量信息能否帮助文献综述呢？答案是肯定的，但正如一位优秀的侦探需要仔细甄别每条证据的有效性一样，你也需要非常谨慎。让我们来看一下互联网能为收入影响约会意愿的研究主题提供什么帮助。我们先选择一个搜索引擎，并且用"dating"（约会）进行搜索。这一搜索产生了超过 4 600 万个结果。目测一下就会发现，绝大多数结果与我们的任务没什么关系，因此应该忽视。例如，诸如"Amazing Love""Starmatch""Date-a-Doc"和"Free Thinkers Match"这样的网站都是提供婚介服务的，与我们的研究主题没什么关系。同样，三个关于放射定年的网站也不适合我们的研究主题。在这个例子中，互联网给予的帮助相当有限。

然而，许多有声誉的期刊和科学团体会在互联网上发表一些有质量的资料，它们能够成为研究者的有力工具。但是，从互联网上选择信息做文献综述时，你必须保持谨慎。我们应该采用什么标准来评估呢？就目前来看，尽管没有统一标准，但我们还是认为表 2-3 所介绍的标准是有帮助的。

表 2-3　评价网络资源

互联网是一个任何具有计算机硬件和软件及网络连接者均可发布和传播信息的自媒体。我们应该对网页采用与纸版资源一样的标准进行仔细评价。然而，我们也应该意识到，网页需要更多甄别。

权威性（authority）	谁是作者？作者的名字能清晰辨认吗？有链接到作者的电子邮件地址吗 作者的资质、教育背景和职业是什么 作者除了网页外，还有书面发表论文或著作吗？请通过期刊数据库（如 PsycINFO）检索 有链接到作者的其他信息吗？有个人网页吗 作者属于某个机构吗？如果网页是由某个机构授权的，那么你能获得这个机构的哪些信息呢 请检查 URL 的域名（.gov、.edu、.com、.org、.net、.mil）
准确性（accuracy）	有线索提示你网页信息是真实的吗 作者列出了一些资料来源吗？网页上有论文列表吗 这些信息可在其他地方确证吗（或许通过纸版资料） 信息有明显错误吗（如拼写、语法）
客观性（objectivity）	网页反映了某种偏向或者观点吗？作者使用了煽动性或挑衅性语言吗 网页的目的是什么？只是供大家浏览吗？是在推销一个产品或者观点吗？是为了娱乐吗？是在劝说吗 为什么要写这个网页，以及为谁而写？（网页可以是针对组织或人的演讲台） 网页上附带有广告吗？如果有广告，它能与主要信息内容区分开来吗
时效性（currency）	网页首次发布以及最近一次更新是什么时候 网页所反映的事实是当下的吗 信息是什么时候收集的 链接是当下的吗
范围（coverage）	网页是一个完整文件还是一个摘要或总结 作者充分涵盖了某个主题吗？所涵盖的时间范围是多长 有链接指向补充领域吗 网页所包含的信息与你的研究主题切合吗？你怎样利用这些信息
导航 / 设计性（navigation/design）	网页是否容易阅读？网页的背景是否有碍阅读 网页的颜色是否让眼睛舒服 网页中的材料是否以有序的方式呈现 网页中是否呈现了图表

（续）

导航 / 设计性 （navigation/design）	链接是否和网页的主题相符？是否能正常使用 网页底端是否有"返回顶部"按钮 每个支持页面是否有"返回主页"按钮 主页底端是否有评论区 你是否需要专业软件浏览信息？获取信息是 否要支付费用

资料来源：Binghamton University (http://library.lib.binghamton. edu/search/evaluation.html).

3. 获取相关论著。一旦你找到了相关著作和期刊论文目录，接下来就是找到它们。有几种办法可以实现这个要求；当然你可能需要结合多种办法。首先，看看哪些是在你的图书馆可以找到的；其次，制订计划查阅以及复印以备后续使用。

有两个办法可以帮助你找到自己所在大学图书馆没有的资料。第一，你可以通过图书馆申请"馆际互借"。绝大多数"馆际互借"服务都是快速和高效的，但对于一些期刊论文可能会适当收费。第二，要获取期刊论文，你也可以直接联系作者索取。请记住，作者提供的复件可能是纸版或电子版的。

直接向作者要复件还要一个优势：你可以向作者请求提供其发表的其他相关论文。由于电子邮件以及互联网的便捷，因此你可以很方便与作者建立联系。大多数作者都会愿意给予帮助。

首先，他们进行网络搜索。

Arnie Levin/The New Yorker
Collection/www.cartoonbank.com

那么，从哪里找作者的联系方式呢？计算机搜索都会给出作者的单位；因此，你应该能查到作者单位地址或网址，然后找到某个教研人员及其电子邮件地址。如果这种方法行不通（某些研究者不在大学工作），那么你可以问一下你的老师，作者是否是美国心

理学会或心理科学学会（Association for Psychological Science，APS）会员。你所搜寻的作者有较大可能是这两个学会或其中一个的会员。如果这样的话，你可以从当前会员目录中查到作者的电子邮箱地址。当然，最后一个办法是通过搜索引擎找寻作者信息；你可能会发现这种办法的精妙之处。

4. 整合文献搜索结果。一旦找到了与你的研究主题相关的期刊论文、书籍章节和著作，接下来就是理解这些材料。这个任务其实是很难的；如果你有一个计划的话，则可能帮助大一些。

我们的学生发现下述程序非常有效。我们也希望对你组织文献检索结果有所帮助。你阅读每一篇文献时，请根据如下几个方面做一些简洁明了的笔记。由于绝大多数期刊论文都遵循如下格式，因此你的任务也不会那么难。我们会在第 14 章更为详细地介绍怎样报告研究结果。就现在来说，你只需要掌握怎样总结别人已经写出来或发表了的结果。

参考信息（reference information）列出你所摘要文献的完整引用信息（如采用 APA 格式，见第 14 章）。这些信息将有助于你完成研究报告的参考文献部分。

引言（introduction）为什么研究者要开展这项研究呢？这项研究打算支持哪个理论？

方法（method）用下述模式描述一项研究是怎样做的。

- **被试**（participants）描述实验被试的情况，如物种、数量、年龄和性别。
- **仪器**（apparatus）描述研究者所使用的设备，要特别注明对标准仪器的修改以及一些不常见特征。
- **程序**（procedure）描述测试被试的各种条件。

结果（results）作者采用了哪些统计检验？这些统计检验的结果是什么？

讨论和评价（discussion and evaluation）作者得出了什么结论？这些结论与相关理论和以往研究的关系是什么？记录下你阅读文献时对该项研究的任何批评。

一旦完成了上述笔记环节，接下来你应该精简这些信息到一页纸的长度。当你准备这些单张时，请记住总是用同样的结构和顺序。图 2-4 给出了一个例子。

由于你在每页纸上把同样类型的信息放在相同位

置，因此你很方便就能比较研究计划内部以及各研究计划之间的各种特点和细节。此外，用单张的形式描述文献也便于组织和重新组织文献以实现如下需要：按字母顺序撰写参考文献表，分类阳性和阴性结果等。

正如你可能已经了解的，我们这里介绍的格式基于心理学界广泛接受的 APA 格式（见第 14 章）。总

结研究结果的经历将有助于你写出一篇完整的、符合 APA 格式的论文。

即使你已经清晰地确定了研究主题，但你还是没有准备好开展研究。正如你将在下节看到的，你和其他人需要仔细评估你的研究计划，以符合所要求的伦理标准。

Wann, D. L., & Dolan, T. J. (1994). Spectators' evaluations of rival and fellow fans. *The Psychological Record, 44*, 351-358.

Introduction
Even though "sports fans are biased in their evaluations and attributions concerning their team" (p. 351), no research has examined the evaluations spectators make of other spectators. Hence the present experiment was conducted to examine spectators' evaluations of home team and rival fans.

Method
Participants - One hundred three undergraduate psychology students received extra credit for participation.
Instruments - A questionnaire packet consisting of an information sheet, Sports Spectator Identification Scale, a five-paragraph scenario describing the behavior of a home team or rival spectator at an important basketball game, and several questions concerning the general behavior of the spectator described in the scenario was given to each participant.
Procedure - The questionnaire packet was completed after an informed consent document was completed and returned. One-half of the participants read the home team fan scenario, while the remainder of the participants read the rival team fan scenario. The determination of which scenario was read was determined randomly.

Results
Analysis of variance was used to analyze the data. The results of these analyses indicated the home team fan was rated more positively than the rival team fan by participants who were highly identified with the home team. This pattern of results was not shown by lesser identified fans. Of particular note was the finding that the highly identified participants did not rate the rival team fan more negatively than did the lesser identified participants; they just rated the home team fan positively.

Discussion and Evaluation
These results support the authors' initial predictions that participants would give more positive evaluations of fans rooting for the same team and more negative evaluations of fans rooting for a different team. Wann and Dolan's prediction that such evaluations would be shown only by fans who were highly identified with their team also was supported. These predictions were seen to be in accord with social identity theory. The study appeared to be well conducted. The fact that the study was not conducted at a sporting event limits its applicability.

图 2-4　针对期刊论文的笔记单张实例

资料来源：Wann, D. L. & Dolan, T. J.（1994）. "Spectators' evaluations of rival and fellow fans." *The Psychological Record*, 44, 351-358.

回顾总结

1. 一项研究是从**研究想法**或者现有知识体系中存在的某种分歧开始的。
2. 一个好研究想法应该是可以验证的，而且具有高成功率（高度符合真实情况）。
3. 研究想法的**非系统性来源**给人一种缺乏深思熟虑的感觉。灵感、**巧合**（即旨在发现一种现象却发现了另一个）和日常事件是研究想法的主要非系统性来源。
4. 对一个主题的正式研究和知识是研究想法的系统性

来源基础。以往研究和理论是研究想法的两个系统性来源。
5. 提出一个研究问题将指导你的整个研究。
6. 掌握一种有条理的方法对进行心理学文献进行检索是很有必要的。这种检索一般从《心理学索引术语词典》中确定索引词开始。一旦选定了索引词，你就可以把它们输入数据库（如 psycINFO 或 Psychological Abstracts）进行检索。在确认和复制了相关文献后，你必须以一种有意义的形式整合它们。

1. 匹配

（1）研究想法　　　　A. 寻找一个东西，但发现另一个

（2）巧合　　　　　　B. 文献的计算机搜索

（3）PsycLIT/PsycINFO　　C. 在现有知识体系中发现不足

（4）实验假设　　　　D. 实验者对研究结果的预测

2. 好研究想法必须＿＿＿＿＿，而且具有高＿＿＿＿＿。

3. 请区分研究想法的非系统性和系统性来源。每种来源都具有什么特点？

4. 当我们在研究中发现一些重要但出乎意料的结果时，指发生了：

a. 灵感

b. 日常事件

c. 巧合

d. 理论

5. 研究想法的非系统性来源包括：

a. 对某一领域进行仔细和富于逻辑的考查

b. 需要逻辑和推理使一个想法变为可使用的形式

c. 处于典型的心理学研究领域之外

d. 没有做出多少实际努力就出乎意料地出来了

6. 所有下述表述都是研究想法系统性来源的例子，除了：

a. 日常事件

b. 以往研究

c. 理论

d. 课堂笔记

7.《心理学索引术语词典》提供了：

a. 摘要

b. 操作性定义

c. 索引词

d. 实验设计

伦理原则的必要性

尽管看起来我们一旦确定了研究问题的特性就可以开始着手研究了，但其实情况并不是这样。在完成最后的研究设计和收集数据之前，我们还需要解决一个重要问题。我们必须考虑我们所从事研究的伦理特性。警察用橡胶棍逼供嫌疑人的时代已经过去了。同样，心理学家必须提出并回答以下问题：我们正让被试处于危险之中吗？我们的实验处理具有伤害性吗？我们从实验收集的信息值得我们让被试处于潜在的危险中或经受某种程度的伤害吗？尽管过去的观点倾向于忽视这些问题，但科学研究不应该有道德真空（Kimmel，1988）。

根据 1974 年版《国家健康研究法案》（National Health Research Act），美国政府要求确保所有联邦政府资助的项目得到同行评估和同意，同时，所有人类被试均已经签署有关所参与研究的知情同意书。从那时起，一项研究获得诸如"人类被试评估小组"（Human Subjects Review Panel）、"动物关爱和使用委员会"（Animal Care and Utilization Committee）或"伦理审查委员会"（Institutional Review Board）这些机构的批准就已经成为标准程序。

那么，究竟是什么原因加强了我们对伦理问题的关注呢？尽管我们可以给出很多在研究中不合乎伦理的例子，但这里只介绍造成这种关注的四个主要事例：第二次世界大战（以下简称"二战"）中的医学暴行、威洛布鲁克肝炎项目、塔斯克吉梅毒项目和斯坦利·米尔格拉姆（Stanley Milgram）在 20 世纪 60 年代开展的服从研究。

在二战期间，纳粹医生开展了一系列针对平民囚徒的长期实验，以决定各种病毒、毒性物质和药物的效果。这些平民囚徒对是否参与这些实验完全没有决定权。二战结束后，很多这类医生为他们针对不情愿参与实验的平民进行的不人道行为接受了审判。其中许多人被判有罪，有些接受了绞刑，有些被判长期入狱。纽伦堡战争法庭负责制定了一套医学和研究伦理准则（Sasson & Nelson，1969）。此外，纽伦堡准则（Nuremberg Code）强调了针对研究的如下伦理要求。

1. 被试应该同意参加研究。

2. 被试应该完全知晓研究计划的特点。

3. 必须尽可能避免风险。

4. 必须最大限度保护被试以避免风险。

5. 研究计划应该由在科学上合格的人员执行。

6. 被试有权在任何时候终止参与。

正如我们即将看到的，纽伦堡准则对美国心理学会关于心理学家应该遵守的伦理准则具有显著影响。

1956 年，威洛布鲁克爆发了肝炎。一个儿童心理迟滞机构鼓励医生有意感染新进病人，以在可控制条件下研究这种疾病的发展。大约有 10% 的新进病人感染了这种疾病，并且被安置在单独病区，没有给予治疗（Beauchamp & Childress, 1979）。即使病人的父母同意参与这一研究，许多父母仍然认为他们是迫于压力而参与的。虽然这一计划确实产生了针对改善肝炎治疗的许多宝贵资料，但它涉及了一个关键的伦理问题。这个伦理问题是，这些被试参与的是与心理迟滞不相关的项目。我们很难预见心理迟滞与肝炎研究之间有何关系。

塔斯克吉梅毒研究始于 1932 年（Jones, 1981），并且延续到了 20 世纪 70 年代早期。这项研究的目的是观察梅毒在未治疗个体中的发展进程。为了实现这一目标，399 名生活在亚拉巴马州塔斯克吉市且已感染梅毒的非洲裔美国人参与了研究。医生只是告诉病人美国公共卫生署将对他们的血液问题进行治疗，并且从没告诉他们研究的目的或者他们已经感染了梅毒。当然，他们也没有接受任何针对梅毒的治疗。当地医生也被告知不要去治疗这些人的梅毒，而且被试还被告知如果他们寻求针对这一疾病的其他治疗，美国公共卫生署将终止现有治疗。尽管通过该项计划，研究者可能也获得了一些关于梅毒发展进程的资料，但是它们是以病人不知情，甚至以他们的生命为代价的。

心理侦探

请综述纽伦堡准则的要点。塔斯克吉梅毒研究违反了其中哪些原则？这一研究是怎样违反这些原则的？

就这项研究来说，除了研究由具有资质的科学家完成外，它似乎违反了纽伦堡准则的所有其他原则。病人没有同意参加研究，也不知道研究的目的。病人也没有得到应有的保护以减少有关健康风险，也完全

没有自愿终止参与的权利。

在米尔格拉姆（1963）的服从权威实验中，被试被告知参与一项学习实验，而且始终被分配"老师"这一角色。另一位被试（实际上是假被试）扮演学习者角色。老师的任务是教学生一组单词。这位老师被告知研究的目的是想看惩罚对记忆的影响。这位学习者（位于邻近的一个房间）每次犯一个错误时，老师就通过一次电击来帮助学生纠正错误。虽然实验中并没有真的施加任何电击，但老师（即真被试）不知道这一点，而且学习者也假装每次都被电击了一样。

一旦实验开始后，学习者就会故意犯错，因此老师就不得不施以电击。针对每次犯错，实验者指示老师增加电击的电压水平。随着错误（和电压水平）增加，学习者开始呻吟和抱怨，并且最终拒绝回答任何问题。实验者告诉老师，没有反应也算一次错误，并且继续电击。当老师所施电击达到最高水平或者老师拒绝施以任何电击后，实验终止。与米尔格拉姆当初的设想不同，即使在被试认为的很高电压水平上，他们仍然施以多次电击。

尽管这一研究增进了我们对服从的了解，但它不是没有伦理问题的。例如，就拿保护被试的权益来说，实验者通过故意要求被试继续施加电击而使他们感到不舒服和面临精神折磨（Baumrind, 1964）。而且，米尔格拉姆（1964）对于他的被试所面临情绪困扰的严重程度也没有清醒的认识。即使留意到了针对被试的这种高水平困扰，米尔格拉姆决定还是继续实验。作为一位训练有素的研究者，米尔格拉姆给了所有被试一个实验后简报（debriefing session）。在这个环节中，研究者解释了研究的真正目的，而且学习者也与真被试进行了面对面谈话。之后，所有被试还收到了一个关于研究结果的报告。在 20 世纪 60 年代早期，这样的简报以及后续跟踪程序并不是强制的。

在研究伦理方面，请不要做这样的事情！

我们需要画出不道德行为的底线，这样就可以尽可能接近那条线但不逾越它。

美国心理学会关于人类被试研究的伦理原则

像塔斯克吉梅毒研究和米尔格拉姆研究这样的实验促使美国心理学会最终制定了其伦理指引。美国心理学会在 1973 年制定和公布了第一版的伦理准则，随后分别在 1982 年和 2002 年做了修订。

表 2-4 列出了美国心理学会关于研究和发表论文的伦理标准。

表 2-4　美国心理学会关于开展研究的理论标准

8.01 机构同意

在申请机构同意时，心理学家需要提供关于其研究的准确信息，并且在研究开始前获得同意。他们根据所批准的程序开展研究

8.02 针对研究的知情同意

（a）根据标准 3.10（知情同意），研究需要获得被试的知情同意。在获得知情同意时，心理学家需要告知被试①研究的目的，预计完成时间和流程；②他们拒绝参与以及中途退出的权利；③拒绝或退出的后果；④诸如潜在威胁、不适和负面结果这些可能影响他们参与意愿的因素；⑤任何前瞻性的研究益处；⑥保密范围；⑦参与的报酬；⑧涉及研究和被试权益的联系人（联系人负责解答有关问题）

（b）心理学家在开展涉及实验处理的干预研究时，需要在研究开始时就向被试澄清①有关处理的实验特点；②实验中如果有任何处理的话，那么针对控制组要或不要进行的处理是什么；③设置处理组和控制组的方法；④如果某被试不情愿参加或中途退出研究，则替代处理是什么；⑤参与研究涉及的费用是否由被试或第三方支出

8.03 针对录音和录像的知情同意

（a）心理学家因研究需要录音或录像时需先获得同意，除非①研究只是公共场合的自然观察，而且不认为这一行为会产生任何伤害或识别被试身份；或者②研究设计包含隐瞒技术，而且同意是在简报环节获得。

8.04 当事人/病人、学生和下属被试

（a）当使用当事人/病人、学生和下属作为被试时，心理学家不能因其拒绝或退出而产生任何负面后果。

（b）当研究本身是课程的一部分或者获得学分的机会时，被试也可以通过其他活动获得同等待遇。

8.05 省略知情同意环节

心理学家可以在下述情况下省略知情同意环节，①当研究不被认为会产生任何痛苦或伤害，而且涉及：在学校中开展的正常教育实践、课程或课堂管理方法；匿名问卷、自然观察或文献研究，而且披露其反应不会使被试面临刑事或民事责任风险，损害其经济地位、雇佣状况或声誉，同时其保密权得到了保护；或者在组织机构进行的关于工作或组织绩效影响因素的研究，而且不会对被试的雇佣状况产生任何影响，同时其保密权得到了保护。

8.06 因参与研究而给予物质或经济刺激

（a）心理学家应该避免因被试参与研究而给予过大或不恰当经济或其他刺激，因为这样的安排可能有强迫被试参与的意图。

（续）

（b）当把提供专业服务作为参与的刺激时，心理学家应该澄清服务的特点以及风险、责任和局限性。

8.07 隐瞒

（a）心理学家在研究中不应该采用隐瞒技术，除非他们相信，采用隐瞒符合该项研究的科学、教育或应用价值，而且非隐瞒技术的效果是不可信的。

（b）心理学家不能对被试隐瞒可能产生身体疼痛或严重精神痛苦的操作。

（c）心理学家应该尽可能早地向被试介绍隐瞒也是研究的一部分，最好是在他们的参与结束时，但不要晚于整个数据收集结束时，而且允许被试撤销他们的数据。

8.08 简报

（a）心理学家应尽快向被试介绍有关研究的特点、结果和结论的机会，并且采取必要步骤向被试纠正有关误解。

（b）如果科学或人性价值促使我们延迟或暂不披露有关信息，则心理学家需要采取必要步骤以避免产生任何伤害。

（c）当心理学家了解到研究的某一部分伤害到某位被试时，他们应该采取必要手段使这种伤害减少到最低。

资料来源：American Psychological Association（2002）. Ethical principles of psychologist and code of conduct. *American Psychologist*, 57, 1060-1073. Reprinted with permission.

那些与①确保被试知情同意（informed consent）和②在研究中使用"隐瞒"（deception）手段的标准已经被证明是具有争议的。

> **心理侦探**
>
> 为什么你认为在进行心理学研究时这些标准是具有争议的？

许多心理学研究，特别是社会心理学研究，都会涉及隐瞒问题。研究者相信在许多情况下，只有当被试不知晓研究的本质时，才能获得诚实和无偏向的反应。因此，研究者发现很难在研究完成前给予被试一个完整和准确的实验介绍，并且获得知情同意书。

隐瞒在研究中是必需的吗

理想情况下，研究者应该向被试解释一项研究的目的，并且赢得他们的合作。然而，提供一项研究的全面解释或介绍可能会影响被试的反应。例如，我们来看一下 Driggers 和 Helms（2000）关于收入和约会意愿的研究。如果被试已经知道他们将要评估收入对约会的影响，那么他们的行为可能很容易受到他们认

为行为应该怎样所影响。正如我们即将看到的，在心理学研究中非常重要的一点是，应该设法保证人类被试不是因为①他们已经发现了实验的意图，并且知道被要求怎样反应或者②他们认为研究者期望他们以某种方式做出反应（参见 Rosenthal，1966，1985）。

因此，有证据表明，如果为了使结果不受被试关于实验的知识以及这些知识所带来的期望所影响，那么在某些情况下隐瞒就是有道理的。如果研究者采用隐瞒技术，那么他们怎样获得知情同意呢？

知情同意

标准 8.02 表明，被试应该就他们参与的某项研究给出知情同意。这种知情同意常常有关于研究的描述，被试在签名后参与研究。图 2-5 给出了知情同意书的一个样板。

知情同意书

请阅读本同意书。如果你有任何问题，请询问实验人员，他将回答你的问题。

心理学系支持保护人类被试参与研究及相关活动的任何权益。请根据以下信息决定你是否愿意参加本项研究。你也应该清楚，即使在同意参加后，你也可以在任何时候选择退出，而且你的退出不会招致任何惩罚或责备。

为了确定众多人格特质之间的关系，你被要求完成几个问卷。你应该不会超过 30 分钟就能完成这些问卷。需要提醒你的是，这些问卷都是匿名完成的。

"我已经阅读了上述声明，并且完全了解了有关研究流程。我有充分机会询问关于研究流程和潜在风险的任何问题。我了解了研究的潜在风险，并且自愿承担这些风险。同样，我也了解我可以在任何时候选择退出，而且不会受到责备。"

日期：＿＿＿＿＿＿

被试和 / 或 授权代表

图 2-5　知情同意书样板

正如你可以看到的，这份同意书给出了一个关于研究的一般性介绍，被试将参与这项研究，以及他们决定不参与时不会有任何惩罚。而且它也清楚表明，被试有权在任何时候退出研究。

心理侦探

即使看起来不那么明显，知情同意的过程也可给研究者一个新的变量予以评估。这个变量是什么呢？

知情同意过程本身以及由此产生的信息也引发了一些有趣的研究。例如，爱德华·伯克利（Edward Burkley Ⅲ）、肖恩·麦克法兰（Shawn McFarland）、温迪·沃克（Wendy Walker）和珍妮佛·扬（Jennifer Young）（均为南伊利诺伊大学爱德华兹维尔分校的学生）评估了把"有权退出实验声明"打印在知情同意书上的效果。两组被试参与解字谜游戏。其中一组的知情同意书上包含"有权退出实验"的声明，另一组的知情同意书则不包含这个声明。Burkley 等人（2000）发现，印有退出声明组学生相比另一组完成了更多字谜题。很明显，知情同意过程对实验结果产生了影响。遵照伦理流程进行研究将为研究者在未来提供更丰富的实验机遇。

尽管标准 8.02 的目标似乎不难满足，但有一类被试会带来一些特别的问题——儿童。例如，如果你想对小学一年级学生开展一项研究，那么你的研究计划必须先征得学院或大学委员会同意。（我们将在下文讨论伦理审查委员会的问题。）获得批准后，你还需要联系有关小学以获得批准。这个批准可能还要包含几个层次的批准：教师、校长、校监和学校理事会。上述每一层次都将严肃审查你的计划以保证儿童权益。成功解决这些问题后，你还需要从每位儿童的父母或法定监护人处获得同意。儿童的父母或法定监护人要签署知情同意书。

关于研究的介绍写得越笼统，对隐瞒的运用或不完整解释研究计划的空间就越大。例如，图 2-5 的知情同意书就没有明显地告知被试，他们参与的是一项旨在了解人际交往灵活性、自尊和死亡恐惧之间关系的研究（Hayes，Miller & Davis，1993）。

对被试隐瞒一个实验的真实目的或者不提供一份实验的完整信息，可能会使某些被试处于潜在的风险之中。谁说完成某份调查或问卷将不会对某位被试产生某种强烈的情绪反应呢？也许，在一项关于儿童虐待的研究中，某位被试就在学前班时曾遭受性骚扰，而完成你的问卷将唤起那些令其恐惧的回忆。你需要仔细考虑所有可能的反应，并且评估其严重性。

被试参加研究的风险以及最低风险

处于风险中的被试（participants at risk）是指被试因所参与的研究而处于某种情绪或生理威胁之中。很明显，参与塔斯克吉梅毒研究和米尔格拉姆服从实验的被试就处于风险之中。获取处于风险中被试的知情同意是一项强制性条件。

> ◆ **处于风险中的被试** 参与实验的被试在生理或情绪方面处于危险情境中。
> ◆ **处于最小风险中的被试** 参与实验的被试在生理或情绪方面不会处于危险情境中。

处于最小风险中的被试

（participants at minimal risk）是指被试在参与某项研究时不会经历任何伤害。例如，阿纳斯塔西娅·吉布森（Anastasia Gibson）、克里斯蒂·史密斯（Kristie Smith）和奥罗拉·托雷斯（Aurora Torres）（2000）观察了顾客在自动取款机取款时的扫视行为（参见第 4 章）。在这个研究中，被试处于最小风险之中；记录他们的扫视行为不会影响他们的生理或情绪健康。尽管也应该鼓励，但不应强求对处于最小风险中的被试签署知情同意书。事实上，Gibson 等人也指出，"由于这是一项系统性的自然观察研究，因此被试没有填写知情同意书"（p.149）。

然而，对于那些参与隐瞒研究的处于风险中被试又是怎么一回事呢？在这种情况下，我们又怎样满足相关伦理要求呢？

首先，研究者应该告知被试所参与的研究可能引发伤害的有关特征。如果研究者使用隐瞒策略，那么不应该隐瞒被试可能受到伤害的那些部分。例如，当被试需要服用某种致幻剂时，你不能欺骗他们说正在服用一种维生素片。当被试知晓了所有潜在危害后，他们就可以对是否参与研究给出有效的知情同意了。

其次，在使用隐瞒策略时，满足伦理要求的另一个办法是，在实验完成后给予被试全面的简报。在讨论某些特殊被试这一问题后，我们还会回到这个主题。

易受伤害人群

研究者认为什么样的环境具有风险或潜在伤害，可能取决于针对某一项目的被试类型。例如，涉及强体力活动（如测试体育锻炼对记忆任务的影响；这种体育锻炼显然对健康被试没有影响）的实验可能就使不健康被试处于危险之中。同样，在选择喜欢或不喜欢某类同伴的研究中，被试的年龄也可能是导致情绪伤害或精神痛苦的相关因素。

研究者必须谨慎了解，被试可能不能完全理解实验者的全部要求。这样的被试包括儿童、生理或心理病人、低智力或低文化水平者或者英语为第二语言者。在这些情况下，研究者必须特别小心，以使这些个体或者其父母等监护人完全理解实验要求以及参与研究的任何风险。为了理解重视这些易受伤害人群的意义，我们假设你来到一个不太会其语言的国家，而且你同意参加一项具有潜在危险但你又不了解这种危险的研究，这时你会感觉怎样？在一些情况下，专业协会已经制定了特定指南以处理这些易受伤害人群。例如，美国儿童发展研究会（Society for Research in Child Development, SRCD）就制定了 16 条针对儿童研究的指南。你可以从网站 http://www.srcd.org 下载这些指南。

简报环节

简报环节（debriefing session）常常是开展一项研究计划的最后一步，指向被试解释研究的特点和目的。简报在某

> ◆ **简报环节** 指在研究结束时，向被试解释一个实验的特点和目的的那段时间。

些情况下是非常重要的，而且不应被研究者轻视。埃里奥特·阿伦森（Eliot Aronson）和卡尔史密斯（J. M. Carlsmith）（1968）针对有效简报提出了几条非常好的指南。

1. 研究者应该能够将作为一个科学家的真诚传递给被试。研究者对科学方法的信赖是解释为什么要采用隐瞒技术以及如何在研究中运用这种技术的基础。

2. 如果在研究中采用了隐瞒技术，那么研究者应该使被试确信，他们在研究中被欺骗或愚弄，并不是他们道德或智力水平的反映。这种感觉恰恰表明，隐瞒技术在项目中是有效的。

3. 由于简报在一项研究的执行中常常是最后一步，因此研究者可能有尽快结束之意。这种做法是不被鼓励的。被试尚有很多信息需要消化和理解；因此研究者对待简报环节应该相对平缓。相关解释应该是清晰和可以理解的。

4. 研究者应该对简报没有缓解被试不适这种情况很敏感，并且尽量改变这种状况。简报的目标是让

被试恢复（或接近恢复）到研究开始时的心理和情绪状态。

5. 研究者应该重申在研究开始时做出的关于信息保密和匿名的保证。为了保证这一点是可信的，研究者应该已经具备了其作为一个科学家所应有的真诚度。

6. 不要通过事后发送解释和研究结果的方式来满足简报的要求。为了产生最大效果，你应该在实验环节结束后立即进行简报；并没有什么更容易的方法来满足这个要求。

这些指南指明了简报的一个理想状况，应该尽可能遵循。在绝大多数情况下，简报环节并不需要耗费很多时间。例如，华盛顿州立大学温哥华分校学生艾尔沃·苏（Elvo Kual-Long Sou）和他的导师洛莉·欧文（Lori Irving）调查了美国和中国澳门大学生对心理疾病的态度。他们写道："被试一完成调查，就收到一张简报纸，上面解释了研究的目的，提供了关于心理疾病的基本信息以及针对心理疾病问题怎样寻求帮助"（Sou & Irving，2002，p.18）。

心理侦探

请综述关于简报的讨论。简报的主要目标是什么？

简报的主要目的是解释实验的特点，排除或减少被试在参与过程中产生的任何不适，并且使被试尽可能恢复到实验前的心理状态。例如，米尔格拉姆就对被试的情绪状态很关注。在研究结束后，他给被试一份 5 页的报告，描述了有关结果以及它们的意义。被试还完成了一份问卷；84% 的被试表明他们高兴参与他的研究。在一个对 40 名被试长达一年的追踪之中，一位精神科医生报告，"没有证据表明，被试有创伤性反应"（Milgram，1974，p. 197）。

同样，在社会情境下完成的一项关于焦虑的研究中，华盛本大学（Washburn University）的学生库尔特·爱因塞尔（Kurt Einsel）和他的导师辛西娅·特克（Cynthia L. Turk）完成了如下简报。"实验者解释了研究的方法学逻辑，回答了任何有关的问题，要求被试不要向其他潜在被试分享研究经历，提供了关于社会焦虑以及治疗的信息来源"（Einsel & Turk，2012，p. 28）。

简报环节还可以从被试的角度使研究者获得关于实验的一些信息。对自变量的操控是否有效？如果采用了隐瞒技术，那么它是成功的吗？指导语清晰吗？你能够从简报环节获得关于上述问题以及其他相关问题的答案。

在心理学研究中使用动物的伦理原则

我们已经讨论了针对人类被试的理论准则。自从威拉德·斯坦顿（Willard S. Small）（1901）于 1900 年在克拉克大学（Clark University）设计了第一个老鼠迷津以来（Goodwin，2005），众多心理学研究使用了动物被试。心理学研究使用动物被试也带来了许多分歧与争议，近年甚至导致了暴力行为。动物研究的支持者指出，动物研究取得了巨大成功和科学突破（如 Kalat，1992；Miller，1985）。例如，诸如输血、麻醉、镇痛、抗生素治疗、胰岛素治疗、接种疫苗、化疗、心脏复苏、冠状动脉分流手术和整形外科手术这样的医疗手段均基于动物研究。100 多年来，心理学家在学习、心理病理学、大脑和神经系统功能以及生理学等领域使用了动物被试。不可否认的是，动物研究产生了大量重要且有益的结果。

然而，动物保护主义者认为相比有关进展，动物研究的代价太大。他们提到的问题包括喂养问题以及动物在研究期间所遭受的疼痛，并且坚持这样对待动物必须停止（Miller & Williams，1983；Reagan，1983；Singer，1975）。

尽管研究者和动物保护主义者之间的争论还可能持续一段时间，但我们现在关心的是动物研究中的伦理问题。除了关注针对人类被试的伦理问题，从 20 世纪 60 年代起，社会各界也增加了对动物研究中伦理问题的关注。例如，1966 年由立法机构通过的《动物福利法案》就是旨在保护在研究中使用的动物。美国心理学会也通过了心理学研究中有关动物研究的伦理标准（APA，2002）。表 2-5 列出了这些标准，以保证用于研究和教育目的的动物得到人道对待。这些标准提升了研究动物的饲养条件。

我们已经讨论了对待动物和人类被试的伦理标准，接下来让我们讨论决定一项研究是否应该进行的评审小组的情况。对侦探来说，陪审团将做出决定；

对于心理学家来说，伦理审查委员会将决定一项研究是否应该开展。

表2-5 美国心理学会伦理标准8.09：人道饲养和使用动物被试

（a）心理学家获取、饲养、使用和处置动物需遵守联邦、所在州和当地法律、法规，并且遵守职业规范。

（b）需由受过研究方法训练和具有动物护理经验的心理学家全程指导涉及动物部分的实验流程，并且采取措施保证动物的舒适环境、健康和人道对待。

（c）心理学家需保证在其指导下的所有工作人员已经接受了研究方法以及对所使用动物的饲养和管理等方面的训练，并且已经能够恰当地承担其在实验中的角色。

（d）心理学家应该尽量避免动物产生不适、感染、疾病和疼痛。

（e）心理学家只有在替代性方法不适用时才可设置动物疼痛、焦虑和其他不适（如饥饿）条件，且目标应符合其科学、教育和应用价值。

（f）心理学家应在麻醉状态下对动物进行手术，采取措施避免动物感染，并在手术中和手术后尽量使动物少感受疼痛。

（g）当需要结束动物的生命时，心理学家应该迅速执行，并且尽量使动物少感受疼痛。

资料来源：American Psychological Association.（2002）. Ethical principles of psychologist and code of conduct. *American Psychologist*, 57, 1060-1073.Reprinted with permission.

美国伦理审查委员会

在一些机构，审查使用人类被试的可能叫"人类被试审查小组"（Human Subjects Review Panel）；而动物饲养和使用委员会负责审查动物研究。在另一些机构，**美国伦理审查委员会**（Institutional Review Board, IRB）负责审查涉及人和动物被试的相关研究。尽管各个机构之间关于伦理审查机构的名称可能不一，但其功能大同小异。

◆ **伦理审查委员会** 负责审查研究项目是否符合公认的伦理标准的大学委员会。

一个典型的伦理审查委员会由各个领域的人员组成。例如，如果看一所大学的IRB，你会发现其成员可能来自历史、生物、教育、心理和经济学。另外，可能还有一两位成员不是来自这所大学的。委员会可能需要一位兽医来协助审查有关动物研究。

这个组织的任务不是决定一项研究的科学价值；主导科研项目的科学家是那个领域的专家。IRB的责任是审查有关研究流程、心理测验或问卷、知情同意书、简报方案，在动物研究中涉及令动物痛苦的操作和人道处置动物的流程等。如果被试处于风险之中，那么在实验前他们是否已经知情？被试是否有能力在任何时候终止参与？如果采用了隐瞒手段，那么简报能够消除其带来的负面后果吗？某一问卷或调查会引起强烈情绪反应吗？总之，IRB就是要保证研究者依据有关伦理准则对待被试（不管人还是动物）。如果IRB决定某一项目没有遵守有关伦理准则，它可以要求修改，直到达到有关要求为止。

当你开展自己的研究时，不管是实验心理学、研究方法课作业还是一项独立研究，毫无疑问你都应该完成有关申请文件，并获得你所在大学IRB的同意。不要被这项任务所吓倒。IRB申请指南应该是清晰和直接的。Prieto（2005）开发了一组问题来指导你的思维并准备有关研究计划和IRB申请，见表2-6。当你准备IRB申请时，我们鼓励你参考这些指引。

表2-6 准备IRB申请时所询问和回答的问题

1.当准备你的研究计划时，试问你自己如下的一般性问题：

- 以我设计的办法取样、获取知情同意书、收集和存储数据以及报告和发表结果，会有什么问题吗？请从更糟糕的方面考虑问题。
- 被试对我的研究以及数据收集的体验是什么？请从他们的角度考虑。
- 我这项研究的普遍价值是什么？这些价值怎样才能抵得上我给被试带来的潜在风险或不便？

2.准备研究计划时，试问你自己如下这些更具体的问题：

- 我的每个被试都能阅读并且完全理解知情同意书的内容吗？
- 我的研究材料能够在何种程度上获取被试的个人身份信息，使得他们处于某种风险之中？
- 如果数据不幸丢失或公开，我的被试会面临何种尴尬或隐私泄露？
- 我是否已让其他人帮助检查，看我的研究材料是否可能是令人尴尬的，在文化上倾向于冒犯的，或者对被试明显带有攻击性的？
- 如果我对某些敏感问题（如性虐待）收集数据，对某些受到保护的群体（如少数族裔）进行研究，或者了解到被试对自己或他人的潜在伤害（如意图自杀），那么根据学校规章制度和国家法律，我知道在保护少数族裔和心理病人方面应该承担的责任吗？
- 如果某个被试对我研究中的一些问题感到不适，那么我有没有安排一些措施，而且如果不适持续或者变得严重，我有没有转介服务？
- 在研究期间，我有没有把我的一个常用联系方式（如电话、传真、电子邮件或邮寄地址）告知所有被试？

（续）

- 除了得到 IRB 同意的研究合作者之外，我能妥善保管所有数据，使得任何其他人都不能获得吗？
- 我能保证所有物质奖励（如额外学分、金钱或其他值钱的东西）平等分配给所有被试，而且我给予的物质奖励没有导致一个弱势组别或一个受到保护的群体为了获得这些奖励而使自己处于某种风险之中吗？

资料来源：Prieto, L.R.（2005）. The IRB and psychological research: A primer for students. *Eye on Psi Chi*, 9（3），24-25. Reprinted by permission.All rights reserved.

实验者的责任

实验者是一项研究中伦理行为的最终责任人。为了体现这一责任，研究者需要仔细权衡一项研究的收益与代价，并且决定是否开展。一项研究产生的新知识代表了收益。那么代价是什么呢？时间和费用肯定是代价，而且应该纳入考虑之中。研究会使被试处于风险之中是需要考虑的另一个代价。

学生完成课程论文时也应该对伦理行为负责。申请采用人类或动物被试的研究同样必须提交 IRB 审查。在绝大多数情况下，论文的指导教师需要在申请书上签名。

被试的责任

很明显，被试享有很多而且重要的权利。接下来，让我们从另一个角度来看问题。

心理侦探

被试也应该承担伦理责任吗？研究者会希望被试有怎样的表现？

Korn（1988）建议，被试应有如下几项责任。

1. **按约及时以及准时参加实验。**研究者、其他被试和整个研究计划都会因某一被试的迟到或失约而遭受损失。

2. **被试有责任仔细听取实验者的介绍并向其提出问题以理解有关研究。**这种专注和提问对被试签署知情同意书是很重要的。

3. **被试应该认真参与研究，并与实验者良好协作。**不管研究任务和设置如何，被试都应该对其参与以及研究计划认真对待。被试可以认为研究者将在之后予以解释。

4. **研究完成后，被试有责任了解究竟发生了什么。**除了作为被试外，他们还有责任从一般意义上了解一项研究的进程以及具体到这项研究的有关情况。总之，在简报环节，一个被试的责任是询问任何不理解的问题。此外，研究者也会感谢被试对研究计划的思考和观察。

5. **被试有责任尊重研究者的要求，即不把有关研究的信息泄露给潜在被试。**作为简报环节的一部分，研究者可能要求被试不要与他们的朋友讨论研究。作为被试，他有责任尊重这样的要求；泄露有关信息可能会破坏整个研究的有效性（参见第 7 章）。

很明显，被试的责任也一定是关于一项研究伦理要求的一部分。不幸的是，被试的责任常常受到最少关注。为什么？许多学生成为被试是因为他们选了"心理学导论"课，而做被试是课程要求之一。让学生在一个"被试板"上填写信息或者其他不正式的联系被试方式都会使讨论被试责任这一问题变得异常困难。解决办法在很大程度上取决于任课教师的解释以及与学生充分讨论这些责任和研究的益处。

研究完成后研究者应尽之伦理义务

一个实验者的伦理责任在数据收集以及简报结束后并没有完成。实验者有责任以一种符合伦理标准的方式发表有关结果。这里面的两个主要问题是剽窃和数据造假。

剽窃

剽窃（plagiarism）是指使用他人的工作，而不指出来源或原作者的贡献。很明显，剽窃违反了心理学家的伦理标准。尽管我们可能对专业的心理学工作者存在剽窃行为难以置信，但它确实存在（Broad, 1980）。不幸的是，剽窃在大学中并不罕见。尽管一些学生可能认为剽窃是完成课后作业或学期论文的捷径，但许多

> ◆ **剽窃** 指没有注明出处或肯定原作者贡献就使用他人工作的行为。

学生表明他们从未有剽窃行为。加拿大毕索大学（Bishop's University）心理学系（1994）清楚说明了你应该如何避免剽窃。以下是有关指引。

1. 你论文的任何一部分包含了一位作者的完整词句都必须用引号分隔，并且注明作者姓名、出版日期和所引页码。

2. 你不应该只以小改动方式（如整合句子、省略短语、改几个词或颠倒句序）来改写有关材料。

3. 如果你要用自己的话说某些东西，但又要利用某位作者的发现或观点，则不需要使用引号分隔，取而代之是在引用内容后用括号标出，如（Jones, 1949）。

4. 总是确认第二手资料（参见"正确引用参考文献"）。

5. 除非你说的东西是常识性的，否则对所有事实性陈述以及非原则性的观点、意见，必须标注引用出处。

6. 不要提交与之前已在别处提交的论文相同或相近的论文。

7. 在论文正式投稿前，可以先请人对之予以批评，以便你对有关逻辑、语法、断句、拼写和表达错误进行纠正。然而，请另一个人重写你的论文的任何部分或者请人把你的论文从一种语言翻译成英文是不允许的。

8. 保留你有关工作的注解或草稿，以及那些你所在大学所没有的材料的复印件。

就我们的经验来说，指引 2 对学生来说是最难遵守的。如果再读一次这一条指引，你会发现，即使改写一个作者的词句也算剽窃。全面阅读资料是有益的，但在写作时你就应该把它们放一边了，以便你不会试图复制或改写它们。例如，如果你把上句改写为"仔细阅读资料是有好处的，但在写作时你就应该把它们放一边了，以便你不会试图复制它们"，那么就是剽窃了。

此外，如果你的教授不鼓励你在论文中采用原文引用，那么你也不应感到惊讶。许多教授都喜欢你用自己的语言来表达有关观点，然后引用资料来源。

为什么研究者会剽窃呢？尽管每个人的理由都可能因人而异，但发表论文的压力应该是最主要的原因（Mahoney, 1987）。由于一个人的工作保障（如申请终身制职位）以及薪酬常常都直接与发表记录挂钩，因此研究和发表变成了一位学者的中心工作。在匆忙准备论文以及提升自己的发表记录时，特别是对那些不能体会写作乐趣的人来说，从这里或那里借用一些段落也许是一种容易和快速的办法。

数据造假

数据造假（fabrication of data）是指那些在数据收集结束后修改数据或者编造他所需要数据的行为。像剽窃一样，数据造假是明显违反伦理准则的行为。在心理学史上，可能最著名的数据造假者是英国著名心理学家西里尔·伯特（Cyril Burt, 1883—1971）。伯特关于双生子的研究支持智力主要遗传自父母这一观点。在相当长的时间里，他的数据都没有受到挑战，但后来研究者发现，他在不同的研究里报告了完全一样的结果。批评者指出，在不同的研究中出现完全一样的结果几乎是不可能的。伯特的支持者认为，由于年迈，他可能忘记了哪些数据属于哪项研究。不幸的是，学者们没办法解决这一争执，因为在伯特去世不久后有关数据就被销毁了。研究者们现在同意，伯特的研究没有多少科学价值。

> ◆ **数据造假** 是指实验者刻意修改或编造数据的行为。

现在，这就是不发表即灭亡。

心理侦探

是什么导致一位科学家数据造假呢？

我们可以再次把之归结为"不发表，即灭亡"（publish or perish）的压力。我们在研究中采用真或假的假设（即虚无假设，见第 5 章）；因此总有可能一项研究的结果不是预期结果。当数据不符合预期时，就有一种修改数据以与预期或相关理论一致的诱惑。很明显，稍微改一下数据会比重做一个完整的实验更容易，也更快。从稍微改几个数据到完全数据造假似乎也不是一个巨大变化。

在科学界，错误信息的后果应该是不言自明的。心理学家伪造一个发现，实际上是在鼓励其他研究者对注定要失败的研究进行探索。在时间、工作量、被试和经费上的付出可能是很巨大的。而且，由于大多数研究是得到联邦政府资助的，因此纳税人的损失也是明显的。由于数据是一项研究的基础，因此伦理行为是极为关键的。

运用统计结果撒谎

除了禁止剽窃和数据造假行为外，研究者还有责任以无偏方式报告有关数据。从第一感来看，这一责任似乎是相当直接的，也是没什么后果的。结果就是结果，难道不是吗？对这个问题的答案既是"是"，也是"否"。是，表明基本结果是不可更改的；然而，研究者可以有各种选择和创造力去决定哪些应该报告，以及怎样报告。例如，一个研究者可以选择性地放弃一些重要数据，而强调另外一些数据（这些数据可能是并不重要的）。报告什么以及怎样报告在决定你的读者获得什么结论上非常关键。达莱尔·哈夫（Darrell Huff, 1954）出版了一本名为《统计陷阱》（*How to Lie With Statistics*）的书。他在书中介绍了很多有问题的统计手段，错误地影响了读者。在余下的章节中，我们会继续介绍如何报告统计结果。目前，你应该清楚，研究者有责任以无偏方式报告他们的结果。就像一位好侦探一样，你要对那些可能误导或缺失的证据保持警惕。

正确引用参考文献

当别人阅读了你的研究报告并且注意到你引用文献支持了你的观点、假设以及你对数据的解释时，他们假定你确实阅读了这些文献。这个假定很好理解；如果你设计一个研究去检验一项理论，那么你应该首先阅读了这个理论。事实上，一些教授可能要求你只引用那些你确实读过的原文献。

另外，还有一种可能，你了解到一项有趣和中肯的研究，但又不能获得原文献。也许你的图书馆里没有订购发表这篇论文的期刊，而且你也不能通过馆际借阅获取有关文献。糟糕的是，你也没有作者的联系方式。甚至，这个研究还没有正式发表。那么，不能获取某篇原始文献时，你应该怎么办呢？如果原文献出自某本你不能获得的期刊，那么就像你确实看过一样引用和列出这篇文献就很有诱惑力。我们提醒你不要这么做；研究者有伦理责任只引用和列出其阅读过的文献。作为一种解决办法，你应该引用二手文献。

不要绝望；有一种办法帮助你把那些你不能获得的文献放进研究之中。下面是具体办法。假定你阅读了 Smith 和 Davis（1999）的这篇文章，该文又引用了 Brown（1984）所完成的一项研究。你想引用 Brown 的这篇论文，但你找不到它。在这种情况下，你可以这样引用：

Brown（正如 Smith 和 Davis, 1999 所引用）发现……

在参考文献部分，你将只列出确实读过的 Smith 和 Davis（1999）的这篇文献。我们将在第 14 章详细介绍如何在文中引用以及列出参考文献。我们鼓励你现在就去阅读相关内容。我们认为，在文中引用和列出参考文献时，还有许多细节需要进一步学习；你需要努力学习以掌握这些技能。福尔摩斯评论："长期以来，我的格言就是，细节毫无疑问是最重要的。"（Doyle, 1927, p.194）

表 2-7 列出了美国心理学会关于报告和发表研究数据的有关伦理标准。

表 2-7　美国心理学会伦理标准 8.10–8.15：报告和发表你的研究

8.10 报告你的研究结果
（a）心理学家不数据造假。
（b）如果心理学家发现了在他们已经发表的数据中存在严重错误，那么他们可以通过修正（correction）、撤稿（retraction）、勘误（erratum）或其他恰当方式予以改正。
8.11 剽窃
（a）即使其他人的工作或数据得到了引用，心理学家也不能把这些工作或数据报告成是自己的。

（续）

8.12 署名权

（a）心理学家只有在确实开展或具有实质贡献的情况下才具有相关权利和义务，包括署名权。

（b）主要作者（principal authorship）和其他作者顺序准确反映了研究者的科学和专业贡献，而不是他们的地位。只具有某个职位（如系主任）不足以在论文中署名。对一项研究有不重要贡献或者只是写作论文这样的贡献将通过脚注或致谢予以承认。

（c）除特殊情况外，一位博士研究生在发表以其博士学位论文为基础的论文且有多位作者时，应该作为主要作者。指导教师应该尽可能早且在整个研究过程中与学生讨论署名情况。

8.13 重复发表数据

（a）心理学家不要发表之前已经发表的数据。但是在恰当说明的情况下，重新发表一些数据是可以的。

8.14 分享数据以验证有关结论

（a）研究结果在发表后，除非属于法律规定的不能泄露的有关数据，否则在被试享有信息保密权的情况下，心理学家不能对试图通过重新分析手段以验证有关结论的学者保密有关数据。

（续）

（b）那些请求获得数据进行重新分析以验证有关结论的心理学家只能用这些数据从事这样的目的。如果这些学者要利用这些数据实现其他目的，则需要获得另外的书面同意。这不妨碍心理学家要求这些人对因提供这些信息而产生的后果负责。

8.15 评审者

（a）负责评审会议报告、出版物、基金项目和研究计划的心理学家有责任对相关信息进行严格保密。

资料来源：American Psychological Association.（2002）. Ethical principles of psychologist and code of conduct. *American Psychologist*, 57, 1060-1073. Reprinted with permission.

现在，我们不想给你一个这样的印象，即大多数科学家都有剽窃、数据造假以及不恰当报告数据和参考文献的行为；事实上，他们没有。绝大多数科学家沉浸于设计和开展他们自己的研究，以揭示自然的奥秘。然而，也有那么一些不讲道德的人给科学蒙羞。我们希望你不会在这些人之中。

回顾总结

1. 实验者有责任保证一项研究需遵守伦理原则。
2. 由二战纳粹医生犯下的暴行、威洛布鲁克肝炎计划、塔斯克吉梅毒计划以及像米尔格拉姆服从实验这样的研究提升了人们对研究伦理的关注与意识。
3. 美国心理学会制定了一套针对人类被试的伦理标准。
4. 尽管研究者应该避免隐瞒行为，但为了使被试产生无偏反应，这样做也是合理的。
5. 知情同意书是一份签名的声明，表明被试了解实验的特点并且同意参加。
6. 处于风险中的被试是指那些因参与实验而使自己处于生理或情绪风险中的个体。**处于最小风险中的被试**是那些在参与实验时没有风险的个体。
7. 实验者在**简报环节**向被试解释实验的特点和目的。尽管简报的目的是消除实验可能给被试带来的任何风险，但它也能为研究者提供一些关于研究流程的有价值信息。
8. 动物研究同样需要遵守相关伦理标准。
9. **美国伦理审查委员**会由科学和非科学同行组成，负责审查一项研究是否符合伦理标准。
10. 除了被试的权利，他们还有几项责任。
11. 研究者有责任以合乎伦理的方式报告其发现。剽窃（使用他人的工作而不指出来源或原作者的贡献）和数据造假是报告研究结果中最主要的伦理问题。

检查你的进度

1. 请介绍三个受到伦理质疑的研究。
2. 纽伦堡准则强调一项研究应注意什么？
3. 在哪些情况下，隐瞒是合理的？如果采用了隐瞒手段，那么怎样才能满足被试的知情同意权？
4. 在一项研究中，被试处于某种情绪或生理风险之中，这是：

a. 处于风险中的被试
b. 处于最小风险中的被试
c. 自愿被试
d. 处于无风险中的被试

5. ＿＿＿＿的主要目的是解释一项研究的特点以及消除

任何不希望的后果。

　　a. 知情同意书

　　b. 伦理审查委员会

　　c. 针对人类被试的伦理原则

　　d. 简报环节

6. 请介绍在研究中使用动物被试的伦理要求。

7. 什么是 IRB？请介绍一个典型 IRB 的组成。IRB 具有哪些责任？

8. 在开展研究时，实验者的伦理责任是什么？

9. 请区分剽窃和数据造假。哪些压力是造成这些非道德行为的原因？

展望

　　现在，我们已经介绍了几种产生研究想法的源泉，进行有效文献综述的方法以及在进行研究项目之前必须考虑的伦理问题。我们必须把注意力转移到实际的研究方法上。在下一章中，你将学习到许多研究方法。

第3章

定性研究方法

很多人将 1879 年定为现代心理学的诞生之年（Goodwin，2005）。确立这一年作为我们所在学科的诞生之年，实际上有一定的偶然性；这是威廉·冯特（Wilhelm Wundt）以及他的学生第一次开始实验心理学研究的一年，那是在德国的莱比锡大学（University of Leipzig）。正如我们非常肯定你早已熟知，这名心理学之父对心理学的预期是将其发展成一门真正的科学；因此如何进行实验成为其中之重中之重。实际上，第一本关于心理学的主要文史资料被命名为《实验心理学史》（*A History of Experimental Psychology*，Boring，1929）。这种对科学性的重视掀起了欧洲和美国心理学实验室的组建浪潮。实验室实验获得了极大的发展并牢牢占据着心理学领域的主导地位，直到 20 世纪中期。

随着心理学的发展和成熟，作为一门学科，无论是它所研究的对象还是进入该领域的专业人士，都开始变得更加多样性。研究内容的多样性让一个事实变得非常的清楚：科学或者实验研究方法并不适合探索所有心理学研究者感兴趣的研究问题。例如，对创伤后应激障碍感兴趣的心理学家显然不会有意制造一个创伤事件，只为了研究这种应激反应的发展过程和轨迹。

诸如此类的问题促使研究者开发出一系列非实验研究策略。尽管它们被归入非实验方法，但并不一定意味着这些研究方法得出的结果就一定不如实验方法。正如你即将看到的，是否选择非实验研究手段取决于待调查的研究问题的性质，在什么地方展开调查以及研究者所收集的数据或者信息的性质。因此，第一章和第二章探索了一些非实验方法。我们还将继续介绍心理学研究方法名单中相对较新的一种：定性研究方法。

概述

定性研究（qualitative research）的根源在于社会学研究者和人类学研究者的工作，例如法兰兹·鲍亚士（Franz Boas）、玛格丽特·米德（Margaret Mead），以及布罗尼斯拉夫·马林诺夫斯基（Bronislaw Mailinoski）。19 世纪 80 年代，德国出生的鲍亚士通过对因纽特人的描述拉开了定性研究的序幕。他的兴趣不在于改变这些人的生活，而在了解他们的文化以及生活方式。他的方法旨在了解整个社会形态。

根据 Featherston（2008），"区分定性研究和更传统的研究形式的关键点在于定性研究更注重整体，这是因为研究者试图全面研究某个现象，而不是将研究的关注点局限在某几个事先选定的变量上"。(p.93) 类似地，Cresswell（1984）指出定性研究"指的是对社会或者人类问题的探索，它致力于描绘出全

> ◆ **定性研究**　在自然情境中完成的研究，致力于研究人类的复杂行为，主要研究手段为通过语言叙述、全方位地描绘待研究的行为。

局画卷，以文字为基础，勾勒出知情者详细的局部观点，且是自然情境下的风貌"（p.2）。Cresswell 的定义明确指出定性研究的主要特征。

定性研究的特征

定性研究可以用以下特征很好地概括出来。

1. 致力于理解社会或者人类问题。因为与他人的互动会赋予事物和事件新的意义，又因为随着不断地接触新团体并开始互动，所赋予的意义也会随之而变。定性研究大多数考察的是人类的社交互动行为。

2. 针对所研究的问题，描绘出包罗万象的全局画卷。定性研究并不试图将社交情境或者社交互动分离成几个基本部分、元素或者价值观。相反，定性研究的目的在于让研究报告的读者置身于研究所聚焦的社会背景或社交情境中。

3. 其研究报告以文字而不是统计分析为基础。

4. 收集相关人员的观点作为研究报告的基石。就这方面来说，定性研究者没有预先构想好的实验假设，他们的实验也不从预定的假设出发。相反，他们在研究的过程中发展出自己的假设和概念。

5. 在自然情境下完成研究。就这方面来说，非常关键的一点是定性研究者必须意识到，开展定性研究项目的时候，他们实际上承诺的是大量的现场调查（Hatch，2002）。根据 Featherston（2008），研究者"必须在现场花费足够多的时间来保证其报道的准确性"。（p.95）

心理侦探

请反复阅读定性研究的五大特征。根据这些特征，描述一下定性研究报告与更传统的按照美国心理学协会格式撰写的实验报告不一致的地方（参见第 14 章）。

如果你的回答是，定性研究的研究报告会更个性化，并且更少使用科学术语或者专业用语，那么你的方向无疑是正确的。如果你还提到了定性研究报告可能不会包含结果一节，也就是说没有统计结果和显著水平，那么你再次回答正确。

数据分析

如果定性研究报告不包括传统的结果一节，即没有数值结果和其他类型的数据分析，那么研究者如何评估他们的定性结果呢？如果定性研究者不考虑效度问题（是否测量了计划测量的概念）以及信度问题（重复测量能够得到一致的结果吗），他们研究的问题又是什么呢？不同于效度和信度，定性研究者更关心数据的可信度。也就是报告中呈现的结果是否值得关注。因此，现在的问题是："研究者如何评估数据的可信度？" Guba 和 Lincoln（1994）提出可信度可以根据以下几个标准进行评估。

1. **可验证性**（confirmability）。因为定性研究的调查人员本身就是数据的记录者，所以存在研究报告夹杂研究者的主观偏向的可能。简单地说，就是研究者如何保证报告是准确的、无偏向的，并且能够被他人核实。有几种实现这个目标的方法可供选择。首先，定性研究者可以让其他研究者仔细研读报告的初稿并找出其中前后不一致、相互矛盾或者带偏见的地方。其次，研究者应当明确说明研究过程中他们用于检查以及复查数据的程序。

2. **可靠性**（dependability）。可靠性指的是如果研究被复制，有多大可能会产生同样的结果。可靠性之于定性研究等同于信度之于采用数值型数据的研究（也就是定量研究）。两者最主要的差别在于定性研究必须注明并且判断研究所在情境的性质。如果研究情境复杂多变或者处于不断变化的状态中，这样的描述就尤为重要。在实验室环境中，原实验以及重复实验的实验条件可以轻易地统一起来；与之不同的是，定性研究所在的环境是自然环境，此刻与下一刻之间就可能发生巨大的变化。

3. **有效性**（credibility）。可验证性考察的是如何消除定性研究报告中的偏向性，而有效性考察的是是否准确地瞄准了待研究的对象并对其展开描述。如果研究的焦点并不准确，那么可能这个定性研究是无偏向的，并且在数据收集程序的检查和复查方面都表现得很好，但是并没有在研究他们想要研究的现象。

> ◆ **可验证性** 指定性研究的准确性、无偏性以及能够被他人核实的程度。
> ◆ **可靠性** 研究者认为重复实验能够产生相同结果的可能性。
> ◆ **有效性** 对研究对象的确认和描述的准确性。

根据你所知道的关于定性研究方法的知识，你将如何判断一篇定性研究报告是否具有有效性？在继续阅读之前，请仔细地思考一下这个问题并提出具体检验程序。

如果你的答案是你会让参与人（知情者）阅读研究报告并给出有效性的判断，那么你的答案就是完全正确的。因为定性研究报告描述的应当是知情人关于某种现象的观点，因此他们是最合适的评判研究报告有效性的人。

◆ **可迁移性** 定性研究结果能够推广到其他情境以及人群的程度。

4. **可迁移性**（可推广性）[transferability (generalizability)]。正如那些在实施了充分控制措施的实验室环境下展开实验的研究者一样，定性研究者也关心他们研究结果的可推广性，或者说可迁移性。为了帮助其他研究者准确地判断研究的可迁移性，定性研究的研究报告必须尽可能全面而清晰。对任何前提假设的描述都必须尽可能详尽。这样一来，根据全面而清晰的研究报告，其他研究者就可以较为准确地判断在多大程度上能将研究的发现迁移到其他情境或者人群上了。

定性研究方法举例

为了深入分析社交情境以及社交群体，许多心理学研究者、社会工作者、人本服务工作者以及护理工作者都开始使用定性研究方法。显然，定性研究是一种相当受欢迎的研究技术，主要用于对非主流群体的研究（Featherston，2008）。因为社交情境的多样性，对于定性研究者研发了一系列研究方法来研究各式各样的社交情境和社交群体，你不会感到惊讶，而且这个方法库的名单还在持续扩张。本节将介绍其中的几种。

自然观察

尽管这个术语一开始是定性研究的同义词，但**自然观察**（naturalistic observation）有若干自己的准则，是一种具有识别性的研究方法。这些准则包括：①决定研究的焦点；②规划研究日程；③预估研究的可信程度（Lincoln & Guba，1985）。根据 Featherston（2008），自然观察的目的"是在自然条件下捕捉自然活动情况"（pp.96-97）。

◆ **自然观察** 通过观测真实世界的行为来寻求研究问题的答案。

民族志调查

定性研究者展开**民族志调查**（ethnographic inquiry）的目的在于了解某种文化或者该文化的某些方面，通过该文化成员的视角来展开研究（Glesne，1999）。在民族志调查中，研究者通常采用**参与观察**（participant observation）。进行自然观察的时候，研究者尽可能地降低存在感；然而，进行参与观察的时候，研究者本身会成为待研究群体的一部分。没错，参与观察者就像便衣警探出警寻求线索一样。

◆ **民族志调查** 旨在了解某种文化或某种文化的某些方面，主要从该文化成员的视角来展开研究。
◆ **参与观察** 在这种研究中，研究者本身会成为待研究群体的一部分。

参与观察并不局限于研究人类行为，这种方法也可用于动物研究。简·古道尔（Jane Goodall）关于非洲贡贝（Gombe）保留区的黑猩猩的研究就是一个很好的应用该技术来研究非人类的例子。古道尔每天花费如此之多的时间在观测黑猩猩上，以至于这些黑猩猩后来将她视为黑猩猩的一分子而不是外来观察者。这样的接纳有助于改善她的观察效果。

民族志调查一般要求研究者投入大量的时间，以至于最后研究者逐渐融入待研究的群体的"文化"中去了。在前一句话中我们用引号将文化二字包括起来，是因为这里文化的含义与跨文化中文化的意义有所不同（例如不同的部落、国家、大洲）。例如，你可能想采用该研究方法来研究城市里的贫民窟或者是青少年的小帮派。作为一名研究者，你会花费很长时间深入这样的小群体文化中，从而通过参与观察或访谈收集数据。

Gelsne 根据参与的深度划分出两大类参与观察。

参与观察者（observer as participant）既是观察者又是被观察者。具体地说，主要角色是观察者，但是也是偶尔与待研究的群体中的他人进行互动的研究者。她用 Peshkin（1986）的关于原教旨主义基督教学校的研究作为例子。该研究持续了一个学期，研究者的主要工作就是坐在教室后面并适当记录笔记，互动较为缺乏。观察参与人（participant as observer）指的是那些已经成为文化一部分的研究者，他们与群体中的他人有频繁的工作往来和互动。Gelsne 在圣文森特岛待了一年，在那里她积极参加社交活动，协助干农活，甚至变成了政府农业机构的中介。

这两类观察法之间存在着一种投入－产出的平衡。你越深入地融入一种文化中，对它的了解就越透彻，但是与此同时，随着逐渐深入到这种文化中，你也会逐渐丧失客观性。要成为一名优秀的参与观察者，你可能需要参考一下华生医生描述夏洛克·福尔摩斯时的话："你真是一台机器——计算机器。你身上时不时就闪现出非人性的一面，好在是积极的一面"（Doyle，1927，p.96）。

> **心理侦探**
>
> 参与观察法是一种相当具有吸引力的研究方法；研究者实际上是目标情境的一部分。是否存在更理想的获取目标信息的方式？尽管这个技术有其优势，但它也有相应的缺陷和薄弱之处。是什么呢？

参与观察法有几点不足。首先，在观察者被接纳为目标群体的一员之前，可能需要经历很长的等待时间。规划项目的时候是否考虑了这样漫长的一段等待时间？特别是从金钱和时间支出的角度进行评估的时候。其次，仅仅成为研究情境的一部分，并不意味着观察者被彻底接纳了。如果没有得到接纳，那么观察者所能获得的信息就非常有限。如果观察者被接纳并成为群体的一员，那么失去客观的立场是非常可能的。因此，时间、金钱、接纳度以及客观性都可能给观察参与研究带来问题。

焦点小组

典型的**焦点小组**（focus group）由 7～10 人组成，他们通常彼此互不相识，但是有着相似的经历或特点。这些参与人外加一名主持人聚到一起花费 1～1.5 小时就某个话题展开讨论。主持人准备 6～10 个关键问题用于引导讨论的走向。焦点小组在掌握人们的想法以及他们为什么持有这样的观点方面特别有效。研究者常常采用与其他定性研究方法相结合的方式应用该技术。

> ◆ **焦点小组** 7～10 名有着相似经历或相似特点的参与人聚集到一起，花费大约 1～1.5 小时讨论彼此共同感兴趣的话题。

访谈研究

尽管定性研究者通常将访谈作为其他研究方法的补充或者是第二程序，但访谈也可以作为首要研究方法。一些研究者偏好一对一（单人）访谈，另一些研究者则选择小组访谈。类似地，存在许多不同的访谈记录方式，例如录音、录像或者是笔录。另外，访谈可以是结构式的或非结构式的。采用结构式访谈的研究者会遵循预定的脚本、方案或者协议。相反，除了少数几点基本准则之外，采用非结构式访谈的研究者可以任由参与人或者说受访者自由发挥，议题可以有任何走向。尽管似乎看起来在非结构式的访谈中能够获得更多的信息，但是非结构式访谈有一点不足。尽管非结构式访谈能够提供更多的视角来看待问题，但所获得的信息并没有标准化格式；这样一来，分析这些数据并从中总结出规律变得非常的困难，特别是总结不同人的信息时。

叙事研究

采用**叙事研究**（narrative studies）方法的研究者积极地收取并诠释目标群体成员用于描述自己生活的故事。显然，

> ◆ **叙事研究** 研究者积极收集并诠释目标群体成员用于描述自己生活的故事。

这样的故事来源有很多。例如，研究者可能采用生平事迹、传记、个人经历或者是传说。在分析这些故事的时候，研究者可能会选择研究某个人的特定叙事方式；这种叙事研究的分支被称为叙事分析，可能包括对"文献、日记或者民俗学的研究"（Featherston，2008，p.98）。

个案研究

个案研究（case studies）就是在一段较长的时间内密集地观测一个有的时候是两个参与人的行为。因为如何展

> ◆ **个案研究** 指在一段时间内对单个参与人进行密集观测的研究。

开个案研究实际上并没有什么统一的标准，所采用的程序、所观测的行为、所报告的内容样式各异。

个案研究的临床应用非常普遍，常用于构建下一步研究的研究假设或思路。例如，法国内科医生保罗·布洛卡（Paul Broca，1824—1880）报告了一个化名为 Tan 的病人的个案研究。这个化名的由来与其行为有关，该病人无法说出除了"Tan"以外的词，并且在他感到沮丧或者恼火的时候，会偶尔使用淫秽的语言（Howard，1997）。根据观测，布洛卡推测言语控制中枢位于左侧大脑的前额叶，并且病人的该脑区发生了病变。尸检显示，布洛卡的推断是正确的。该个案研究启发了无数后续研究，最终深化了对负责理解和产生言语的神经系统的了解。其他个案研究可能涉及观测野外或者是动物园里的稀有动物，或者是医院里的某种精神病患者，又或者是学校里的天才儿童。

尽管个案研究通常能够收集到有趣的数据，但其结果可能仅适用于所观测的个体。换句话说，如果采用个案研究，那么研究者就不应当将其结果推广到参与人以外的人身上。另外，因为研究者并没有操纵任何变量，因此采用个案研究就意味着无法建立因果关系。然而，如果你的研究目标就是了解某个个体的行为（例如布洛卡对 Tan 的研究），那么个案研究可能是完美的研究方法。基于你对某个个体行为的了解，你所做出的预测可能反而会更加全面。

人工制品分析

人工制品分析（artifact analysis）通常包括对现有人工制品的检查和分析。文本类物品如书籍、杂志、新闻

> ◆ **人工制品分析** 涉及对现有人工制品的检查和分析，例如对文本类物品的分析。

报纸、网站以及年度报告等都属于这一类。实际上，除了文本类物品，对其他人工制品的研究相对不那么常见。Featherston（2008）列举了一个这样的人工制

品分析的例子。"这个人工制品分析研究的是电台听众的收听偏好。该研究的研究者并没有使用问卷或者是访谈来调查收听偏好，因为这样一来研究目标就会过于明显。相反，研究者来到当地的汽车经销商和停车库查看正在维修保养的汽车正在播放些什么电台"（Featherston，2008，p.99）。

史学研究

史学研究（historiographies）是指收集信息和数据并对其进行分析，从而重现已经发生的事件。在这种研究中，

> ◆ **史学研究** 收集相关信息和数据并对其进行分析从而重现已经发生的事件。

研究者参考第一手口头或书面的记录、日记、照片等，并将其作为史学研究的主要资料来源。另外，二手资料，诸如报纸的新闻报道和杂志的文章以及教材等，是辅助资料来源。

互动符号

互动符号（symbolic interaction）研究着重探索社交群体中赋予人类互动特殊意义的常用符号。这种符号包括具有宗教意义的珠宝和图标，帮派相关的涂鸦，以及商业品牌的标识或者竞技体育的徽标。典型的互动符号

> ◆ **互动符号** 研究的是社交群体中赋予人际交往特殊含义的常用符号。

方法包括两个步骤。首先，研究者找出并研究待考察的社会团体所特有的符号。其次，研究这些符号之间的关系。（Blummer，1969）

扎根理论

Strauss 和 Corbin（1990）偏好定性研究中的**扎根理论**（grounded theory）方法。与参与观察和临床视角法一致的是，扎根理论认为研究发现的首选工具是访谈和观察。然而，扎根理论比这两种方法走得更远。前述两种方法的目标都属于描述性和解释性的，扎根理论则以理论发展为目标。其根本目标在于发展出植根于（基于）现实的理论。扎根理论的建立、发展以及验证都应当通过收集与当前研究的问题有所相关的数据，并对其进行理论推理而完成。希望这样的理论

发展能够加深我们对所研究的现象的了解，并启发我们找出控制研究对象的方法。尽管扎根理论的发展过程是精准而严密的，但创造性也是这个发展过程中非常重要的一环，因为研究者需要提出新颖的研究问题，并且找出特别的数据组织的方式，即"在旧的秩序之上建立新的标准"（Strauss & Corbin，1990，p.27）。扎根理论让人想起侦探试图还原罪犯犯罪动机的情形。例如，通过与数名纵火犯的访谈，你可能能够提出一个理论，这个理论可以解释为什么他们会去纵火。

Strauss 和 Corbin（1990）并不提倡用扎根理论来研究所有类型的研究问题。实际上，他们认为研究问题的类型决定了研究的类型。例如，如果有人想研究某种药品是否比其他药品更有效，那么扎根理论研究就不合适了。然而，如果有人想研究药物测试研究中的参与人是什么样的，那么他可能选择展开一项扎根理论项目或者其他类型的定性研究。

扎根理论研究方法对于文献的使用也有其独特之处。Strauss 和 Corbin（1990）不建议在展开扎根理论研究之前就进行深入的文献调查，因为知道了前人划分的类别、分类的方式以及所得出的结论之后，你产生新的数据组织方式的创造性就会受到限制。相反，非技术性的资料，诸如信件、日记、新闻报道、传记以及录像都是扎根理论研究的重要组成部分。

◆ **扎根理论** 一种定性研究方法，致力于理论发展，强调数据植根于真实世界的必要性。

◆ **开放式编码** 指对数据的描述，主要采用考察、比较、概念化以及归类等方法。

◆ **承轴编码** 指开放式编码后的对数据的重新排列，目的在于建立起概念之间的联系。

◆ **核心编码** 指突出主要类别并建立概念间层级结构的过程。包括筛选出主现象（核心类别）和围绕主现象的其他相关现象（子类别），重新分组，分析结果，以及如有必要再次重排数据等研究过程。

扎根理论方法的核心在于对编码的应用，这类似于数据分析之于定量研究。三种编码过程的应用差不多是依次进行的（Strauss & Corbin，1990）。**开放式编码**（open coding）所要达到的目标基本等同于科学的描述性目标。在开放式编码阶段，研究者将研究对象进行分类并给予相应的标签。**承轴编码**（axial coding）涉及找出开放式编码阶段划分出来的类别以及子类别之间的联系。研究的最后一步，**核心编码**（selective coding）需要确立一个主类别并找出与之相关的子类别。从最后一级的编码开始，扎根理论研究者开始转向**过程**（process）模型以及**现象发生系统**（transactional system），主要任务就是构建出一个研究结果是如何产生的故事。这里，过程模型的过程指的是一系列行动以及相互作用，它们串联起来能够产生出某种特定的结果（见图 3-1 中的假想的过程示意图）。现象发生系统是扎根理论的分析方法，能够考察系统中不同事件之间的相互作用。现象发生系统通常用**条件矩阵**（conditional matrix）描绘出来，如图 3-2 所示。

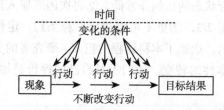

图 3-1 扎根理论的过程示意图。展示了依次发生的行动和相互作用的发生

在条件矩阵里，与事件最密切相关的因素放在最里面，最不重要的因素放在最外面。一旦完成了编码过程，又得到了现象发生系统的过程模型，扎根理论研究就结束了。剩下的就是将结果转化成书面报告（通常是一本书而不是期刊论文）。后续的扎根研究项目多数偏向于探索新文化下的结果。通过比较原项目以及后续项目，我们就能够深入了解原项目的可推广性，或者说了解其结果是否是某种文化所特有的。

◆ **过程** 依次发生的行动以及相互作用。

◆ **现象发生系统** 对系列行动以及相互作用的分析，目的在于考察相应的发生条件和可能产生的结果。

◆ **条件矩阵** 一种示意图，能帮助研究者思考现象的发生条件和最终结果之间的关系。

参与式行动研究

根据 Fine 等人（2003）的理论，参与式行动研究（participatory action research，PAR）是一种定性研究方法。这种方法假定知识植根于社会关系，并且从合作行动中获取的知识最有力度（p.173）。研究者通常在社区内开展 PAR 研究项目：项目的研究目的通常是评估和了解某社会活动对社区的影响。例如，Fine 对监狱（社区）中犯人选修高中或者大学课程之后在态度和行为方面可能产生的影响感兴趣。PAR 研究项目的参与人（Fine 例子中的犯人）数目通常与研究者（不是研究的被试）一样多。在此基本框架之上，PAR 研究可以采用一种或多种收集信息的方法；Fine 等人使用了多种方法的混杂，包括定性和定量的。定性研究方法包括访谈、座谈会、调查以及叙事研究。他们的定量方法包括检验选修本科课程效应的统计分析。定量结果表明，选修了本科课程的女犯人①再次回到监管状态的比例非常低，②再次因新罪入狱的比例降低了 2/3，③更不可能违反假释条约。定性研究数据显示，选修了本科课程的犯人－研究者的关系发生了根本性的转变。他们①对自己的评价更加积极，

②更加关心自己在别人眼中的形象，③更具有自律性，并且④更加关心他们的行为是否让自己处于麻烦的境地。

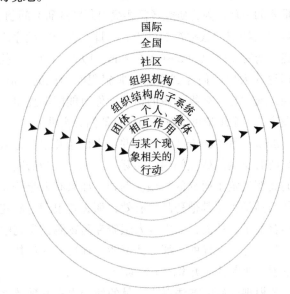

图 3-2　扎根理论的现象发生系统之条件矩阵

回顾总结

1. 因为心理学研究者的研究兴趣涵盖大量不同的领域，所以他们发展出了各式各样的研究方法。其中一些研究方法是非实验性的。

2. **定性研究**植根于社会学研究者和人类学研究者的工作。这类研究在自然环境下完成，并试图加深对社会实体的理解（例如文化），或者试图通过全方位的描绘目标文化，从而解决相关的人本问题。

3. 与实验项目不同的是，定性研究不记录数值型数据，并且不报告统计分析结果。

4. 定性研究者使用**可验证性**、**可靠性**、**有效性**以及**可迁移性**来评估定性研究项目的可信度。

5. **自然观察**通过观测真实世界中的行为，从而探寻研究问题的答案。

6. **民族志调查**的目的在于学习某个文化或者该文化的某个方面，主要通过目标文化成员的视角来进行探索。要进行民族志调查，研究者需要成为目标群体的一员（也就是**参与观察**）。

7. **座谈会**由 7 ～ 10 名拥有相似经历或者特点的参与人聚集到一起花费 1 ～ 1.5 小时讨论共同感兴趣的话题。

8. 访谈可以作为定性研究的主要研究方法。有结构式访谈，也有非结构式访谈。分析和整合非结构式访谈的研究报告相对比较困难。

9. **叙事研究**分析参与人用于描述自己生活的故事。

10. **个案研究**涉及在一段较长的时间内密集地观测一个参与人。

11. **人工制品分析**指对人产生的物品进行分析，旨在了解目标群体。人工制品通常指的是文本类物品。

12. **史学研究**收集信息和数据并对其进行分析，从而重现已经发生的事件。

13. 研究者采用**互动符号**来研究社交群体中赋予人类互动以意义的常用符号。

14. **扎根理论**是一种定性研究方法，试图根据真实世界的数据进行理论发展。

检查你的进度

1. 描述一下定性研究的特性。
2. 下面的哪一条不是研究者用于评估定性研究报告的可信度的标准？
   a. 有效性
   b. 效度
   c. 可迁移性
   d. 可验证性
3. _____研究从目标文化成员的视角来了解某种文化。
   a. 自然观察
   b. 民族志调查
   c. 座谈会
   d. 参与观察
4. 参与观察与_____的联系最为密切。
   a. 自然观察
   b. 座谈会
   c. 个案研究
   d. 民族志调查
5. 请区分一下结构式和非结构式访谈。描述一下非结构式访谈的不足之处。
6. 请区分一下人工制品研究和史学研究。
7. 定性研究的研究者是如何使用互动符号研究方法的？
8. 理论发展是哪种研究的终极目标？

a. 自然观察
b. 临床视角
c. 座谈会
d. 扎根理论

9. 对所研究的现象进行分类并贴上相应的标签是_____编码阶段的内容。
   a. 开放式
   b. 承轴
   c. 核心
   d. 现象发生
10. 能产生某种结果的行动以及相互作用串联与____的联系最为紧密。
    a. 现象发生系统
    b. 民族志调查
    c. 参与式行动研究
    d. 生态心理学
11. Fine 主持了一项研究，探索选修高中以及大学课程对于监狱中犯人的态度和行为的影响。该研究是一个很好的_____研究的例子。
    a. 扎根理论
    b. 生态心理学
    c. 民族志调查
    d. 参与式行动研究

展望

下一章，我们将探讨研究者用于收集信息和数据的其他非实验研究方法。这些方法在难以或者不需要展开科学实验的时候非常有用。你将会学到比本章介绍的定性研究方法更具针对性的非实验研究方法。

第 4 章

非实验方法：描述性方法、相关性研究、事后回溯研究、问卷调查、抽样以及基本研究策略

与第 3 章中介绍的非实验方法，即定性研究不同的是，本章介绍的非实验方法往往针对更具体的研究问题，并且会采用统计手法来分析数据。

描述性方法

因为这类研究方法不涉及对自变量的操纵，因此被称为**描述性研究方法**（descriptive research）。如果采用描述性方法，我们只能推测可能涉及的因果关系。

◆ **描述性研究方法** 一种不涉及对自变量操纵的研究方法。

作为数据来源的档案和旧有资料

有些时候，研究者可能不需要亲自收集数据；他们可以利用前人为了其他目的而收集的数据来回答自己的研究问题。例如，公共卫生和普查数据可以在多年以后才被用来进行数据分析，从而回答一些关于社会经济地位、宗教或者党派归属的相关问题。一些情况下，你所要查阅的记录和数据被集中存储在某个地方。美国心理学史档案馆致力于心理学史的发展，它坐落于阿克伦大学（the University of Akron）的校园内，于 1974 年成立。尽管该馆当初出于各种不同的原因收藏了一些信件、文件以及照片，但它们现在被有兴趣的研究人员用来解答心理学史的相关问题。

你可以通过网络登录查询一些相关档案资料。例如，自 1974 年始，综合社会调查（General Social Survey，GSS）几乎每年举行一次，由美国全国民意研究中心主持。超过 35 000 名受访者对广泛的社会相关问题的回答可在 http://www.icpsr.umich.edu 上查找到。拥有如此庞大的信息，我们能够研究的问题似乎是无穷的。该网站是免费的；我们鼓励你仔细研究一下这些数据。

并非所有以前记录的资料都被保存到档案馆、图书馆，或者被放到网络中，我们也就无法直接使用。而现实生活中也有很多数据来源。例如，宾夕法尼亚州威尔克斯－巴里市国王大学（King's College）的学生劳拉·玛佐拉（Laura Marzola）以及她的导师查尔斯·布鲁克斯（Charles Brooks）检查了 *Psi Chi Journal of Undergraduate Research* 的旧刊，目的在于探索学生研究者在发表的论文里引用频率最高的是什么期刊的论文（Marzola & Brooks，2004）。类似地，圣约翰大学（St. John's University）的学生詹妮弗·萨尔哈尼（Jennifer Salhany）以及她的导师米格尔·罗伊（Miguel Roig）通过网络收集了各大高校的大学手册以及大学概况手册，研究了处理学术不端相关政策的普及状况和性质（Salhany & Roig，2004）。

心理侦探

对档案以及旧有资料的使用显然与心理学侦探的思路是一致的。你将数据一点一滴地集合起来，从而寻求你的研究问题的答案。不幸的是，这种数据收集方法存在一些问题。思考一下这种方法，看看你能够发现什么问题。

潜在问题

使用档案以及旧有资料作为数据的来源存在几点问题。第一，除非你使用的论文或者文档资料只涉及少数几位身份明确的个体，否则你可能并不清楚这些数据到底是谁留下的。不清楚样本构成会使得你对结果的解释和推广变得困难。例如，如果你对性欲的性别差异感兴趣，你可能选择研究你所在学校的洗手间墙上的涂鸦。这些涂鸦是谁弄出来的？涂鸦的作者能代表学生吗？尽管常识告诉你，涂鸦作者可能并不能代表你所在学校的学生，更不要说一般大学生了，但是你无法确定。除了简单地描述你的数据，要得出更深刻的结论，你几乎是无能为力的。

第二，参与人之所以被选中可能就是因为他们的回答本身。如果我们的研究目的是评估对性的表达，那么显然，这个问题在我们的涂鸦例子里很关键。他人选择记录什么会极大地影响我们的结论。例如，直到最近我们知道的所有关于科学心理学之父威廉·冯特的信息都源自铁钦纳（E. B. Titchner），他是第一位将冯特的书从德文翻译成英文的人。不幸的是，铁钦纳几次歪曲了冯特的意思；因此，我们对于冯特的印象可能存在很大的扭曲（Goodwin, 2005）。幸运的是，冯特书籍的原件仍然留存于世，可以重新进行翻译和研究。但是，即使重新进行翻译，仍然存在一种可能，那就是冯特本身有选择地删去了他不愿意与他人分享的事情。不管什么时候使用档案和旧有资料，你都无法回避记录是有选择性的这个问题。

第三，存在的问题与资料的保存状态有关。在我们的涂鸦的研究中，非常重要的一点是掌握所观测的洗手间的清洁时间安排。清洁员是否每天清除一次，还是允许墙壁上的涂鸦积累一段时间？在这个例子中，你感兴趣的数据能够留存的概率不太高。印刷资料可能也难以坚持多久。在 20 世纪 20 年代，约翰·华生（John Watson）以及他对行为主义的倡导使得心理学在美国受到了空前的欢迎；这一时期期刊论文以及相关书籍的数量都证实了心理学的受欢迎程度。但是，直到最近研究者才发现一本曾经非常受欢迎的杂志《心理：健康、快乐与成功》（*Psychology: Health, Happiness, and Success*）。这本杂志在 1923 ～ 1938 年发行（Benjamin, 1992）。为什么这样一本曾经如此流行的杂志会被笼罩在神秘的迷雾之下呢？这个问题与该杂志所使用的纸张有关。纸张中高浓度的酸性成分加速了分解过程；这样一来，只有少数几期留存了下来，相当珍贵。

与实验方法进行比较

当然，研究者可以从档案或者现存资料中获得有价值的信息。然而，我们必须意识到可能存在样本不具有代表性、数据被有意识删减，以及数据可能丢失的问题。通过对比这种研究方法和实验性研究，我们能够发现这种方法更多的局限性。因为我们所研究的数据和文档发生在别的时间段里，在不确切的环境下，因此在数据采集方面，我们无法实施任何形式的控制。我们因此无法进行任何因果推论；我们能够做出的顶多就是推测曾经发生了什么。

尽管存在这些问题，通过这种研究还是能够获得有趣且有价值的结果。例如，你们所读到的许多心理学史文本就是档案研究的成果。在下一节中，我们将介绍可以直接观测感兴趣的现象的方法。

自然观察

正如我们在第 3 章看到的，**自然观察**（naturalistic observation）通过观测真实世界里的行为，从而探寻研究问题的答案，它是定性研究的标志。然而，研究者也可以用自然观测来收集数值型数据，并回答更具有针对性的研究问题。例如，每年的春季，对沙丘鹤迁移行为感兴趣的动物学心理学研究者通过迷彩百叶隐藏自己，从而观察这种鸟类在内布拉斯加州中部普拉特河畔的栖息行为。又比如，对学前儿童的行为感兴趣的研究者可能会来到日托所观察和记录儿童的行为。

◆ **自然观察** 通过观测真实世界的行为来寻求研究问题的答案。

是否采用自然观察法，主要决定于我们对于某个研究领域的了解是否足够透彻。不管什么情境，自然观察法要实现的目的有两个。第一个目的从该技术的名字中显而易见：描绘出自然情境下的行为，避免实验室可能的人为痕迹。如果研究的目的确实是理解真实世界里的行为，论收集数据的地点，还有什么比自然环境更合适呢？自然观察的第二个目的是描述出现的变量以及它们之间的关系。回到我们的沙丘鹤例子，自然观察可能提供一些线索，从而解释为什么这种鸟类会在一年的这个时候迁徙，以及什么因素影响了它们在某个区域停留的时间。

在自然观察研究中，非常重要的一点是研究者不要干涉或者干预正在研究的行为。例如，在学前儿童的例子中，观察者应当尽可能避免被察觉。出于这个原因，单面镜非常流行，因为它使得研究者能够在观察的同时又不被察觉。

心理侦探

为什么在自然观察研究中，研究者应当尽可能地隐藏自己不被察觉？

在自然观察研究中，研究者必须避免被察觉的主要原因是避免影响或改变正在观测的参与人的行为。观察者并不是沙丘鹤或者是学前儿童所在的自然环境的一部分；在存在观察者的情况下，被观察者的行为可能有所变化。

感应或反应效应（reactance or reactivity effect）是指参与人在知道他们正在被观察的情况下行为反应发生变化的现象。可能最著名的反应效应出现在20世纪30年代末的一个研究中，该研究是在美国西方电气公司的霍桑厂区完成的。该厂区坐落在伊利诺伊州芝加哥市和西塞罗市的交界处（Roethlisberger & Dickson, 1939）。该研究的目的在于考察诸如工作时间以及照明度等因素对工作效率的影响。当研究者比较参与测试的工人的工作效率以及工厂里其他工人的效率时，一个反常的结果出现了。参与测试的工人的工作效率要高得多，并且这种高效率是在远不如正常工作条件的测试环境中观测到的。例如，当厂房内的照明度调至比正常水平低得多的时候，工作效率竟然还提高了。是什么让这些工人如此拼命？答案非常简单：因为这些工人知道他们是研究参与人，

◆ **感应或者反应效应** 当参与人知道自己正在被观测的时候，他们的行为发生了变化的现象。

◆ **霍桑效应** 感应或者反应效应的另一个名字。

他们正在被观测，因此他们的效率大大提升了。因此，知道自己正在参加实验并且正在被观察可能会引起非常大的行为变化。因为该研究的地点，这种反应性现象也被称为**霍桑效应**（Hawthorne effect）。介绍了自然观察法的本质之后，我们接下来将更深入地讨论一个具体的观察性研究项目。

阿拉巴马大学（University of Alabama）的学生阿纳斯塔西娅·吉布森和克里斯蒂·史密斯，以及他们的导师罗拉·托雷斯应用自然观察法完成了一项有趣的研究。他们想研究在使用自动取款机（ATM）时，人们的扫视行为和他们与其他顾客之间的距离的关系。根据以往关于社交距离以及私人空间的研究结果，他们预测其他顾客不会侵入正在使用ATM机的顾客的私人空间，并且随着其他顾客接近大小为4英尺◯的私人空间的边界，扫视行为会下降。研究中，研究者尽可能地不引人注目，但可以观察ATM机处的行为（Gibson, Smith & Torres, 2000, p.150）。与他们的预期相反，结果显示扫视行为的频率随着使用ATM机的人与其他顾客的距离缩短而上升。

正如你揣测的那样，自然观察法的主要缺陷仍然是无法进行因果推论。因为在使用这种方法时，我们不操纵任何变量，所以因果推论无法进行。

如果自然观察法不允许我们进行因果推论，我们为什么还要使用它呢？第一个理由相当直接：对于某种类型的行为而言，自然观察可能是我们唯一可选的研究方法。一些心理学研究者对人们在面临自然灾难（如飓风、地震、龙卷风以及火灾等）时的反应感兴趣。这些心理学研究者从道义上来说不能够因为想研究这种行为反应就去制造一个危及生命的情境；他们必须在自然发生的条件下进行观测。在实验中操纵变量只是众多可行的数据收集方式的其中一种。

第二个使用自然观察法的理由是：这种方法可以作为实验研究方法的辅助方法。例如，你可以在正式展开实验前先进行一个自然观察研究，这样就可以了解所研究的情境涉及哪些相关变量。一旦大概知道了哪些变量是重要（或无关紧要）的，你就可以在实验室环境下针对这些变量展开系统的、得到严密控制的

◯ 1英尺 =0.3048米。

研究。在完成了实验室的实验之后，你可能希望回到自然情境并检查你从实验室获得的结果是否反映了真实生活。也就是说，心理学研究者可能在实验性研究项目的之前或之后采用自然观察法，从而获得更多关于有关变量的信息。

与其他观察性技术一样，难以进行因果关系推论是参与观察研究的另一问题。尽管参与观察者与信息源的距离更近，但是仍然没有试图去操纵自变量或者控制无关变量。

选择恰当的行为和记录技术

决定进行一项观察性研究是一回事，实际完成这样的项目又是另外一回事。研究者不操纵任何变量并不意味着这种研究不需要进行大量的规划准备工作。适用于任何研究项目的规律是：在研究开始之前，你需要做出许多重要的决定。让我们检验几个这类决定。

观察所有行为似乎是一个再简单不过的理由；这样一来，所有感兴趣的东西都会被捕捉到。然而，说易行难（不仅仅是简单了一点点）。例如，观察并记录所有行为离不开摄像设备，而这些设备可能反过来导致观察者的暴露。参与观察者手持摄像设备进行摄像可能并没有太大的帮助。如果阿纳斯塔西娅·吉布森以及她的团队（2000）在他们关于扫视 ATM 机的行为的研究中使用了摄像设备，那么这种明显的存在感就会影响参与人的行为。因此，在观察顾客的时候，他们选择尽量不引人注目。

ATM 机研究者并没有在每天下午同样的时间进行观察，相反，他们采用了一种被称为**时间抽样**（time sampling）的程序。时间抽样指在不同时间段里进行观测，从而获得目标行为的更具代表性的样本。时间段的选择可能是随机选取的，也可能采用一种更加系统化的方式。另外，时间抽样既可以用在同一参与人身上，也可以用在不同参与人身上。如果你正在观察一组学前儿童，使用时间抽样技术能够让你在多个时间段里观察相同儿童表现出来的目标行为。但是，时间抽样也可以是对不同参与人进行观察，从而增加观察的可推广性。另外，吉布森等人并没有在夜间进行观测；因此，他们的结果可能并不是 24 小时适用的。实际上，他们也认为"人与人之间的距离和扫视行为是否受到日照度的影响是相当有意思的一个研究问题"

（Gibson et al., 2000, p.151）。

另外，值得指出的一点是，吉布森等人（2000）观察了四台不同的 ATM 机：两台户外（"一台在商场的外面，一台在城市购物区外面"，p.150），两台室内，在折扣商场里面（p.150）。为什么他们选择这些地点进行观测呢？如果他们将研究的观测局限在某个地区的某台 ATM 机上，就没有办法将结果推广到其他机器上了。使用四台不同的 ATM 机意味着他们采用的是一种被称为**情境抽样**（situation sampling）的技术。采用情境抽样技术的研究人员在几种不同的情境中观测同一类行为。这一技术给研究者带来了两大优势。第一，通过抽查不同情境下的行为，你能判断出目标行为是否随观察情境的改变而改变。例如，研究者可以通过情境抽样技术来判定不同文化下或者同一国家不同地区的人所偏好的私人空间大小是否有所不同。

> ◆ **时间抽样**　在不同时间段内进行观测。
> ◆ **情境抽样**　在不同情境下观测同一行为。

情境抽样技术的第二大优势是，研究者可以在不同情境下观察不同的参与人。因为观察了不同的参与人，我们能够就行为的跨情境一致性做出评估。因为吉布森等人（2000）观察了四台 ATM 机的情况并获得了一样的结果，所以将结果归因于某台机器的顾客就显得不合理了。

即便你已经决定了要进行时间抽样或者是情境抽样，但实验前仍然存在你需要做出判断的重要决定。你需要决定是以定性的方式还是定量的方式呈现数据。如果选择了定性的方法，你的研究报告就应当包含对目标行为的描述（叙述性记录）以及据此描述得出的结论。这样的叙述性记录可以是纸质的或者是录音形式的，可以在行为观察过程中或者之后的很短的一段时间内进行记录。录像也常常被使用。如果你在行为发生之后才进行笔录或者是录音，那么你应当尽可能迅速地开始记录。在所有叙述性记录中，语言和术语的使用应当尽可能地清晰和准确，并且观察者需要避免主观臆想。

如果你的研究计划要求使用定量或者数值型研究方法，那么你需要知道如何测量目标行为以及如何分析这些测量结果。在第 9 章我们将介绍更多关于测量以及数据分析的内容。

使用多名观察者：观察者间信度

在观察性研究中我们还需考虑的另外一个问题是，我们是用一名还是多名观察者比较好。优秀的侦探都知道的，使用多名观察者有两大原因：首先，只有一名观察者可能会错过或忽视某些行为；其次，关于到底观察到了什么以及应该如何进行评分或分类，存在不一致的意见。即便在使用录音设备来记录整个行为序列的情况下，多名观察者也可能是有必要的；需要一名观察者监视录音活动，还需要另一名进行评分或者对行为进行分类。

如果有两名观察者同时观察同一行为，我们就可以衡量他们的观察一致性了。观察者观察结果的一致程度被称为**观察者间信度**（interobserver reliability）。低观察者间信度意味着他们对于所观察的行为的意见并不一致；高观察者间信度意味着一致性。诸如疲惫、厌倦、情绪和生理状态以及经验都会影响观察者间信度。如果两名观察者都得到了很好的休息，都对他们的工作感兴趣，都处于良好的生理和心理健康状态，那么我们可以预期高观察者间信度。监控观察者的生理、情绪以及态度状态都很容易。另外，训练观察者是值得考虑的事情。全面训练的重要性，特别是在观察复杂微妙的行为的时候，再怎么强调也不过分。这样的训练应当包括清晰准确的目标行为的定义。如果可能的话，培训人员应当提供目标行为的正面和反面的具体实例。

> ◆ **观察者间信度**　观察者意见一致的程度。

就算你严格遵守了这些指引，获得高观察者间信度仍然可能是相当困难的。某些情况下，问题出在目标行为的特性以及观察者的编码方式上。例如，想象一下让两名观察者在以下方面达成一致是多么的困难：①2岁儿童的"共情""羞耻心"以及"自我意识"，②10岁儿童的攻击性行为和挑衅行为的区别，以及③判定一名6周大的婴儿是否笑了。这些例子都展示了获得高观察者间信度的难度以及其重要性。

如何评估观察者间信度呢？一个简单的技术就可以帮助我们获得结果。这个技术需要我们确定两名观察者意见一致的次数以及他们做出判断的次数。获得了具体的数字之后，就可以套入下面的公式里：

$$\frac{一致的次数}{判断的次数} \times 100 = 一致的比例$$

计算出来的数字就是意见一致的比例。

另外一种获得观察者间信度的方法（参见第9章）是计算两名观察者的评分的相关，然后平方所得的相关并乘以100。最后所得的数字会告诉我们观察者间的一致性所解释的比例；所解释的比例越高，一致性就越高。

什么样的观察者间信度才是好的呢？尽管缺乏硬性标准，但调查几个学术期刊最近几期的论文就会发现，所有报告观察者间信度的论文都至少达到85%的一致性。这个数字给出了期刊主编和审稿人认同的可以接受的最低观察者间信度。

相关性研究

相关性研究（correlational study）的基本模式包括测量并估算两个变量之间的相关。在实施控制、实证测量以及统计分析方面，相关性研究应当比我们刚刚介绍完的描述性方法更加严谨。为了了解相关性研究的意图和目的，我们需要先回顾一下相关系数的基本概念。

> ◆ **相关性研究**　考察两个变量之间的关系的研究。

相关的本质

相关系数计算出来之后有三种可能。两个变量的关系可能是**正相关**（positively correlated）：一个变量的分数增加，另一个变量的分数也随之增加。例如，如果在测试1中得分低的学生在测试2中的得分也低，如果在测试1中得分高的学生在测试2中的得分也高，那么两个测试的分数就是正相关的。类似，身高和体重是正相关的；一般而言，一个人越高，他的体重越重。

两个变量之间的相关也可能是负相关。**负相关**（negative correlation）表明一个变量的增长伴随着另一个变量的减少。例如，炎热天气下饮水量与口渴程度之间是负相关；饮用的水越多，越不感觉到口渴。类似，自尊分数的提高可能伴随着焦虑分数的下降。因此，一个在自尊量表上得分高的人，在焦虑量表上的得分就低；一个在自尊量表上得分低的人往往在焦虑量表上得分就高。

　　研究者依据相关系数来做预测。例如，在申请大学的时候，你可能参加过大学入学考试，诸如美国大学入学考试（ACT）或者是学术能力评估测试（SAT）。以往的研究表明，这些考试的成绩与大学第一学期的绩点之间存在正相关。因此，大学招生委员会可能会根据你的入学分数来预测你在大学课程中的表现。显然，相关系数越接近完美，预测的效果会越好。

> ◆ **正相关**　一个变量的分数增加，另一个变量的分数也随之增加。
> ◆ **负相关**　一个变量的分数增加，另一个变量的分数随之减小。
> ◆ **零相关**　待调查的两个变量彼此不相关。

　　我们已经看到了相关系数可以取正值或者是负值。那么如果我们得到了零相关，会发生什么呢？

州内骡子的数目与学者数目之间存在显著的负相关，但是请记住，相关不等于因果。

零相关（zero correlation）表明待调查的两个变量彼此不相关。在一个变量上获得高分，在另外一个变量上可能取得低、高或者中等分数，反之亦然。也就是说，知道变量 1 的分数对于预测变量 2 的分数毫无帮助。零相关可能并不精确取值为 0。例如，0.03 的相关系数被大多数研究者认为等同于零相关。很重要的一点是，记住相关仅仅告诉我们两个变量相关的程

度。因为两个变量并没有处于我们的直接控制之下，我们仍然无法进行因果关系的推论。简言之，相关并不意味着因果。可能存在第三个重要变量。有个例子能够很好地展示这一点，尽管它有些牵强。在统计学导论课上，一名学生与本书的一位作者就一项相关性研究进行交流。该研究发现二战之后的 10 年里，澳大利亚每年新建的电线杆数目与同时期美国的出生率之间存在相关。结果显示这是一个非常高的正相关。这个例子的关键点是相关并不等同于因果。它所表达的也可能是存在第三个重要变量。一种观点认为，二战后逐渐变好的经济环境刺激了工业发展（澳大利亚增加的电线杆）和组成家庭的欲望（美国的高出生率）。

相关性研究

　　我们同意某种数学分析和研究方法拥有同样的名字会令人非常困扰。因为两者共同的目标都是确定两个变量或者是因素之间的关系，所以这样的情况不仅仅是一种巧合。另外你需要记住，相关性研究使用相关分析技术来分析研究者所收集的数据。到目前为止，我们已经回顾了相关系数的本质和类型，现在让我们来看看一个相关性研究的例子吧。俄亥俄州尤尼弗西蒂海茨市约翰卡罗尔大学（John Carroll University）的学生克里斯汀·罗宾逊（Kristen Robinson）想探索什么变量能够用来预测人们的健康状态。其研究目的在于了解如何保证本科学习期间的健康状态（Robinson，2005，p.3）。为了实现这个目标，她对 60 名大学生（30 名女性和 30 名男性）展开了问卷调查。她发现控制点类型和大学生的一般自我调适能力与疾病的严重程度显著相关。具体地说，她的数据显示"属于内控者并且具有更全面的大学调适能力的学生比外控者以及不具有全面调适能力的学生更少发生病情严重发作的情况"（Robinson，2005，p.6）。

　　当数据涉及两个变量，但是研究者只能测量而不是操纵其中一个变量的时候，研究者只好使用相关性研究了。例如，圣地亚哥大学（University of San Diego）的学生杰西卡·塞拉诺-罗德里格斯（Jessica Serrano-Rodriguez）、萨拉·布鲁诺利（Sara Brunolli）以及丽莎·埃荷德（Lisa Echolds）（2007）探索了宗教态度以及器官捐赠意向之间的关系。类似地，爱达荷

Courtesy of Warren Street

州博伊西市博伊西州立大学（Boise State University）的学生亚当·托雷斯（Adam Torres）、克里斯蒂·曾纳（Christy Zenner）、达伊娜·班森（Daina Benson）、萨拉·哈里斯（Sarah Harris），以及蒂姆·科伯林恩（Tim Koberlein）（2007）估计了自尊和诸如自我感知的学术能力、家庭支持、写作技巧以及课程出勤率等因素之间的相关。

类似地，贡萨加大学（Gonzaga University）的学生卡洛琳·布雷科（Carolyn Brayko）、沙文·哈里斯（Sharvon Harris）、萨拉·亨里克森（Sarah Henriksen）以及他们的导师安妮·玛丽·梅丁（Anne Marie Medin）展示了一个相关性研究。该研究侧重于探索人格特质、以往的父母关系以及对圈外成员的内隐态度之间的潜在关联（Brayko, Harris, Henriksen, & Medina, 2011, p.20）；洛克海文大学（Lock Haven University）的学生考尼特·梅耶（Courtney Meyer）以及她的导师塔拉·米切尔（Tara Mitchell）报告了一篇关于强奸犯对于女性的态度以及父母育儿风格之间关系的相关性研究（Meyer & Mitchell, 2011）。总的来说这些学生的研究报告表明相关性研究适用的变量类型几乎是无穷尽的。尽管相关性研究可以用于判定两个变量之间相关的强度，但是它无法进行因果推论。

回顾总结

1. **描述性研究方法**是获取信息的一种非实验研究方法。这种方法不操纵变量。
2. 一些研究人员将档案以及旧有资料作为数据来源。尽管使用这种数据能够避免诱导参与人产生反应偏差，但这种方法存在缺乏可推广性以及记录和资料留存具有选择性等的缺陷。
3. 尽管观察性研究并直接操纵变量，但它的确允许研究者对目标行为进行直接观测。
4. **自然观察**研究在自然条件下直接观测所感兴趣的行为。在这些研究中，研究者应当尽量保持不引人注意，从而避免参与人发生**感应或反应效应**。
5. 因为在所有时间里持续地观察所有行为是不可能的，因此研究者必须决定观察哪些行为，以及在什么时候什么地点观察这些行为。
6. **时间抽样**技术涉及在不同时间段内进行行为观察，而**情境抽样**技术涉及在不同情境下进行行为观察。
7. 使用多名观察者有助于避免遗漏重要的观测，并且有助于解决到底观测的是什么或者不是什么的争论。**观察者间信度**指的是观察者意见的一致程度。
8. **相关性研究**涉及测量并估算两个变量间的相关强度。
9. 如果一个变量的分数增加伴随着另一个变量的分数的增加，那么这两个变量就是**正相关**。
10. 如果一个变量的分数增加伴随着另一个变量的分数的减少，那么这两个变量就是**负相关**。
11. 如果一个变量分数的变化与另一个变量的变化无关，那么这两个变量就是**零相关**。

检查你的进度

1. 什么是感应效应？使用档案数据为什么能够回避这个效应呢？
2. 记录的有选择性与_____最为相关。
   a. 个案研究
   b. 自然观察
   c. 因果研究
   d. 档案研究
3. 你想为所在学校的心理学系撰写一篇历史传记，因此你翻阅了学校的旧概览小册子、系的通讯手册，以及地下室里发霉的文件夹。你正在进行_____。
   a. 档案研究
   b. 个案研究
   c. 实验研究
   d. 参与观察研究
4. 实验者关于数据某部分的意见的一致程度最可能指的是：
   a. 档案对称
   b. 观察者间信度
   c. 自然观察的一致性
   d. 参与者/观察者比率

5. 为什么我们需要时间抽样以及情境抽样？
6. 什么是观察者间信度？如何计算这个信度？
7. 下面哪个描述很可能是负相关？

　　a. 出勤率和考试成绩

　　b. 大学生的身高和体重

　　c. 选修高难度的课程以及一学期的绩点

　　d. 大学本科总绩点以及研究生阶段绩点

事后回溯研究

对于我们无法控制也无法操纵的变量，我们能够进行实验性研究吗？是的，我们可以对这些变量进行实验性研究，但是在归纳结论的时候，我们必须十分谨慎。在研究我们无法或者没有实施操纵的变量的时候，我们在进行**事后回溯研究**（ex post facto study）。"ex post facto"是拉丁语，意思是事情发生之后。进行事后回溯研究意味着我们是在"事情发生了之后"才考察某个变量的效应——在我们到达现场之前，变量的变化就已经发生了。侦探的大部分工作似乎都属于这个类别。因为实验者无法控制变量的实施，更不要说决定谁接受这个变量以及在什么情况下实施这个变量的操作，因此事后回溯研究明显符合描述性研究技术的特征。然而，它又确实有一些实验性研究方法的特点。

> ◆ **事后回溯研究**　这类研究所考察的变量在研究开始之前就已经发生了变化。

让我们来看一名学生进行的事后回溯研究的例子。来自威斯康星大学普拉特维尔分校（University of Wisconsin-Platteville）的安娜·艾伦（Anna Allen）以及她的指导老师琼·里尔德（Joan E. Riedle）研究了大麻吸食史如何影响人们对大麻在医疗以及娱乐方面应用的态度（Allen & Riedle，2011）。他们的结果表明："曾经吸食过大麻的学生更容易接受大麻在医疗以及娱乐方面的应用"（Allen & Riedle，2011，p.3）。

心理侦探

Allen 和 Riedle 研究的哪方面让你认为这个研究是一项事后回溯研究？

因为 Allen 和 Riedle 无法控制他们的参与人吸食或者不吸食大麻，他们的研究项目显然归属于事后回溯研究。在另外一个事后回溯研究中，博伊西州立大学的学生克里斯蒂·曾纳以及她的导师玛丽·普里查德（Mary Pritchard）对于大学生有多了解乳腺癌以及饮食紊乱感兴趣。他们的假说认为女学生对这个问题的了解比男学生深入。他们的数据支持他们的预测（Zenner & Pritchard，2007）。在下一节中，我们会介绍运用调查、问卷、测验以及成套测验的研究；这样的研究颇为流行。

调查、问卷、测验以及成套测验

不管是在实验性还是非实验性研究中，研究者都会频繁地使用调查、问卷、测验以及成套测验来测量态度、思想以及情绪或者感受。问卷调查如此受欢迎的一个原因是它非常容易实施；想知道某个群体对于某个问题的态度，所需要做的仅仅是询问他们或者请求他们完成一份测验。正如我们会看到的，事实的表面总是非常具有欺骗性；运用这项技术并非想象中的那样简单。最适合当前研究项目的测量工具是什么？有无数种选择摆在我们面前。我们首先介绍一下调查和问卷，接着会转到测验和成套测验。

调查和问卷

问卷调查通常要求参与人就研究者感兴趣的话题或者问题进行回答。大体来说，有两种不同类型的问卷调查：描述性的和分析性的。尽管我们会分开介绍两种类型的问卷调查，但是你需要记住存在同时满足两种目的的问卷调查。

问卷调查的类型

研究项目的研究目的决定了应当选择的问卷调查的类型。如果你想调查人口中多大比例的人展现出某种特征、持有某种观点，或者参与某种活动，那么应当使用**描述性调查**（descriptive survey）。盖洛普竞选民意调查（The Gallup Polls）以及尼尔森收视率调查（Nielson television ratings）都是描述性调查的典型例子。当研究者采用这种类型的调查的时候，他们的目的不在于找出相关的变量，也不在于研究这些变量是如何与目标行为联系起来的。关于样本中的某种特征或行为的描述就是调查的终极产品，研究者希望所获得的这个产品能够代表样本所在总体的情况。

> ◆ **描述性调查** 目的在于估计总体中表现出某种特征、持有某种观点或者参与某种活动的比例。
>
> ◆ **分析性调查** 目的在于找出相关变量以及它们是如何关联起来的。

分析性调查（analytic survey）的目的在于找出相关的变量以及它们彼此是如何关联起来的。例如，佐治亚州迪凯特市艾格妮丝·史考特学院（Agnes Scott College）的学生阿曼达·格蕾（Amanda Gray）以及她的指导老师珍妮弗·卢卡斯（Jennifer Lucas）通过主观交通阻塞量表（Novaco, Stokols, & Milanesi, 1990）来测量"开车上下班的人对于交通阻塞程度的主观感受以及他们的行驶压力感"（Gray & Lucas, 2001, p.79）。他们发现，影响压力水平的关键因素是对于交通阻塞的主观感受，不管实际上是否真的发生了交通阻塞。

Harley L. Schwadron/The New Yorker Collection/www.cartoonbank.com

如果所研究的领域并没有现成的调查问卷，我们应该怎么办呢？在这种情况下研究你感兴趣的问题，你可能需要自己开发一个调查问卷。我们强烈建议在你试图开发自己的调查问卷之前穷尽所有的可能。看起来开发一个调查问卷很容易，但是没有比这个结论更远离真相的了。

如果你已经认为开发自己的调查问卷是唯一的选择，那么在调查真正实施之前，你需要非常仔细地挑选分析性调查问卷的题目。实际上，可能在真正展开正式的分析性调查之前，你需要先进行一个**先导测试**（pilot testing）。先导测试是指在整个研究项目开始之前所完成的测试和评估。在这一初级阶段，研究者测试少数几名参与人，并可能通过深度访谈来帮助判断哪些类型的题目应当出现在调查问卷的最终版本里面。例如，密歇根大学迪尔本分校（University of Michigan-Dearborn）的学生米歇尔·本多（Michelle Beddow）以及她的导师罗伯特·海姆斯（Robert Hymes）和帕梅拉·麦考斯伦（Pamela McAuslan）先通过一个先导测试来测定两名模特的吸引力，然后才在正式研究中使用这两名模特的照片（Beddow, Hymes, & McAuslan, 2011）。

> ◆ **先导测试** 在整个研究项目开始之前开展的初步的、探索性的测试。

开发出好的调查问卷 好的调查问卷是无法连夜赶制出来的，特别是测量态度或者利益观点的问卷，如果还要求没有任何偏向，则更是如此；在开发问卷的过程中，你需要投入大量的时间和精力。当你已经非常清楚自己的研究项目想要测定的信息之后，可以遵循一些指引，从而开发出优良的调查问卷。这些指引见表 4-1。

表 4-1 开发出好的调查问卷的步骤

第 1 步：选择调查问卷的类型。以什么方式收集信息
第 2 步：选择题目类型
第 3 步：编写问卷题目：题目必须是清晰的、简短的以及具体的
第 4 步：进行先导测试并向相关人士咨询建议
第 5 步：确定要收集的人口学数据
第 6 步：确定施测程序并制定问卷的指导语

第一步是决定以什么方式获取你所要的信息。你会使用信件调查吗？问卷调查是在大学的课堂上进行的吗？经过训练的访谈人员是以面对面的方式进行问卷调查还是电话访谈呢？这些决定将极大地影响你所开发的问卷的类型。

决定了将要开发的问卷类型之后，第二步你需要关注的问题包括问卷题目的性质以及答案的类型。常用的问卷调查题目有以下几类。

1. 是非题。回答者回答是或否。

例子

我很少想起死亡。

（资料来源：Templer's Death Anxiety Scale; Templer, 1970）

2. 强迫选择题。回答者必须在两个选项中进行选择。

例子

A. 社会中有许多团体都对我有很大的影响力。

B. 这个世界上没有什么可以控制我。我通常做我想做的事情。

（资料来源：Reid-Ware Three-Factor Locus of Control Scale; Reid & Ware, 1973）

3. 多项选择题。回答者必须从多个选项中选取最恰当的一个或多个答案。

例子

与普通学生相比：

A. 我更加努力

B. 我的努力程度属于中等水平

C. 我不够努力

（资料来源：Modified Jenkins Activity Scale; Krantz, Glass, & Snyder, 1974）

4. 李克特（Likert）量表。参与人在设计好的尺度上针对某个题目进行回答。一个典型的尺度如下：（5）完全同意、（4）同意、（3）无法做出决定、（2）不同意、（1）完全不同意。

例子：我享受社交聚会因为聚会上有人陪伴。

1	2	3	4	5
完全不符合	不太	有些	比较	完全符合

我的特征

（资料来源：Texas Social Behaviour Inventory；Helmreich & Stapp, 1974）

5. 开放性问题。回答者必须自己构建自己的答案。

例子：

请用语言总结一下自己存在的主要问题。

（资料来源：Mooney Problem Check List; Mooney, 1950）

显然，你决定在调查问卷中使用的题目直接决定了你所收集到的并且进行分析的数据类型。如果你选择了是 - 否这种形式，那么你需要计算每条题目两种回答的频数或者比率。如果使用了李克特式量表（Likert-Type Scales），那么就能够计算每条题目的平均反应。如果使用了开放性问题，你要么思考如何进

行编码或者量化对问题的回答，要么建立一种标准程序，从而概括地描述每位参与人的答案。

第三步是编写调查问卷题目。一条广泛接受的标准就是每道题目必须是清晰、简短以及具体的；使用常用词汇；限制在目标群体的阅读水平范围内。在准备题目的时候，你应当避免可能限制参与人的回答的题目。例如，你可能要求参与人评判一下美国总统的"危机"处理能力。假定总统处理了几个危机事件，那么这个题目中的危机究竟是指其中的某一件危机事件还是其他危机事件呢？这样一来，答题者就可能根据自己的理解来回答这个题目；他们的理解可能与你的原意不一致。另外，研究者应当避免可能诱发有偏向的回答的题目。负性的措辞方式可能会诱导出大量的负面回答，而正性的措辞方式可能诱导出大量的正面回答。

思考一下这个是非题："你是否同意，富有的职业运动员是否存在薪酬过高的情况？"这个题目有什么问题，我们应当如何进行改进呢？

说职业运动员都是有钱人，实际上就是在暗示一种思维定式，这些运动员的薪酬太高了。这样一来，答题者就可能会被诱导从而偏向回答是。另外，在题目中使用词"同意"会增加回答是的可能性。如果按以下方式重写刚才的题目，那么对答题者的诱导作用就会有所降低："你是否认为职业运动员的薪酬过高？"

第四步是通过先导测试来检验你的调查问卷。非常重要的一点是，请求他人，特别是你所在领域有专长的人来审阅一下你的题目。他们可能能够发现你之前没有发现的带有偏见的用词和词不达意的地方。在这个阶段，让几名参与人完成问卷的初版并与这些参与人就问卷的题目展开讨论是相当有帮助的。通常没有什么比真正完成了一项测试的参与人的看法更深刻了。在你修改题目的时候，没有什么比这些看法更有价值了。实际上，你可能会发现有必要反复重复这个过程，先进行先导测试，然后修改问卷，最后才得到最终版本。

第五步是思考你是否还希望从参与人身上获得其他相关信息。通常这样的信息可以归在**人口学数据**

（demographic data）这个标题之下，可能包含诸如年龄、性别、年收入、社区大小、大学专业以及专业类别等方面的信息。例如，在探索影响青少年对同龄人怀孕的态度的研究中，圣地亚哥大学的学生珍妮·库克茨（Jennie M. Kuckertz）和她的导师克里斯汀·麦凯布（Kristen McCabe）要求他们的"参与人报告自己的年龄、性别、受教育程度、种族/民族以及父亲或母亲的最高学历"（Kuckertz & McCabe，2011，p.35）。

> ◆ **人口学数据** 描述了参与人的某些特征，诸如年龄、性别、收入以及学术专业等。

尽管这一步的必要性相当明显，但是仔细审查相关题目，从而保证你没有遗漏任何关键信息是十分重要的。我们无法告诉你，有多少研究性别差异的问卷调查项目最终以失败告终，就是因为研究者忘记要求参与人报告自己的性别！

最后一步就是制定在施测过程中必须遵循的程序。如果问卷是自我测试的，如何撰写指导语？这些指导语是否清晰、简明，以及是否容易遵循？谁负责分发和收集知情同意书并在出现问题的时候处理纠纷？如果你的问卷调查不是自我测试的，那么你必须准备一个指导语脚本。指导语必须足够清晰并且容易理解。不管你决定在面对面的访谈中、在电话中，还是在大课堂上使用这些指导语，你（或者是使用指导语的人）都必须认真练习，并进行排练。项目负责人必须保证所有实际实验者在所有情境下以同样的方式使用指导语。类似地，在参与人提出问题的时候，研究者的应对方式必须保持一致。

正如刚才所见，完美问卷调查的最后一步就是制定合理的施测程序。因为这一步对于这类研究至关重要，我们将详细介绍三种基本施测类型：信件调查、个人访谈以及电话访谈。

信件调查

你很可能曾经有过这样的经历，你收到信件，要求你完成一项问卷调查。这种技术非常流行，常用于收集不同研究问题的数据，包含从对于环境问题的看法到我们购买的食物种类的各种数据。

信件调查的一个优势是在填写问卷的时候研究者不需要出现。这样一来，调查问卷可以发给非常庞大的一群参与人，远比单个研究者能够接触到的参与人多得多。

尽管理论上不是不可能将调查问卷邮寄到数量庞大的参与人手中，但是这种方法有几点不足。首先，研究者并不清楚究竟是谁完成了问卷。可能目标答题人非常忙，没有时间完成问卷，于是要求他的家人或者朋友帮忙。这样一来，在创造机会从而从目标总体中产生随机样本上所付出的时间和努力都付诸东流了。

即便是目标答题者完成的问卷，我们也无法保证答题者按照题目在问卷中出现的顺序进行答题。如果回答问题的次序对于项目来说是有意义的，那么这个缺陷可能就构成了使用信件调查的一个主要问题。

其次，低回复率凸显了使用信件调查的另一个问题。除了失望和沮丧之外，低回复率还意味了研究样本可能存在偏差。什么样的人会返回调查问卷呢？他们与那些不返回调查问卷的人有什么不同的地方呢？他们是最（不）繁忙的人吗？他们是最（不）自以为是的人吗？我们无法知道，并且随着回复率的进一步降低，所获得的样本是有偏差的概率在增加。什么样的回复率对于信件调查来说是合理的？在信件调查中，回复率落在25%～30%并不是什么罕见的事情；50%或更高的回复率被认为是相当可观的了。

> **心理侦探**
>
> 假定你正在计划一项信件调查项目。你非常担忧低回复率的问题，并希望能采取任何可能采取的措施来保证调查的回复率。你能做什么来提高回复率呢？

研究者提出了以下一些有助于提高信件调查回复率的措施。

1. 最初的邮件需要包括一封封面信件，这个信件必须清楚地概述研究项目的本质和重要性，说明答题者是如何被选取的，以及所有的回答都是保密的。你应当在邮件里包含一个邮资已付的信封，方便调查问卷的返回。

2. 有必要多次向目标答题者邮寄调查问卷。因为最初的调查问卷可能已经丢失了或者不记得被放在哪里了，因此加一份备份问卷很有必要。二次邮寄可能还不够；你可能发现需要邮寄两三次才能够达到可接受的回复率。第二次、第三次邮寄通常间隔两三个星期。

不是所有研究者都会选择使用信件调查。低回复率、漏填，以及不清晰的答案都是研究者转向更直接的手段来获得数据的原因。这些手段可能以面对面或者是电话的方式进行。

个人访谈

如果一名训练有素的访谈人员在参与人家里进行问卷调查，回复率会急剧攀升。在这种情况下获得 90% 以上的完成率并非什么罕见的事情。除了回复率的提升，受过训练的访谈者还能够通过清楚地解释模糊的题目表述，保证合理的答题顺序以及帮助答题者解决在答题过程中遇到的问题来减少无效问卷的数量。

尽管相比信件调查而言，这一技术有许多优势，但它也存在不足。首先，可以预期需要投入相当可观的时间和金钱。你需要时间来训练访谈者。经过训练之后，你需要支付金钱作为他们工作的报酬。其次，由某个具体的人来负责主持调查问卷的施测这个事实就可能引入访谈者偏差。一些访谈者可能比其他访谈者更喜欢以正面（负面）的方式呈现调查题目。只有非常细致且密集的训练才能让所有访谈者以一致的、中性的方式呈现所有题目，从而解决这一潜在问题。最后，在家里进行问卷调查的前景逐渐变得暗淡和不可行。许多情况下，白天时间没有人会在家里，并且越来越多的人不愿牺牲他们空闲的晚间时间来完成一项问卷调查。另外，升高的城市犯罪率也不鼓励面对面的访谈；面对这种情况，许多调查人员开始转向电话访谈。

电话访谈

除了克服个人访谈以及信件调查的种种问题，电话访谈还有自己的优势。例如，随机拨号技术使得研究者可以非常方便地获得随机样本：只需要设定希望完成的电话访谈数量，计算机就会完成剩下的工作。需要指出的是，以这样方式产生的随机样本可能会包括登记以及未登记的号码，因为这些号码是随机产生的。现在美国 95% 的家庭拥有电话机，再加上庞大的手机数量，担忧样本中只涉及拥有电话的人是完全没有必要的。

计算机技术也刺激了电话访谈的需求。例如，现在完全可以做到在参与人进行应答的时候就查看他们的数据。也就是说，数据被直接存储到计算机里，研究者可以时时查看数据。

除了这些明显的优势之外，电话访谈当然也有不足的地方。尽管技术的发展在某些方面对电话访谈研究者是一种助益，但是在另一方面它也可能造成困难。许多电话机现在具有来电显示的功能，并能够筛选或者拉黑某类来电。即便对方接听了电话，对看不见的电话访谈者说出拒绝比对上门的人说出要简单得多。另外，那些使用了拉黑功能的人无法被包含到样本中。这些问题都降低了回复率，并增加了可能获得有偏向的样本的概率。

使用电话也导致了无法通过眼神交流来帮助阐明某些题目的意义。另外，因为电话访谈者无法看到答题人，因此无法捕捉非语言线索，如表情、手势以及姿态等。这样的线索也许能告诉研究人员答题者对于这道题目的理解可能并不彻底，或者这个题目的意义需要进一步的解释。

没有面对面的接触，也使得与答题者建立融洽的关系更为困难。这样一来，电话访谈的答题者可能不愿意参与到问卷调查中去。这种参与意愿的缺乏导致所使用调查问卷越来越短。

尽管问卷调查是非常受欢迎的研究工具，但我们还有其他收集数据的手段。弗朗西斯·高尔顿爵士（Sir Francis Galton，1822—1911）在 19 世纪末期，试图通过测量诸如反应时或者视觉辨别能力等物理变量来评估人们的能力或者智力。从这个时间段开始，心理学研究者开发出大量的测验和成套测验，满足了不同的研究目的。

测验和成套测验

调查问卷常用于评估人们对某个话题或者问题的意见，与之不同的是，研究者开发测验或者成套测验来测量目标人群的某种属性、能力或者特征。在本节中，我们会先介绍好的测验和成套测验的特征，然后再介绍测验和问卷的三种基本类型：成就测验、能力倾向以及人格测验。

好的测验和成套测验的特征

与调查问卷不同的是，研究者不太可能直接参与到测验或者成套测验的开发中去。因为测验或者成套测验的开发以及先导测试早已完成，你只需要翻阅开发目标测验或者成套测验的研究报告就可以了。一个好的测验或者成套测验有两个特征：它首先是有效的，并且是可信的。

效度

如果一份测验或者成套测验确实测量了我们预期它要测量的概念，那么这个测验或者成套测验就具有**效度**（validity）。如果你的研究需要一个测量拼写能力的测验，那么你就会希望所选择的测量工具测量的就是这种能力，而不是什么其他的能力，例如数学能力。

有多种方式可以建立效度。**内容效度**（content validity）指的是测验题目确实反映了目标内容的程度。研究者通常邀请一组专家来评判测验题目的内容效度。尽管这些评分人员的主观性可能导致他们的评分结果难以量化，但是他们之间意见的一致程度，也就是被称为**评分者间信度**（interrater relibility）的这一指标可以被估算出来。评分者间信度与观察者间信度非常相似。主要区别在于评分者间信度测量的是评分人员在评判测验题目时意见的一致程度，而观察者间信度测量的是观测行为时的一致程度。

> ◆ **效度** 测验或者成套测验测量了目标概念的程度。
> ◆ **内容效度** 测验题目确实反映了目标内容的程度。
> ◆ **评分者间信度** 在评判测验或者成套测验题目的内容效度时，评分人员的一致程度。
> ◆ **会聚效度** 待考察的测验或者成套测验与其他同样测量目标特质的指标相一致的程度。

如果我们已经获得了一个目标特质的测量结果，并且可以将其与待考察的测验或者成套测验进行比较，那么我们就可以考虑建立**会聚效度**（concurrent validity）。例如，测量攻击性倾向的问卷可以与临床心理学家诊断的攻击性倾向的结果进行比较。如果测验的结果以及临床心理学家对于患者攻击性的打分非常一致，那么测验的会聚效度就建立起来了。

一般而言，我们很难找到现成的测量同一特质的第二指标。此时，研究者可能选择将测验的分数与未来的分数进行比较，那么研究者试图建立的就是测验的**效标效度**（criterion validity）。因此，效标效度指测验或者成套测验能够预测某个结果或者效标的程度。例如，诸如 SAT 和 ACT 等的大学入学考试能够预测大学第一学期的成绩就是一个很好的例子。如果这些测验的分数能够很好地预测第一学期的绩点，那么它们的效标效度就建立起来了。

> ◆ **效标效度** 依据待考察的测验或者成套测验的结果对某些未来的结果进行预期，据此建立起来的效度。

信度

在判定某个测验是有效的之后，我们还要检查一下它是否是可信的。**信度**（reliability）指的是反复测量同一群参与人的过程中，测验或者成套测验结果的一致程度。例如，如果我们开发出了一套用于测量社会工作天赋的测验，我们会希望那些在该测验上获得高分（或低分）的参与人在第二次测验的时候也获得差不多的分数。同一群人反复测量的分数越相似，测验或者成套测验的信度就越高。

评估信度的经典方法包括重测法和分半法。使用重测法时，需要进行两次测验，并且需要比较两次测验的分数；两次测验的分数相似度越高，信度就越高。

> ◆ **信度** 用测验或者成套测验测量同一群人时，所获得结果的一致性和稳定性。
> ◆ **重测法** 通过反复使用同一测验来测量同一群参与人的方法来评估测验的信度。

心理侦探

从表面上看，重测法相当直观和合理；然而，用这种方法来估算信度可能存在一个问题。这个问题是什么呢？

重测法（test-retest procedure）的主要问题在于：同样的参与人多次完成了同一测验或成套测验。填写过同样的测验或成套测验，参与人就可能记住里面的某些题目及其答案，这会影响下一次的答题。也就是

说，他们的回答可能受到前一次测验的影响而产生偏差。如果在两次测试之间间隔很长的时间，参与人可能会忘记题目或者相应的答案，那么这个熟悉性的问题就得到了解决。但是另外一方面，很长的间隔期可能会对信度产生不良影响。在漫长的间隔期期间，参与人有足够多的学习机会，并且会经历无数事件。这些经历被称为经历效应（见第 8 章），这可能影响他们再次完成测验或者成套测验时的得分。也就是说，对信度的评估可能受到两次测试之间的经历的影响。

我们可以借助分半技术克服测验熟悉度以及冗长的间隔期带来的问题。**分半技术**（split-half technique）可以用来评估信度。主要步骤包括将一个测验或者成套测验分成两半或两个分测验，让同一群参与人在不同情境下完成两个分测验，或者让参与人完成整个测验，然后对测验进行分半处理。因为两个分测验的题目来自同一个大测验，所以如果测验是可信的，那么两个分测验应当彼此高度相关。技术上来说，两个分测验的题目应当是随机选取的，或者通过某种预先设定的方式选取的，例如单数 – 双数。两个分测验的分数越一致，它们所在的大测验的信度就越高。

> ◆ **分半技术** 通过将测验分成两半并且比较两半的分数的方法来评估测验的信度。

至此我们已经认识到，好的测验或成套测验必须是有效的和可信的。接下来我们将介绍几种不同类型的测验，它们常被用来实现不同的研究和预测目的。

测验和成套测验的类型

成就测验（achivement test）用于评估个体的知识和技能的掌握水平。例如，医生在获得开药资格之前必须通过一系列医学委员会的测试；律师在实践法律之前必须通过律师资格考试。划定通过还是没有通过的分数代表的是预期需要达到的最低成就水平。你可能会想起生活中许多你参加过的成就测验。

许多大学的咨询中心或者职业发展中心提供能力倾向测验，从而帮助学生选择他们的专业或者职业道路。**能力倾向测验**（aptitude test）测量的是个体胜任某项工作的潜在能力或技巧。例如，普度钉版测试（Purdue Pegboard Test）通常用于评估某个个体是否胜任需要手工灵巧度的工作。根据 Anastasi（1988），"这

个测试提供了两方面能力的评估结果，一个评估了手、手指以及手臂完成大体动作趋势的能力，另一个评估了手指尖的灵活程度，而这在完成小型组装工作的时候非常重要"（p.461）类似地，如果你计划进入研究生院继续深造，可能会被要求参加

> ◆ **成就测验** 用于评估某个个体的知识和技能的掌握水平。
> ◆ **能力倾向测验** 用于测量某个个体胜任某个工作的潜在能力或技巧。
> ◆ **人格测验或成套测验** 测量个体某方面的动机状态、人际交往能力或者人格。

美国研究生入学考试（Graduate Record Examination, GRE）。对于大多数研究生院来说，GRE 里最重要的两个分数是语文和定量分测验。这些分数测量了你在研究生阶段成功完成语文类和定量类课程的能力。

人格测验或成套测验（personality test or inventory）测量的是个体在某个具体方面的动机状态、人际交往能力或者人格（Anastasi & Urbina, 1997）。我们用一个例子来展示如何在研究中使用人格成套测验。佛罗里达州迪兰市斯泰森大学（Stetson University）的学生戴安·博德纳（Dana Bodner）和科克伦（C.D. Cochran）以及他们的导师托妮·布鲁姆（Toni Blum）（Bodner, Cochran, & Blum, 2000）完成了一项研究。该研究的目的在于评估一般独特金刚体量表（General Unique Invulnerability, GUI）的有效性。该量表测量的是人们对于自己是否拥有金刚体般刀枪不入、可以免受负性事件或者避免遭遇不幸事件的乐观程度。研究者用 GUI 量表测量了 40 名跳伞运动员和 40 名大学生。他们发现跳伞运动员在 GUI 上的得分比大学生要高。跳伞运动员这种从事高风险工作的人比一般大学生对自己不会遭受不幸的事情更加乐观，其实很符合常理，并没有什么值得奇怪的。

抽样问题以及基本研究策略

前面我们已经完成了对调查问卷、测验以及成套测验的介绍，接下来在本章结束之前，我们将介绍另外两个研究者在进行研究项目的时候必须考虑的问题：抽样问题和基本研究策略。抽样涉及的问题是：谁来参加你的研究项目以及这些参与人是否具有代表

性。一旦解决了抽样问题，你就需要开始考虑基本研究策略了。研究者使用的几种主要策略是：单层研究方法、横向研究方法以及纵向研究方法。

抽样

假定你要从下面两个名字里选择一个作为大学生报报刊的新名字，Wilderbeast（学校的吉祥物）或者是"观察者"，哪个对大多数学生来说更具吸引力。你调查了 36 名选修高年级课程生物心理学课上的学生，发现 24 名选择"观察者"，12 名选择 Wilderbeast。你向出版顾问委员会报告了你的结果并建议使用观察者作为报纸的新名字。

心理侦探

出版委员会应当采纳你的建议吗？你的结果有没有值得质疑的地方？

出版委员会不应当采纳你的建议。夏洛克·福尔摩斯曾说过："我不预先假定任何事情"（Doyle，1927，p.745）。与福尔摩斯不同的是，你似乎做了一些预设。数据的主要问题与你调查的学生有关。为高年级学生设置的生物心理学课上的学生能够代表全校学生吗？这个问题的答案必然是不；只有心理学专业的高年级学生才能够选修这门课程。另外，简单地检查课程名单就会发现，课上的大部分学生（67%）是女学生。显然，你应当使用更能代表学校学生主体的学生样本。

我们应当将一般学生主体指定为我们的**总体**（population），或者将我们希望研究的个体或者事件的总和指定为总体。用于代表总体的一小群人或者事件被

◆ **总体**　个体或者事件的总和。
◆ **样本**　用来代表总体的一个小群体。
◆ **随机样本**　总体里的每个成员都有相等的概率被选入样本之中。

称为**样本**（sample）。当总体中每个成员都有相等的概率被选入样本之中，我们所生成的就是一个**随机样本**（random sample）。

如何产生一个随机样本来完成报刊名字的调查呢？计算机技术使得这个任务变得非常简单；你只需

要设定好理想样本量，然后计算机就可以从所有在读学生的名单里随机选出样本量为目标大小的样本。因为一旦一个名字被选中了，这个名字就不可能再被选中了，这个技术因此被称为**无放回随机抽样**（random sampling without replacement）。如果选中的条目还能够放回到总体中去并且能够再次被选中，那么这个技术就称为**有放回随机抽样**（random sampling with replacement）。因为心理学家不希望同一名参与人出现在样本里两次，所以一般会采用无放回随机抽样技术来产生用于研究的随机样本。

假定计算机从整个学生群体里随机选取了 80 名学生作为样本，并且你正在检查这些名字。即便你的样本是随机产生的，这个程序还是存在一些显而易见的问题。可能所选取的学生大部分是大一或者大二的学生。另外，可能样本里大多数学生是男学生。这群随机抽样产生的学生样本，他们对于报刊新名字的意见可能并不比我们原来的样本更具有代表性。我们还有什么办法产生更具代表性的样本呢？

◆ **无放回随机抽样**　一旦被选中，这个得分、事件或者参与人就不能再放回到总体中，不可能第二次被选中。
◆ **有放回随机抽样**　即使被选中，这个得分、事件或者参与人还是能够被放回到总体中，还可能第二次被选中。

有两种技术可以用来提高样本的代表性。第一个技术相当简单：我们可以选择使用更大的样本。通常来说，样本量越大，样本的代表性越高。如果我们随机选取了 240 名学生，这样大的样本就会比我们之前的 80 人的学生样本更能代表学生主体。尽管样本量越大，样本就会越像其根源的总体，但大样本这种方法也存在一个潜在问题。更大的样本意味着需要测试更多的参与人。在我们的报刊新名字的研究里，测试更多的参与人可能并没有什么大问题。但是，如果问卷相当冗长或者需要支付参与人酬金，那么增大样本量可能会造成时间和金钱方面难以承受的局面。

如果简单地增加样本量并不是一个很好的解决获得具有代表性样本这个问题的方法，那么研究者就会转向**分层随机抽样**（stratified random sampling）。分层随机抽样涉及将总体分割成一个个子总体或者说层，然后从一个或者多个层中进行随机抽样。例如，一个

合理的分划大学生群体的方法是根据年级来划分：大一、大二、大三以及大四。然后你可以在每个年级的学生群体里进行随机抽样。每层需要调查多少名学生？第一种选择是每层都包含同样数量的参与人。因此，在我们的报刊名字的项目里面，我们可能希望每个年级调查 20 名学生。第二种选择是根据总体里每层占据的比例来进行抽样。如果大一的学生占据所有学生人数的 30%，那么我们的样本里应当有 30% 的大一学生。那么每层里的男性和女性数量呢？我们可以选择同等数量或者选择按照总体里男性／女性所占的比例来进行抽样。正如你可能猜到的，使用分层随机抽样意味着你对总体的了解非常深入。只要了解足够深入，你就能够产生非常具有代表性的样本。然而，不得不提醒一句。尽管按照你认为样本应当具有的特征来设定样本这个想法非常诱人，但是你很可能在这个方向上走得太远。如果你的样本设计的程度太高，那么你的结果就只能推广到那些拥有这些非常琐碎具体的特征的群体中了。

> ◆ **分层随机抽样** 对总体的不同子群体或者说层分别进行随机抽样。

一种频繁出现在研究报告里的参与人层（群）是被试或者参与人库。许多大学都构建这样的被试库以便使用。学生，通常特指心理学导论课上的学生，都面临一个选择，要完成某个课程要求，他们要么选择参加心理学研究要么选择其他替代方式。在学生决定自愿参加一个研究项目后，研究者就可以随机将他们分配到某个特定的研究组或者处理条件中了。以第 2 章中我们讨论过的由 Burkley 等人（2000）完成的一项关于知情同意书文档用词的研究为例，作者在文章中写道：

> 25 名心理专业的本科生（2 名男性，23 名女性）自愿参加实验。参与人被随机分配到控制组或者是实验组中。参与人获得课时计分作为他们参与研究的报酬。（p.44）

基本研究策略

即使已经获得了样本，你也不能匆忙仓促地开始测试工作。你需要花些时间思考你的研究问题，以及以什么方式展开研究项目才能够更好地回答你的研究问题。有三种基本研究方法供你选择：单层研究、横向研究，以及纵向研究。

单层研究方法（single-strata approach）将目标锁定在总体的某个特定的人群中，并从这群人身上获取数据。例如，盖洛普的某项民意调查可能只对蓝领工人的投票偏向感兴趣。因此，由这类个体构成的样本将会完成投票偏向调查。通常这种方法所探求的研究问题相对具有针对性。

在单层研究方法的基础上扩展到包括不只一个子层的时候，我们使用的方法就变成了**横向研究**（cross-sectional research）方法。横向研究主要涉及在一段相对有限的时间内对比两组或者多组参与人之间的差异。例如，研究人员要比较不同年龄段选民的投票偏向。为了达到这一目的，在投票偏向研究中我们需要随机选取年龄为 21、31、41、51、61、71 的选民作为参与人，并让他们完成投票偏向调查问卷，然后对比各个年龄组的答案。

研究者也可能想跟踪一组参与人相对较长的一段时间。如果是这样的话，我们所进行的就是**纵向研究项目**（longitudinal research project）。研究者首先会从目标总体中抽取一个随机样本；随后，该样本的参与人会完成初始调查或者初始测试。研究者会定期联系同一组参与人，从而确定在目标时间段内目标行为是否发生了变化。一群出生于同一时期并且反复接受调查或者测试的个体被称为**同辈**（cohort）。例如，研究者可能想研究人们对于环境保护的支持力度如何随着人们年龄的增长而变化。为了评估这个变化趋势，研究者随机选取了一组小学儿童。研究者每五年逐一联系这群"同辈"儿童，并让其完

> ◆ **单层研究方法** 仅从目标总体的一个子群体中收集数据。
> ◆ **横向研究** 在一段相对有限的时间内对比两组或多组参与人。
> ◆ **纵向研究项目** 在一段相对长的时间内追踪同一组参与人，并从他们身上反复获取数据。
> ◆ **同辈** 出生于同一时期的个体。

成一次环境保护调查。要比较三种研究策略，可参见表 4-2。

很重要的一点是，你需要记住关于基本研究策略的讨论，特别是那些抽样方面的讨论不仅适用于非

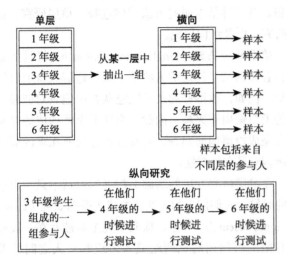

表 4-2　单层、横向和纵向研究策略

实验性研究项目，还适用于实验性研究项目。另外，我们关于抽样和研究策略方面的探讨并不会到此结束。例如，到第 6 章介绍实验控制的时候，我们还有更多关于随机化重要性的内容需要强调。类似地，在决定了基本研究策略之后，我们还需要就一些细节给出我们的选择，例如应当包括多少组被试才能回答目标研究问题这类细节。这些内容都涵盖在实验设计这一大标题之下；我们将从第 10 章开始这一大主题的介绍。

回顾总结

1. 在**事后回溯研究**中，变量（事件）在研究者开始测试之前就已经发生了；因此，对变量的控制或者操纵都是无法进行的。

2. 调查、问卷、测验以及成套测验都可用于测量人们的态度、思想以及情绪或者情感。

3. **描述性调查**的目的在于确定总体中持有某种特征、某种观点或者某种行为的群体的比例。**分析性调查**的目的在于确定某种情形下相关变量的取值和它们之间的关系。

4. 要开发出好的调查问卷，需要完成以下步骤：思考应当使用哪种测试方式，应当使用哪种类型的测试题目，编写题目，**进行先导测试**，收集相关人口学数据，以及制定施测程序。

5. **人口学数据**指相关的被试个人信息，如性别、年龄、收入以及受教育程度等。

6. 信件调查能够面向大量潜在的答题者，但是研究者无法保证实际完成问卷调查的是谁，也无法保证他们按什么顺序进行答题。信件调查的低回复率可以通过强调项目的重要性和增加邮寄次数来改善。

7. 以个人访谈的方式完成调查的成功率相对较高，但是这种方式相当耗时且费用很高。双职工家庭的增加以及城市犯罪率的上升都使个人访谈的方式愈发不受欢迎。

8. 电话访谈使得研究者能够以比个人访谈和信件调查更加有效的方式接触大量的答题者。另外，应答机、来电显示以及无法看到非言语线索等都是这种方法的局限所在。

9. 测验和成套测验应当是**有效的**（测量了预计要测量的东西），并且是**可信的**（测量结果具有一致性）。

10. **效度**的评估可以通过内容分析、会聚分析以及效标分析来完成。

11. **重测法**和**分半法**可用于建立**信度**。

12. **成就测验**用于评估个体的知识和能力水平。**能力倾向测验**测量的是个体胜任某项工作的潜在能力或技巧。**人格测验或成套测验**测量个体在某个具体方面的动机状态、人际交往能力或者人格。

13. **样本**中的个体，也就是那些完成调查、问卷、测验或者是成套测验的人，必须能够代表他们所在的**总体**。

14. **随机抽样**是指总体中的每个成员都有同等的机会被选中。如果采用了**无放回随机抽样**，那么被抽中的个体就不会被放回到总体中。如果采用了**有放回随机抽样**，被选中的个体会被放回到总体中并有可能再次被抽中。

15. **分层抽样**分两步，首先将总体分割成子群体或者子层，然后分别对这些子群体或者子层进行随机抽样。

16. 基本研究策略包括①针对目标总体中某个**子层**的调查，②对多个子层进行抽样的**横向研究**项目，或者③对一组参与人进行长时间追踪的**纵向研究**项目。

检查你的进度

1. 连线

（1）描述性调查　　　　A. 参与人出生于同一时期

（2）分析性调查　　　　B. 反映的是能够预测结果变量的能力

（3）先导测试　　　　　C. 可能包括年龄、性别和年收入

（4）人口学数据　　　　D. 反映的是持有某种特征的比例

（5）同辈　　　　　　　E. 对比两次测量的分数

（6）会聚效度　　　　　F. 试图确定哪些变量是相关变量

（7）效标效度　　　　　G. 在正式研究项目开始之前进行的测试或者评估

2. 描述一下开发好的调查问卷所需的步骤。

3. "实验者并没有进行直接操纵目标自变量"最适合用于描述：
   a. 个案研究
   b. 自然观察
   c. 参与观察
   d. 事后回溯研究

4. 如何改善信件调查的低回复率呢？

5. 为什么个人访谈的使用频率有所下降？

6. 请区分成就测验和能力倾向测验。

7. _____常被用于测量某种特定的属性或者能力？
   a. 调查
   b. 问卷
   c. 先导研究
   d. 成套测验

8. 所感兴趣的目标人群被称为_____。用于代表目标人群的一个小群体被称为_____。

9. 一项测验可以是_____，却不是_____。
   a. 有效的；准确的
   b. 可信的；有效的
   c. 有效的；可信的
   d. 被分段；被分半

10. 什么是随机抽样、有放回随机抽样、无放回随机抽样？

11. 什么是分层随机抽样？为什么需要它？

12. 区分一下单层、横向以及纵向研究方法。

展望

在第 3 章和第 4 章中，我们介绍了如果不对任何变量进行直接操纵，我们所能够选择的收集数据的方法。当然，这些方法不足以被称为真实验。到第 5 章，我们才开始介绍实验。我们会先详细介绍与实验相关的科学方法的要素和变量等概念，然后介绍用于控制变量的程序。

第 5 章

心理学的科学方法

在第 3 章中，你学到了 1879 年冯特用科学方法获取有益的新信息，从而发展出一门新学科——心理学。125 年之后，心理学研究者继续相信，科学方法最适合用来扩展我们对于心理过程的认知。

科学方法的基本要素包括以下几项。

1. 客观测量待考察的现象。

2. 能够复核或证实他人进行的测量工作。

3. 面对错误或逻辑推理上的缺陷，具有自我反省、自我纠正的能力。

4. 能够实施控制措施，从而排除计划外因素的影响。

在下一节中，我们将逐一讨论以上要素。在这个阶段，我们可以先简单地认为，科学方法的目的就在于提供客观信息，使有意愿进行重复观测的人有条件验证相关结论。

科学方法的要素

在这一节中，我们会描述科学方法的关键特征。在随后的章节里，我们还会更加详尽地讨论这些特征。

客观性

心理学研究者在研究项目中像侦探一样，努力地做到符合客观实际。例如，心理学研究者通过特别的方式选取研究参与人，目的就是避免偏见（例如年龄或性别）。研究者经常使用仪器来完成测量工作，其目的也是尽可能地做到客观准确。我们将这样测量出来的结果称之为**实证的**（empirical）结果，因为它们基于客观的量化观测。

> ◆ **实证的**　客观量化观测而得出的结果。

科学发现的可验证性

由于所使用的研究程序和测量方法是客观的，所以我们应该能够重复以及证实原有结果。科学发现的可验证性对于建立研究的效度来说非常重要。**重复研究**（replication）指心理学研究者完全按照原有研究的方式进行实验研究。通过重复研究，科学研究者希望证实先前的科学发现。还有一些研究属于拓展重复研究，在这些研究中，科学研究者试图证实已有发现，在此基础上，研究者还试图获取新的信息。例如，中央俄克拉何马大学（University of Central Oklahoma）的学生玛蒂莎·蒙哥马利（Matisha Montgomery）以及她的导师凯思琳·多诺万（Kathleen Donovan）重复并扩展了被认为可以诱发"莫扎特效应"（Mozart Effect，指人的认知和空间能力在聆听莫扎特音乐之后得到提高的现象）的研究。研究结果表明，在听完莫扎特音乐之后，学

> ◆ **重复研究**　完全按照原有研究的方式进行实验的新的独立科学研究。

生的表现实际上更差了（Montgomery & Donovan, 2002）。

自我纠正

因为科学发现并不排斥公共审查和重复研究，所以任何明显的错误和逻辑推理的缺陷都应当得到纠正。例如，一些早期的美国心理学家，如詹姆斯·麦基恩·卡特尔（James McKeen Cattell）曾经认为智力与个体神经系统的发达程度直接相关；神经系统越发达，智力越高（参见 Goodwin, 2005）。为了验证这一猜想，卡特尔试图证明反应时更短的大学生（因此有更发达的神经系统）在大学期间会获得更好的成绩（更高智力的体现）。然而，他的观测并不支持他的预测。卡特尔于是改变了关于智力以及如何测量智力的看法。

控制

可能没有比**控制**（control）一词更能勾勒科学的特征了。科学研究者竭尽全力确保他们的结论准确反映大自然的运作模式。

一位工业心理学研究者想确定更亮的照明条件是否会提高作效率。新的灯具安装好了，这位

> ◆ **控制**　指直接操纵①研究中所感兴趣的因素，以测量其效应或者②其他计划之外的变量，从而避免这些变量对研究结果产生影响。

工业心理学家来到生产车间亲自监视生产过程，并考察工作效率是否得到了提升。

心理侦探

在这个研究中存在一个需要控制的问题。这个问题的本质是什么呢？我们如何控制它呢？

该研究项目的主要问题是，在新照明安装完成之后心理学研究者到工厂监视生产过程。如果在照明条件改变之前，研究者并没有出现在生产现场，那么他就不应该在改变之后出现。如果生产效率在照明条件改变之后提高了，那么这个提高是由于新的照明条件还是由于研究者的监视呢？非常遗憾的是，我们无法知道。心理学研究者必须实施控制措施，从而保证影响生产效率的因素只可能是照明条件；必须保证其他因素无法造成影响。

这个照明条件之于工作效率（是一项真实的研究项目）的例子也展示了控制一词的另一用法。除了控制计划外因素的效应之外，控制也指直接操纵研究中所感兴趣的因素。因为工业心理学研究者对照明条件之于工作效率的作用感兴趣，所以研究中照明条件被有意识地改变了（控制或直接操纵中心因素），而其他可能产生影响却不予考虑的因素，如心理学家的出现，需要被限制，不能发生改变（控制计划外的因素）。

当研究者通过直接操纵研究中心之所在的因素来实现控制，我们就称该研究为实验。因为多数心理学研究者认为实验所获得的结论最为可靠，所以我们会在下一节中就这一话题展开额外的讨论。（虽然心理学实验所产生的数据最有效，但是正如你从第 3 章和第 4 章看到的一样，仍然存在许多非实验性研究方法，我们也可以从中获取重要的数据。）

心理学实验

从许多方面来看，**实验**（experiment）是一种建立因果关系的重要途径。研究者的目的在于找出引起或导致预测事件发生的因素。在其最基本的形式中，心理学实验包括三个基本要素：自变量、因变量以及无关变量。

> ◆ **实验**　试图找出自然界存在的因果关系。涉及对自变量的操纵，记录因变量的变化以及对无关变量的控制。
> ◆ **自变量**　实验者直接操纵的刺激或者环境的一部分，用于考察其对行为的影响。

自变量

研究的焦点中心、研究者直接操纵的因素被称为**自变量**（independent variable, IV）。自变量的"自"是因为这个变量直接受到调查人员的操纵；"变量"则是因为它有两个或者更多的取值（也常被称为水平）。自变量是我们希望建立的因果关系里面的因。在前一个例子中，自变量照明条件有两个取值：原照明水平和新的、更亮的照明水平。控制一词的第一含义就是对自变量的操纵。

因变量

因变量（dependent variable）指实验所记录的信息或结果（通常被称为数据，复数形式是 data；单数形式是 datum），它是我们正在研究的因果关系里的因。在我们的例子里，工作效率是因变量；研究者在自变量的两个水平下（原有和更亮的照明水平）测量因变量。因变量的"因"指的是如果实验者正确完成了实验，那么对自变量的操纵应当会引起因变量分数的变化；如同例子中工作效率取决于照明水平的改变一样。

◆ **因变量** 实验者测量的反应或者行为。因变量的变化应当是由对自变量的操纵引起的。

◆ **无关变量** 计划之外的变量，可能对因变量产生影响并因此使得实验结果失效。

无关变量

无关变量（extraneous variable）是指除了自变量之外还能够对因变量产生影响并改变实验结果的因素。假定一位实验者要求他的参与人完成几项任务。在总结实验结果的时候，他比较了任务之间的结果，并且发现存在很大的组间差异。这样的差异是由于不同的任务（自变量）还是任务出现的顺序（无关变量）造成的呢？不幸的是，存在无关变量的时候，我们无法知道到底是无关变量还是自变量造成了所观测到的效应。北卡罗来纳州索尔兹伯里市的卡托巴学院（Catawba College）的学生罗宾·斯卡利（Robyn Scali）以及她的导师希拉·布朗洛（Sheila Brownlow）面临着同样的问题：他们要求参与人完成三项不同的任务。他们是如何处理这个问题的呢？他们写道："因为当前任务可能会对随后的任务造成影响，所以我们按照六种可能顺序的一种来呈现任务，这样每种任务出现在第一、第二、第三位置的次数总是两次。"(Scali & Brownlow, 2001, p.7)。类似地，古斯塔夫阿道尔夫学院（Gustavus Adolphus College）的学生让-保罗·诺埃尔（Jean-Paul Noel）以及他的导师莫蒂西·鲁宾逊（Timothy Robinson）和珍妮·沃顿（Janie Wotton）报告了一项要求参与人对计算机屏幕中目标单词做出反应的研究。"为了控制利手的差异，同一程序的左右利手版本被随机分配给每一位参与人。两种版本分别在屏幕的不同角落呈现符号，也就是说，两种版本中用来传达同样信息的动作反应是反方向的。"(Noel, Robinson, & Wotton, 2011, p.76)。显然，关注无关变量十分必要；这也是控制一词的第二含义。

建立因果关系

为什么心理学研究者将实验研究放在如此之高的位置？这个问题的答案关键就在于我们所获得的信息的类型。尽管我们在进行观测的时候可能非常客观，尽管这些观测都是可重复的，但是除非直接操纵了自变量，否则我们无法通过这样的研究获得真正意义上的因果关系。只有当我们操纵了自变量并且控制了潜在的无关变量，我们才能够进行因果推断。

建立因果关系为什么如此之重要？尽管客观、可重复的观测可以帮助我们了解非常有趣的现象，但是这些观测无法告诉你这些现象为什么会发生。只有当我们获得了因果关系，才能够回答"为什么"一类的问题。

例如，印第安纳州里士满市的厄勒姆学院（Earlham College）的学生娜奥米·弗里曼（Naomi Freeman）以及她的导师戴安娜·蓬佐（Diana Punzo）想知道陪审团更愿意相信目击者证词还是 DNA 证据。为了回答这一研究问题，在实验中，他们让学生扮演陪审团（Freeman & Punzo, 2001）。学生参与人阅读两种版本的一级谋杀案法庭笔录的部分摘录。在第一版本中，起诉方的证据主要来自一位目击者。在第二版本中，起诉方的主要证据为 DNA 证据。一名执业律师帮助起草了摘录的文稿。在阅读了笔录摘录之后，参与人需要报告他们是否愿意相信被告是有罪的。

自变量（或者说待考察的因果关系中的因）就是起诉方在法庭笔录中呈现的证据类型：目击者证词或者 DNA 证据。在实验开始之前，Freeman 和 Punzo 假定在目击者证词的条件下会比在 DNA 条件下观测到更多的有罪判决。为什么？根据以往的研究，他们认为"尽管 DNA 证据非常可靠，但是这一证据通常会被陪审团成员所忽视"(Freeman & Punzo, p.110)。

心理侦探

　　仔细回顾刚才描述的实验。研究者控制了什么无关变量？还有什么无关变量是他们应该控制的？他们的因变量又是什么？

　　Freeman 和 Punzo 在研究中使用了多种控制技术。第一，他们随机决定参与人阅读哪种法庭笔录。第二，为了保证两种笔录摘录的等同性，他们聘请了一名律师来帮助起草文稿。两种文稿的唯一差异就是证据类型的差异。

　　你还能想出什么其他的控制措施？比方说在参与人阅读完毕之后，应该如何处理文稿呢？参与人应该自己保留？与真实的法庭不同，如果笔录摘录可以保留，那么在参与人做出有罪无罪判定的时候就可以参考这里面的信息。为了控制这一潜在问题，所有的参与人必须在回答问题之前上交所阅读的笔录摘录。尽管在实验过程中，参与人是以小组的形式参与的，但是实验者需要保证每位参与人都是独立作答的；参与人之间的交流相当于移除我们赖以建立因果关系的基石。

　　参与人有罪或无罪的判定是因变量。通过比较组间有罪判定的数量差异，Freeman 和 Punzo（2001）希望找到证据证明证据类型（因）导致了有罪判定数量的差异（果）；还记得吧，他们认为阅读了目击者证词的参与人会做出更多的有罪判定。

　　如同案件侦破的前夕，你现在迫切地想知道事实的真相是什么。与之前的预测相反，结果显示，阅读了 DNA 证据的参与人做出有罪判决的数量显著比阅读了目击者证词的要多。通过控制无关变量，Freeman 和 Punzo（2001）建立了展示给模拟陪审团的证据类型（自变量）和有罪判决结果的数量（因变量）之间的关系。我们对无关变量的控制越强，对自变量和因变量之间的因果关系的了解就越清晰。图 5-1 展示了 Freeman 和 Punzo 实验中有关自变量、因变量以及对无关变量的控制等的设置。

　　正如我们在第 1 章中学到的，研究的第一步就是确定想要研究的问题。然后，你需要做文献综述，了解相关领域已经获得的结果。一旦完成了文献综述，你的研究才算是开始成型。下一步就是构建研究假设：以正式的格式陈述实验假设，还需要考虑文献综述中你所获取的信息。

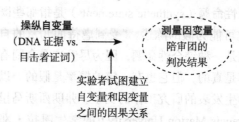

　　无关变量被控制，自变量和因变量之间的关系就能够被观测，然后我们才能够进行因果关系的推断 ｜ **无关变量的控制**　随机分配参与人到各组中去　聘请律师协助法庭笔录摘录的撰写　所有参与人独立回答所有问卷题目

操纵自变量（DNA 证据 vs. 目击者证词）　→　测量因变量　陪审团的判决结果

实验者试图建立自变量和因变量之间的因果关系

图 5-1　以 DNA 证据和目击者证词对陪审团判决影响实验为例，示意自变量、因变量以及无关变量控制之间的关系

构建研究假设

　　还记得吧，第 1 章介绍了研究假设定义，它本质上就是一种组织数据以及建立自变量 – 因变量关系的尝试，当然限定在大研究领域或者大理论的局部范围内。因此，假设得到实验性研究的支持对于扩充我们的知识库具有非常重要的意义。

　　因为研究项目尚未开始，所以**研究或者实验假设**（research or experimental hypothesis）仅仅是你关于自变量和因变量之间关系的假设。如果你的实验结果支持研究假设，那么它有可能对理论发展做出贡献；你的因果推论就是有一些道理的。为了深入了解研究假设的本质，

◆ **研究或者实验假设**　实验者对于研究项目可能结果的一种预期。

让我们来仔细看看它的一些基本特征。

研究假设的特征

　　对于侦探和心理学研究者而言，所有可接受的研究假设有共同的特征：它们都采用特定的命题方式，都使用特定的逻辑推理，都按照特定的方式呈现。

命题类型

　　研究假设实际上是你对实验结果的一种推测性

陈述。因此，你需要仔细地思考如何去进行这个命题陈述。

综合性、分析性和矛盾性命题

有三种命题方式：综合性、分析性以及矛盾性。

综合性命题（synthetic statements）是指那些既可能为真也可能为假的陈述。"受到虐待的儿童的自尊心低"就是一种综合性命题，因为尽管这个命题有一定的概率是真的，但它也有一定的概率是假的。以下是来自学生发表的研究工作的例子。弗朗西斯马里恩大学（Francis Marion University）的学生凯拉·邓肯（Kayla Duncan）以及她的导师法拉·休斯（Farrah Hughes）在他们的关于父母支持的研究中提出了这样的研究假设。"我们假定婚姻冲突和儿童内化症之间的关系可以用一个中介模型来描述，其中父母支持性低以及权威性是这一关系的中介变量。"（Duncan & Hughes，2011，p.85）。尽管这些研究者进行的是非实验性研究项目（参见第4章；他们无法控制婚姻冲突或者孩子的出现），但他们的假设显然是一种综合性命题，因为该假设既可能为真也可能为假。

> ◆ **综合性命题** 既可能为真也可能为假的陈述。
> ◆ **分析性命题** 总是真的陈述。
> ◆ **矛盾性命题** 总是假的陈述。
> ◆ **通用表达格式** 按照"如果……那么……"的形式陈述研究假设。

分析性命题（analytic statements）是那些总为真的陈述。例如，我的得分是A或者我的得分不是A就是一种分析性命题；这种陈述总是真的。你的得分要么是A要么不是A，不会有其他答案。

矛盾性命题（contradictory statements）是指那些总为假的命题。例如，我的得分是A并且我的得分不是A就是一种矛盾性命题。你的得分不可能同时是A又不是A。

仔细回顾刚才介绍的三种命题类型。哪一种最适合用于研究假设？

在进行实验的时候，你在试图建立一种因果关系。实验之初，你并不知道自己的预测是否正确。因此，综合性命题，也就是既可能为真也可能为假的陈述方式，更适合用于研究假设的构建。如果你的研究假设是分析性或者矛盾性的命题，那么实际上你就没有必要，也没有方法去研究这个问题了。仅仅通过阅读命题，你就可以知道实验的结果了。

通用表达格式

你必须按照**通用表达格式**（general implication form）来陈述研究假设（"……那么"格式）。命题中的"如果"部分可用于描述你将要进行的自变量操纵，而"那么"部分则可用于描述你预期观测到的因变量变化。以下是一个采用了通用表达格式陈述的例子。

> 如果每当三年级的学生正确拼写一个单词就给予一粒M&M糖作为奖励，那么他们的拼写成绩就会比没有收到M&M糖作为正确拼写奖励的学生要好。

如果曾经阅读过一定数量的心理学期刊，你可能会说："我并没有发现很多研究采用通用表达格式。"某种程度上你是对的；许多研究者并没有采用严格的通用表达格式来陈述他们的研究假设。例如，上面的关于三年级学生以及他们的拼写成绩的研究假设可能用以下方式陈述：

> 每次拼写正确时，有一粒M&M糖作为奖励的三年级学生拼写正确率会比没有M&M糖奖励的学生要高。

不管实际上研究假设是如何陈述的，它必须能够转换成通用表达格式。如果这行不通，要么是你的自变量操纵，要么是你选择测量的因变量存在一定的问题。

心理侦探

从"如果每当三年级的学生……"开始，再次阅读前面采用了通用表达格式的研究假设。研究者操纵的自变量是什么？因变量又是什么？除了用通用表达格式，这个陈述是综合性的、分析性的还是矛盾性的？

在正确拼写单词之后学生是否得到一粒M&M糖的奖励是自变量。两组学生的拼写成绩是因变量。因为这个陈述有可能为真也可能为假，因此它是一种综合性命题。

用通用表达格式来呈现综合性命题给研究假设带来了两种新的特征。**可证伪原则**（principle of falsifiability）是第一种特征，指的是当实验结果与预期相反的时候，这个结果就可以被视为研究假设为假的证据。如果实验之后，两组三年级学生的拼写能力并没有出现差异，那么你必须得出结论——你的预测是糟糕的；你的研究假设并非自然机制的准确写照。尽管你并不希望这样的结果出现，但就研究而言，必须允许出现不支持实验假设的结果。

> ◆ **可证伪原则**　与研究假设不相符的结果可以被视为该假设为假的证据。

因为你使用了综合性命题来陈述研究假设，你的结果永远无法证实假设的绝对真实性；这就是研究假设第二种特征。假定你确实发现有 M&M 糖作为奖励的三年级学生的拼写成绩比没有奖励的要好。随后你决定重复你的实验。仅仅是因为首次实验结果为正性并不意味着这就足以证明你的研究假设是毫无疑问真实的，也不意味着你总是会获得正性结果。当你进行重复实验，或者任何关于这一话题的实验，你的研究假设的本质是一个可能为真也可能为假的综合性命题。因此，你永远无法在绝对意义上证实一个假设；你仅仅是还没有否定它而已。当然，随着支持研究假设的实验数量的增加，你对研究假设的把握度在上升。

推理类型

在陈述研究假设的时候，你必须清楚地了解自己所采用的逻辑推理的类型。正如我们即将看到的，归纳法和演绎法有着各自不同的推理过程。

归纳法

归纳法（inductive logic）涉及从具体细节到一般原则的推理过程。归纳法主要用于理论的建立；例如，可以用在需要同时考虑几个独立实验结果的时候，也可以用在需要发展出一般理论原则来解释待考察行为的时候。

> ◆ **归纳法**　从具体细节到一般结论或者原理的推理过程。

例如，约翰·达利（John Darley）和比伯·拉坦纳（Bibb Latane）（1968）被 1964 年纽约市皇后区发生的一件著名事件吸引了注意：一名年轻女士吉蒂·吉诺维斯（Kitty Genovese）被刺死。考虑到每年发生在大城市的谋杀案的数量，这个事件似乎并没有什么特别的地方值得关注。然而，这个谋杀案特别恐怖的地方在于凶手在半小时内袭击了女受害者三次，并且有 38 名路人目击了这个过程或者听到了受害者的尖叫声。当旁人开灯或者开窗询问的时候，凶手曾被吓跑过两次；然而每次被吓跑后他又回到案发现场继续对受害者进行攻击。在受害者被攻击的过程中，没有一名目击者向受害者伸出援手或者打电话报警。为什么？

Darley 和 Latane 报告了他们所完成的几个实验的结果。根据结果，他们发展出了这样的理论，当现场没有他人的时候，人们比现场有他人的时候更愿意提供帮助。这个发现被称为旁观者效应，指一群旁观者比单个旁观者更不愿意向遇到困难的人提供帮助。这个理论的发展就是一个很好的归纳推理的例子；几方面的部分结果综合在一起归纳出来了更普遍适用的原则。

演绎法

演绎法（deductive logic）采用了与归纳法相反的推理方法；我们从一般原则推理到具体结论或具体预测。演绎法可用于建立我们的研究假设。通过文

> ◆ **演绎法**　从一般原理到具体细节的推理过程。

献综述，我们可以收集到大量的信息并得出几种理论。通过这个浩瀚的信息库，我们寻求发展自己的研究假设，也就是提出具体自变量和具体因变量之间关系的命题。例如，根据以往的关于旁观者效应的研究，一名社会心理学研究者提出了以下演绎命题：

如果让人在地铁上扮演癫痫发作，那么在旁观者多的时候他得到的帮助会更少。

心理侦探

请再次阅读前面的命题。这个命题是否是合格的研究假设？

是的，这个命题可以看作是一个研究假设。它是一种综合性命题（可以为真也可以为假），又采用通用表达格式来进行陈述（如果……那么……）。另外，

该命题还采用了演绎法推理。我们从知识的主体（旁观者效应）推演到一个具体的自变量（旁观者的数量）以及具体的因变量（接受的帮助）。

当然，我们不应该将演绎法和归纳法视为完全分离的推理过程。它们彼此之间可以也确实相互影响。正如你从图 5-2 所看到的，某个研究领域的几个初期实验结果可能会促进该领域的理论发展（归纳推理）。

反过来，钻研该理论以及以往的研究会启发新的具体的研究项目（演绎推理）。该研究项目的结果可能会帮助原有理论的不断改进（归纳推理），同时不断完善的理论又会激发后续新的研究项目（演绎推理），以此类推。显然，第 1 章所描述的研究过程实际上就是两种逻辑推理法的交互实现。

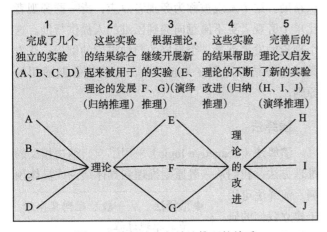

图 5-2 演绎法和归纳法推理的关系

有方向的和无方向的研究假设

最后我们需要讨论的一个问题就是是否需要在研究假设中明确指出实验结果的具体方向。在**有方向的研究假设**（directional research hypothesis）中，我们需要明确指出具体的实验结果。例如，假定我们测试了两组参与人。我们可能使用以下两种有方向的研究假设中的一种：

组 A 的分数显著高于组 B 的分数。

或者

组 B 的分数显著高于组 A 的分数。

不管以上两种假设的哪一种，我们都具体指出了所预期的实验结果（请注意，虽然我们可以采用

◆ **有方向的研究假设** 具体预期了实验结果的方向。

两种假设的任意一种，但是不能同时使用它们）。

无方向的研究假设（nondirectional research hypothesis）并不明确指出所预期的实验结果的方向；这种假设仅仅说明是否存在组间差异。用两组比较的例子，无方向的研究假设可能是这样的：

组 A 的分数与组 B 的分数显著不同。

对于这样的研究假设，无论是组 A 的分数

◆ **无方向的研究假设** 没有明确说明实验结果的具体方向。

显著高于还是低于组 B 的分数，都算支持了该假设。

心理侦探

请回顾有方向的和无方向的研究假设之间的差异。请写出前面 M&M 糖和拼写实验的有方向的研究假设及无方向的研究假设呢。

有方向的研究假设可能是这样的：

如果每次三年级学生正确拼写单词就给予一枚 M&M 糖作为奖励，那么他们的拼写成绩就会比没有 M&M 糖作为奖励的学生要好。

当然，你也可以预测 M&M 糖奖励会导致拼写成绩的下降，并比没有 M&M 糖奖励的还差。不管在哪种情境中，你使用的都是有方向的假设。

无方向的假设可能是这样的：

如果每次三年级学生正确拼写单词就给予一枚 M&M 糖作为奖励，那么他们的拼写成绩就显著不同于没有 M&M 糖作为奖励的学生。

在这种情境中，我们仅仅简单地预测两组之间存在差异。

应当选择哪种假设，有方向的还是无方向的？如果待检验的理论有这方面的预测并且你又相对肯定这一预测，你可能会选择有方向的假设。基于我们在随后章节将要介绍的理由，选择有方向的研究假设，发现显著结果的概率会增加。然而，一旦选择了有方向的假设，你就不能改变选择了。如果结果出来恰恰与你预测的方向相反，你唯一能够做的就是承认预测是错误的，自然机制并非你所想的那样。因为自然往往玩弄残酷的骗人把戏，因此许多研究者都采用一个相

对保守的方法，也就是采用无方向的研究假设。尽管它更难达到显著，但是这样也不可能出现有方向的假设所可能出现的令人失望的结果。

另一种角度看假设检验

普渡大学（Purdue University）的心理学家罗伯特·普罗科特（Robert Proctor）和约翰·卡帕尔迪（John Capaldi）从另一种角度审视假设检验并引发了大量的思考。他们的论点基于一个前提：研究方法不是一个静态的已经完成的过程；相反，它是一个不断变化的不稳定的过程。所得到的结论可能会被拒绝或者进一步的改进。研究者所收集的数据实际上决定了应当使用的研究方法以及所能够接受并继续研究的研究领域。

他们承认假设检验不是一个简单的事情；它"比表面上看起来的要复杂得多"（Proctor & Capadi，2001，p.179）。几个因素决定了在一个实验假设被证实（或者反证实）的时候研究者会做什么。例如，研究问题的重要性决定了研究者是否会继续钻研这个问题，即便这个假设被否定了。类似地，研究项目能够回答某些理论问题的潜力决定了研究项目是否能够繁荣起来。

在理论发展的早期阶段，假设检验实际上可能是有害的。因为研究者并不知道太多关于相关变量的信息（自变量、因变量，还有特别是无关变量），很可能实验假设就被轻易地否定了，然后整个理论都被否定了。Proctor 和 Capaldi 同时还认为研究者永远无法完全干净利落地检验一个假设。为什么？因为没有任何假设是完全独立的；我们总是在同时检验其他东西。例如，我们在检验假设的同时，实际上也在检验我们的研究设备。如果一个假设被否定了，这是由于研究假设错误还是设备的不足？类似地，我们总是会附带一些辅助性前提假设，例如在假设检验的时候，我们往往假定随机化作为控制程序是有效的。如果前提假设是错误的，我们也可能会错误地否定一个有效的实验假设。

那么研究者应当如何做呢？Proctor 和 Capaldi 建议研究者在研究的初期阶段多采用归纳法，因为这个时候即便是真的研究假设也存在很高的概率会被否定。他们的建议实际上就是让数据当你的向导。夏洛克·福尔摩斯对于这点的论述特别有说服力；他说，"我总是避免持有任何偏见，让事实引领我，不管它引领我走向何方"（Doyle，1927，p.407）。研究的实证结果有助于揭示重要的变量关系。假设检验如果正常工作，那么它就是重要和无价的；然而，研究者必须对其缺陷保持敏感。

回顾总结

1. 科学方法的三个特征是①依据客观（**实证**）的结果，在必要的时候，②这些结果能够被后续研究证实以及③被纠正。

2. **控制**勾勒了科学的主要特征。控制是指①用来处理实验中计划之外的因素的程序和/或②对实验中心因素的操纵。

3. 实验者试图建立所操纵的变量（**自变量**）以及由此引起的行为变化（**因变量**）之间的因果关系。同时，控制措施被用来控制**无关变量**（计划外的因素），它们可能对因变量产生影响。

4. 在文献综述完成之后，研究者就可以开始建立研究或者**实验假设**了，也就是预测实验的结果是什么样的。

5. 研究假设是一种**综合性命题**，它可以为真也可以为假，并且采用**通用表达格式**来进行表述（如果……那么……）。

6. **可证伪原则**指出，当一个实验的结果与预期不符，那么研究假设的真实性就可以被否决。因为研究假设是一种综合性命题，它无法被完全证实，只能被否定。

7. 研究假设的发展涉及对**演绎法**和**归纳法**的使用。前者涉及从一般原理到具体细节的推理过程；后者则涉及从具体细节到一般原理的推理过程。

8. 若预测了实验结果的方向或者性质，则采用**有方向的研究假设**。若实验者没有具体给出组间差异的方向，仅仅说它们之间存在差异，那么采用的就是**无方向的研究假设**。

检查你的进度

1. 科学方法的基本要素是什么？请进行描述。
2. 阐述一下科学的自我纠正特性的意义。
3. 一名研究者试图通过一个新研究来核实已核准药物的药效。这属于_____的例子。

   a. 客观性

   b. 可验证性

   c. 控制

   d. 重复测量

4. 请阐述一下心理学研究试图建立的因果关系的本质。
5. 利奥正在进行一项研究，旨在考察参加课外活动对于自尊的影响。在这个研究中，参加课外活动是_____。

   a. 因变量

   b. 自变量

   c. 无关变量

   d. 内在变量

6. _____总是为真。

   a. 综合性命题

   b. 矛盾性命题

   c. 用通用表达格式表述的命题

   d. 分析性命题

7. 为什么实验假设总是综合性命题？
8. 描述一下通用表达格式。注意阐述要透彻。
9. 以下哪项与可证伪原则无关？

   a. 综合性命题

   b. 通用表达格式

   c. 实验假设

   d. 分析性命题

10. 理论建设主要与_____推理法有关；实验假设的发展主要与_____推理法有关。
11. 在构建研究假设的时候，多数研究者_____。

    a. 采用有方向研究假设

    b. 采用无方向研究假设

    c. 不构建研究假设

    d. 构建没有具体预测内容的研究假设

第 6 章

好的实验 I：变量以及控制

在这一章中，我们将开始介绍允许我们做出因果推论的研究方法和程序。我们从介绍变量的类型开始：自变量、无关变量、因变量以及干扰变量。还记得吗？第 5 章讲到了实验者直接操纵自变量；因变量随着我们对自变量的操纵而变化；并且无关变量会使得实验结果失效。正如我们将介绍的那样，干扰变量将使实验结果变得不那么清晰。在介绍了这些变量的概念并且明晰了它们与实验之间的关系之后，我们将介绍用于防止无关变量影响实验结果的相关程序。

变量的性质

在开始介绍自变量这一概念之前，让我们先来思考一下变量的性质。**变量**（variable）是一个至少有两种取值的事件或者行为。例如，温度是一个变量；温度可以有很多不同的取值。对于身高、体重、照明条件、城市的噪声水平、焦虑、自信、你在某个测验中的回答以及许多其他事件而言同样成立，上述每个事件都有两个以上可能的取值或者水平。

因此，讨论心理学实验的变量就是在讨论那些有至少两种可能取值的事件或行为。如果自变量只有一个水平，那么我们就没有对比的参照条件，也就无法评估自变量的效应了。假定你想证明某一新品牌的牙膏是市场上最好的牙膏。你让一组参与人试用该

◆ **变量**　有两个或以上可能的取值的事件或者行为。

品牌的牙膏并对其有效性进行评价。即便整组参与人的评价都是"非常好"，你也无法得出结论说该品牌的牙膏是最好的；因为你并没有其他品牌的评分。

正如自变量必须有至少两种可能的取值，因变量也是如此。如果参与人唯一可能的回答就是"非常好"，那么牙膏的研究就会变得毫无意义；多种可能的回答是必需的。

同样的道理适用于无关变量。如果事件不存在两种或者更多的可能取值，那么该事件就不可能是一个无关变量。如果牙膏实验中所有的被试都是女性，那么我们就不需要担心组间的性别差异。（这一点在本章后面的章节"控制无关变量"中十分的重要。）请注意，我们对于无关变量的考虑与对自变量和因变量的考虑有很大不同。对于自变量和因变量，我们担心的是他们是否有两个或以上可能的取值，但是对于无关变量而言，我们担心的是它们能否避免有两个或以上的取值。

变量的操作性定义

正如你可能还记得的在第 5 章里我们提到过，重复以往的研究可能是产生新研究思路的一种方法。让我们假定你已经找到了一篇你想重复的文章。你仔细地阅读了实验是如何进行的，并发现每当参与人做出正确反应的时候，他们会得到奖励。假定这是实验中唯一的一句描述奖励和反应的文字。如果你询问 10

名研究者，问他们会使用什么奖励记录什么反应，猜测一下你会获得多少种不同的答案？考虑到信息有限又模糊，你非常有可能获得不同回答的数量与你询问的人数相等。你的重复实验的有效性有多大？如果使用了一种完全不同的奖励或者记录了完全不同的行为，你真的在做重复实验吗？

诸如此类的问题以及疑虑使 20 世纪 20 年代哈佛大学物理学家珀西·布里奇曼（Percy W. Bridgman）寻求找到一种能够让研究者之间的交流更加清楚明了的方法，从而使得实验方法得到更彻底的标准化和规范化（Goodwin, 2005）。布里奇曼的建议非常简单：研究者应当从产生变量的角度定义变量（Bridgman, 1927）。如果你按照这种方式定义变量，那么其他研究者就可以根据你提供的变量的定义来重复你的研究了；这种定义被称为**操作性定义**（operational definition）。操作性定义曾经在超过 3/4 世纪的时间里被视为心理学研究的基石，就因为它能够让研究者进行清楚有效的交流。

> ◆ **操作性定义**　根据所需的操作来定义自变量、因变量以及无关变量。

为了展示如何使用操作性定义，让我们回到之前提到的奖励反应例子。如果我们定义奖励为一份 45 毫克的 Noyes 配方 A 颗粒食品，那么其他动物研究者就可以从 P.J Noyes 公司处获得配方 A 颗粒食品，并设定 45 毫克分量的食品为一份强化物。类似地，如果我们定义反应为在操作性条件反射箱（Lafayette Model 81335）内做出压杆动作，那么其他研究者就可以通过向 Lafayette 仪器公司购买类似的设备，从而复制我们的研究设置。

实验者必须清楚地传达研究项目中所涉及的所有变量的类似信息。因此，给出自变量、因变量、无关变量以及干扰变量的操作性定义是非常关键的。

自变量

自变量是实验者有意操纵的那些变量。自变量构成了为什么进行研究的理由；实验者对自变量能够产生什么样的效应感兴趣。自变量的"自"表示它不取决于其他变量；它自成一体。以下是一些实验者在心理学研究中曾使用过的自变量：睡眠剥夺、温度、噪声水平、药物类型（或者药物剂量）、切除部分大脑，以及心理情境等。与其试图列出所有可能的自变量，更简单的方法是总结出自变量的几大类型。

自变量的类型

生理型

如果实验中的参与人所处的实验条件需要改变他们的自然生理状态，那么我们就在使用**生理型自变量**（physiological IV）。例如，苏珊·纳什（Susan Nash）（1983），堪萨斯州恩波里亚市恩波利亚州立大学（Emporia State University）的学生苏珊·纳什（Susan Nash）（1983）从动物供应商中获得了一批怀孕的实验鼠。在它们到达实验室之后，她随机分配一半实验鼠，让它们在妊娠期饮用酒水混合物；剩余的一半饮用正常的自来水。她让酒水混合物组的母鼠在幼鼠出生以后转向饮用自来水。因此，这些幼鼠在母鼠妊娠期内接触过酒精，而其他小鼠并没有接触过酒精。小鼠长成成鼠之后，纳什测试了所有小鼠的饮酒倾向。她发现那些在母亲妊娠期接触过酒精（生理自变量）的小鼠成熟以后饮用更多的酒精。纳什赢得了 1983 年 J.P. Guilford-Psi Chi 国家大学生研究奖。正如纳什实验中酒精接触量是一种生理型自变量一样，通过使用新药来确定其是否有助于减轻精神分裂症也是一种生理型自变量。

> ◆ **生理型自变量**　实验者操纵参与人的某种生理状态。

经历型

如果研究的中心聚焦于不同程度或者不同类型的训练经历或者学习经历的效应，那么研究者所使用的自变量就是**经历型自变量**（experience IV）。来自圣约瑟夫大学（Saint Joseph's University）的大学生莫妮卡·博伊斯（Monica Boice）和她的导师加里·加格诺（Gary Gargano）展示了如何使用经历型自变量。Boice 和 Gargano（2001）研究了对列表中某个条目的记忆与回忆阶段所呈现的相关线索的个数之间的关系。一些参与人看到了零条线索，另一些参与人则看

> ◆ **经历型自变量**　操纵的是训练或者学习经历的量级或者类型。

到了八条线索。线索的条数是一种经历型自变量。该研究的结果表明，在某些条件下，看到八条线索反而会导致比看到零条线索更差的记忆成绩。

刺激型

一些自变量属于**刺激型或环境型自变量**（stimulus or environmental IV）这一类别。使用这种类型的自变量相当于操纵环境的某个部分。北卡罗来纳州索尔兹伯里市卡托巴学院（Catawba College）的学生凯西·沃特（Kathy Walter）、萨米·欧文（Sammi Ervin）和妮可·威廉姆森（Nicole Williamson）在茜拉·布朗洛（Sheila Brownlow）的指导下完成了一个研究项目，在项目中他们使用了一个刺激型自变量（Walter, Brownlow, Ervin & Williamson, 1998）。他们要求144名本科生评价赤脚走路女性的各种特质，然后是穿了高跟鞋的女性。刺激型自变量就是被评价的女性是赤脚的还是穿了高跟鞋的。结果表明，学生被试认为女性穿高跟鞋时不如赤脚时性感，看起来也更为顺从。

> ◆ **刺激型或环境型自变量**　实验者操纵的是环境的某个方面。

被试型

经常可以看到**被试特征**（participant characteristics），诸如年龄、性别、人格特质或者学术专业等被视为自变量。

> ◆ **被试特征**　参与人的某方面特征，诸如年龄、性别或者人格特质等，常被视为自变量的一种。

要成为一个自变量，待考察的行为或者事件必须受到实验者的直接控制。尽管实验者可以直接控制生理型、经历型以及刺激型自变量，但他们无法直接操纵被试特征。基于这个原因，实验者并不认为被试特征是真正意义上的自变量。实验者并不能创造参与人的性别，或者指定参与人的年龄。被试特征最好被视为对变量进行分类，而不是对变量进行操纵。被试型

变量的类别在实验开始之前就存在了，实验者仅仅是根据参与人自身展现出来的特征将其分配到相应的类别中去。

无关变量（混淆变量）

无关变量是指那些对实验结果有着预计之外的影响的变量。无关变量可以影响组间差异。图 6-1a 展示了排除无关变量的影响之后，两组之间的关系；无关变量可能的两种影响方式分别展示在图 6-1b 和图 6-1c 中。因此，无关变量可能无意之中使得两组更加相似（见图 6-1b）也可能差异更大（图 6-1c）。

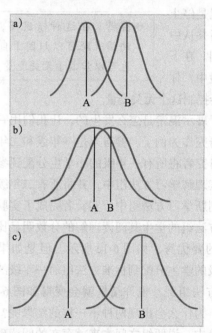

图 6-1　图 16-a：无混淆变量情况下的组间差异（A＝标准方法；B＝新方法）。图 16-b：存在混淆变量情况下的组间差异，并且混淆变量的存在导致组间差异变小。图 16-c：存在混淆变量情况下的组间差异，并且混淆变量的存在导致组间差异变大

另一个会影响组间差异的实验组成部分就是自变量。因此，无关变量可能影响实验的结论。正如对于侦探的案件而言，其他备选解释的存在会不利于案件的解决，甚至可能无法补救，无关变量的存在对于研究而言是灾难性的；我们无法将实验的结果归因于自变量。为什么？因为现在有两个变量，你所操纵的自变量以及你想避免的无关变量，它们都能够引起组间差异。你无法辨别到底是哪个变量导致了你所观测到的差异。在这种情况下，也就是实验的结果既可以归因于自变量也可以归因于无关变量的情况下，实验被**混淆**（confounding）了。（无关变量和混淆变量这两个术语通常视为同义词。）如果实验被混淆了，最佳的行动方案就是停止研究项目并从中吸取教训。在下一个实验中，你需要学会控制这个无关变量。

◆ **混淆** 在这种情况下，实验的结果既可以归因于自变量，也可以归因于无关变量。

为了展示混淆是怎么发生的，让我们用一项阅读理解的研究作为例子。参与人是一年级和二年级的小学生。研究者将所有一年级的小学生分配到参加使用标准阅读理解学习方法组中，并将所有二年级的小学生分配到新学习方法组。实验者完成了实验并发现使用新方法组的学生其阅读理解的分数明显比使用标准方法的要优秀，如图 6-1c 所示。但是如果研究者将二年级的学生分配到标准方法组而一年级的学生分配到新方法组呢？也许结果就会变得和图 6-1b 所示一样了。为什么会出现两种不一样的结果呢？因为在两种情境中，说两组之间本来就存在的阅读理解方面的差异造成了两组之间分数的差异是说得通的（也就是说，两组之间本来就存在的差异客串了自变量这个角色）。假定二年级的学生阅读理解能力更强，那么在二年级学生使用新方法的情况下，认定此时新方法会显得更加有效是相当可能的（也就是说两组之间的差异被夸大了）。相反，如果是二年级学生使用标准方法，而一年级学生使用相对先进的新方法，这样一来一年级的学生的成绩就会提高，从而拉近了组间分数的差异（也就是说两组之间的差异被低估了）。当然，所有以上的评论都只是我们的推测而已。也许原本就是自变量造成了我们所观测到的组间差异。这里的关键之处在于我们根本不知道什么才是造成差异的原因——是自变量（所使用的方法）还是无关变量（年级）。

无关变量的存在通常是比较难以发现的；可能需要多名学识渊博的人从不同的角度来审视实验才能够判定是否存在无关变量。如果在实验开始之前就发现了无关变量，那么实验者有调整的空间来处理这个问题，然后继续实验。我们将在本章稍后的内容中介绍用于控制想要避免的变量的相关技术。

因变量

因变量的变化可视为参与人所体验到的自变量水平的函数转换；因此，因变量被认为是真正意义上的取决于自变量。因变量是实验的数据或结果。如同心理学的所有其他方面一样，实验者在设计一个实验的时候需要对因变量进行适当的思考。实验者需要思考诸如如何选择适合的因变量，如何测量所选择的因变量，以及是否测量多个因变量等问题。

选择因变量

因为心理学通常被认为是行为科学，因此心理学研究中的因变量通常涉及某种类型的行为或者反应。然而，当研究者操纵自变量的时候，可能会引起多种反应。那么研究者应当选择哪种行为作为因变量呢？这个问题的一个答案就是仔细地研究你的实验假设。如果你使用一般表达格式（参见第 5 章的"如果……那么……"句式）来陈述研究假设，那么"那么"之后的陈述部分可能能够提供一些关于因变量本质的线索。对于 Boice 和 Gargano（2001）的记忆研究，选择非常简单："因变量就是正确回忆词语的个数"（p.119）。

如果你的假设相对比较笼统呢？例如假定你想研究"空间能力"。如何寻找信息来帮助你选择一个特定的因变量？我们希望你已经领先我们一步；文献综述（见第 2 章）可以提供有价值的线索。如果其他研究者在以往的研究里成功地使用了某个因变量，非常可能这个因变量对你的研究仍然是一个很好的选择。参考其他研究者所使用的因变量的另一个理由是，你可以用来对比自己的结果。尽管使用不同的因变量可能带来令人兴奋的新信息，但是将这些使用不同因变量的实验的结果综合起来要困难得多。

记录或测量因变量

在选择了因变量之后，你需要决定究竟如何测量或记录因变量。存在以下几种可能。

是与否

使用因变量的这种测量方式，参与人的反应要么是正确的，要么是错误的。因为 Boice 和 Gargano（2001）记录的是参与人正确回忆词语的个数，所以他们使用的因变量测量方法是是与否类型的因变量。

速率或者频率

如果你研究的是实验鼠或者鸽子在操作性条件反射箱，即斯金纳箱（Skinner box）内的压杆行为，那么你的因变量很可能是动物做出反应的速率。反应速率决定了在规定时间内做出反应的速度。你可以以累积记录的形式将数据用图展示出来，那么更陡的斜率意味着更高的速率（也就是在更短的时间内做出了更多的反应）。图 6-2 展示了不同的反应速率。

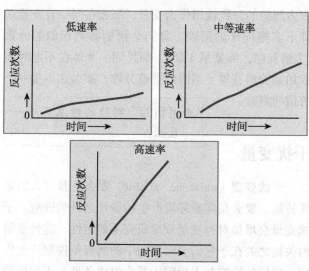

图 6-2 不同的反应速率

如果你研究的是幼儿园自由活动时间段内儿童的社交频数，可能你想要记录的因变量是反应的频率，而不是速率。因此，你的因变量就是设定时间段内参与人做出反应的次数，而无须考虑反应的快慢问题。

太平洋路德大学（Pacific Lutheran University）的学生赵天（Tian Zhao）、雨果·拉格克兰斯（Hugo

Lagercrantz）、帕特丽夏·库尔（Patricia Kuhl）以及他们的导师克里斯汀·穆恩（Christine Moon）使用了一个罕见而精密的记录装置，从而能够同时测量婴儿吸吮行为的频率和强度（参见"程度或量级"）。以下是他们的报告："提供给新生儿的是带有气压感应器的奶嘴。如果婴儿的吸吮行为达到一定的强度和频率，就会触发刺激的呈现。气压感应器会给计算机中自主开发的软件发送信号，而后者在吸吮压力超过阈值的时候发出声音刺激。软件根据每位婴儿进行了调整，因此几乎每次这样的吸吮都会在耳机中产生声音。"（Zhao，Moon，Lagercrantz and Kuhl，2011，p.92）。

程度或量级

通常研究者记录的是因变量的程度或者量级。在这种情境下，你记录的不是参与人反应的次数或频率；相反，你记录的是单个数字，这个数字反映的是程度或者量级。堪萨斯州恩波里亚市恩波利亚州立大学（Emporia State university）的学生阿米·麦克肯班（Amie McKibban）和肖恩·尼尔森（Shawn Nelson）研究了大学生的生活满意度（Mckibban & Nelson，2001）。生活满意度量表测量了参与人对于生活有多满意（也就是程度或者是量级）。

潜伏期或者持续时间

在许多情境中，例如在研究学习或者记忆的时候，参与人延迟多久才做出反应（潜伏期）或者反应持续多长时间（持续时间）通常是研究者所关心的。例如，伊利诺伊州惠顿市惠顿学院（Wheaton College）的学生瑞秋·巴尔（Rachel Ball）、艾丽卡·卡格尔（Erica Kargl）、戴维斯·坎伯尔（J. Davis Kimpel）和莎娜·西威特（Shana Siewert）对于情绪和人们的反应时（潜伏期类因变量）之间的关系感兴趣。他们发现，处于悲伤或者不安的情绪时，人们的反应时比处于中性情绪时要长（Ball, Kargl, Kimpel, & Siewert, 2001）。

记录多于一个因变量

如果你还有能力测量更多的变量，那么没有什么能阻止你测量多个因变量。也许新增的数据会强化你的论断，就像新的证据会增强侦探对于案件的论断的把握。那么你应该记录额外的因变量吗？这个问题的答案其实可以可归结为：如果记录新的因变量，那么你对正在研究的现象的理解会极大增强吗？如果新加入的因变量是有意义的，那么你就要认真地考虑这种可能性。如果测量和记录新的因变量的意义不大，那么也许你就没有必要投入额外的时间和精力了。通常你可以借鉴以往的研究，从而考虑是否应当加入新的因变量。

心理侦探

　　想象一个反向眼手协调（镜像追踪）实验。实验中，完成镜像追踪星型所需的时间被选定为因变量（一种潜伏期因变量）。你觉得这个因变量是否是一个好的、能够全面反映参与人在完成这个任务时的表现的因变量，或者你应当考虑其他因变量？

　　你可能需要考虑第二个因变量。这个潜伏期因变量仅仅记录了追踪星型所需的时间。实验者并没有记录参与人出错的数量（超出了图形的边界）。新的因变量如果测量了犯错误的个数（一种频数型的因变量），对于实验而言将是有显著意义的。

　　额外因变量的必要性在一个实验中得到了充分的体现。该实验是由堪萨斯州托皮卡市华盛本大学的学生珍妮特·卢赫（Janet Luehring）以及她的导师乔安娜·奥特曼（Joanne Altman）（Luehring & Altman，2000）完成的。该研究考察的是空间能力方面的性别差异。实验中，参与人完成了心理旋转任务（想象出物体旋转之后的样子）。因为参与人的答案可能是正确的、错误的或者是未完成的（因为任务有限时），所以 Luehring 和 Altman 同时标记了正确和错误的答案。请注意，错误答案的个数并不等于题目总数减去正确答案的数目，这能够额外提供与研究假设相关的信息。

好的因变量的特征

　　尽管我们花费很多的精力在思考应当如何测量和记录因变量以及是否应当增加因变量上，但是这仍然无法保证我们所选的因变量是好的因变量。什么样的

◆ **有效**　测量了预定要测量的概念。

因变量是好的因变量？正如我们在第 4 章中讨论的测验和成套测验一样，我们希望因变量是**有效**（valid）且可信的。

　　测量了实验假设预定要测量的概念，因变量就是有效的。例如，假定你想研究不同区域的饮食习惯和智商的关系。你认为美国不同区域的人们在基本饮食方面的差异导致了他们在智商上面的差异。你开发出了一个新型智商测验并用来检验你的假设。随着你的实验开始成型，你发现东北部人的智商要比其他地区人的要高；数据似乎支持你的假设。然而，仔细检查结果之后，你发现非东北部的参与人部分问题的答案是缺失的。你设置的问卷题目都是公平无偏见的吗？又或者有些稍微偏向东北部的居民？例如，你发现有些问题是关于地铁的。有多少来自亚利桑那州的人熟悉地铁？因此你的因变量（智商测验的分数）可能有一定的地域偏向，在测量参与人的智商时并没有做到地区一致。一个好的因变量应当直接与自变量相关，并且按照实验假设里预定的方式那样测量操纵自变量之后所产生的效应。

　　一个好的因变量同时也是**可信的**（reliable）。如果智力测验的分数被用作因变量，那么在同一自变量条件下实施同样的测验，我们会预期看到相似的分数（重测程序，参见第 4 章）。如果同一个体在不同时间参加测验却获得了不同的智商分数，那么这不是一个可信的测验。

◆ **可信的**　测验的结果具有一致性。

干扰变量

　　干扰变量（nuisance variable）要么是参与人的某些特征，要么是实验环境产生的设计之外的效应。干扰变量会增加对自变量效应研究不确定性。这种变量的关键之处在于它们会对实验中的所有条件都产生作用；它们的影响并不局限于某个组或条件。干扰变量的存在意味着因变量变异性的增加；也就是每组之内分数更加离散。例如，假定你对阅读理解感兴趣。你能够找出一种可能与阅读理解有关的参与人特征吗？比如智力或者智商。

◆ **干扰变量**　不希望存在的变量，可能会导致组内分数的变异性增大。

图 6-3a 展示了组内参与人的智力在没有太大个体差异的条件下，阅读理解分数的离散程度。在这种情况下，干扰变量并没有起到干扰作用。

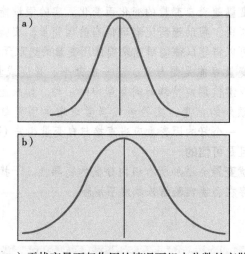

图 6-3　a) 干扰变量不起作用的情况下组内分数的离散程度；
　　　　b) 干扰变量产生作用的情况下组内分数的离散程度

你可以看到组内的阅读理解分数大都彼此接近，并且主要集中在分布的中心，只有少数极端的低分或者高分。

图 6-3b 展示了在组内智力存在大量个体差异（也就是存在干扰变量）的条件下，阅读理解分数的分布。请注意，此时分数相对离散，也就是集中在分布中心的分数相对少些，而更多的分数出现在分布的两端。

干扰变量是如何影响实验结果的呢？为了回答这个问题，我们需要引入一组新的参与人进入样例实验中并进行一个简单的实验。假定我们想评估两种阅读理解的教学方法：标准方法和一种新方法。在图 6-4a 中，此时我们比较的两组还没有受到干扰变量的影响。两组之间的差异是清楚明显的；两组之间的重合部分有限。

让我们加入干扰变量的影响，例如语言能力方面巨大的个体差异，然后再比较组间差异。正如你从图 6-4b 中看到的，当分数更加离散的时候，两组分数之间的重合部分就大大增加了，并且组间差异不如之前没有干扰变量的时候那么明显和清晰了。存在干扰变量的时候，我们对于实验结果的观察被迷雾遮挡了；我们无法清楚地看到自变量造成的组间差异。注意，

引入干扰变量之后（图 6-4b），唯一发生改变的是组内的分数都往分布的两端扩散，但是分布的相对中心并没有改变。干扰变量加剧了分布中分数的离散程度；它们并不改变分布的中心点位置。

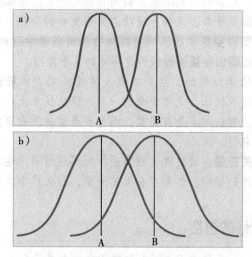

图 6-4　a) 无干扰变量影响下两组之间的差异；b) 干扰变量起作用时，两组之间的差异

心理侦探

对于以下每个例子，指出其中的干扰变量以及可能的效应。

1. 实验者测量了参与人的反应时，参与人的年龄分布在 12 ～ 78 岁。

2. 考察参与人正确回忆单词个数的实验是在嘈杂的电梯旁边的实验室进行的。

3. 用于测试参与人手灵巧度的实验室频繁出现难以预测的温度变化。

在第一个情境中，跨度过大的年龄范围是一个干扰变量。显然，年轻参与人的反应时会比老年人的短；因此，反应时的分布会很大程度地往分布的两端扩散。由电梯运行造成的噪声水平的变化是第二个例子中的干扰变量；第三个例子中的干扰变量则是频繁出现的难以预测的温度变化。三个例子中的干扰变量都极可能增加分数的离散程度。作为研究者的我们，其中一个目标就是尽量控制干扰变量在最低范围内，这样自变量的效应才能够尽可能的清晰。

1. **变量**是指含有至少两个水平的事件或者行为。

2. **自变量**是指被实验者有意识有目的地进行操纵的变量，是实验的核心或实验的目的之所在。**生理型自变量**是指参与人的生理状态方面发生的变化，而**经历型自变量**被操纵的是以往的经历或者学习经历。**刺激型自变量**被操纵的是环境的某个方面。

3. 尽管诸如年龄、性别或者人格特征之类的**被试特征**通常被认为是自变量的一种，但从技术上严格地说，它们并不是自变量，因为实验者并没有直接操纵它们。

4. **无关变量**会通过改变组间差异对实验结果产生意料之外的影响。如果存在无关变量，那么这个实验就属于被混淆的实验。

5. **因变量**随着自变量的变化而变化。实验假设能够提供指引，帮助选研究者取恰当的因变量。实验者同样可以借鉴以往的研究来确保因变量的选取无误。

6. 因变量可能是是与否、速率或频率、程度或量级，以及潜伏期或持续时间类型中的一种。如果能够获得额外的信息，实验者应当考虑增加因变量的个数。一个好的因变量应当直接与自变量相关（**有效**）并且是**可信的**。

7. **干扰变量**会增加所有组内分数的变异性。干扰变量的存在会使实验结果越发不清晰。

1. _____是指有至少两个取值的事件或者行为。

2. 连线

   （1）因变量   A. 偏离正常的生理状态

   （2）无关变量   B. 对环境的操纵

   （3）生理型自变量 C. 能够使实验以及实验结果失败

   （4）经历型自变量 D. 年龄

   （5）刺激型自变量 E. 随着自变量的变化而变化

   （6）被试特征   F. 以前的学习量

3. 你的研究目的在于评估游说对于态度强度的影响。你正在使用_____类型的因变量。

   a. 是与否   c. 程度

   b. 速率   d. 持续时间

4. 好的因变量有两个主要标准；它既是_____又是_____。

   a. 容易识别的；容易测量的

   b. 取决于实验者的；可识别的

   c. 有效的；可信的

   d. 正相关；负相关

5. 在什么情况下你需要记录多于一个因变量？

6. 我们把增加组内变异性的变量称为_____。

   a. 自变量

   b. 混淆变量

   c. 干扰变量

   d. 未受到控制的变量

控制无关变量

对于侦探而言，想要侦破一个案件，细心和准确是必不可缺的。与此类似，控制是心理学研究不可分割的一部分。实验者必须对无关变量和干扰变量展开控制，这样实验结果才可能有意义（没有无关变量的影响）并且清晰（最低程度的干扰变量的影响）。如果你想要控制的变量可以清楚地定义和定量（例如，性别、年龄、受教育程度、温度、照明强度或者噪声水平），那么以下五种基本控制技术应当至少有一种可有效控制。我们将在下一节中逐一介绍这五种基本控制技术：随机化、移除、恒定、平衡以及抵消平衡。

基本控制技术

在讨论基本控制技术的同时，非常重要并且值得牢记的一点就是这些技术的目的是①在引入自变量之前保证各组之间是平等的，从而移除无关变量的存在，以及②尽可能地降低干扰变量的影响。

随机化

我们从随机化开始介绍控制技术是因为它是最常用的技术。**随机化**（randomization）保证每位参与人有同样的概率被分配到各组中去。例如，在学生同意自愿参加记忆研究之后，Boice 和 Gargano（2001）指出"参与人被随机分配到六个实验组中"（p.120）。

> ◆ **随机化** 一种控制技术，能够保证每位参与人有同样的概率被分入实验中的任意一组。

尽管心理学家在实验中使用多种不同类型的实验控制措施，但是哪一种都不应当如此复杂。

这恐怕不仅仅是"三盲"实验。病人不知道谁吃了有效药物，医生也不知道；我猜测恐怕没有人知道。

ScienceCartoonsPlus.com

随机化背后的逻辑是这样的。因为所有参与人都有同样的概率被分配到实验中的每一组中，因此，任何参与人的独特特征都通过组内人群的形成过程而均匀地分散到各组中去了。例如，假定我们对动机水平感兴趣。尽管测量每位参与人的动机水平是不可能的，我们仍然能够通过随机分配产生不同实验分组从而达到控制这个变量的目的。若为纯随机过程，可以预期我们会看到每一组中都有一些参与人动机水平很高，有一些参与人的动机水平中等，一些参与人几乎没有什么动机。这样一来，各组的平均动机水平应当相当接近，同样的道理适用于无数其他未知的未被列入无关变量怀疑名单的变量。

心理侦探

尽管随机化是最常用的控制技术，但它存在一个重大缺陷。是什么呢？

因为我们无法知道所有应当进行随机化控制的变量，也就无法知道这些变量是否在随机化之后确实

在各组间的分布是均匀的，无法确保控制技术确实生效了。可能高动机水平的参与人都被分配到了同一组中。你同样需要考虑随机化控制技术控制的是什么。如果发现很难确定到底随机化控制技术控制了什么，你就在正确的道路上了。随机化控制技术面向的是所有可能存在而实验者并没有意识到的变量。如果实验者并不知道什么变量受到了随机化的控制也不知道控制的效果如何，那么无法彻底明确随机化是否真的有效也就没有什么值得奇怪的了。

移除

如果我们能够识别无关变量或者干扰变量，就可以更加直接一些。例如，我们可以选择**移除**（elimination）或者排除不希望出现的变量。这听起来容易，但是在实践中，你会发现实际上很难彻底移除一个变量。

> ◆ **移除** 一种控制技术，这种技术使得无关变量彻底地从实验中消失。

纽约州白原市佩斯大学（Pace University）的学生尚恩·萨格斯（Shann Sagles）、莎伦·科莱（Sharon Coley）、格米丽娜·艾斯布瑞图（Germillina Espiritu）和帕特里夏·扎瑞戈恩（Patricia Zahregian）以及他们的导师理查德·维拉友（Richard Velayo）在他们的跨文化表情识别研究中使用了移除控制技术。目标参与人拍摄了 35 毫米的照片。照片从下巴底部开始一直到前额顶部，着装和体型都从照片中抹去了。这一程序的目的在于移除（此处特别强调）可能影响参与人反应的无关变量（Sagles, coley, Espiritu, Zahregian, & Velayo, 2002, p.33）。因此 Sagles 等人保证着装以及体重并不会影响参与人的反应。

当问题变量是事件结果的集合，诸如噪声、温度或者照明条件等，而且即使可能的话，要移除这个变量也会非常困难。然而，如果变量是大集合中的小集合，例如 80 度以上的温度范围，那么移除变量（排除子集）是有可能的。然而，在这种条件下，实验者不仅想要移除这个变量，还要创造并维持一种恒定的条件，从而使其中的实验参与人免于受到这个变量的影响。

恒定

如果彻底移除变量是困难的或者不可能完成的，

那么实验者可以选择通过营造一个统一或者说恒定的条件来实施控制，这样可以使实验参与人免受无关变量的影响。**恒定**（conatancy）是许多研究者的标准控制技术。例如，实验的测试工作在同一间房间里面完成，房间使用同样的照明和温度条件，并且在一天中的同一时段进行（如果实验耗时数天）。在这种情况下，实验地点、温度、照明条件以及一天中的时段这些变量并没有被移除，相反它们仅仅是保持在了一个恒定的取值上。

> ◆ **恒定** 一种控制技术，将无关变量退化成一个数值，所有参与人的取值均为这一数值。

心理侦探

　　Juan 和 Nancy 想考察两种心理统计教学方法的优劣，因此开设了两门统计课：Juan 使用方法一来讲授 A 班，Nancy 用方法二教授 B 班。因为 Juan 和 Nancy 每个人教一个班级，无法证明两个班级之间的差异是由方法造成的还是教师造成的，所以这个实验被混淆了。你如何使用恒定这一控制技术来控制这个无关变量呢？

　　最简单的方法就是只保留一个实验者，要么是 Juan、要么是 Nancy 教授两个班级。这样一来，无关变量对两个班级来说都是一样的（两个班级的老师是同一人），这样实验就不再被混淆了。

　　通过确保实验测试条件不会发生不可预测的变化，恒定也可以用于控制干扰变量。如果测试条件在所有测试阶段中都是一致的，那么因为稳定性，很有可能组内分数的离散度就不会那么高。恒定也可以用于控制由诸如年龄、性别以及受教育程度等参与人变量产生的干扰变量效应。例如，密苏里州乔普林市南密苏里州立学院（Missouri Southern State College）的学生安吉拉·拉里（Angela Larey）研究了按摩和触摸对于体型不满意度的影响。在研究中，她"只使用了女性（参与人），因为她们通常比男性更容易对自己的体型感到不满"（Larey，2001，p.79）。还记得吗，参与人变量的高变异性会导致组内分数的离散程度增高。如果使用了分层随机抽样（参见第 5 章），那么参与人分数的变异性将会降低，因为使用分层随机抽样后参与人会变得更为相似。显然，这样的程序有助于产生恒常性。

　　尽管恒定是一种有效的控制技术，但是存在一些情境，在这些情境中计划外的变量无法都退化到同一取值上，这样实验参与人就可能体验到不同的变量取值了。如果这些变量有两个或更多可能的取值的时候，我们能够做些什么呢？这个问题的答案与被称为平衡的控制技术相关。

平衡

平衡（balancing）是恒定控制技术的逻辑延伸。具体地说，实验中的各组以同样的方式或者同样的程度经历所有

> ◆ **平衡** 一种控制技术，通过将无关变量均匀地分配到各组的方式达到组间平等性。

计划外的变量或者计划外变量的所有水平，以这样的方式达到各组间的平衡或者等同性。

　　平衡的最简单的例子涉及两组参与人的对比：一组接受自变量（实验组），另一组的条件相同，只除了不接受自变量（控制组）。如果各组间在无关变量方面是平衡的或者是平等的，那么我们暂时得出结论：组间差异是由自变量造成的。这个普遍适用的情境在表 6-1 中展示出来了。

表 6-1　平衡之后的无关变量

当不同组的参与人以同样的方式体验无关变量时，各组之间被认为是被平衡了的。

组 1	组 2
处理 A	处理 B
无关变量 1	无关变量 1
无关变量 2	无关变量 2
无关变量 3	无关变量 3
无关变量 4	无关变量 4

　　如果潜在无关变量未被识别出来，例如人格差异等，那么实验者可以使用随机化来达到组间平等性。我们可以假定这之后相应的无关变量被均匀地分配到了各组中。如果无关变量被识别出来了，例如实验者性别之类的，那么实验者就能够实施更加系统化的平衡技术来创造平衡条件。

心理侦探

　　我们假定 Juan 和 Nancy 的实验无法由一名教师担任所有学生的任课老师；我们需要两名教师。那么如何使用平衡技术去除由两名教师使用不同方法造成的混淆作用呢？

正如你从表 6-2 所看到的，一种简单的方法是让 Juan 和 Nancy 分别担任两组学生的任课老师，并且使用不同的教学方法。当然，我们希望通过随机的方式进行分组，又或者分组是早已形成的，我们只能将教学方法和任课老师随机分配到各组。因此，在每种教学方法之下两名教师是均衡的，并且班级之间潜在混淆变量方面的差异也被平衡了。该教学例子很好地展示了最简单地使用平衡控制技术的情境：通过平衡来控制单个无关变量。平衡也可以用于控制多个无关变量，如表 6-1 所示；该技术唯一的要求是每个无关变量出现在不同组的次数或量级相等。

表 6-2　在比较两种心理统计教学方法实验中使用平衡控制技术去除可能存在的混淆效应。

Juan	Nancy
组 1→方法 1	组 3→方法 1
组 2→方法 2	组 4→方法 2

尽管移除、恒定以及平衡足以提供强大的控制力度，但它们还是无法胜任所有需要控制的情形。在下一节中，我们会探讨其中一种这样的情形，序列或者顺序效应，以及如何通过抵消平衡来进行控制。

抵消平衡

在一些实验中，参与人完成的实验条件不止一个。例如，你可能想进行一个可乐味道测试，从而判断两种品牌的可乐哪个更受欢迎。当你在商场中组建立测试房间的时候，非常肯定自己已经实施了所有必要的预防措施：所有用来测试的杯子都是一样的，倒入杯中之前盛有两种可乐的容器都是一样的，参与人都是先饮用可乐 A 再饮用可乐 B（总是这一次序），并且参与人在测试期间都被蒙上眼睛，因此可乐的颜色不会影响他们的判断。你的控制措施看起来相当的完美。难道不是吗？我们在三个方面达到了恒常性：①所有测试的杯子都是一样的，②倒入杯子之前盛装可乐的容器是相似的，并且③所有的参与人饮用了同样多的可乐。通过蒙上参与人的眼睛，我们排除了两种可乐在视觉方面的差异可能造成的问题。这些都是切中要害的控制措施。

心理侦探

仔细回顾我们对实验的描述。我们使用了哪些控制措施？实验中存在一个被忽略的问题，它需要得到控制。这个问题是什么？我们应当如何解决它？

被忽略的问题与可乐饮用的次序或者顺序有关。如果参与人总是先饮用可乐 A 再饮用可乐 B 并且其中一种可乐更受欢迎，你可能无法判断到底这个偏好上的差异是由于可乐味道上的差异造成的还是饮用次序造成的。用于控制序列或者顺序效应的技术被称为**抵消平衡**（counterbalancing）。存在两种抵消平衡技术：被试内和组内。**被试内抵消平衡**（within-subject counterbalancing）试图通过被试本身达到控制序列效应的目的，而**组内抵消平衡**（within-group counterbalancing）试图通过让不同参与人使用不同的次序达到控制的目的。

> ◆ **抵消平衡**　一种控制技术。这种技术以不同的次序实施实验处理从而控制顺序效应。
> ◆ **被试内抵消平衡**　对同一参与人按不同的次序实施实验处理。
> ◆ **组内抵消平衡**　对不同参与人按不同的次序实施实验处理。

被试内抵消平衡　回到可乐实验中所遇到的次序问题，我们可以通过以下方式来解决这一问题：每位参与人按照 ABBA 的次序饮用可乐。通过这种被试内的抵消平衡，每位参与人在可乐 B 之前饮用可乐 A 一次，同时也在其之后饮用可乐 A 一次。因此，先饮用可乐 A 的优势被后饮用 A 的安排抵消了。

尽管实施被试内抵消平衡看起来相对容易，但是它存在一个重大缺陷：每位参与人必须完成每个条件多次。在一些情境中，实验者可能不希望或者无法让每位参与人多次完成每个实验条件。例如，你可能没有足够的时间让每位参与人饮用每种品牌的可乐多次。在这种情况下，组内抵消平衡可能是一种更好的备选控制手段。

组内抵消平衡　处理可乐实验中次序问题的另一种解决方案是随机地让一半的参与人按照可乐 A– 可

乐 B 的次序饮用可乐，剩余的另一半参与人则按照可乐 B– 可乐 A 的次序饮用。先饮用可乐 A 的参与人的偏好可以与先饮用可乐 B 的参与人进行比较。

假定我们测试了六名参与人，表 6-3 用示意图展示了组内抵消平衡技术下饮用两种可乐的方式。

表 6-3　两品牌可乐实验中的组内抵消平衡技术
（六名参与人情境）

	试味 1	试味 2
参与人 1	A	B
参与人 2	A	B
参与人 3	A	B
参与人 4	B	A
参与人 5	B	A
参与人 6	B	A

正如你所看到的，三名参与人按照 A–B 次序饮用可乐，另外的三名则按照 B-A 的次序。这个示意图展示了组内抵消平衡的要求。

1. 每种实验处理呈现给每位参与人的次数必须相等。在这个例子中，每位参与人饮用可乐 A 一次，饮用可乐 B 也是一次。

2. 每种实验处理在每个测试或者练习阶段出现的次数必须相等。在这个例子中，可乐 A 在试味 1 阶段出现三次，在试味 2 阶段也出现三次。

3. 每种实验处理出现在其他实验处理之前和之后的次数必须相等。

在这个例子中，可乐 A 有三次首先被饮用，也有三次在可乐 B 之后被饮用。

抵消平衡并不局限于两个实验条件的情境。例如，假定你的可乐实验涉及三种可乐品牌而非两种。表 6-4 展示了这种情况下的组内抵消平衡技术。仔细查看示意图。它满足抵消平衡的要求吗？

表 6-4　三种品牌可乐实验中的组内抵消平衡技术
（六名参与人情境）

	试味阶段		
	1	2	3
参与人 1	A	B	C
参与人 2	A	C	B
参与人 3	B	A	C
参与人 4	B	C	A
参与人 5	C	A	B
参与人 6	C	B	A

看起来所有的要求都被满足了。每种可乐被饮用了同样的次数（6 次），在不同试味阶段被饮用了同样的次数（2 次），并且在其他可乐之前和之后被饮用的次数相同（2 次）。在这里，值得注意的一点是，如果我们希望测试更多的参与人，参与人的数量必须是 6 的倍数。增加其他数量的参与人都会导致违反抵消平衡的要求，可能是某种可乐被饮用的次数多于其他品牌，可能是某个试味阶段某种可乐被饮用的次数更多，还可能是某种可乐在其他可乐之前和之后被饮用的次数不相等。你可以尝试一下在表 6-4 中加入 1 名或者 2 名参与人，然后考察一下是否能够满足抵消平衡的要求。

从表 6-4 我们可以看到在使用抵消平衡技术时需要考虑的另一个问题。如果只有少数几种实验处理，那么需要实施的不同次序的个数还算不多，抵消平衡还在可操作的范围内。例如，如果我们只测试两种可乐，那么只涉及两种次序（见表 6-3）；然而，新加入 1 种可乐，就会需要额外的 4 种新次序（见表 6-4）。如果我们再加入一种新可乐品牌（可乐 A、B、C 和 D），我们就有总共 24 种次序，然后实验就会变得非常复杂、难以进行。这种情况下，可允许的最小参与人数量是 24，如果我们希望每种次序有多名参与人，那么就需要以 24 的倍数的方式增加。

如何计算可能的次序的数量呢？需要写下所有可能的次序从而数出有多少种可能吗？不需要，实际上你可以通过阶乘的公式（n!）来计算可能次序的数量。所需要的信息仅仅是实验处理的个数（n），将数字以逐一递减的方式分解直至 1，然后将所有这些因子或者成分乘起来。例如

2!　就是 $2 \times 1 = 2$

3!　就是 $3 \times 2 \times 1 = 6$

4!　就是 $4 \times 3 \times 2 \times 1 = 24$

以此类推。如果你使用了所有可能的次序，你正在使用的就是**完全抵消平衡**（complete counterbalancing）。尽管完全抵消平衡对于序列或者顺序效应的控制是最高等级的，但是在存在多个实验处理的情况下通常难以实现。正如我们看到的，测试 4 种可乐品牌需要最少 24 名参与人（4 ! = $4 \times 3 \times 2 \times 1 = 24$）才能够实现完全抵消平衡。而测试 5 种可乐所产生的可

能的次序个数（以及最小所需参与人数量）激增到 120（5！= 5×4×3×2×1=120）。如果遇到需要大量的参与人才能够实现完全抵消平衡的情况，要么减少实验处理的数量

> ◆ **完全抵消平衡** 实验使用了所有可能的呈现实验处理的次序。

直到你的时间、金钱以及被试资源能够实现完全抵消平衡，要么你就要放弃使用完全抵消平衡。

不完全抵消平衡（incomplete counterbalancing）是指只使用部分而非所有可能的次序。那么应当使用哪部分次序，而放弃哪部分呢？一些实验者随机地选取部分次序。

> ◆ **不完全抵消平衡** 实验只使用了部分可能的呈现实验处理的次序。

在确定了进行测试的参与人数目之后，实验者随机选取同样数量的次序。例如，表 6-5 展示了如何通过随机选取次序的方法使得只使用 12 名参与人来完成测试 4 种可乐品牌的实验成为可能。

表 6-5 利用随机选取试味次序的不完全抵消平衡技术从而使得使用 12 名参与人完成比较四种品牌可乐的实验成为可能

	试味阶段			
	1	2	3	4
参与人 1	A	B	C	D
参与人 2	A	B	D	C
参与人 3	A	C	D	B
参与人 4	A	D	C	B
参与人 5	B	A	C	D
参与人 6	B	C	D	A
参与人 7	B	C	A	D
参与人 8	C	A	B	D
参与人 9	C	B	A	D
参与人 10	C	D	B	A
参与人 11	D	B	C	A
参与人 12	D	C	B	A

尽管随机选取看起来是一种非常易于使用的不完全抵消平衡技术，但它存在一个问题。如果你仔细研究表 6-5 就会发现，尽管每位参与人接受每种实验处理的次数相等，但其他抵消平衡的要求均没有满足。在不同测试或者练习阶段，每种实验处理出现的次数并不相等，并且每种实验处理出现在其他实验处理之前和之后的次数也并不相等。

有两种方法能够解决这一问题，尽管没有一种是完全令人满意的。我们可以随机选取一个次序作为第一名参与人的次序，但是剩余参与人的次序是通过系统的调换方式获得的。这种方法展现在表 6-6 中。

表 6-6 不完全抵消平衡方法

这种方法有两步，首先随机选取第一名参与人的次序，然后系统地调换剩余的次序。

	试味次序			
	1	2	3	4
参与人 1	B	D	A	C
参与人 2	D	A	C	B
参与人 3	A	C	B	D
参与人 4	C	B	D	A

因此，第一位参与人按照次序 B、D、A、C 饮用可乐，第二名参与人则按照 D、A、C、B 的次序饮用。我们会继续使用这种系统调换方式来制造新的次序，直到每一种可乐每一行每一列都出现过。若总共有 12 名参与人，我们可以将 3 位参与人分配到 4 种次序中的一种。由于每种实验处理在每个测试阶段出现的次数是相等的，因此这种方法非常接近完全抵消平衡。然而，它仍然没有满足实验处理出现在其他处理之前和之后次数相等的要求。更复杂的拉丁方技术被用于解决这一问题。因为拉丁方技术的复杂性，这种程序很少被用到。如果你感兴趣，Rosenthal 和 Rosnow（1991）提供了非常好的介绍性读物。

现在我们已经介绍了实施完全和不完全抵消平衡的机制，让我们来思考一下到底抵消平衡可以控制什么，无法控制什么。简单地说抵消平衡控制了序列或者顺序效应并不是一个完整的故事。尽管抵消平衡控制了序列或者顺序效应，正如你即将看到的，它也控制延滞效应。

序列或者顺序效应 序列或者顺序效应（sequence or order effects）是指参与人在接受系列呈现的实验处理时所产生的一种效应。例如，假定我们在测量三种仪表盘警示灯的反应时：红（R）、绿（G）以及白闪烁（FW）。看到警示灯亮起，参与人需要立刻关闭引擎。要在该实

> ◆ **序列或者顺序效应** 实验处理在系列中所处的位置部分决定了参与人的反应。

验中实施完全抵消平衡需要考虑 6 种呈现次序，也就是需要至少 6 名参与人（3！= 3 × 2 × 1 = 6）。如果我们发现不管警示灯的类型是什么，对首次出现的警示灯的反应时总是 10 秒并且第二次和第三次出现的警示灯的反应时会增加 4 秒以及 3 秒（同样无论类型），我们遇到的就是序列或者顺序效应。这个例子的示意图在表 6-7 中。正如你所看到的，序列或者顺序效应是指参与人的反应取决于实验处理所出现的位置，而不取决于实验处理的内容。

表 6-7 采取抵消平衡控制措施之后的序列或顺序效应示例

每种次序下方圆括号内出现的反应时增量，表示在次序位置测试对仪表盘上红（R）、绿（G）以及白闪烁（FW）警示灯的反应时所产生的效应。也就是说，第二次以及第三次测试导致（也就是更慢的反应）反应时分别增加 4 个和 3 个单位，无论测试的是什么。

	任务的呈现次序		
	R	G	FW
反应时的增加→	（0	4	3）
	R	FW	G
	（0	4	3）
	G	R	FW
	（0	4	3）
	G	FW	R
	（0	4	3）
	FW	R	G
	（0	4	3）
	FW	G	R
	（0	4	3）

对于采取了抵消平衡控制技术的实验中的参与人而言，体验到的序列或者顺序效应是均匀的，因为每种实验处理在每个测试阶段出现的次数是相同的。这个推理立刻指向随机化不完全抵消平衡技术的一个重大缺陷：实验处理在每个测试阶段出现的次数可能并不像表 6-5 中的那样相等。因此，序列或者顺序效应在这种情境中并没有被控制。

延滞效应 存在**延滞效应**（carryover offect）的情况下，一种实验处理的效应会在下一实验处理出现的时候继续对参与人的反应产生影响。例如，让我们假

定先看到绿（G）警示灯再看到红（R）警示灯总是会使参与人的反应时缩短 2 秒。相反，在 G 之前看到 R 会让参与人的反应时延长 2 秒。在 G 之前或之后看到闪烁的白灯（FW）并不会对反应时产生影响。然而，在 FW 之前看到 R 会导致反应时延长 3 秒，在 R 之前看到 FW 会使反应时缩短 3 秒。在 R → G 或者 G → R 以及 R → FW 或者 FW → R 的转换中，前一种实验处理影响了参与人对于后续实验处理的反应，并且这种影响是稳定且可以

> ◆ **延滞效应** 实验处理的持续或延期的效应，它会影响参与人对下一个实验处理的反应。

预测的。表 6-8 展示了这种效应。请注意，抵消平衡指每种类型的转换出现的次数相等（例如，R → G，G → R，R → FW 等）。这样一来，彼此方向相反的延滞效应可以互相抵消。

表 6-8 采取抵消平衡措施之后的延滞效应示例

延滞效应是指前面的某种实验处理影响了被试对于后续实验处理的反应。在这个例子中，在处理 R 之前先遇到处理 G 会导致因变量减少 2 个单位（也就是 -2），而在 G 之前遇到处理 R 会导致因变量增加 2 个单位（也就是 +2）。在处理 FW 前遇到 G 或者在处理 G 之前遇到 FW 不会产生特别的影响。然而，在 FW 之前先遇到处理 R 会导致因变量增加 3 个单位，在 R 之前先遇到处理 FW 则会减少 3 个单位。

	处理呈现的次序		
	G	R	FW
对于参与人反应的影响→	（0	-2	+3）
	G	FW	R
	（0	0	-3）
	R	G	FW
	（0	+2	0）
	R	FW	G
	（0	+3	0）
	FW	G	R
	（0	0	-2）
	FW	R	G
	（0	-3	+2）

回顾总结

1. **随机化**通过将无关变量均匀地分配到各组中去从而达到控制的目的。

2. 如果实验者采用了**移除**这一控制技术，这意味着他们试图将无关变量彻底地从实验中清除出去。

3. **恒定**控制技术创造条件让无关变量保持恒定或者统一从而达到控制无关变量的目的。

4. **平衡**通过保证不同组的参与人体验到的无关变量的程度相等来达到控制无关变量的目的。

5. 当参与人接受多于一种实验处理的时候，**抵消平衡**可以用于控制序列或者顺序效应。**被试内抵消平衡技术**让每位参与人接受多种实验处理呈现次序，而**组内抵消平衡技术**让不同的参与人接受不同的呈现次序。

6. 呈现实验处理的可能次序的总数可以通过阶乘来确定。如果采用了所有可能的呈现次序，那么我们所使用的就是**完全抵消平衡技术**。**不完全抵消平衡技术**只使用了部分可能的次序。

7. 使用不完全抵消平衡技术的时候，可以采用随机选取呈现次序、系统转换或者拉丁方等方法实现。

8. 抵消平衡能够控制序列或者顺序效应和延滞效应。

检查你的进度

1. 连线
   - （1）随机化
   - （2）移除
   - （3）恒定
   - （4）平衡
   - （5）抵消平衡
   - A. 彻底消除无关变量
   - B. 无关变量都退化成一个数值
   - C. 最常用的控制程序
   - D. 用于控制顺序效应
   - E. 无关变量被均匀分配到各组

2. 最常使用的控制技术是_____。
   - a. 随机化
   - b. 移除
   - c. 恒定
   - d. 平衡
   - e. 抵消平衡

3. 平衡是_____的逻辑延伸。
   - a. 恒定
   - b. 随机化
   - c. 抵消平衡
   - d. 移除

4. 请区分一下被试内抵消平衡技术和组内抵消平衡技术。

5. 阶乘 $n!$ 可以用来做什么？计算一下 $4!$ 的结果。

6. 什么是不完全抵消平衡？

展望

在这一章里，我们已经介绍了变量的广义性质，并且强调了选择恰当的自变量以及因变量的重要性。干扰变量以及混淆变量可能造成的破坏使研究者开发出了控制这些变量的程序。我们将在下一章中继续探讨基本实验技术。我们会介绍如何选择恰当的参与人类型以及数量，还有如何收取研究数据。

第7章

好的实验 Ⅱ：最后的思考、难以预计的影响因素以及跨文化问题

在这一章，我们会继续探讨研究的基本组成部分。我们将讨论的内容包括：参与人的类型和数量，所使用的设备或者测试工具的类型、实验者和参与人是否可能是潜在的无关变量以及跨文化对于研究而言喻示着什么。

参与人

研究参与人的类型和数量都是规划实验时有待考量的重要问题。这一节会从两方面集中讨论这一问题。

参与人的类型

简短思考一下，我们就可以发现有许多生命体可以作为心理学实验的被试。例如，研究动物的研究人员可以选择黄蜂、苍蝇、海豚、黑猩猩、大象、老鼠等。类似地，研究人类的研究人员可以选择下面这些类型的人作为研究参与人：婴儿、青年人、老年人、天才、残疾人，或者是适应不良的人。研究参与人的可选范围可能是极其宽广的。哪一种类型才是最佳选择？从以下三个方面进行思考可能有助于回答这个问题：先例、可用性以及问题的性质。

先例

如果文献综述显示，在你感兴趣的领域里，研究者对某类参与人的使用获得了成功，你就可能倾向于使用这类参与人。例如，当威拉德·斯坦顿（Willard S. Small）（1901）在美国进行首次鼠类研究的时候，他就成了一个**先例**（precedent）、一种模式，延续至今。类似地，对大学生的使用（特别是那些选修心理学导论的大学生）也有自己庄严的历史。例如，探索人类记忆以及认知过程的研究严重依赖于那些使用大学生作为参与人的研究项目。这个依赖有多严重？我们随机选取了《实验心理学期刊：学习、记忆与认知》（*Journal of Experimental Psychology: Learning, Memory and Cognition*）的其中一期（卷24，期4，1998年7月）并进行检查。在这一期发表的所有15篇论文中，12篇报告了只使用大学生作为唯一参与人的实验结果；3篇报告了使用支付酬金的志愿者或者参与人的研究结果，但是也没有排除这些参与人是大学生的可能性。必须指出的是在许多使用大学生作为参与人的文章中，参与人都来自一个固定的被试群体，或者他们来参与实验的目的是为了获得部分课时计分。

◆ **先例** 已形成的模式。

> **心理侦探**
>
> 依据先例选取参与人有优势也有劣势，具体是什么呢？

心理学研究持续地使用某类特定的参与人这个

事实，确保了我们对这类参与人的认识的积累。在规划研究的时候，研究者就可以利用这些累积下来的丰富的知识。他们可以直接采用已经验证过的程序，而不需要花时间来进行探索测试，也不需要设计新的设备。学会使用这些已被验证过的技术意味着成功的可能性（参见第 2 章）在提高。

然而，持续地使用某类或者某物种的被试可能会限制所积累的信息的可推广性（参见第 8 章关于外部效度的讨论）。尽管关于大学生自尊的研究可以告诉我们一些关于这个群体的这个特质的信息，但是它难以告诉我们太多普罗大众的自尊是什么样的。类似地，尽管使用小白鼠的文献非常之多这一事实提示我们应当在实验中继续选择使用小白鼠，但是更多的小白鼠研究并不能提供关于其他物种有用的信息。

可用性

持续地使用小白鼠和大学生也有其他方面的原因：可用性。小白鼠相对便宜，至少和其他动物相比起来是这样，并且它们很容易维护。类似地，大学生，特别是那些选修心理学导论的大学生，他们本身形成了一种便于获取的总体。例如，林肯市内布拉斯加大学（University of Nebraska）的学生尼古拉斯·斯瑞普尔（Nicholas Schroeppel）以及他的指导老师古斯塔沃·卡罗（Gustavo Carlo）在一项研究中考察了利他行为（无私地帮助他人）的性别差异（Schroeppel & Carlo，2001）。除了便易性之外，大学生也是相对便宜的参与人，因为研究者通常不需要支付金钱作为他们参与研究的报酬。在一些院校里，参与研究项目是一种课程要求，这样就保障了大学生作为研究参与人的高可用性。可用性当然并不能保证研究者选择了最好或者最恰当的参与人。

显然，一类参与人的可用性会抑制对其他类型的参与人的使用。反过来，我们也看到积累对某一类参与人的认识会产生一种压力，迫使后续研究继续使用这类参与人。显然，这个问题是循环递进的。产生了使用某类参与人的先例，就会引发一系列关于这类参与人的大量的研究，这些研究随后又会刺激继续对这类参与人的使用。

研究项目的类型

研究项目的性质通常会决定你应当使用哪种类型

的参与人。例如，如果对猛禽的视力感兴趣，你的研究范围就局限于诸如苍鹰、秃鹰、隼鹰以及猫头鹰等鸟类；鸭、鹅以及鸣鸟这些不是捕食者的鸟类就不符合要求。类似地，如果你想研究幻觉和错觉，就会将参与人的范围限制在那些能够进行交流并且有这些体验的人之中了。

让我们来看看，林肯市内布拉斯加卫斯理公会大学（Nebraska Wesleyan University）大学的学生莫莉·克劳斯（Molly Claus）（2000）完成的一项研究项目。她对玩具选择偏好和自信的关系感兴趣。这个研究问题的性质决定了她只能使用儿童作为参与人；她确实研究了学前儿童。她的研究表明：玩男性化玩具（如卡车和积木）的儿童比玩女性化玩具（如茶具）的儿童更加自信。

参与人的数量

一旦你做出了决定应当在研究中使用哪类参与人，接下来要做的决定就是要测试有多少名参与人。要做这个决定，有许多因素需要考虑，包括以下几点。

1. **资金**。测试一名参与人要花费多少？动物需要购买还需要精心养育。对于人类参与人而言，可能需要支付金钱作为参与研究的报酬。是否需要支付报酬给实际执行实验的人员？如果需要的话，这一成本也必须考虑；它会随着参与人人数的增加而增加。

2. **时间**。参与人越多，所需的时间就越长，特别是在逐个测试参与人的情况下。

3. **便易性**。方便可用的参与人的数量很可能影响你选择在实验中使用多少参与人。

除了这些实际考虑之外，还有一个因素我们需要考虑，然后才能够决定使用多少参与人。这个因素就是我们预计的组内个体差异会有多大。组内变异性越小（也就是说不同参与人之间的同质性越高），我们需要的参与人越少。相反，组内变异性越大（也就是说不同参与人之间的异质性越高），我们需要的参与人就越多。

心理侦探

上面这个关于变异性与实验参与人数量之间关系的陈述，其背后有着什么样的逻辑呢？要回答这个问题，你可能需要回顾一下有关干扰变量的内容（参见第 6 章）。

如果存在干扰变量，在这个例子中就是参与人之间存在个体差异的天性，每组组内的分数就会展现出很大的差异，并且组间重合的部分就会增加。分数的变异性使得发现组间差异变得更加困难。一种减轻极端分数影响的方法是测试更多的参与人。通过增加分数的数量（也就是参与人），出现在分布中心位置的分数数目就会增加，并且因此降低了极端分数的影响。如果不存在干扰变量（也就是组内是同质的），那么就不会存在太多的极端分数，并且可以清楚地观察到组间差异。

正如你从第 4 章中看到的那样，另外一种产生更为同质的小组的方法是使用分层随机抽样。通过集中抽取某一类参与人，我们的样本就可以避免更多的极端值。在下一章中，我们有更多关于样本量和变异性方面的内容需要介绍。

参与人的数量与统计检验的**检验力**（power）有关。检验力是统计检验显著的可能性（概率）（也就是在实验假设为真的前提下，该假设被接受的概率）。通常而言，参与人数量越多，统计检验的检验力越高；因此，在研究的具体限制条件下，使用更多的参与人可以增加你的优势。统计学书籍通常会介绍检验力，并且会展示一些公式和表来帮助你确定要达到统计显著需要测试的参与人的数量。

> ◆ **检验力** 统计检验结果显著的概率（也就是在实验假设为真的前提下，该假设被接受的概率）。

你还应当将文献综述作为帮助你的指引，从而确定在实验中需要的参与人数量。如果你所在的领域以往的研究成功地使用了一定数量的参与人，你可以假定需要测试相当数量的参与人。例如，根据先例，盖恩斯维尔市佛罗里达大学（University of Florida）的学生金伯利·凯克（Kimberly Kiker）（2001）在她关于幼儿测量误差的研究中，选择使用 20 名一年级小学生和 20 名三年级小学生来进行实验。然而，如果你正在进行的项目属于一个没有受到太多关注的领域，那么你只能希望在资金、时间以及便易性的限制下尽量测试更多的参与人。

仪器

在思考研究应该使用什么类型和多大数量的参与人的时候，如果研究要用到设备的话，你也需要考虑应该使用什么类型的设备。自变量的呈现以及因变量的记录都可能用到某些设备。

自变量的呈现

通常来说，自变量的性质会影响你所选择的设备的类型。例如，迈克尔·琼斯（Michael Jones）（2001），一名田纳西州哈罗盖特市的林肯纪念大学（Lincoln Memorial University）的大学生，对噪声和性别的作用感兴趣。研究考察了这两个因素对 9 ～ 11 岁的儿童在记忆和空间任务（完成一种区组设计）上表现的影响。他让各组儿童聆听无规律的白噪声（静态）或者流行歌曲。实验使得他必须使用音频设备。他用连续循环磁带收录了这首流行歌曲，这样这首歌就会反复地播放。这首歌和白噪声的播放音量都精确固定在 74 分贝上，这是由数字式声级计测量出来的。该研究的结果表明，白噪声组的参与人在两个任务上的表现都比流行歌曲组要好。

呈现自变量的方式受到自变量的类型、资金以及你的创造力的约束。显然，呈现某些类型的自变量需要特殊的仪器。例如，呈现某种类型的光束就需要特殊的投影仪。另一方面，给已经学会压杆并有饥饿感的实验鼠投喂食物并不需要购买昂贵的斯金纳箱或者自动投食器。我们看到过许多相当高效的自制斯金纳箱和食物投送系统。例如，一个坚固的纸箱就可以很好地替换市面上销售的斯金纳箱。那压杆的杆怎么办呢？没有问题。任何能够在箱内突出，让小鼠能够按压或者碰触的事物都可以作为压杆的替代品。实际上，一些学生就是简单地在一面墙上画出一个圆圈，然后在投送食物之前要求小鼠用鼻子触碰圆圈，仅此而已。一段塑料管子就足以起到食物投送系统的作用。只需要将塑料管固定在箱子外面，一头在上、一头接近箱子底部，并且管口下端放一个小盘就可以了。将一粒食物投入管中就等同于往箱子内部的食物盘里投送一枚强化物。在规划实验的这个阶段，一些小小的富有创造力的想法就可能帮你节省很大一笔支出。

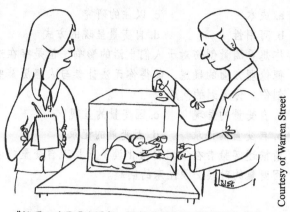

"教授，除了操作设备，联邦政府的削减计划是不是也伤到你了？"

尽管大的研究实验室需要大量的资金和精密的设备，但是你确实可以在有限的预算内做出有意义的研究，哪怕只有少数甚至是没有高大上的设备。

因变量的记录

尽管详细记录犯罪现场的证据对于侦探而言可能是其关心的头等大事，但是记录因变量如此重要的任务对心理学研究者来说却往往想当然或者没有得到重视。无论如何，这里存在我们需要解决的问题或者需要做出抉择。例如，你不希望研究者的出现干扰或者改变参与人的行为。有的时候避免花里胡哨意味着研究者应当使用简单的纸笔任务而不是精密的高大上的电子设备。特别重要的是，观察者在记录数据的时候要保持低调的状态。

心理侦探

尽管精密的高新设备可能对研究的完成是有益的，但是使用这样的设备也可能存在潜在的问题。这些潜在问题是什么呢？

不管是呈现自变量还是记录因变量，实验者都不应当成为可用设备的奴隶。仅仅是因为你能够使用特定的设备并不意味着你必须使用它。如果一枚握式计时器能够提供与一个更为精密的计算机仪器相等的甚至更好的数据，实验者就应当选择相对不那么高大上的仪器。如果研究者开始严重依赖他们的设备，那么对于研究问题的选择就取决于设备而非研究者的创造力了。在这种情况下，我们更关心的是设备所呈现的自变量，而不是研究的问题所在。另外，高精新设备存在的前提是假定研究者有足够的资金，能恰当地维护这样的设备。想象一下，如果你的研究严重依赖于某个特殊的设备，然后这个设备坏了你却没有钱去进行维修，你会面临什么样的问题？

在一些情境中，一双犀利的眼睛可能是你最好的设备。让我们想一想下面这些福尔摩斯和华生之间的交流。

"你从这顶压扁的毡帽中能看出什么来？"华生询问福尔摩斯。

"这（眼睛）就是我的透镜。你知道的方法。"

"我一点儿也没看出来。"

"相反，华生，你看到了所有。"（Doyle，1927，p.246）

回顾总结

1. **先例**、可用性以及问题的性质这些因素会影响心理学研究对参与人的选择。

2. 一个研究项目所使用的参与人数量受限于资金状况、时间限制以及参与人的可用性。通常来说，参与人人数越多，**检验力**越高。

3. 参与人彼此更为同质，那么实验者就只需测试相对

少的参与人，而彼此异质性高的参与人总体就要求实验者使用更多的参与人。

4. 自动化的设备可以用来进行自变量的呈现和因变量的记录，但是一般而言，质量高的数据是由相对不那么复杂的设备记录下来的。

检查你的进度

1. 解释一下先例和研究中使用的参与人类型之间的
关系。

2. 为什么说小白鼠和大学生是心理学研究的理想参与人？

3. 组内同质性与下面的_____联系最紧密。

   a. 大量测试参与人

   b. 少量测试参与人

   c. 分层抽样

   d. 非随机抽样

4. 成功的研究，其选择参与人数量的最佳指引是_____。

a. 成本　　　　　c. 以往的研究

b. 可用性　　　　d. 自变量呈现的方式

5. 你想要测量创伤对于人们生活的影响，但是存在道德伦理方面的疑虑，使得你无法让参与人经历某些创伤。你遇到的问题是_____。

a. 自变量的呈现　　c. 因变量的呈现

b. 自变量的记录　　d. 因变量的记录

6. 请描述实验者在使用自动化设备来呈现自变量或者因变量的时候必须注意的问题。

尽管你可能认为自己已经准备好开始研究项目了，但我们仍然认为有一些前期工作需要考虑清楚。优秀的侦探应当是仔细、准确以及细致深入的，研究者却不能在展开实验的过程中过度投入。在接下来的小节中，我们会强调两个常常被忽略的潜在无关变量：实验者和参与人。随着心理科学的逐渐成熟，研究者开始关注这两个方面的问题。

作为无关变量的实验者

正如侦探的特质会影响待问询的嫌疑人的反应，实验者的某些方面会影响参与人的反应（Rosenthal，1976）。我们首先讨论一下实验者特征，接着会介绍实验者预期。

实验者特征

实验者的心理和生理特征都会影响实验结果。生理特征包括诸如年龄、性别以及种族等变量。研究表明，这些变量每一个都会影响参与人的反应。例如，罗伯特·罗森塔尔（Robert Rosenthal，1977）的研究表明，男性实验者对待他们的参与人较之女性实验者更加友善。

> **心理侦探**
>
> 如果实验中所有参与人都是由同一名实验者测量的，那么我们就获得了一定的恒常性（参见第6章），并且这一无关变量就被控制了。如果实施了这一控制措施，为什么如年龄、性别和种族等实验者的特征还存在潜在的问题？

尽管我们通过让同一名实验者来完成整个研究项目来保证恒常性，但是可能正是因为这样，这名研究者就会以其独特的方式影响参与人。可能男性实验者的友善激励了参与人以更高的热情完成任务，因此可能导致处理组之间的差异变得不那么明显。因此，当我们试图去比较由不同实验者完成的相似的研究项目时，问题就出现了。即使这些研究项目的结果有所差异，但是你还是无法判定这些差异到底是由自变量的差异造成的，还是由不同的实验者造成的。

能够影响实验结果的实验者心理特征包括人格特质，如仇恨、焦虑和内向性或者外向性。由异常焦虑的实验者完成的实验其结果可能与由自信、自我肯定的实验者完成的实验的结果有所不同。同样的道理适用于其他人格特质。

实验者预期

除了生理和心理特征之外，实验者关于参与人的行为预期会且肯定会影响参与人的表现。实验者的预期会使参与人朝实验者所预期的最可能的反应方式上靠拢。行为反应在预期范围内的原因之一就是实验者。

> **心理侦探**
>
> 将实验者预期归为可能混淆实验的无关变量更加恰当呢，还是将其视为可能干扰自变量效应的干扰变量更加恰当？

如果实验者预期确实存在于你的实验中，你无法辨别到底是自变量还是实验者预期造成了这样的结果，那么它最好被归为混淆变量。

这样的效应在人类和动物实验中都有发生。引用最高的关于人类实验者预期效应的研究是关于小学儿童智商的（Rosenthal & Jacobson，1968）。在学年的开始，各班所有参加研究的学生都完成了一项智商测试。然后，每班随机选出了一些学生，并且他们各自的老师被告知这些孩子是"特别高智商的"。几个月之后，当所有孩子再次进行智商测试的时候，这些标记为"高智商"的孩子，他们的智商增量高于其他孩子。因为这些所谓的"高智商"孩子是随机选取出来的，说他们比其他孩子在智力上要更优异是站不住脚的。然而，他们被认为是高智商的，并且他们的老师以不同的方式对待他们。反过来，这些学生也按照老师的预期方式反应。

实验者预期并不局限于人类研究；甚至小鼠也会按照实验者的预期来表现。Rosenthal 和 Fode（1963）告诉班里一半的学生，他们要训练的小鼠是"迷宫能手"；剩余的一半学生被告知他们的小鼠是"迷宫白痴"。实际上项目一开始，小鼠之间并没有什么差异。然而，结果却与学生的预期完全一致：相比那些"笨蛋"小鼠，"聪明"小鼠学习迷宫更好更快。因为小鼠在训练之初并没有什么差异，这个研究清楚地展示了实验者预期对于参与人行为的强烈影响。因为罗森塔尔及其同事是系统地研究实验者预期的先驱者，这种预期效应又被称为**罗森塔尔效应**（Rosenthal effect）。

◆ **罗森塔尔效应**　这种效应是指实验者关于恰当的行为反应的预期影响了对参与人的操纵以及他们的行为。

控制实验者效应

生理和心理效应

实验者通常很少关注这些效应的原因现在非常清楚了：它们难以被控制。例如要达到恒常性，所有可能与这些效应有关的实验者特征均需要进行测量，并且接着需要根据测量的结果以及每个特征的目标水平来完成实验者的选取，即使有可能的话，这也是一个相当困难的任务。类似地，我们在第 6 章中介绍了，平衡能够用于回避由实验者性别引起的混淆。尽管平衡这个控制措施可以平衡两组实验者的性别，但它并没有同时控制其他生理和心理特征。目前来说，最常用的控制大部分实验者特征的方法是：①使用标准化程序，②进行精心训练，从而形成实验者主持实验的标准流程，以及③规范着装打扮、态度以及不同方面的行为。重复实验也可以提供一个检查实验者效应是否存在的机会；如果换了一名实验者，你的实验结果还能够重复出来，那么实验者效应就不太可能是引起结果的原因之一了。全面细致的文献回顾可能有助于你察觉所感兴趣的研究领域是否存在一些相关的实验者特征变量。

实验者预期

要削弱，甚至是去除实验者预期的影响，有几件事情需要完成。第一，需要精心准备实验者给予参与人的指示，这样使指导语展现的方式就不会影响参与人的反应。类似地，任何说明如何对参与人的反应进行评分的指引都需要尽可能地客观和详尽，并且需要在实验前就制订出来。如果指引是主观的，就留下了允许实验者根据自己的预期进行评分的空间。

第二种控制实验者预期的方法是测试工具化以及自动化。例如，给参与人的指导语可以在实验前事先录制好，这样就可以避免任何实验者可能产生的影响。在许多情境中，实验者效应都是通过打印指导语或者用计算机呈现来避免的。自动化设备可以保证记录的准确性以及数据的存储。在一些情境中，参与人的反应直接进入某个计算机终端，然后直接存储在那里，使得实验者可以在任何时候进行数据分析。

第三种减弱实验者预期的方法是进行**单盲实验**（single-blind experiment）。单盲实验中实验者不知道哪些参与人接受了哪种实验操纵。（正如我们即将看到的，这一程序也可用于控制参与人效应。）例如，假定你正在进行的实验是在研究对他人利他行为的描述是如何影响人们对这个人在热心方面的评价的。很可能不同的文字描述是以同样的方式打印出来的，保证每种版本的文字描述在外观各个方面都是一致的（恒常性）。如果这些描述夹杂在

◆ **单盲实验**　在这种实验中实验者（或者参与人）并不知道参与人所接受的实验操纵是哪种。

格式统一的基本信息调查表中，那么所有的文字材料看起来就都是一样的。如果另外一名实验者主管分配参与人，决定他们阅读哪种文字描述，并且决定按什么顺序分发测试材料给他们，那么实际执行研究的实验者在整个实验阶段就不知道哪名参与人阅读了哪种描述材料，因此实验者预期就无法影响参与人的反应了。单盲实验程序也可以用于当自变量含有某种类型化合物的情况，不管是药片的或者是注射的。如果所有药片或者注射剂都有同样的物理外观，实验者就无法知道哪些参与人接受了有效的化合物，哪些接受了安慰剂。在单盲实验中，实验者无法知道正在执行的是什么处理条件。

作为无关变量的参与人感知

正如实验者可能无意识地影响着实验结果一样，参与人也会产生这样的影响。正如你即将看到的，参与人对于研究项目各个方面的感知都可能成为无关变量或者干扰变量。

需求特征和好被试

如果你曾经参加过心理学实验，就会知道多数参与人相信他们应该按照某种方式来做出反应。正如我们已经看到的，参与人可能从实验者身上捕获指引他们行为的线索；这些线索也可能来自实验情境或者自变量的操纵。当参与人使用这些线索来推断实验者的理论假设以及他们应当如何做出反应的时候，这些线索就被称为实验的**需求特征**（demand characteristics）（Orne，1962）。简单地说，心理学研究中的参与人可能会尝试着找出预想的行为方式，然后按此预想进行反应。这种合作意愿以及参与人按照实验者希望的方向做出反应的倾向性被称为**好被试效应**（good participant effect）（Rosenthal & Rosnow，1991）。

> ◆ **需求特征** 实验中的某些特征，可能无意中导致参与人按照某种方式进行反应。
> ◆ **好被试效应** 参与人按照实验者希望的方向去做出反应的倾向。

得克萨斯州乔治敦市西南大学（Southwestern University）的学生艾莉森·迪克森（Alison Dickson）、

"我们在以前的实验中见过吗？"

避免参与人交流某个心理学实验究竟是在做什么非常重要。

詹姆斯·莫里斯（James Morris）、凯里·卡斯（Keri Cass）以及他们的指导老师特蕾西·朱利亚诺（Traci Giuliano）探讨了种族、刻板印象以及大学生对说唱和乡村音乐歌手的评价三者之间的关系。"参与人就自己的喜好程度评价了白人或者黑人表演的说唱或者乡村音乐"（Dickson，Giuliano，Morris，& Cass，2001，p.175）。研究中，研究者并没有告诉参与人他们正在研究的是种族和刻板印象的影响，相反，研究者只是简单地"要求参与人参与到一项有关音乐偏好的研究项目中"（Dickson et al.，2001，p.177）。如果研究者泄露了他们的实验假设，那么需求特征就会非常强，例如参与人就会思考他们归属于哪一组以及这一组应当如何做出反应。Dickson 等人（2001）发现，参与人偏爱黑人歌手演唱的说唱音乐甚于黑人歌手演唱的乡村音乐。同样，参与人偏爱白人歌手演唱的乡村音乐甚于白人歌手演唱的说唱音乐。

> **心理侦探**
>
> 尽管实验者负有告知参与人实验真实目的的伦理责任（参见第 2 章），我们刚刚却看到了实验者通常不希望泄露他们真实的实验假设。如果这样做的话，可能会引起很强的需求特征，这就可能影响参与人的行为。需求特征到底是无关变量还是干扰变量呢？

取决于需求特征被感知的程度，它们可能是无关变量，也可能是干扰变量。如果参与人非常清楚他们到底归属于哪一组，并且知道这个组被预期的行为方式，那么需求特征就是无关变量，并且实验结果就被混淆了。实验结束，实验者无法辨别组间差异是由自变量的效应造成的，还是由需求特征造成的。然而，如果实验者知道需求特征但是不知道他们在哪一组中，那么需求特征就可能是干扰变量。在这种情况下，需求特征在各组中会同时促进和抑制参与人的反应。因此，各组的分数会变得更加离散。

反应偏差

几个因素会导致参与人产生反应偏差。这里我们将介绍一下"诺诺连声"以及反应定势的影响。

诺诺连声

你可能认识一些所有事情都表示赞同的人，即便有的时候赞同意味着自相矛盾。我们可能没有办法知道这些人是否真的赞同，因为他们可能真的相信所说的内容，又或者他们仅仅是在那个情境下做出符合社交礼仪的事情。显然，这些被称为**诺诺之人**（yea-sayers）的人，他们对任何问题的回答都是"是"，这就对心理学研究造成了一定的问题。[那些基本所有问题都回答否的人被称为**谔谔之人**（nay-sayers）。] 在心理学成套测验或测验中不惜自相矛盾，在所有问题上都回答是（或者否）会导致这名参与人的评分不可信。

◆ **诺诺之人** 参与人对所有问题的回答都是"是"。

◆ **谔谔之人** 参与人对所有问题的回答都是"否"。

反应定势

有的时候，实验情境或者环境会造成参与人按照某种方式进行反应，或者叫作形成了**反应定势**（response set）。反应定势的效应可以用参加工作面试这个比喻来进行更好的解释：你从面试官以及周围的环境中获取了提高面试效果的线索。在一些情况下，你需要表现得非常专业；在另外一些面试情境中，你可以表现得更为放松一些。

◆ **反应定势** 这个效应是指实验情境或者测试环境影响了参与人的反应。

思考以下关于实验者和研究场地的两种描述。在第一个情境中，实验者穿着一件白色的实验室大褂并打上领带。实验所在的房间铺上了高级地毯，布置了令人舒适的家具，摆放着几个书柜以及一些好看的植物；房间看起来更像是一间办公室而不是实验室。第二个实验者穿着运动服、牛仔裤以及网球鞋。这个例子的研究所在地是陈旧教学楼的一间教室。你是否已经想出每种情境下的反应定势？在第一个情境中，你是否会给出更正式的科学的回答或者更多的深入思考？尽管第二个情境可能让你更容易进入放松的状态，但是它是否看起来不那么富有科学的庄严气息呢？请注意，我们对这两个情境的描述并没有提到实验者的生理或心理特征，或者正在进行的是什么样的实验一类的信息。因此，我们正在探讨的效应不同于实验者以及需求效应。

类似地，研究问题本身也可能形成反应定势。例如，问卷题目是如何遣词造句的，或者它们所处的题目列表的位置都可能会促进某种类型的反应；例如，可能会唤起社会赞许的答案。另外，还可能唤起某种特定的备选答案。在这些例子中出现了反应偏差。显然，反应定势对参与人的反应有重大影响。

控制参与人效应

正如我们已经看到的，参与人的许多方面会影响我们的研究结果。尽管这样的因素要控制起来相当困难，研究者还是开发出了几种处理技术。

需求特征

你应当还记得我们用来控制实验者预期的手段，该手段是利用单盲实验来避免实验者知道相关信息。同样的方法可以用于控制需求特征。只是这一次是参与人不知道诸如实验假设、实验的真实目的或者他们归属于哪一组等信息。

只需要简短地思考一下，你就会发现这两种方法可以结合起来；我们可以完成一个实验，这个实验中实验者和参与人都不知道哪些参与人接受了哪些实验操纵。这样的实验被称为**双盲实验**（double-blind experiment）。

◆ **双盲实验** 这种实验中实验者和参与人都不知道哪些参与人接受了哪些实验操纵。

不管到底是进行了单盲还是双盲实验，非常可能的是参与人总是在试图猜测实验的目的是什么以及他们应当如何做出反应。要掩盖他们正在参与一个实验的事实是相当困难的，并且在参与人签署知情同意书之前，实验者提供的信息可能就会透露出实验的真实目的（参见第3章）。

心理侦探

让我们假定你正在进行的是一个单盲或者双盲实验，并且你让参与人使用他们自己的方法来猜测实验的真实目的。在这样的情况下，你可能引入了一个你不喜欢的变量进入研究项目中。这个引入的因素是无关变量还是干扰变量？可能产生哪些影响呢？

基本可以肯定的是，所有参与人都不太可能正确地猜测出真实的实验目的以及他们所在的组。那些正确猜测实验目的的参与人可能有良好的表现；那些没有正确猜测出实验目的的参与人可能表现得相对差一些。如果能够正确猜测实验目的以及他们所在的组的能力是各组一致的，那么所有组的分数就会变得更加离散。你所引入的就是一个干扰变量，它会使得观察出各组之间的差异更加困难。有什么办法可以避免这个问题吗？答案是肯定的。

另外一种控制需求特征的技术就是提供给所有被试关于实验目的的错误的信息。简要地说，实验者有意误导所有参与人，借此隐藏实验的真实目的，并且避免参与人猜测他们应当如何进行反应。尽管这一控制程序可以非常有效，但它有两个缺点。第一，我们已经看到了，使用隐瞒的手段会引起研究操守方面道德伦理的疑虑。如果使用隐瞒手段，好的伦理审查委员会（参见第2章）会仔细辨别这个手段是否是正当的和必要的。第二个问题在于，为了隐瞒真实目的所编造的信息可能会误导参与人错误地猜测实验目的；于是参与人按照误导的需求特征来进行反应。显然，在这种情况下，控制需求特征是非常困难的。

诺诺连声

控制诺诺连声（和谔谔连声）的最典型手段就是

使用反向陈述题目，目的是使否定的答案意味着一致（控制诺诺连声的行为）或者肯定的的答案意味着不一致（控制谔谔连声的行为）。在改变一些题目的陈述方式之后，实验者需要决定呈现的次序。反向陈述的题目不应当自成一组。一种呈现技巧是随机打乱整个问卷题目的呈现次序，这样就可以以不确定的方式呈现所有的题目，包括原题目和反向陈述题目。这种方法在长问卷上的应用效果特别好。如果问卷较短，可以使用被试内抵消平衡。表7-1展示了这两种呈现方法以及被试内抵消平衡这种方法。

表7-1　控制诺诺连声的行为

以下是非题都是基于Friedman和Rosenman（1974）的A型人格量表开发出来的。在A部分，"是"意味着A型人格。诺诺之人，即便不是A型人格的人，也很可能被这种问卷归为这类人中。在B部分，一半的题目进行了反向陈述，因此"否"的答案意味着A型人格。被试内抵消平衡也使用B部分的题目。

A. 答案"是"意味着A型人格。
1. 你玩游戏（例如大富翁）是为了获得胜利吗？
2. 你是否吃饭、说话以及走路的速度都很快？
3. 你是否总是安排很多事情，哪怕从时间上来说不可能完成？
4. 试图放松的时候，你是否感到愧疚？
B. 答案"是"在题1和4以及答案"否"在题2和3中意味着A型人格。1（是），2（否），3（否），4（是）的顺序就被试内抵消平衡。
1. 你玩游戏（例如大富翁）是为了获得胜利吗？
2. 你是否吃饭、说话以及走路的速度都很慢？
3. 你是否总是合理地安排你的事情，所有安排都刚刚好可以完成？
4. 试图放松的时候，你是否感到愧疚？

反应定势

最好的防止反应定势的措施是审查所有待完成的题目或者条目，从而判定是否可能存在任何社会赞许的倾向。参与人所提供的答案或者反应应当反映他们的感受、态度或者动机，而不是为了看起来显得聪明或者适应力强，又或者是故作"平常"。进行先导测试以及面试参与人，一部分原因是为了检查是否存在反应定势，这是为了确定问卷的题目或者行为任务是否会引发某种预设。另外，你还需要仔细检查实验的情境和环境，从而避免不想要的线索出现。

回顾总结

1. 实验者特征可以影响实验的结果。生理方面的实验　　者特征包括年龄、性别以及种族等。心理方面的实验者特征包括诸如仇恨、焦虑以及内向性或者外向性这些人格特质。

2. 实验者预期可以改变实验者的行为，从而影响参与人，使得他们按照理想的方式做出反应。这样的实验者预期效应也常被称为**罗森塔尔效应**。

3. 因为其潜在的丰富性，所以实验者特征难以被控制。

4. 实验者预期可以通过使用客观的指导语和反应评分方式、测试工具化以及自动化来进行控制。**单盲实验**也可用于控制实验者预期，因为在实验中，实验者并不知道哪些参与人接受了哪些实验操纵。

5. **需求特征**指的是实验中那些能够给参与人提供线索的部分，它们提示参与人实验的假设以及参与人应当如何做出反应。需求特征可以通过单盲实验以及

双盲实验（实验中实验者以及参与人都不知道哪些参与人接受了哪些实验操纵）来进行控制。

6. 试图以合作的态度来按照实验者的预期做出反应的趋势被称为**好被试效应**。

7. 反应偏差由几个因素引起。**诺诺连声**指的是对所有问题都回答是的倾向；**谔谔连声**指的是对所有问题都回答否的倾向。诺诺连声以及谔谔连声都可以通过反向陈述题目使得否定的答案意味着一致（控制诺诺连声的行为），肯定的答案意味着不一致（控制谔谔连声的行为）。

8. 当实验情境或者环境促进某种类型的反应的时候，**反应定势**就发生了。最好的防止反应定势的措施就是仔细地检查实验情境，细致地审查所有题目，进行先导测试以及先面试一下参与人。

检查你的进度

1. 解释一下为什么实验者可能成为无关变量。

2. 连线

（1）年龄、性别、种族　　A. 心理实验者效应

（2）仇恨和焦虑　　　　　B. 实验者预期

（3）罗森塔尔效应　　　　C. 生理实验者效应

（4）单盲实验　　　　　　D. 控制需求特征和实验者预期

（5）双盲实验　　　　　　E. 控制实验者预期

3. 这种实验中研究者不知道哪些参与人接受了哪些实验操纵，这是_____实验。

a. 单盲实验　　　　c. 不能够被重复的

b. 被混淆了的　　　d. 无法实施随机分配的

4. 解释一下测试工具化和自动化如何控制实验者预期。

5. 需求特征指的是_____。

a. 实验者对参与人的要求

b. 能够告诉参与人如何进行反应的线索

c. 伦理审查委员会对于如何开展研究的要求

d. 为获得终身教职或晋升而产生的发表研究论文的需求

6. 下面哪个是反应偏差的例子？

a. 需求特征　　　　c. 谔谔连声

b. 单盲实验　　　　d. 平衡

研究和文化的交界

最近持续爆发的国际化信息技术的进展，加上不断便利的空中交通，突出了全球的多样性和跨文化性。例如，观看来自地球另一端国家的新闻直播不再是什么罕见的事情了。"信息高速公路"可将遥远两端的人实时连接起来。

随着我们即将完成实验基本部分的内容介绍，有一点特别重要，就是时时记住文化差异；它们可能影响我们如何概念化、如何执行、如何分析以及如何解释我们的研

◆**跨文化心理学**　心理学的一个分支，目的在于判定研究结果是否是普遍适用的。

究。为此，跨文化研究在近年来得到了蓬勃的发展。

跨文化心理学（cross-cultural psychology）研究的目的是探索研究的结果是否是普遍适用的（不同文化背景的个体都展现类似的结果）或者只局限于报告结果的那个文化。在我们探讨跨文化之前，我们需要首先给文化下一个定义。

心理侦探

我们希望你先花几分钟思考这个问题，而不是直接给出文化的定义。在继续阅读后面的内容之前，先思考一下哪些方面或者哪些特征是需要包括到文化的定义中的。

你可能从"相似"一词开始思考文化。毕竟，我们是根据相似性来定义我们的文化以及区分其他文化的。如果你接着试图列出区分不同文化的重要方面，你的方向就是正确的。区分不同文化的重要特征包括态度、价值观以及行为模式。另外，这些定义文化的态度、价值观以及行为模式必须足够持久。持久才意味着这些态度、价值观以及行为模式是一代代传承下来的。将这些放到一起，我们可以试着给**文化**（culture）下定义了：它是一群人共享的经历代代相传积淀下来的持久的价值观、态度以及行为模式。值得指出的是，我们的定义并没有说种族和国家是文化的同义词。个体可以是相同种族的人，可以拥有相同国籍，但可以不处于相同的文化中。从这种观点再往前一步，我们可以看到不同的文化可以共存于同一个国度内，甚至是同一座城市内。现在，让我们来看看文化是如何与我们认为是真理的东西联系起来的。

◆ **文化**　一群人共享的持久的价值观、态度和行为模式，它们是代代相传而积淀下来的。

文化、知识和真理

普适性发现是指在不同文化情境中都适用的发现。你可以将普适性发现看作是所有情况下都成立的真理或者是原理。强化会导致反应的增加这一发现看起来是一个普适性发现；所有文化下的人对于强化的反应都是非常类似的。相反，**特殊性发现**（emic）是指哪些局限于某种文化的发现。关于独立性和个性的价值观就是一种特殊性发现；不同的文化有不同的看法。有的文化是个人主义的，人们看重的是个人成就。有的文化是集体主义的，人们强调的是集体利益。特殊性发现反映的是适用于某些文化的相对真理，而普适性发现反映的是绝对真理。考虑到文化的多样性，应当不感到意外的是，特殊性发现的数量远远超出普适性发现的数量。

◆ **普适性发现**　不同文化都成立的发现。
◆ **特殊性发现**　适用于特定文化的发现。

到了这个阶段，你可能在想关于文化的这个讨论为什么会与研究方法或者实验心理学的课程有关？在继续阅读之前，请思考一下这个问题。

如果你的研究目的是探索某个特定文化下自变量的效应，那么这里的讨论可能没有什么关联之处。然而，只有少数的研究者有意地将他们的研究目光限定在某种文化之内（也可参见第8章）。但是实际上，在研究成型之初，文化这个问题可能从来没有在研究者的脑海中出现过。类似地，在进行数据分析并总结研究结论的时候，文化方面的问题也可能从来没有被思考过。这样的结果实际上就是假定普遍适用的一种投射。简要地说，通常研究者是**以自我为中心的**（ethno-centric），即他们将其他文化视为自己文化的延伸。因此他们只会根据自己文化的价值观、态度以及行为模式来解释研究结果，并且假定这些发现也能够适用于其他文化。例如，纽约大学（New York University）的学生杰克逊·泰勒（Jackson Taylor）认为拉丁裔父亲的抚养可能与美国典型的白种人（高加索人），具体地说是纽约市白种人父亲的抚养明显不同。他的研究证实了他的想法，并对该领域做出了有价值的贡献（Taylor，2011）。类似地，许多研究者可能认为基本归因错误是一种普适的发现（Ross，1977）。这种归因错误是指人们将行动的原因归咎于自身，即便存在很强的环境因素。尽管在西方个人主义社会中发现了基本归因错误（Gilbert & Malone，1995），但在集体主义文化中，环境因素也被考虑在内，并且基本归因错误的效应明显更小一些（Miller，1984）。在第8章中，当我们开始介绍外部效度的时候，将有更多的关于研究结果的可推广性内容要讨论。

◆ **自我为中心的**　将其他文化视为自己文化的延伸。

文化对研究的影响

如果你从自己的文化中抽离出来，并且试着从更加国际化的角度来思考你的研究，你会清楚地发现文化影响着研究进程的各个方面。我们会探讨文化对研究问题的选择、实验的假设以及自变量的选择和因变量的记录的影响。为了避免局限于某个角度，侦探和心理学研究者需要一个包括文化信息在内的更宽广的基础。

研究问题的选择

在一些情况下，毋庸置疑你对研究问题的选择依赖于文化。例如，让我们假定你对摇滚音乐会的人群互动感兴趣。虽然这个题目可能在美国来说是一个有意义的研究项目，但是对于一个在澳大利亚丛林地带进行研究的心理学研究者来说，可能就没有太多的意义了。在这个例子里，文化显然决定了研究课题的性质；一些研究问题在一种文化中是重要的，而在另一种文化中可能就不是了。类似地，虽然在诸如美国的个人主义社会中，关于个人成就动机的研究是一个很重要而且相当有趣的题目，但是在一些集体主义国家中，这可能就是一个相对不那么重要的研究课题了（Yang，1982）。

实验的假设

如果你已经选取了一个自己文化之外的研究课题，那么你必须思考实验假设是什么样的。例如，尽管关于个人空间的影响因素在许多文化中都是有意义的，但是要提出一个能适用于所有文化的理论假设并不是一件简单的事情。在一些文化中，很小的个人空间是常态，但是在另外一些文化中，人们预期要保有很大的私人空间。例如，相比起德国人或者美国人，意大利人在互动中通常认为相对较小的私人空间是可接受的（也就是说，他们偏好更近的人与人之间的距离）（Shuter，1977）。这样的文化差异就可能产生非常不同的研究假设。

自变量的选取和因变量的记录

文化同样会影响自变量和因变量的选取。在诸如美国、日本或者英国等科技发达的国家里，自变量的呈现可能是通过计算机实现的。类似的因变量的测量和记录可能也是由计算机完成的。由于这样的技术并不是在所有文化中都可以很方便地实现，所以自变量的选择以及因变量的记录在不同文化中可能就有所不同。例如，用握式计时器而不是用数字化电子计时器来记录完成实验任务的时间。类似地，参与人观看到的刺激可能是以小册子的形成呈现的，而不是呈现在计算机屏幕里。实际上，在某些文化中有着重要意义（或者没有重要意义）的刺激在另外一些文化中可能不具有相同的意义。

方法和分析问题

不管是在完成还是在评估跨文化研究，一些方法学方面的问题需要我们仔细和深入地思考。这些问题包括参与人和抽样程序，所使用的量表或者问卷，以及文化反应定势对数据分析的影响。

参与人和抽样程序

这里的关键问题是：这些样本是否能够代表他们所属的文化。大学二年级的学生是否能够代表美国文化？采取哪些措施来确保样本的文化代表性？例如，来自大城市中心的样本可能与来自农村地区的样本之间有着非常大的差异。

假定你的样本能够代表其对应的文化，你可能马上就要面临一个同样困难的任务：要保证来自两个或者更多不同文化的样本在研究展开之前是等同的。我们已经强调过并会继续强调在自变量操纵实施前保证组间等同性是多么重要。只有在组间等同性成立的情况下，我们才有信心认定自变量引起了我们观测到的差异。

> **心理侦探**
>
> 让我们假定你正在阅读来自三种不同文化的研究报告。所有的三个调查均使用大学一年级的学生作为研究参与人。因为所有的调查都使用大学生这种通用的参与人，所以我们是否能够假定这些样本间存在着组间等同性？

即便使用同一种类型的参与人，即大学一年级学生，你还是不能假定研究开始之前各组是等同的。在做出这样的假定之前，你必须证明同三种不同文化背景的大学生是同一类型的，并且"大学一年级"在三种文化中有着同样的定义。也许一种文化下的高校生活与另一种文化下的完全不同，因此可能出现这样一种情况：在一种文化下进入高等院校的学生与另一种文化下的完全不同。例如，经济可能决定了在某些文化下，只有有钱人才有接受本科教育的机会。简单地说，获得组间等同性对跨文化研究来说不是一件容易的事情。

所使用的调查问卷的类型

尽管已有的调查问卷可能适用于某些情境，但是研究者可能无法在一个新的文化下将其用于研究。问卷或者量表需要被翻译成另外一种语言的概率很大。假定翻译工作已经结束了，你怎么知道翻译是否准确并且保留了正确的意思？同样的词在不同文化下可能有不同的含义。一种检查翻译准确性的方法就是完成反向翻译。这一程序涉及请另外一个人来将翻译好的问卷翻译回其原来的语言。如果反向翻译和原始版本是相互匹配的，那么第一次的翻译就是成功的。在Sou和Irving评论其研究的局限性时，反向翻译的重要性得到了鲜明的体现。他们的研究比较了美国和中国澳门学生对于心理健康的态度（参见第2章）。这些研究者写道："该研究所使用的调查问卷题目并没有经过反向翻译的检查，因此其中文版本和英文版本之间的信度难以得到保证；因此，组间差异可能是由于翻译后问卷题目在含义上有所变化造成的"（Sou & Irving，2002，p.21）。

除了这些问题，在翻译测量工具的时候还面临一个实际问题，那就是待考察的其他文化是否认同即将测量或者评估的概念是有意义的。如果他们不是这么认为的，那么这样的问卷或者量表就毫无价值了。

即便你确定待考察的概念或者特质在其他文化中也有意义，仍然存在问题。当这些问卷用于其他文化的时候，你难以确定某个具体的题目是否应该保持原样。仅仅将问卷题目翻译成其他语言可能还有所不足。例如，一道关于乘坐地铁的问题可能对于工业化社会来说是恰当的，但是对于发展中国家甚至是工业化社会的某些地区来说可能就没有任何意义。显然，同样的问题存在于那些涉及习俗、价值观以及观念的问卷题目。

文化反应定势

在本章前面的部分你已学习到研究参与人可能在实验前就带有一种先天的反应定势；一些参与人可能是诺诺之人，其他人则是谔谔之人。在进行跨文化研究的时候，我们有着同样的疑虑，只是这次的规模更大而已。

在这种情况下，是整个文化的反应而非具体某个参与人的反应让我们产生疑虑。**文化反应定势**

（cultural response set），或者说某个文化按照某种特定的方式进行反应的趋势，是可以给出操作性定义的。类似于美国研究中常见的李克特量表有多经常出现在其他文化的研究中呢？如果被要求完成这样的量表，他们的反应会是什么样的呢？在你的研究中，这些量表能够得到有效的应用，并不意味着其他文化下的参与人能够轻易地理解和回答这种量表里的问题。同样的问题存在于任何类型的问卷或者量表中。问卷的类型（李克特量表、是非题、多项选择等）以及问题的实质都可能强化本就存在的文化反应定势。

> ◆ **文化反应定势** 某种文化按照某种特定方式进行反应的趋势。

如何知道文化反应定势出现了？如果来自不同文化的不同组之间存在差异，这可能是由文化反应定势造成的。

心理侦探

文化反应定势只是归属不同文化的各组之间存在差异的一个可能的原因。还有什么因素可能造成这样的差异呢？如果无法区分这两种原因，你会面临什么问题？

如果你说被操纵的自变量或者测量出来的某些特质上的差异也可能引起组间差异，那么你就是完全正确的。如果你接着说，假如研究者不能区分问卷分数的差异是由某个特质或自变量又或者是文化反应定势造成的，研究出现了一个无关变量，而且这个变量混淆了研究结果（参见第6章），那么你就再次回答正确。还记得吗？存在混淆变量的情况下，研究结果会失去它的价值。因此，不管是在进行还是在评估跨文化研究，特别重要的一点是控制文化反应定势。

这一小节的内容不是为了介绍跨文化研究的所有细节；要达到这个目的需要整整一本书的篇幅。相反，在进入对内部和外部效度、统计分析以及研究设计的讨论之前，我们希望让你清楚地知道这些存在的问题。知道了这些跨文化研究中存在的问题，能够让你成为更好的心理学研究的消费者，不管心理学研究是在哪里完成的。

回顾总结

1. **跨文化心理学**研究的目的在于判断研究发现是局限于具体文化的（也就是**特殊性发现**）还是通用的（也就是**普适性发现**）。

2. **文化**可以影响研究问题的选择、实验的假设以及对自变量和因变量的选择。

3. 在开展或者比较跨文化研究的时候，样本的文化代表性以及所使用的抽样程序必须经过细致的评估。

4. 用于跨文化研究的问卷或者量表的恰当性必须经过评估。在判定了主要特质或概念是各文化都可接受的之后，具体的问卷题目需要经过审查，并且判定为适合用于跨文化研究才行。

5. 在开展跨文化研究的时候必须考虑可能存在**文化反应定势**这个问题。

检查你的进度

1. 对跨文化心理学的目的最恰当的描述是_____。
   a. 判定心理学发现是否是普遍适用的
   b. 测试各式各样的参与人
   c. 使用各式各样的设备
   d. 在不同的地点完成测试

2. 局限于某种具体文化的发现是_____。
   a. 自我为中心的
   b. 特殊性发现
   c. 普适性发现

3. 为什么说跨文化研究的目的与自我为中心是相互矛盾的？

4. 文化以什么方式影响着心理学研究的展开？

5. 某种文化按照某种方式进行反应的倾向性是_____。
   a. 一个普适性发现
   b. 一种文化反应定势
   c. 自我中心主义
   d. 公正世界的刻板印象

展望

到目前为止，我们对于心理学研究的探索已经相当全面了。在本书的这一阶段，我们已经到了可以开始讨论具体研究设计的边缘了。（我们对研究设计的讨论开始于第 10 章。）在进入到这个部分的内容之前，我们需要先介绍内部和外部效度（第 8 章）以及心理学研究对统计的使用（第 9 章）。

第8章

内部效度和外部效度

内部效度：从内部开始审视你的实验

内部效度（internal validity）回答的问题就是自变量是否造成了你在因变量上所观测到的变化。研究者在设计和准备实验的过程中实施许多预防措施，就是为了提高内部效度。如果实施了充分的控制措施，实验应当不会被混淆，并且你能够自信地做出结论：自变量引起了因变量的变化。

> ◆ **内部效度** 对实验的一种评估；考察自变量是否是因变量上所观测到的结果的唯一解释。

对内部效度的威胁

这一节会整理出几类你需要注意的对内部效度的威胁。在规划或者是评估自己或者他人的实验时，你需要特别关注这些能够产生威胁的细节。福尔摩斯向他的助手华生强调了细节的重要性："永远不要依赖笼统的直觉，我的伙伴，我们需要的是专注于细节"（Doyle，1927，p.196）。以下使用的例子基本上来自唐纳德·坎贝尔（Donald T. Campbell，1957）及其助手的工作（Campbell & Stanley，1966；Cook & Cambell，1979）。

经历

在反复测量参与人的时候，我们必须意识到可能存在与**经历**（history）相关的无关变量。很可能我们对自变量的操纵发生在两次因变量测量（前测和后测）之间，又或者我们对自变量效应的发展历程（随着时间的推移，参与人反应的变化）感兴趣。在这种情境中，经历指的是两次因变量测量之间所发生的除了自变量之外的重要事件。Campbell 和 Stanley（Campbell & Stanley，1966）引用了一个 1940 年的政治宣传实验作为例子。研究者首先测量学生的基本政治态度，然后让学生阅读一些纳粹宣传材料。然而，就在后测开始之前，法国倒向了纳粹。这样一来，后测所测得的结果很大程度上是这个历史事件的直接结果，而非宣传材料的结果。显然，这个例子非常极端；具有这样重大影响的历史事件相当罕见。Campbell 和 Stanley 还使用这一术语来指那些在冗长的实验过程中发生的相对不那么重大的事件。噪声、笑声或者其他相似的事件可能发生在实验的过程中，它们可能使参与人分心，并使得参与人开始表现出有别于没有经历过这些事件的人的行为。这些令人分心的事件就是无关变量，而且它

> ◆ **经历** 对内部效度的一种威胁；指重复测量设计中两次因变量测量之间发生的事件。

们会混淆实验结果。我们的目的之一就是去控制甚至是消除这些潜在的无关因素。

成熟

这样的术语看起来似乎是指参与人在实验过程中逐渐变老，但是其实这是一种误解。尽管在纵向研究

中确实可能存在真正意义上的成熟，Campbell（1957）用**成熟**（maturation）这一术语来指与时间相关的系统变化，但是通常指的是比我们预期要短的时间。Campbell 和 Stanley（1966）列举了实验过程中参与人变得疲惫、饥饿或者厌倦的例子。正如你猜到的，成熟可以发生在任何持续一段时间的实验中。成熟的变化需要多少时间才开始发生在很大程度上取决于实验对于参与人的需求、实验课题的性质，以及许多参与人变量（例如参与人的动机、睡眠时长、短期内是否进食，以及其他）。成熟变化更多发生在重复测量的实验中，因为这种实验的参与人长时间地参与到实验中。如果你的实验耗时很长，那么你应当尝试去预防这些可能的成熟变化。

> ◆ **成熟**　对内部效度的一种威胁；指实验过程中参与人身上发生的变化；包括实际的物理成熟，又或是疲惫、厌倦、饥饿等。

测试

如果你反复测量参与人，那么**测试**（testing）肯定是威胁内部效度的其中一种因素。正如 Campbell（1957）指出的，如果你多次参加同一个测试，相比起第一次测试的成绩而言，你的第二次测试成绩会发生系统性的变化，就因为这是你的第二次测试。这种效应被称为**练习效应**（practice effect），即你的测试成绩发生变化，原因不在于你所做的任何事情，而在于反复参加同一测试这一行为。

> ◆ **测试**　对内部效度的一种威胁；指测量因变量本身造成了因变量发生变化。
> ◆ **练习效应**　指以往的相关经验对于实验中因变量的测量所产生的促进作用。

例如，开发了两大美国大学入学考试（ACT 和 SAT）的研究人员也肯定测试效应的存在，他们建议你参加他们的考试两次或者三次，从而获得最佳考试分数。看起来似乎如何应考大学入学考试是需要经过学习的，并且学习看起来会有益于提高你的分数。这个因素并不是这种测试原定的测试目标（完成大学学业的潜能）。因此，招生委员会的人一点儿都不惊讶于你多次参加考试后成绩有一定的提高；实际上，考

虑到你会对测试的内容以及测试的程序逐步熟悉起来，他们预期会有一定的进步。然而，关于这种测试效应有两点需要特别指出。首先，这种效应的时效很短。如果仅仅是反复参加考试，那么很可能第二次测试成绩会有所上升（甚至是第三次），但是你的测试成绩不会一直增加。如果进步是可持续的，那么学生仅仅通过反复参加考试就可以最大程度提高他们的成绩了。其次，这种进步是细微的。ACT 和 SAT 的开发团队都划定了他们认为合理的因练习效应而产生的成绩提升范围。如果你反复参加考试，并且成绩的提升超过了他们预期的正常范围，很可能他们会质疑你的成绩。你可能会被要求提供相应的证明文书来支持你的超乎预期的进步。如果你提供的文书并不具有足够的说服力，他们会要求你在他们的监视下再次参加考试。遗憾的是，赢得奖学金（学术方面的以及体育方面的）的压力使得一些人尝试通过作弊或者不道德的手段来提高他们的成绩。

在讨论测试效应的时候，Campbell（1957）特别警示在研究中需要避免**反应性测量**（reactive measures）。反应性测量会导致待研究的行为发生变化，就是因为我们在测量行为（参见第 4 章）。让我们用一个例子来帮助你进行回忆。社会心理学的一个非常流行的研究课题是态度变化。如果你计划进行一项关于态度以及态度改变的研究，你会如何测量参与人的态度呢？如果你跟大多数人一样，你的答案很可能是："使用态度量表呀！"

> ◆ **反应性测量**　这种测量方式在测量因变量的同时实际上也改变了因变量。

> **心理侦探**
>
> 尽管问卷常常被用于测量态度，但它有一个非常明显的不足。你能找出这个不足吗？提示：当需要操纵能够改变人们态度的自变量时，这个问题就会特别明显。你能找出一种能够克服这个困难的方法吗？

许多态度问卷是反应性测量。如果我们询问你一系列关于不同种族、女权或者是总统工作表现等相关问题，你可能很快就会发现我们在测量你的态度。知

道正在测量的是态度所产生的问题就是，你可能依照自己的意愿随意改变答案。例如，如果施测人员是一名女性，你可能会选择让你的答案看起来对女性问题更具有同情心。如果调查人员与你不是同一种族的人，你可能会尽量避免表现出你的偏见。这样的问题在我们试图使用实验操纵来改变你的态度时特别严峻。如果我们先让你完成一项女权的问卷调查，然后让你观看一段偏向女权的短片，之后再让你完成女权问卷，那么并不需要能够制造火箭的科学家就可以发现这个实验的目的就是考察短片如何影响你对女权的态度！我们可以做什么来避免这样的问题呢？

Campbell（1957）建议使用**非反应性测量**（nonreactive measures），这样测量因变量就不会改变参与人的反应了。心理学研究者（以及其他人）开发出了许多非反应性测量的工具和技术：单向镜、隐藏摄像机和监听器，自然观察、隐瞒以及其他（参见第 4 章）。如果我们想测量某人对女权的态度，可能会观察此人是否参加女权讲座或者是捐款以支持一些女性问题的改善，可能询问此人是否投票给支持女权的政治候选人，或者测量一些其他相关的行为。换句话说，如果能够观察到一些比问卷更难伪装的行为，我们就可能获得更为真实的关于此人的态度的测量结果。作为一名正在开展研究的心理学专业的学生，你应当特别注意避免使用

◆ **非反应性测量** 这种测量方式在测量因变量的同时不会改变因变量。

反应性测量，尽管它们通常看起来非常具有吸引力，因为它们的使用非常便宜。

工具劳损

如同成熟一样，Campbell 对于工具劳损的定义比它名字本身的含义要广阔得多。Campbell（1957）关于**工具劳损**（Instrumentation）的描述部分提到了在测量过程中仪器发生的变化，尽管今天看来他的列表非常的过时（例如，弹簧秤

◆ **工具劳损** 对内部效度的一种威胁，指在测量因变量的过程中，随着时间的推移，设备或人的测量标准发生改变。

的劳损，云室实验中水蒸气的凝结，p.299）。他也将人类观察员、评判员、评分员以及编码人员归入其

中。因此，工具劳损的广义定义指的是在测量因变量的过程中"工具"发生的变化，这个工具可能是设备的一部分工件，也可能是人类。

这类与设备有关的测量问题在今天可能不是什么问题，至少相比起"美好的过去"而言是这样（顺便说一下，"美好的过去"指的是你的教授的学生时代，不管那是什么时代）。我们非常肯定，你的授课老师会跟你们谈起一个非常可怕的故事，诸如在数据收集非常关键的时刻，设备突然死机了。现实的情况是这样的，即便是今天，设备都有可能在测量的过程中死机或者是出现错误。你应当在每次数据收集之前检查你的设备。现代设备（例如计算机）的一个缺陷就是它可能死机，但是其背后的原因可能你无法发现。尽管你肯定能够判断计算机是否在工作，但是你无法辨别出它是否只是看起来在工作，但其实已经中毒了。谨慎的实验者每天都要检查所使用的设备。

同样的原则适用于你的人类监控人员或者评分人员。通常，你在自己的实验中既是主试又是监控人员，或者是评分人员。这样的双重角色要求你承担更多的责任，需要保证你的行为是公平的、不偏不倚的以及一致的。例如，如果你要对参与人的行为进行打分，那么应该事先制作好一份参考答案以备可能出现的争论。这样你就不会无意中偏向其中的某些人，你应当像评判一组参与人那样无偏向地进行评分。如果你让其他人来协助完成实验中的评分和监察工作，那么你应当定期抽查他们的工作表现，从而保证工作的一致性。研究者通常计算评分者间信度（参见第 4 章）来判断研究中工具劳损是否造成了问题。

统计回归

你可能还记得统计课上学到的概念：统计回归。处理极端值的时候，你很可能会看到趋向均值的回归。这个概念指的仅仅是如果你反复测量出现极端取值（高或者低）的参与人，他们随后的分数很可能会回归或者说靠近均值。随后的分数很可能还是相当极端，但是一般没有原来的那么极端。例如，你在第一次测验中获得了非常高的分数 A（或者非常低的 F），你的第二次测验分数很可能就不会那么高（或低）。如果一名高 2.13 米的篮球运动员有一个儿子，这个儿子可能还是会很高，但是可能不会像 2.13 米那么高。如

果一名高 1.37 米的骑师有一个儿子，这个儿子可能还是会比较矮，但是可能会比 1.37 米高。发现了极端取值之后，在重复测量中不断保持这样的极端程度几乎是不可能的。

对于内部效度而言，**统计回归**（statistical regression）会产生什么样的影响呢？比较常见的一个做法是在实验开始之前对参与人进行一次测量，然后根据测量的结果将参与人分配到不同的自变量组中。例如想象一个实验，实验目的在于调查一个辅导课程对大学入学考试的影响。我们可能会要求一大群高中生参加 ACT 或者是 SAT 测验并以此作为一次预测试。从这些学生里面，我们准备让挑选出来的实验组学生选修辅导课程。我们可能挑选哪一类学生呢？当然是那些在预测试中表现不佳的学生。在他们完成了辅导课程之后，我们会让他们再一次参加入学考试。非常可能的是，我们会发现他们的新分数比预测试的分数要高。为什么会发生这样的变化呢？是辅导课程帮助提高了学生的成绩吗？当然有这种可能；然而，难道回归均值的趋势不是另一种可能的原因吗？当你的分数徘徊在测试可能的最低分附近时，除了分数的提高，并没有太多的空间可以变动。有的时候人们难以想到这一点——他们确信辅导课就是提高成绩的原因。为了帮助展示统计回归的力量，想象一个类似的实验，但是这次针对的是在入学考试中表现最优异的学生。我们同样要求他们参加一样的辅导课程。辅导课程之后，我们实际上发现他们的第二次分数比第一次分数要低。是辅导课程降低了他们的成绩吗？我们当然不愿意这样假设。已经在第一次考试中获得了极高的分数，你会发现在第二次考试中获得更高的分数会非常困难。

> ◆ **统计回归** 对内部效度的一种威胁，指仅仅因为统计因素导致原来的低分或者高分在第二次测试中有所提升或者有所下降的现象。

关于统计回归的建议是明确的。如果你选择具有极端分数的参与人，就要注意在重复测量设计中，统计回归也是分数上升或者下降的一种可能的解释。

有偏向的被试选取

有偏向的被试选取（selection）是内部效度的一种威胁并不令人惊讶。在实验之前，必须确认的事情就是我们是否可以假定不同组的参与人是等同的。从相等的组开始，我们以同样的方式对待不同组的参与人，只除了自变量不同。如果实验结束时各组不再相等了，我们就可以认为自变量导致了这些差异。

> ◆ **有偏向的被试选取** 对内部效度的一种威胁，指因为被试选取的方式导致实验前各组参与人并不相等；因此实验之后研究者无法将观测到的差异归因于自变量。

实验前，如果我们采用一种会造成组间差异的方式来选取参与人，那么事后观测到的组间差异就可能是实验前就存在的组间差异造成的。还有一种可能是，实验后观测到的组间差异是由实验前的差异以及实验处理的效应造成的。实验前就存在的组间差异是一个无关变量，并且混淆了实验结果。

请注意，不要混淆有偏向的被试选取与被试分配。选取通常利用参与人已有的分组归属。Campbell 和 Stanley（1966）曾引用过一个例子比较观看某个电视节目以及不观看这个节目的人群。观看和不观看这个节目的人可能在很多方面存在差异，不仅仅是对该节目的了解上的差异。例如，观看肥皂剧和不观看肥皂剧的人之间可能存在与肥皂剧没有任何关系的差异。因此，对比肥皂剧观众和非肥皂剧观众，从而探索某个肥皂剧集对于强奸行为的影响可能不是很好的方式。

亡失率

正如你可能猜到的，"死亡"是亡失率原来的含义。在那些将动物暴露于压力、化学物或者有毒物质的研究中，亡失率可能会很高。如果某种实验处理是如此严酷，从而造成处理组的动物大量死亡，亡失率可能威胁到内部效度。单单因为它们存活下来这一事实就表明这些处理组条件下存活的动物与其他组的动物有着重要差别。尽管其他组的动物仍然可以视为随机样本，

> ◆ **亡失率** 对内部效度的一种威胁，指各组参与人以不同的比例退出实验。

但处理组存活下来的动物显然不能被视为随机样本。

在对人类的研究中，**亡失率**（mortality）通常是指

实验退出率。还记得第2章的伦理原则吗？它要求我们允许参与人在实验的任何时刻都可以选择退出而无须接受任何惩罚。与前一段中提到的动物研究例子类似的情况可能在人类研究中发生，只要某一组的参与人退出实验的比例远高于其他组。如果出现如此不平衡的退出率，那么各组的参与人是否还像实验前一样保持等同性就值得怀疑。

CHAOS (c) BRIAN SCHUSTER. 我们当然希求未你永远不会在研究中遇到这样的亡夫率。
KING FEATURES SYNDICATE.

今天是关于老鼠的最后一节实验课，威利，我想这次我没有必要提醒你了，如果你吃掉了你的老鼠，我不会再给你一只新的。

如果你的实验含有一个在某些方面令人难以忍受的、烦琐的或者有危害的处理条件，那么你可能需要特别关注这些组的退出率。对纵向研究（例如持续几周或数月）而言，不同的退出率是一个重大的问题。如果某一组出现了相对较高的退出率，那么你的实验就可能缺乏内部效度。最后的箴言：可能你的实验中各组的退出率并没有出现很大的差异，但是很可能在各组参与人的形成阶段曾经出现过不同的退出率。Campbell（1957）引用了一个教育领域常见的实验作为例子，也就是比较各个班级。假定我们希望考察大学现有的以价值观为基础的教育是否真的影响了学生的价值观。我们选取了一个大一学生样本以及一个大四学生样本，并要求他们完成一份价值观问卷，从而考察他们的价值观是否与我们的通识教育课程价值观目标一致。

曾经的退出率差异会如何影响这个实验的内部效度呢？

在这个实验中，如不出意外，大四学生的价值观应当与大学认同的价值观更加一致。尽管这可能是价值观课程的效果，但它也可能是不同退出率的一种反映。大多数大学招收大量的学生，但是几年之后，只有一部分比例的学生顺利毕业了。什么样的学生更可能离开这所大学呢？不认同大学所持有的价值观的学生比那些认同的学生更可能离开学校。因此，我们在测量大四学生的价值观的时候，实际上在测量的是那些没有离开学校的学生。

与有偏向的被试选取的交互

与有偏向的被试选取的交互（interactions with selection）指我们选取出来的各组参与人在其他变量上存在差异（也就是在成熟、经历或者是工具劳损方面）。让我们用一个例子进行进一步阐述。假定我们正在进行一项语言学习研究，并且实验中包括来自美国贫困和中产家庭的两组参与人。我们希望避免有偏向的被试选取这个对内部效度的威胁，因此对参与研究的儿童进行了一项语言能力的前测，目的在于保证实验前两组的等同性。然而，这样的前测无法排除两组在成熟方面的差异，尽管他们在实验开始之前确实是相等的。例如，如果观察一岁的儿童，我们会发现两种阶层家庭的儿童并没有展现出任何语言能力方面的差异。然而，到了两岁左右，相比起贫困家庭的儿童，中产家庭的儿童可能会展现出更大的词汇量，更多地出声说话，或者表现出其他方面的语言优势。到了6岁的时候，这些语言方面的优势有可能消失。如果这个例子是真实的，那么对比美国贫困和中产家庭的儿童在2岁时的语言能力就会发现有偏向的被试选取和成熟之间的交互，这个交互可能威胁内部效度。尽管某一组儿童可能在某些地方优于另一组，这样的差异不是可信的、持久的差异。因此，任何暗

> ◆ **与有偏向的被试选取的交互**
> 对内部效度的一种威胁，指选取出来的不同处理组之间存在成熟、经历或者是工具劳损方面的差异。

示这种效应是持久的结论都是错误的，因为差异的大小取决于两组人成熟的过程。

类似的交互作用可以发生在有偏向的被试选取和经历或者有偏向的被试选取和工具劳损之间。如果你从不同的环境中选取不同组的参与人，例如不同国家、州、城市、甚至是同城市的不同学校，那么有偏向的被试选取与经历的交互可能会损害内部效度。这个问题在跨文化研究中尤为突出（参见第 7 章）。不同小环境的人可能各自分享着当地特有的事件（Cook & Campbell, 1979），这些事件可能会影响因变量。因为不同组的参与人有着不同的经历，所以被试的选取和经历混淆到一起了。一个有偏向的被试选取与工具劳损的交互的例子是这样的：假定自变量与国籍有关，针对国籍不同的两组参与人使用不同的翻译或者评分人员。

实验处理的扩散或者模仿

实验处理的扩散或者模仿（diffusion or imitation of treatment）会威胁内部效度是因为这会抹杀或者减小实验中各组之间的差异。如果你的实验操纵包括向一组参与人展示某种信息，而向其他组的参与人保密，这一问题就很可能会发生。如果获得信息的那组参与人与理论上不应获得该信息的那些参与人进行交流并交换了这一信息，那么两组参与人就很可能展现出相似的行为。

> ◆ **实验处理的扩散或者模仿** 对内部效度的一种威胁，指一组参与人获知并熟悉了其他组参与人的实验处理，并复制了该处理的现象。

如果两组参与人的行为非常类似，你能够从中得到什么结论？这个结论错在哪里呢？

如果参与人的行为都非常类似，那么实验的结论就是没有任何证据支持自变量会引起组间差异。这个结论的问题在于：实际上可能实验中并不存在任何自变量，因为自变量应该是各组在信息上的差异。要避免这种问题，典型的做法是要求参与人在实验结束之前不要讨论与实验相关的细节。

探索学习和记忆的实验特别容易出现实验处理的模仿问题。例如，假定我们要教给学生一个更有效的新学习策略。为了简化实验，早上 9 点的普通心理学课程作为控制组，而 10 点的普通心理学课程作为实验组。在 9 点钟的课程里，我们像往常一样，并不向学生讲解他们应该如何应对课程中的小考和大考。与之相反的是，在 10 点钟的课程里，我们教授了新的学习策略。在几次小考和一次大考之后，10 点钟课上的学生已经相当信服新学习策略的功效了，他们开始向 9 点钟课上的学生进行介绍。很快，9 点钟课上的所有学生都了解了新的学习策略并认真执行这一策略。到了这个时候，实验处理的扩散这一问题就出现了。两组参与人都使用同一种学习策略，就非常有效地消除了实验中的自变量。你应当非常清楚的是，如果无法保证对自变量的控制，希望你的实验拥有内部效度是不现实的。

保护内部效度

有两种能够对抗威胁内部效度的因素的方法供你使用。第一种方法，你可以（并且应当）实施我们在第 6 章和第 7 章中介绍的众多控制措施。这些控制措施是专门用来解决这些问题的。第二种方法就是使用标准程序。正如侦探使用标准司法程序来保护他们的案件一样，实验者使用标准研究程序，也就是实验设计（参见第 10 章～第 12 章）来保障内部效度。在接下来的几章里，我们会就实验设计展开更多的介绍。

内部效度有多重要？它是任何实验最重要的部分。如果你不关心实验的内部效度，那么就是在浪费时间。实验的目的是建立因果关系，即得出 X 导致 Y 发生的结论。你必须仔细控制任何可能影响因变量的无关变量。你无法依靠统计检验来实施控制。统计检验仅仅是在分析你输入的数据，因为它们没有能力去除你的数据中可能的混淆效应（甚至没有能力鉴别是否存在混淆效应）。

回顾总结

1. 要保障**内部效度**，你必须消除实验中无关变量造成的混淆。

2. 有九种对内部效度的威胁，我们必须加以防范。

3. **经历**威胁是指两次因变量测量（重复测量）之间发生的可能影响因变量的重要事件。

4. **成熟**威胁是指实验过程中随着时间的推移，参与人所发生的变化。

5. **测试**威胁是指参与人对因变量的第二次反应有所不同，完全是因为这是第二次做出反应。

6. **工具劳损**是指随着时间推移，设备发生变化或者故障，又或者人类观察员的标准发生了变化。

7. **统计回归**威胁通常出现在这种情况下：某些参与人被选取是因为他们在某些变量上的得分非常极端。极端得分非常可能在下一次测量中回归均值。

8. **有偏向的被试选取**威胁是指我们选取参与人的方式存在问题，因而造成实验前各组之间就存在差异。

9. **亡失率**是指各组参与人以不同的退出率退出实验。

10. **与有偏向的被试选取的交互**可以发生在成熟、经历或者工具劳损上面。如果我们的被试选取在这些方面存在差异，那么实验的内部效度就受到了威胁。

11. **实验处理的扩散或者模仿**是指参与人学习到了其他组的实验操纵并复制了这个操纵。

检查你的进度

1. 仅仅因为测量本身就改变了参与人的行为是指____。
   a. 反应性测量
   b. 测量出来的自变量
   c. 可操纵自变量
   d. 经历

2. 对比没有经过实验处理的不同人群可能产生问题，这是因为____。
   a. 亡失率
   b. 有偏向的被试选取
   c. 成熟
   d. 经历

3. 为什么评估实验的内部效度非常重要？

4. 将以下这些对内部效度的威胁与相应的情境进行连线

   （1）经历　　　　 A. 你的评分员请了病假，你因此聘用了一名新评分员

   （2）成熟　　　　 B. 你正在进行关于种族偏见的实验，此时两次测试之间发生了一次种族冲突骚乱

   （3）测试　　　　 C. 在实验过程中，你的被试逐渐失去兴趣并感到厌倦

   （4）工具劳损　　 D. 你的因变量测量包括前测和后测，而参与人对部分答案留有记忆

5. 将以下这些对内部效度的威胁与正确的情境进行连线

   （1）统计回归　　　 A. 某个处理条件下的参与人大多感到无趣并因此退出实验

   （2）亡失率　　　　 B. 你从低收入家庭选择男童参与人，又从高收入家庭选择女童参与人

   （3）有偏向的被试选取　C. 控制组的学生与实验组的学生进行了交流并复制了实验组的处理

   （4）实验处理的扩散　 D. 你从课程中选择了最差的学生作为参与人并试验一个新的教学方式

6. 你希望比较大学生和年长公民所接受的正式教育。你因此从两个人群中分别选取参与人，并要求他们进行了数学、社会科学以及语法方面的书面测试。这个例子中存在哪些对内部效度的威胁呢？为什么？

7. 实验的退出率与以下哪个威胁有关？
   a. 亡失率
   b. 有偏向的被试选取
   c. 成熟
   d. 经历

外部效度：推广实验结果

在本章的第一部分，我们介绍了内部效度的概念，这是评估实验时你必须完成的一个步骤。正如你可能还有印象，内部效度回答的是你的实验是否被混淆了：自变量是否是实验结果的唯一解释。在本节，我们会介绍另一种你必须评估的效度。

第二种你必须评估的效度是**外部效度**（external validity）。考虑外部效度的时候，你实际上在考虑的是**可推广性**（generalization）。可推广性的词根在于广或者说普遍。当然，普遍是具体的反义词。因此，当我们想要推广实验结果的时候，实际上是想从具体上升到普遍。本质上说，我们想将所获得的结果抽离出具体实验的藩篱。想象一下以下情境，你的实验参与人是 20 名大学生。你的研究问题是否仅仅适用于这 20 名大学生？又或者你试图探索一个普遍问题，这个问题能够针对你所在学校的所有学生，又或者所有大学生，甚至泛指所有人类吗？只有少数实验者收集数据仅仅是为了实际参加实验的参与人。相反，大多实验者希望获得更为普遍的发现，能够应用到更广阔的人群中。当你研究不同的心理学定义时，你会发现不同的心理学定义都会包括"行为科学"这样的表述。我们不认为你能够发现有人这样定义心理学："金发人群的行为科学""加州人民的行为科学"或者是"儿童行为科学"，甚至"人类行为科学"都不太可能。心理学家试图发现能够适用于所有人所有事物的真理。正如夏洛克·福尔摩斯说的"要想诠释自然，就要有像自然一样宽广的思想"（Doyle，1927，p.37）。当我们发现了普遍适用的规律时，就找到了行为的模式。当然，发现这样的规律近似于无理的要求，特别是只有一个实验的时候，但是在专心做研究的过程中，我们有必要将这个目标放在心里。我们需要一直保持旺盛的将结果推广到超脱具体实验的需求和欲望。

让我们说一说本章给我们带来的一个两难困境。这个两难之处在于要把本章放在全书的哪个位置合适。把它放到现在这个位置，也就是在介绍实验设计之前，可能会让你获得一个片面的印象，就是在设计和完成实验之前你才需要评估实验的外部效度。事实绝非如此，相反，你应当时时评估实验的外部效度。本章大部分文字的目的都在于帮助你时时评估自己的实验，从开始规划实验到项目完成为止。在设计实验阶段，研究者就采取预防措施帮助提高结果的可推广性。因而，我们的两难之处就变成了到底是把本章放到全书的开头还是末尾。我们把本章放到全书的中间位置，目的在于提醒你们，在研究项目执行的全过程中，对外部效度的评估都是值得进行的。

你对实验（或者是你正在评估的实验）的内部效度感到满意之后，就可以开始关注这个实验的外部效度了。外部效度对任何科学研究来说都非常重要，因为科学研究者愿意将结论限制在原实验的范围内的情况非常罕见。尽管侦探通常专注于某个要犯，但他们通常也感兴趣于描绘出某种类型罪犯的一般特质（例如对屠杀案的凶手或者儿童猥亵案的主犯的人物侧写）。

通俗而言，我们对三个方面的可推广性感兴趣。从**人群可推广性**（population generalization）上说，我们关心的是如何将结果推广到非原实验参与人的人群上。虽然学生常以其他同学作为参与人，但是实际上，他们对将研究结果应用到同校同学身上不感兴趣。我们十分怀疑，你们是否会开展研究项目，专门研究只适用于同校同学的研究问题。类似地，心理学研究者通常对找出只适用于参加实验的人类参与人或者动物被试的真理不太感冒。在所有刚刚提到的情境中，研究者（包括你）无一不是在试图发现能够适用于整个人类或者动物的行为模式。因此我们必须关心结果是否能够适合应用到一个比实验参与人更广阔的人群中去。

环境可推广性（environmental generalization）回答的问题是：我们的实验结果能否应用到与原实验不同的实验情境中。而且，我们的兴趣不可能在于发现那些只能在原实验情境或环境下才成立的结果。我们

> ◆ **外部效度**　对实验的一种评估；考察实验结果是否能够推广到与当前实验不同的人群和情境中。
>
> ◆ **可推广性**　将具体某个实验的结果推广到不同的情境或者人群中。

> ◆ **人群可推广性**　将研究结果应用到与原实验参与人不同并且更具包容性的人群中。
>
> ◆ **环境可推广性**　将研究结果应用到与原实验环境不同的情境中。

从大学课堂或者研究实验室中获得的结果能否推广到其他课堂或者实验室中，甚至是行为自然发生的真实世界中？例如一名学生在实验室中学会记忆一组单词，这一行为是否与实际生活中为考试而进行复习的行为之间存在某种关联？

最后，**时间可推广性**（temporal generalization）反映的是一种尝试，试图发现全时段性的研究成果的尝试，并不局限于某个时段。当然，季节性情绪紊乱（只发作于冬季的抑郁症）是抑郁症全时段特征的一个例外。另一个只局限于某一特定时段的例子就是20世纪60年代发现的大量关于性别差异的研究成果。现在，经过几十年的女权运动，我们应当质疑20世纪60年代的发现在今天是否还适用。这些棘手的问题都引发了关于时间可推广性的激烈讨论。

> ◆ **时间可推广性** 将研究结果应用到与原实验所在时间段不同的时间段中。

联系本章首段介绍的概念——内部效度、针对外部效度，有不少问题需要认真思考。为了保持高的内部效度，研究者试图对大量的因素进行控制。最有效的控制措施就是在实验室（或者类似的环境下）范围内完成你的实验，并使用彼此高度相似的参与人。

心理侦探

反复阅读最后一句话。解释一下为什么事情是这样的？你能否理解为什么当我们实施控制措施从而保证内部效度的时候，最终会削弱外部效度？

在实验室内完成实验，我们就可以控制许多真实世界里存在但是属于无关变量的因素了。例如，一名研究者可以控制诸如温度、光照或者外部噪音等因素。另外，控制参与人进入实验情境的时间点也是可能的，控制他们什么时候处于自变量条件下以及处于什么样的自变量条件下也毫无困难。简而言之，实验室允许你移除或者控制许多无关变量的效应，这在真实世界里面几乎是不可能做到的。类似地，采用彼此高度相似的参与人有益于降低干扰变异性（参见第6章关于干扰变量的讨论）。例如，在准备指导语的时候，如果你只使用大学生作为参与人，那么对于他们大概的阅读能力就会有一定的了解。在真实世界里，潜在参与人的阅读能力相当参差不齐，因此会增加实验的干扰变异性。

我们希望你能够发现这些内部效度方面的优势实际上是外部效度的劣势。仔细控制了如此之多的因素之后，我们就难以判断结果是否适用于那些与研究参与人截然不同且在真实世界里与被控制的因素有接触的人群或者动物了。

对外部效度的威胁（实验方法的角度）

唐纳德·坎贝尔不仅通过文字深入探讨了对内部效度的威胁，还深入探讨了与外部效度有关的因素。我们根据Campbell和Stanley（1966）的内容总结出了四个影响外部效度的因素。

测试和实验操纵的交互

当Campbell和Stanley从内部效度的角度排列三种实验设计的时候（前测后测控制组、所罗门四组设计以及仅后测控制组设计，参见第13章），他们也针对外部效度进行了排序（尽管这样的排序实际上更为困难）。因为我们将会频繁引用第13章的内容，在这一阶段，一种更好的选择是先跳过去。**测试和实验操纵的交互**（interaction of testing and treatment）是最明显的对外部效度的威胁。这种威胁可能出现在前测后测控制组设计中，这是一种

> ◆ **测试和实验操纵的交互** 对外部效度的一种威胁，指前测提高了参与人对于即将到来的实验操纵的敏感度。

我们将在第13章讨论的设计，如图8-1所示。外部效度受到威胁是因为两组参与人都参加了前测并且没有任何测试帮助判定前测是否产生了效应。正如Soloman（1949）指出的，"有很大的概率仅前测本身就足以改变被试对于训练程序的态度了。"（p.141）

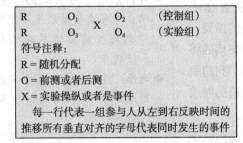

图 8-1　前测后测控制组设计

假定你正在展开一项关于人们对于精神异常群体的偏见的实验，具体地说就是精神分裂症。你决定在参与人观看电影《美丽心灵》（*A Beautiful Mind*，Grazer & Howard，2001）电影之前让他们先完成一份态度量表的填写，测试他们对于患有精神分裂症的病人的偏见。《美丽心灵》描述了诺贝尔奖获得者数学家约翰·纳什（John Nash）在获奖前与精神分裂症进行积极抗争的故事。在完成了态度量表之后才观看电影的人，他们的感受会与那些没有完成态度量表的一样吗？这是测试和实验操纵的交互是否存在的一个关键问题：很可能因为这个前测，参与人对于实验操纵的反应就发生了变化。前测提高了参与人的敏感度；有点儿类似于在实验前给参与人提供了一个巨大的关于实验目的的提示。前测对于研究态度或者态度的改变的实验来说最为麻烦。这种测试和实验操纵的交互促使研究者开发出诸如仅后测控制组设计（参见第 13 章）这类无前测设计。另外，尽管所罗门四组设计（参见第 13 章）的其中两组也含有前测，但是它还包含两组不含前测的设计，因此省去了对前测效应的测量。

被试选取和实验操纵的交互

你应当还记得我们在讨论对内部效度的威胁时介绍过被试选取和实验操纵的交互（在第 13 章中我们还将继续这里探讨）。在那里，被试的选取与其他威胁内部效度的因素产生交互作用，如经历、成熟以及工具劳损。在这里，对外部效度的威胁是指被试选取和实验操纵之间的交互作用。

被试选取和实验操纵的交互（interaction of selection and treatment）是指你试图证明的效应只适用于参与实验的参与人群体。Campbell 和 Stanley（1966）指出，招收参与人的难度越高，则被试选取和实验操纵的交互所产生的威胁越大。越难招收参与人参加实验，表明你定位的群体越具有独特性，也就越不能代表更广泛的人群。

> ◆ **被试选取和实验操纵的交互**　对外部效度的一种威胁，指某实验操纵只对某群体有效应。

本书作者之一在完成博士论文的时候就遇到了被试选取和实验操纵的交互问题。在该论文项目中，作者试图检验一种解释常见记忆现象的假说（反复记忆时，记忆间隔越长效果越好，而不是直觉的越短越好）。因为时间压力，作者只能在暑假小学期的时候完成实验。在分析数据的时候，他发现统计结果并不支持显而易见的记忆现象。与直接否定这个现象的存在相反（与大多数正式出版的证据相矛盾），他认为这样的结果是一种被试选取和实验操纵的交互作用的结果。当他在正常学期期间重复这一实验的时候，那个被多数研究发现的效应就出现了。看起来，由于某些原因，暑假小学期的学生是一种特殊的群体。

反应性安排

反应性安排围绕的是许多心理学实验所带的"人工"气息。由于对控制的需求，我们在实验室内创建的是过于匠气的环境，而我们竟然试图在这样的环境下研究真实世界里的行为。在一些情况下，过度的安排会导致惨淡的失败。正如你从第 7 章学到的，实验参与者，特别是人类参与人，总是试图发现实验环境中的线索。他们的反应可能是针对实验操纵的，也可能针对他们自己发现的所谓实验环境中的微妙的线索。正如 Campbell 和 Stanley（1966）指出的："那种急于作秀、自认看透一切，时刻准备着搬出放大镜，我就是小白鼠，或者其他类似的态度都不是正常校园生活中具有代表性的心态，并且这种态度产生的效应足以称为 X（未知）效应了，它们会极大地损害可推广性"（p.20）。尽管他们的意见针对的是教育情境的研究，但是将"校园生活"替换成"真实世界"，所引述的结论并不会改变。因此，**反应性安排**（reactive arrangement）指实验情境中的某些特征（自变量以外的），它们能够改变参与人

> ◆ **反应性安排**　对外部效度的一种威胁，指不管是否进行了自变量操纵都能够改变参与人行为的实验情境。

的行为。我们无法判断实验中观察到的行为是否会在实验情境以外的情境下发生，因为实验中人为构造的情境带有真实世界中并不存在的特征。

我们在第 4 章提到了一系列经常被用作例子的研究，在这里我们用它来展示什么是反应性安排：霍桑研究。你应当还记得该研究的研究者观察了一段时间内工厂工人的工作效率。工人的工作效率有所提升，即使他们的工作环境没有发生任何改变。其中一个经

典实验操纵了工作环境的照明度。控制组在一个 100 英尺烛光[⊖]的车间进行工作，实验组则在一个照明度渐变的车间进行工作，刚开始是 10 英尺烛光，然后每个时间段减少 1 英尺烛光，直到 3 英尺烛光。到了这个时候，"操作手提出抗议，说他们基本上无法看清自己正在做什么，并且工作效率降低了。操作手可以并且也确实在这样的照明度下保持了他们的工作效率，尽管低照明度让人非常不舒适并且会束缚工人的工作"（Roethlisberger & Dickson，1939，p.17）。

我们在第 7 章介绍了**需求特征**（demand characteristics）的概念。根据 Orne（1962），参与人可以根据需求特征推测出实验假设，并根据所推测的线索进行反应。如果你是一名心理学专业的学生，那么你（或者你的朋友）可能体验过需求特征。当你告诉别人你是一名心理学专业的学生时，最可能的反应是："你是否打算对我进行心理分析啊？"这表明人们并没有针对你个人进行反应，而是针对他们认为的心理学专业的需求特征进行反应。

> ◆ **需求特征** 实验中的某些特征，可能无意中导致参与人按照某种方式进行反应。

根据 Orne 的观点，不可能设计出不含需求特征的实验。他同时还认为需求特征导致推广结果变得困难，因为仅仅根据一组研究情境，我们无法推断出参与人到底是针对自变量还是需求特征抑或两者兼有进行反应。看起来交互安排增加了需求特征的数量，并因此导致对结果的推广更加困难。

多实验操纵的相互干扰

正如你从名字能够猜到的，**多实验操纵的相互干扰**（multiple-treatment interference）只能发生于含多种实验操纵的实验（重复测量设计）中。重复测量设计的潜在问题是，所获得的结果可能只在参与人经历了多种实验操纵的情况下才成立。如果他们只

> ◆ **多实验操纵的相互干扰** 对外部效度的一种威胁，指某种结果只在某几种实验操纵同时出现的情况下才会被观测到。

经历了一种实验操纵，结果可能完全不同。

Campbell 和 Stanley（1966）引用艾宾浩斯的记忆实验作为多实验操纵的相互干扰的例子。艾宾浩斯是语言学习的先驱者，他完成了许多记忆无意义单词的实验，都是以自己作为自己实验的参与人。他做出的贡献包括发现并初步总结了许多常见的学习现象，包括学习和遗忘曲线。然而到了后来，一些艾宾浩斯的研究结果被发现只适用于那些大量学习无意义单词的情况，对于只学习一组无意义单词的人来说，他的结果并不适用。因此，艾宾浩斯的例子非常清晰地展示了由多实验操纵的相互干扰而造成的结果推广的失利。

到此为止，我们结束了对 Campbell 和 Stanley（1966）总结的对外部效度的四种威胁的介绍。接下来让我们从实验参与人的角度讨论一下另外五种对外部效度的威胁。

对外部效度的威胁（参与人的角度）

我们必须时刻记住，实验参与人具有他们的独特性，正如侦探必须牢记每名罪犯有他自己与众不同的地方。这样的独特性可能会影响我们获得普遍适用的结论的能力。

臭名昭著的小白鼠

1950 年，弗兰克·比奇（Frank Beach）拉响了**比较心理学**（comparative psychology）的警报，因为他发现了一个令人痛心的趋势。通过统计 1911 ～ 1947 年该领域发表的文章，他发现发表文章的数量是越来越多，但是其中越来越多的研究者选择有限的几类物种。挪威鼠在 20 世纪 20 年代成为非常流行的研究用鼠，并且在 20 世纪 30 年代占据了主导地位。比奇研究了 613 篇论文，发现其中 50% 的文章使用了这种实验鼠，尽管挪威鼠仅仅是可供研究的生物物种里的 0.001%（Beach，1950）。在一个后续研究中，Smith、Davis 以及 Burleson（1995）发现，尽管 1993 ～ 1995 年发表的论文涉猎相对广泛，研究的物种更多样化，但是白鼠和鸽子仍然占据《实验心理学期刊：动

> ◆ **比较心理学** 研究不同物种包括人类的行为。

⊖ 英尺烛光指距离一烛光的光源一英尺远而与光线正交的面上的光照度，简写为 1fc。——译者注

物行为过程》(*Journal of Experimental Psychology: Animal Behavior Processes*) 和《动物学习与行为》(*Animal Learning & Behavior*) 这两个期刊那几年刊登的论文的 75% 以上。

心理侦探

为什么 Beach 的数据（及其后续研究）提醒了我们需要关注外部效度？

通过这些数据，我们可以看到外部效度方面有两个需要注意的地方。首先，如果你对类人物种的行为感兴趣，那么从白鼠（和鸽子）推广到所有其他动物身上就显得有些胡扯。其次，如果你对将动物的行为结果推广到人类身上感兴趣，显然在动物王国里面有比白鼠（和鸽子）更接近人类的物种。

心理学被试等候区请入座休息

"总是存在一两个奇怪的被试在搞乱你的数据。"

很难说心理学实验中谁才是大部队——小白鼠还是大学生！

无处不在的大学生

我们希望到了这一阶段，你至少完成过一次文献调查。如果你确实做过，那么应当意识到论文的方法一节会包括一个名为"被试"或者"参与人"的小节（参见第 14 章）。

如果你的文献调查涉及人类参与人，那么你可能注意到大学生最可能是你所阅读过的文章里的参与人。理由非常简单。支持动物研究的心理学系通常拥有动物实验的相关设施——通常是小白鼠的领地，正如我们在前一节中看到的。想研究人类的心理学研究者显然没有类似的住满人的实验室，因此他们转向一个已有的方便的人类参与人来源，也就是选修心理学

导论的学生［一种被称为**便利抽样**（convenience sampling）的技术］。学生通常被要求完成一定时间量的实验参与，从而完成心理学导论这一课程。除了为心理学实验准备大量参与人之外，这一要求对学生而言也是一种具有教育意义的体验。这样的要求引发了热烈的讨论，一些讨论关注的是伦理方面的问题。根据第 2 章介绍的伦理准则，你会发现"强迫"作为一种寻找实验参与人的手段是不被允许的。

> ◆ **便利抽样** 研究者招收参与人的方式完全决定于招收的便易性；通常不采用真正意义上的随机抽样。

这一节的讨论不是为了伦理方面的考虑，而是为了思考这种依赖产生的现实问题。Sears（1986）针对社会心理学提出了这一问题。他指出，早期社会心理学研究者研究过各式各样的参与人，所囊括的人群包括电台听众、选民、士兵、退伍军人、安居工程的居民、工人、工会成员以及学生家长教师协会成员。然而，到了 20 世纪 60 年代，使用大学生作为参与人的实验室实验牢固地占据了心理学的主导地位。

几乎完全依赖大学生有什么问题吗？显然，这样的依赖程度类似于动物研究者对小白鼠的依赖。Sears（1986）列举了一些证据来支持青少年和成年人、大学生和其他青春期后期的人之间存在差异的论断。他担心一些非常著名的社会心理学结果可能仅仅是使用大学生作为参与人的结果，而无法推广到更广泛的人群中。

心理侦探

反复阅读最后一句话。你能够发现 Sears 的态度在什么地方跟 Campbell 和 Stanley 列出的对外部效度的威胁一致？

Sears 的假设是：一些社会心理学的发现只适用于大学生就是 Campbell 和 Stanley 提到的被试选取和实验操纵的交互作用的一种。如果 Sears 的假想是正确的，那么某种操纵只对大学生"成立"。又或者某种自变量对大学生来说，比对广泛的人群来说效应更为强烈（或更弱）。

作为一个例证，Sears 提到过社会心理学的研究大多与态度或者态度的改变有关：研究通常发现人们的

态度非常容易改变。然而，发展心理学研究表明，年长的青少年或者是年轻的成人，他们的态度相比老年人来说没有那么牢固。因此，我们必须思考人们的态度真的那么容易改变吗？或者这仅仅是因为通常使用某种人群作为参与人而产生的虚假效应：大学生的虚假效应？

尽管 Sears 将其注意力局限于社会心理学的发现，然而并不需要太多的思考，你就可以发现同样的问题可能存在于心理学的许多传统领域中。例如，因为大学生既是学生又是智商高于常人的人，所以他们的学习和记忆过程会不会无法代表广泛群体的学习和记忆过程？青少年的动机模式与成年人的动机模式显然在某些方面存在差异。大学生面临的压力显然与成年人面临的不同，那么他们应对压力的方式会不会有所不同？我们知道一些心理疾病与年龄有关，因此老年人或者年轻人更容易发病。总的来说，在把大学生身上获得的结果推广到更广泛的人群中时，我们应当保持谨慎的态度。

"异性" "弱势性别" "低等性别" "第二性别"

所有这四个带有贬低性质的标签（异性、弱势性别、低等性别以及第二性别）曾经在不同时期被用来指代女性。通过许多必修课程的学习，诸如历史、文学以及人文等课程，你可能意识到著名的女性人物非常稀少。许多年以来（一些人认为至今如此），女性在许多方面无法享有和男性同等的机会。

这种女性低等论被引入到心理学理论中。例如，弗洛伊德的理论偏向男性。（还记得阉割焦虑和恋母情结吗？）对应到女性人群中，相应理论诸如阴茎嫉妒和恋父情结看起来更像是事后追加的。女权主义者反复攻击阴茎嫉妒这一概念，按说是平衡弗洛伊德理论里男性和女性的部分。爱利克·埃里克森（Erik Erikson）将自己关于社会心理危机的理论命名为"男人的八个阶段"。不仅仅是该理论的名字没有提到女性，理论中的八个阶段也与女性无关。许多女性并没有像男性那样认同埃里克森的八阶段理论。卡罗尔·塔维斯（Carol Tavris）（1992）指出，发展心理学研究者倾向于描述典型男性的终生发展轨迹：学业、职业、婚姻等。

Tavris（1992）坚称，过去 20 多年中，许多领域关于女性的研究进展并没有彻底改变"男性是正常的而女性是不正常的"这一基本理念。Tavris 的想法引出了一个有趣的问题：心理学研究者发展出来的关于人类（以及其他物种）的众多认知与性别无关吗？在第 14 章介绍 APA 格式的时候我们将强调的一个细节是：其中要求使用无性别偏向的语言进行写作这一规定。一些词汇有不同的隐含意义，而性别歧视的写作可能导致对结果的推广很成问题。作为心理学专业的学生，你必须认清这一问题。美国全国心理学本科生调查显示，大概 3/4 的心理学专业本科生是女性。很可能在未来的实验中你会发现，很难招收到男性参与人。缺乏足够的男性代表样本，你的发现的可推广性可能存在问题。

有必要再提醒一句。在推广结果的时候，虽然我们通常尽可能地扩大适用范围，但是，这一行为终究需要在设定的总体范围之内。例如，我们不应当将某一性别上的实验结果推广到两性身上。注意避免得出性别歧视的结论。

连小鼠和学生都是白的

这一小节的题目改自罗伯特·格斯里（Robert Guthrie）所著的发人深省的书《就连老鼠也是白的》（*Even the Rat Was White*, 1976）。在这本书中，Guthrie 整理和描述了许多支持非洲裔美国人比白人低等的"科学"尝试，包括人体测量（例如头骨大小和颅容量）、心理测量、优生学运动（通过基因控制达到遗传优化）。

一些心理学专业的学生可能认为心理学的先驱者中没有非洲裔美国人，这是一个非常错误的想法。Guthrie（1976）列举了 32 名非洲裔美国人，他们在 1920～1950 年在美国大学获得了心理学或教育心理学博士学位。他给出了这些人中 20 位的简略背景介绍和职业生涯简历。让我们看一眼其中两位的经历。Guthrie 用了整整一章来介绍他推崇的"非洲裔美国心理学之父"弗朗西斯·塞西尔·萨姆纳（Francis Cecil Sumner）（Guthrie, 1976, p.175）。Sumner 出生于阿肯色州派恩布拉夫市，是第一位在西半球获得博士学位的非洲裔美国人。1920 年 6 月，他从克拉克大学获得了博士学位。他的主要指导老师是斯坦利·霍尔（G. Stanley Hall）；他也选修波林（E. G. Boring）

的课程。Sumner 的博士论文"弗洛伊德和艾德勒的精神分析学"（Psychoanalysis of Freud and Adler）发表于 Pedagogical Seminary（后来改名为 Journal of Genetic Psychology）。Sumner 随后在威尔伯格斯大学（Wilberforce University）以及西弗吉尼亚大学研究所（West Virginia Collegiate institute）担任教职。在 1928 年他接受了霍华德大学（Howard University）的职位，自 1930 年起他开始担任这个新建的心理学系的系主任。在 Sumner 的领导下，霍华德大学变成了诞生非洲裔美国心理学博士的集中地。Sumner 直到 1954 年离世，一直留在霍华德大学。

露丝·威妮弗蕾德·霍华德（Ruth Winifred Howard）是第一位在美国获得心理学博士学位的非洲裔美国女性，颁发学位的是明尼苏达大学（the University of Minnesota），时间是 1934 年。[伊内兹·贝弗莉·普罗塞（Inez Beverly Prosser）早一年在辛辛那提大学（University of Cincinnati）获得教育心理学博士学位。] Howard 的博士论文《关于三胞胎发展的研究》（A Study of the Development of Triplets）是第一个关于三胞胎群体的大规模的研究。她在伊利诺伊青少年研究所（Illinois Institute for Juvenile）完成了她的临床实习并终身致力于临床心理学的私人经营。

正如历史总是遗漏许多女性做出的杰出贡献，它也总是遗漏许多非洲裔美国人或者其他少数族裔做出的贡献。Jones（1994）指出了非洲裔美国人的双重性，也就是一个人被分割成非洲人和美国人。其他作家也发出了类似的声音并指出类似的事情也发生在其他少数族裔身上；例如，Marin（1994）代表西班牙裔，Lee 和 Hall（1994）代表亚洲人，以及 Bennett（1994）代表美洲印第安人。根据 Lonner 和 Malpass（1994b）的观点，预测表明，21 世纪的某个时间点，美国的各族裔占比会发生显著变化，西班牙裔会提升到 24%，非洲裔 15%，以及亚裔 12%；白人（高加索族裔）的占比将会历史性地低于 50%。当我们进行研究并推广结果的时候，我们必须小心避免排除少数族裔。

连小鼠、学生、女性和少数族裔都是美国人

尽管实验心理学早期植根于西欧，但这个学科很快就彻底美国化了，很大程度上这是约翰·华生的行为主义带来的巨大影响之一。很多年以来，对于人类行为的研究实际上是对于美国人行为的研究。从 20 世纪 60 年代中期开始，随着心理学研究者开始严肃地探讨文化和民族的影响，这一失衡的状况慢慢得到了改变（Lonner & Malpass，1994a）。我们在前一小节中提到了这种对民族的关注并在本节提到了对文化的关注。

跨文化心理学这个领域就是从那些始于 20 世纪 60 年代的变化中进化出来的。今天你可以找到专门探讨这个课题的书籍和课程。我们在第 7 章中介绍了跨文化研究。因为跨文化心理学"通过比较不同文化下的人群来考察传统知识潜在的局限性"（Matsumoto，2000，p.10），因此它与外部效度紧密相连。实际上，跨文化心理学检验的就是外部效度的极限。它回答的是一组实验结果多大程度上能够推广到其他文化中。如果充斥心理学的发现都只适用于美国人，那么我们就不应当声称我们知道的是人类的行为！做出这样以本民族为中心的结论类似于美国职业棒球赛与世界职业棒球大赛的关系，这个比赛实际上得名于它的赞助商，一个名为《世界》的报纸。那么日本的职业球队或者其他国家的球队呢？类似地，我们不应当研究了美国人的母性行为就声称了解了所有育儿行为。智者一言可通达：当我们没有完整数据的时候，应当注意避免在外部效度方面做出过于宏大的结论。在今天这个日益缩小的世界里，进行跨文化研究变得越来越容易了。Lonner 和 Malpass（1994b）以及 Matsumoto（2000）撰写的书能够让你大概了解不同文化间行为上的差异。

魔鬼的主张：外部效度总是必要的吗

道格拉斯·穆克（Douglas Mook）（1983）发表了一篇发人深省的文章，标题是"为外部效度的缺乏进行辩护"。在这篇论文中，Mook 驳斥了将所有实验结果推广到真实世界中的必要性。他坚称这样的推广并不总是我们的意图并且并不总是有意义的。Mook 引述了 Harlow 的工作作为例子，该研究涉及幼小的恒河猴以及它们的铁网妈妈和毛绒妈妈。正如你可能还记得的，幼小的恒河猴从铁网妈妈那里吸收营养，从毛绒妈妈那里得到温暖和接触。随后，在面临威胁的时候，幼小的恒河猴跑向毛绒妈妈那里寻求安慰。正

如所有心理学导论课上的学生会学到的，理论家和研究者都将哈洛的工作视为重要依据，支持依恋发展过程中接触性抚慰所起到的重要作用。哈洛的研究在外部效度方面有多强呢？几乎没有外部效度！哈洛所使用的猴子难以视为猴群的具有代表性的样本，因为它们出生于实验室并且是孤儿。实验的情境设置类似真实的生活吗？完全不像！有多少幼年恒河猴（或者人类婴儿）要面临铁网或者毛绒"妈妈"的选择呢？

这些外部效度方面的局限性使得哈洛的发现失去意义了吗？正如 Mook 指出的，这取决于哈洛做出的结论。如果哈洛的结论是"面对毛绒妈妈和铁网妈妈，丛林中的野生猴子也很可能会选择毛绒妈妈而不是铁网妈妈"（Mook，1983，p.381）呢？显然，因为前一段中提到的外部效度的问题，所以哈洛的研究结果难以支撑这个结论。

哈洛可以得出这样的结论：他的实验解决了母婴依恋关系建立过程中的一个关键问题，具体地说，他的实验支持接触性抚慰重于营养（内驱力降低）的理论。这样的结论有什么问题吗？没有，因为哈洛并没有试图去推广他的结果。他仅仅从一个理论所得出的推论出发，根据实验结果得出了一个结论。Mook 辩称对外部效度的关注只有当我们需要"预测真实世界里真实生活中的行为时"才是必要的（Mook，1983，p.381）。当然，不去预测生活中的行为有我们的理由。Mook 给出了四个备选目标，它们构成了我们淡化外部效度的理由。首先，我们可能仅仅想知道某些事情是否可能发生（不是这件事情是否常常发生）。其次，我们可能想在实验室中复制现实生活中的某种现象，也就是在现实生活中观测到了某种现象，我们认为可以在实验室中通过某种方式复制它。再次，如果我们能够证明即便在实验室这种不自然的状态下也能产生某种现象，那么这种现象的外部效度可能实际上是被加强了的。最后，我们可能在实验室研究一种真实世界中没有对应对象的现象。

虽然引述 Mook 的论点，我们其实并没有企图降低外部效度的重要性；相反，重要的是要知道：并非所有心理学家都在外部效度的神殿前膜拜。关心实验的外部效度无疑相当重要，但是（与内部效度不同的是）它不是每个实验必须达成的目标。出于同样的原因，侦探并没有试图将一个相对普遍的犯罪心理画像套用到每一个罪案中。

心理侦探

和内部效度一样，我们已经讨论了九种对外部效度的威胁。我们希望你已经开始针对这些威胁思考自己未来的实验了。你可以做点儿什么来避免外部效度带来的问题呢？

这个问题可能是本章中心理侦探面临的最难的问题了；似乎有一种感觉，这个问题其实就是一个小把戏。可能不存在一个拥有完美外部效度的实验。如果你试图设计出一个实验，能够回避所有我们列出来的对外部效度的威胁，那么在你完成实验的时候，可能已经是一位白发苍苍的老年人了。想象一下寻找出一组能够满足性别、种族、民族以及文化推广性的人类参与人。你可能发现必须满世界寻找参与人，并且这个数字会相当可观——显然这是不可能完成的。

前一段所得出的惨淡结论是否意味着我们能做的就是放手然后离开？忽略外部效度有足够正当的理由吗？当然不！关键的问题其实是：我们采取什么样的措施才能够最大化外部效度。我们首先建议你关注我们列出的前四项对外部效度的威胁。很大程度上，你确实可以控制测试或者被试选取和实验操纵的交互作用、反应性安排以及多实验操纵的相互干扰。严谨的实验规划通常可以帮助你避免这些因素带来的问题。

如果能够控制方法方面带来的外部效度的问题，那么你就只剩下参与人方面带来的外部效度的问题了。预期存在一个能够囊括代表世界上各式各样群体的参与人的实验是不现实的。Campbell 和 Stanley（1966，p.17）写道："外部效度这个问题无法干净利落地得到解决。"那么如何应对这个问题呢？

似乎合乎逻辑的应对方式是我们在第 1 章中提到的方法：**重复研究**（replication）。如果能够重复出某个实验的结果，我们对该结果也就更有信心。随着我们一再观测到同样的结果，认为该结果是可预测的，定期发生的就不再是什么让人疑虑的事了。然而，持续地在同一群人身上重复我们所做的每一个实验是相当短视的，不管这些参与者是小白鼠还是美国白人大学生。我们必须走出直接重复，相反地，应当进行**拓展重复研究**（replication with extension）。

在有扩展的重复实验中，我们会重新检验某个实验发现，但是在稍许（甚至是根本性的）不同的情境下完成这个实验。例如，我们认为了解了美国大学生是如何学习无意义单词的，但不应当简单地将这一结果推广到所有人身上。相反，我们应当拓宽我们的参与人群体。同样的规律适用于年长一些的人、儿童以及受教育程度较低的人吗？我们能在西班牙裔美国人、亚裔美国人以及非洲裔美国人身上发现同样的结果吗？从日本、中国、秘鲁、澳大利亚等国家获得的结果与之相类似吗？当我们开始收集前三句所喻示的实验数据时，实际上就是在检验我们的结果是否普遍适用的。

> ◆ **重复研究** 完全按照原有研究的方式进行实验的新的独立科学研究。
>
> ◆ **拓展重复研究** 这种实验的主要目的仍在于验证（重复）以往的结果，但是实验情境或者是实验参与人又或者是实验条件与原有研究有所不同。

使用有扩展的重复实验有另一个优势。多数时候，直接重复实验难以获得批准。学术期刊不太愿意接收重复已发表论文的直接重复研究。另外，许多大学生都有这样的经历，一些课程要求完成一项研究项目，通常要求这个研究项目必须是原创性的，也就是说不可以是重复研究。如果扩展部分的工作足够多，新的结果也足够多，那么有扩展的重复实验就足以作为课堂项目或者是发表的论文了——如果你足够幸运的话，甚至可以两者兼之！

玛丽芒曼哈顿学院（Marymount Manhattan College）的学生卡洛琳安·利希特（Carolyn Ann Licht）和她的指导老师琳达·齐纳·所罗门（Linda Zener Solomon）展示了一个有扩展的重复实验。利希特（2000）过去曾比较过纽约市两大机构雇员的压力水平，并发现非营利组织的雇员的压力水平比营利组织的要高。Licht 和 Solomon（2001）对之前的研究进行扩展，包含更多的组织、更广的地域。他们重复了之前的结果，因此 Licht 和 Solomon 做出结论："结果与之前的研究保持一致，但是在外部效度上有所提高"（Licht & Solomon，2001，p.14）。

那么关于外部效度的结论是什么？我们认为，期望每个（或者任意一个）实验结果都能够推广到所有的动物或者人身上是不现实的。这样的外部效度可能只存在于传说中的神话中。无论如何，我们同样希望你努力地尽可能增加实验的外部效度：如果你有选择的余地，选择那些能够增加外部效度的选项。

回顾总结

1. 如果你的实验具有内部效度，那么就可以开始考察**外部效度**了：检查你的结果是否能够应用到新的人群中（**人群可推广性**）、新的情境中（**环境可推广性**）以及新的时间段上（**时间可推广性**）。

2. 存在多种对外部效度的威胁。如果你对参与人进行了前测并且前测改变了参与人在后测的反应，那么**测试和实验操纵的交互**就出现了，它会威胁到外部效度。

3. 如果你的发现只适用于实验参与人，那么**被试选取和实验操纵的交互**就出现了，它会威胁到外部效度。

4. 如果实验情境改变了参与人的行为，那么这种设置就是**反应性安排**，它会威胁外部效度。

5. 如果参与人经历了**多种实验操纵**并且完成多种任务导致了行为发生改变，那么多实验操纵的相互干扰就出现了，它会威胁外部效度。

6. 实验心理学长期被批判在研究中只使用潜在参与人群中非常有限的一部分群体。过度使用小白鼠也导致了动物研究的失衡。

7. 人类研究倾向于用美国白人大学生作为参与人。许多理论似乎过分或者专门针对男性。

8. 出于外部效度的考虑，目前的研究更加注重使用来自广阔群体的参与人，女性、少数民族和不同文化的参与人。

9. Mook（1983）指出存在少数一些情境，外部效度无关乎研究的本质。

10. 几乎不可能设计出一个实验能够规避所有对外部效度的威胁。**扩展重复研究**是一个很好的选择，它在验证外部效度的同时又能够获得新的结果。

检查你的进度

1. 什么是外部效度？为什么它对心理学来说很重要？
2. 总的来说，随着内部效度的提升，外部效度会_____。
   a. 提升
   b. 降低
   c. 保持不变
   d. 随机波动
3. 请区分人群、环境以及时间可推广性。
4. 为什么在心理学研究中我们需要考虑使用不同类型的参与人呢（例如少数族裔以及大学生以外的人）?
5. 什么是跨文化心理学？为什么它与本章的这一节紧密相关？
6. 将对外部效度的威胁与其相应的描述进行连线。

（1）测试与实验操纵的交互作用

（2）被试选取与实验操纵的交互作用

（3）反应性安排

（4）多实验操纵的相互干扰

A. 发生于参与人经历了所有的实验处理条件的情况下

B. 实验效应出现在女性而不是男性身上

C. 实验效应只出现在参加了前测的参与人身上

D. 需求特征向参与人提供了应该如何做出反应的线索

7. 为什么 Mook 认为外部效度不是总是必要的？
8. 为什么说单个实验的外部效度实质上是不可能完全实现的？

展望

到目前为止，我们对于心理学研究的讨论都还相当笼统。到了这一阶段，我们即将开始讨论具体的研究设计方案。（具体的介绍开始于第 10 章。）因为统计和数据分析都是研究设计不可分割的部分，所以针对统计分析的简要回顾已经就绪。在第 9 章我们会就这一问题展开讨论。

用统计去回答研究问题

正如侦探寻求线索、收集数据从而侦破案件一样，心理学研究者也收集数据来帮助自己回答研究问题。证据收集之后，探长需要判定证据是否是真实的（有意义的）。类似地，在后续章节里，我们会考察几种用于判定实验结果是否有意义的（显著的）统计方法。正如我们所看到的，"显著"一词所描述的情境是这样的：统计结果是由于我们对自变量的操纵而引起的。

为了更好地理解统计显著的本质，让我们进一步审视统计学。**统计学**（statistics）是数学的一个分支，包括收集、分析和解释数据。实验过程中，需要进行决策的时候，研究者会采用各种统计分析技术以各种形式帮助自己完成决策过程。

统计学的两大分支可以帮助你做出决策。**描述性统计**（descriptive statistics）对数据进行总结，从而使我们对数据的理解更加清晰，对数据的评论也更加准确。实验之后，研究者使用**推断性统计**（inferential statistics）分析数据，从而判断实验中的自变量是否具有显著的效应。尽管我们假定你已经具有了一定的统计基础，但仍在附录B中收录了一些公式。我们鼓励你在这一阶段，或

> ◆ **统计学**　数学的一个分支，包括收集、分析和解释数据。
> ◆ **描述性统计**　用于总结概括数据的程序。
> ◆ **推断性统计**　实验后用来分析数据从而判断自变量是否有显著效应的程序。

者在感到有所需求的时候浏览一遍相关内容。

描述性统计

当我们希望概括一组数字，从而便于交流其主要特征的时候，可以使用描述性统计。数据的第一个主要特征是典型得分或者具有代表性得分的测量。这一特征被称为集中趋势的测量。第二个我们需要掌握的主要特征是得分的变异性大小或者离散程度。在讨论集中趋势和变异性的测量之前，我们需要先介绍它们所基于的测量尺度。

测量尺度

我们将测量（measurement）定义为根据一组法则赋予事件特定的符号。你在某次测验中的得分是一个代表你的表

> ◆ **测量**　根据一组法则将符号赋予事件的过程。
> ◆ **测量尺度**　一组测量法则。

现的符号；这一得分是根据某一组法则授予你的（授课者的评分标准）。这个特定的、作为赋予事件相应符号的依据被称为**测量尺度**（scale of measurement）。心理学研究者感兴趣的四种测量尺度包括定类、定序、定距以及定比尺度。选择如何测量因变量（即你使用哪种测量尺度）直接决定了在实验项目完成之后，你可以使用哪一类统计检验来评估你的数据。

定类尺度

定类尺度（nominal scale）是一个简单的分类系统。例如，如果你将教室里的陈设分为桌子或椅子，那么你正在使用定类尺度。类似地，将问卷题目的回答记录为"同意""不确定""不同意"，意味着你使用了定类测量尺度，你将待评价的事物分到了互斥的类别中。

> ◆ **定类尺度** 这种测量尺度上，我们可以对事件进行分类。

定序尺度

当你将待研究的事件进行排序的时候，你正在使用**定序尺度**（ordinal scale）。请注意，我们只是认为所关心的事件是可以排序的；我们并没有声称不同类别之间的间距是可以比较的。尽管我们能够将田径运动会中的胜者进行排序（即，第1、2、3、4名），但是这些名次并不能告诉我们这些胜者彼此之间的差距有多大。可能第1名和第2名之间胜负难分；也可能冠军遥遥领先亚军。

> ◆ **定序尺度** 这种测量尺度上，我们可以对事件进行排序。

定距尺度

当你将待研究的事件进行排序并且设定相邻事件的间距相等时，你正在使用**定距尺度**（interval scale）。例如，华氏温度计上的温度刻度组成了一个定距尺度；这里实现了排序，并且任何两个临近的温度之间的距离是相等的，为1度。请注意，定距尺度并没有一个真实的零点。当到达华氏温度计的"零点"时，温度就不再存在了吗？不，只是非常冷而已。类似地，测验中的得分（如SAT和ACT）也是定距尺度上的测量。

> ◆ **定距尺度** 这种测量尺度上，我们可以对事件进行排序且假定相邻事件之间间距相等。

心理侦探

假设你是大学招生委员会中的一员。你正在审查入学申请书。每位申请人的ACT得分构成了你审查的重要部分。恰好一位申请人的语文科目的得分为0分。这个得分告诉了你什么呢？

零分并不能解释为这个人完全没有语文能力。因为ACT是定距尺度上的测量，因此并没有真正的零点。零分应该解释为这个人的语文能力非常低。对零分的解释，同样的说法可以用于许多其他的测验、问卷以及心理学研究者在人格研究中惯用的人格成套测验上。拥有真实的零点是定比尺度的独有特征。

"今晚，我们将让统计为自己演讲。"

Edward Koren/The New Yorker Collection/www.cartoonbank.com

定比尺度

定比尺度（ratio scale）比定距尺度更进一步。与定距尺度类似，在得分间距相等的前提下，定比尺度允许对得分进行排序。但是定比尺度假定真实零点是存在的。如声音或者光的振幅或者强度等物理测量是定比测量。这些测量可以排序，并且相邻得分之间的距离相等。当一个灵敏的测量器的读数为0时，这意味着什么也没有。由于拥有一个真实的零点，所以定比尺度允许你进行比例比较，例如"两倍"或者"一半"。

> ◆ **定比尺度** 这种测量尺度上，我们可以对事件进行排序且假定相邻事件之间间距相等并且含有真零点。

我们对于测量尺度的讨论已经从提供最少信息的定类尺度进展到提供最多信息的定比尺度。在评估因变量的变化时，心理学研究者总是力争选择能够提供最多信息的测量尺度；通常他们会选择定距尺度，因为经常使用的测量并没有真实零点。

我们现在转向集中趋势这一话题。请记住，测量尺度直接决定了你可以使用哪种集中趋势的测量。

集中趋势的测量

集中趋势的测量，如众数、中位数和均值，能告诉我们分布中的典型得分。

众数

众数（mode）是分布中出现次数最多的那个数字或者事件。如果

◆ **众数**　分布中出现频率最高的数。

学生报告他们每周工作的时间为

12，15，20，20，20

小时／周，那么众数会是20。

众数 = 20

尽管众数可以用于任何测量尺度上，但它是唯一可以用于定类型数据的集中趋势的测量。

中位数

中位数（median）是将分布分为相等两半的数字或者得分。为了

◆ **中位数**　将分布分为相等的两半的数。

找到中位数，你必须先将得分进行排序。因此，如果考虑以下数据

56，15，12，20，17

你需要将它们排列成

12，15，17，20，56

现在，确定17就是中位数变成了一项简单的工作。

中位数 = 17

如果如下面的分布一样，共有偶数个得分怎么办？

1，2，3，4，5，6

在这种情况下，中位数在中间的两个得分（3 和 4）之间。这里，中位数为 3.5。对于定序、定距和定比型数据，可以计算中位数。

均值

均值（mean）被定义为算术平均值。为了找到均值，我们将分布中的所有得分加

◆ **均值**　一组数的算术平均值；可以通过求出所有分数的加和然后除以分数的个数得到。

起来，然后除以求和运算中得分的个数。例如，假定我们有

12，15，18，19，16

希腊字母 $\sum$ 代表求和运算。如果 X 代表分布中的得分，那么 $\sum X$ 意味着将分布中所有的数加起来。因此，$\sum X = 80$。如果 N 代表分布中得分的个数，那么均值等于 $\sum X / N$。对于前面的例子，80/5 =16。这些数字之和是 80，因此其均值为 16（80/5）。均值一般标记为 M。

你可能想起，在统计课上，均值用 $\overline{X}$ 来标记。我们并非在随意改变所使用的符号。这里使用 M 是因为在 APA 格式的文献中（见第 14 章），均值用 M 来标记。所以我们选择采用 M 而非 $\overline{X}$。因此，$M = 16$。你可以计算定距和定比型数据的均值，但是不能计算定类和定序型数据的均值。

选择集中趋势的测量

应该选择哪一种集中趋势的测量？这类问题的答案取决于你所探求的信息类型以及你所使用的测量尺度。如果你想知道哪个得分出现得最频繁，那么众数就是一种选择。然而，众数可能并不是你的分布中一个非常具有代表性的得分。考虑下面这个分布：

1，2，3，4，5，11，11

这个例子中众数是 11。然而因为所有其他得分都相当得小，因此众数并不能准确描述典型的得分。

作为代表性的得分，中位数可能是一个稍好一些的选择，因为它考虑了分布中的所有数据；然而这个选择也是有缺陷的。中位数以相似的手法处理所有的得分；数据之间差异的大小并没有考虑进去。因此，以下两个分布的中位数都是14：

分布 1：11，12，13，**14**，15，16，17　中位数 = 14
分布 2：2，7，8，9，**14**，23，24，25　中位数 = 14

然而，当我们计算均值的时候，每个数字的取值都被考虑进去了。虽然以上两个分布的中位数是一样的，但它们的均值并不一样：分布 2 的均值大于分布 1 的均值。这意味着每个得分的取值都被考虑进去了。

分布 1：11，12，13，**14**，15，16，17
$\sum X = 98$　　$M = 98/7$　　　$M = 14$
分布 2：2，7，8，9，**14**，23，24，25
$\sum X = 110$　　$M = 110/7$　　　$M = 15.71$

因为均值考虑了每个得分的取值，所以它通常能提供一个更为准确的典型得分的描述。因此它是心理学研究者更为青睐的集中趋势的测量。另外，也存在

均值具有误导性的情境。考虑下面这个慈善捐款的例子（单位：美元）：

慈善捐款：1，1，1，5，10，10，100

众数 = 1

中位数 = 5

均值 = 128/7　　　　M = 18.29

如果你想报告典型的捐款，会是众数吗？可能不是。尽管 1 美元是出现最多的捐款额，但是它远低于其他捐款额，并且捐赠超过 1 美元的人数超过捐赠恰为 1 美元的人数。中位数呢？我们可以看到，5 美元似乎是更具代表性的捐款额，捐款比 5 美元多与比 5 美元少的人数相同。均值更合适吗？在这个例子里面，平均捐款水平被一个大额捐款（100 美元）大幅拉高了；即使 7 笔捐款中 6 笔少于 10 美元，均值仍然高居 18.29 美元。尽管在这个例子里，报告均值使得捐款活动表面看起来效果很好，但是它并不反映典型的捐款额。

这个例子告诉我们，当你只有有限的数据时，由于受到（大／小的）极端值的影响，均值可能会虚高或过低。这种情况下，中位数可能是作为集中趋势测量的更好选择。随着数据点数量的增加，极端值对于均值的影响会逐步下降。看看当我们有另外两个 5 美元的捐款时的情况：

慈善捐款：1，1，1，5，5，5，10，10，100

众数 = 1 和 5

中位数 = 5

均值 = 138/9　　　　M = 15.33

注意，到众数现在有两个取值（1 美元和 5 美元，即双峰分布）。中位数保持不变（5 美元）；然而，均值从 18.29 美元降到了 15.33 美元；仅仅加入两个低捐款额就使得均值更加靠近中位数。

图示你的结果

计算了集中趋势的测量之后，你可以向他人传达这一结果了。如果你只有一组数据，那么任务就简单了：你只需要写下这一结果作为你的文章或者报告的一部分。

如果你有几组数据呢？任务就变得复杂了。另外，在同一段话中包括多个数字容易让人感到困惑。在这种情况下，图表可以成为你的优势；要知道画意能达万言。利用图像来帮助证明论点在案件侦破中并

不少见。准备研究报告时，心理学研究者也常常有效地利用图。有几类不同的图可供研究者选择。你的选择取决于哪种图表最能有效地展示你的结果以及你所使用的测量尺度。例如，如果你使用了定类测量尺度，那么你可能会使用饼图、直方图、条形图或者频数多边形图。

饼图

当你面对总和为百分之百的百分比时，人们熟悉的**饼图**（pie chart）可能是一个好的选择。饼图将每个选择所占的百分比形象转化为圆饼中的一片。这一片的面积越大，所占的比例越大。例如，你调查了一些男大学生，目的在于了解他们收看电视节目的偏好，你可能使用饼图来展示你的结果。从图 9-1 所示的虚拟数据中，我们可以看到众数是体育节目。

> ◆ **饼图**　用圆饼中的一片来图示化每种类别的占比。

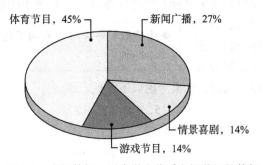

图 9-1　虚拟数据：男大学生收看电视节目的偏好

心理侦探

再进一步考察图 9-1。为什么在这个例子中使用平均偏好是不恰当的？

要回答这个问题，问问你自己什么样的数据可以计算均值。知道有四类电视节目可供选择，还知道每个类别的百分比。我们需要把所有类型节目的百分比加起来，然后除以类别总数。最后出来的数字告诉我们，选择每个类别的平均概率为 25%。不幸的是，这个数字并不能告诉我们任何关于"平均偏好"的信息。我们需要有定距或者定比型数据才能够计算平均偏好。现在我们并不拥有这样的数据。

直方图

我们可以使用**直方图**（histogram）来展示数据中每

个类别的频数。如果研究对象是一个定量变量，那么我们可以做出直方图。定量类别是指数值上有序的类别。定量变量的水平或者类别必须按数值顺序排列好。例如，我们选择按照从小到大或者反过来的顺序排列好我们的类别。图 9-2 展示了某项发展心理学研究中参与人年龄类别的直方图。

◆ **直方图** 这种图中定量变量每个值域内的频数用垂直的条形展示出来，并且相邻条形的两边是相互接触的。

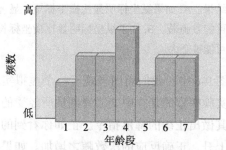

图 9-2 一项发展心理学研究项目中各个年龄段参与人的频数直方图。请注意，相邻条形的两边是相互接触的

条形图

条形图（bar graph）同样展示了数据中每个类别的频数；但是我们面对的是定性类别。定性类别不能按照数值顺序进行排列。例如，单身、已婚、离婚以及再婚是定性类别的例子；并没有办法将它们按照数值顺序进行排列。

◆ **条形图** 这种图中定性变量每个类别的频数用垂直的条形展示出来，并且相邻条形的两边是不接触的。

图 9-3 是一幅条形图；该条形图展示了常常参加运动和健身的女性对于各类运动、健身活动的偏好。条形之间留有空隙是为了让读者明白这是定性类别。你可以一眼看出女性对不同类别的运动的偏好有多么大的差别。想象一下，如果使用语言而非图像，你需要使用多少词语去描述同样的结果。

频数多边形图

如果我们用点标示出如图 9-4a 所见的直方图中每个条形顶

◆ **频数多边形图** 可通过先标出直方图中条形顶部横线的中点然后将这些点连起来的方式进行绘图。

端横线的中点，并将所有点连起来，然后移除原有的条形，那么我们就画出了一个**频数多边形图**（frequency polygon，见图 9-4b）。

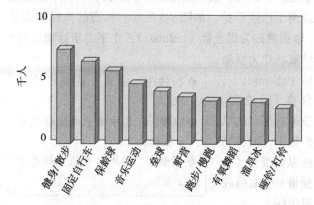

图 9-3 条形图举例。本图展示了常常参与体育运动和健身活动的女性的偏好。请注意，条形图展示的是定性变量，条形之间并不互相接触

资料来源：*The American Enterprise*, a national magazine of politics, business, and culture, September/October 1993, p.101. TAEmag.com.

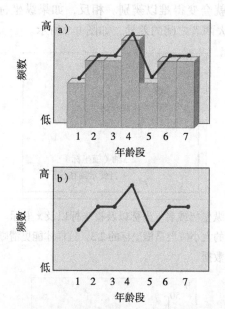

图 9-4 频数多边形图可以通过标出直方图每个条形顶端横线的中点，然后将这些点连起来（图 9-4a），随后将原来的条形移除（图 9-4b）的方式绘制出来。与直方图类似，频数多边形图展示了每段得分或数字的频次

与直方图类似，频数多边形图展示出了每个数值或得分的频数。唯一的区别是：直方图中我们使用条形，而频数多边形图中，我们使用连起来的点。

折线图

研究者频频使用**折线图**（line graph）来展示心理学实验的结果。画折线图的时候，我们从两个坐标轴或两个维度开始。如图 9-5 所示，垂直的坐标轴或者 y 轴被熟知为**纵坐标**（ordinate）；水平的坐标轴或者 x 轴被熟知为**横坐标**（abscissa）。数据（因变量）被画在图表的纵坐标上，而我们操纵的变量（自变量）的取值在横坐标上。

◆ **折线图**　常用于展现实验结果。

◆ **纵坐标**　图中垂直的坐标或者 y 坐标。

◆ **横坐标**　图中水平的坐标或者 x 坐标。

对于 y 轴而言，多高才恰当？x 轴多长才恰当？一个值得借鉴的经验法则认为，y 轴的高度应该差不多是 x 轴长度的 2/3（如图 9-5 或图 9-6）。其他的设定可能会导致扭曲的图像，并能不反映数据的状况。例如，如果纵坐标大大缩短了，各组或各处理条件之间的差异就会变得难以辨别。相反，如果纵坐标变长，则会夸大两者之间的差异，如图 9-7 所示。

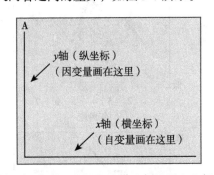

图 9-5　纵坐标或者 y 坐标以及横坐标以及 x 坐标。纵坐标的大小应当是横坐标的 2/3，这样才能更清晰地展示数据

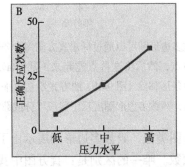

图 9-6　考察压力对于空中管制员给出正确指令的影响的假想实验结果

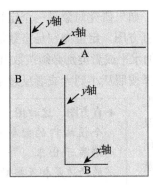

图 9-7　交换 x（横坐标）和 y（纵坐标）可能会扭曲实验的结果。A. 如果纵坐标明显比横坐标短，显著的效应可能被掩蔽。B. 如果纵坐标明显比横坐标长，效应可能被夸大

在图 9-6 中，我们用图展现了一个虚拟实验的结果；该实验探索的是空中交通管制员所经受的压力如何影响其做出正确的降落指令。正如你看到的，随着压力的上升，正确反应的次数随之增加。如果我们想比较两组不同的参与人呢？例如大学生和空中交通管制员？我们应该如何用一幅图囊括两组人的结果？没有问题。我们所要做的不过是在图中加入第二组参与人的数据点以及能够标识组别的图例，如图 9-8 所示。现在我们可以一眼看出对于职业压力非常大的空中交通管制员而言，压力增加时，正确判断的次数上升；大学生则相反。

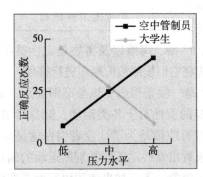

图 9-8　压力对于空中管制员以及大学生给出正确指令的影响的假想实验结果

如果实验有多个自变量，如何决定在横坐标上放置哪个自变量？尽管没有固定标准，但一个可以参考的法则就是选择那个有更多不同水平的自变量。因此，在图 9-8 中，有 3 个水平的压力变量被画在横坐标上，而不是拥有两个水平的实验分组。

为什么选择将水平数更多的自变量放在横坐标上呢？

选择将水平数更多的自变量放在横坐标上可以减少图中线条的数量。图中线条越少，读者就越容易读懂你的图。例如，在压力实验中，如果我们将实验分组画在横坐标上，那么图 9-8 就会出现三条线，每条对应一个压力水平。我们会在第 14 章介绍被广泛接受的 APA 格式中关于图的部分。

计算统计量

请记住，这并不是一本统计教科书，因为我们假定你已经选修了一门统计课；因此，我们不会回顾所有在本书里出现的统计计算或者假设检验相关的公式。你可以在附录 B 中找到这些公式。在需要的时候使用它们。你的计算技巧可能有些生疏，但是所有统计公式仅仅涉及加、减、乘、除以及求平方根运算——所有这些对于一名大学生而言都不构成挑战，特别是在计算器的帮助下。

出于同样的原因，在第一堂统计课后，多数心理学研究者（以及多数心理学专业的学生）很少使用手算；绝大多数人使用某种计算机程序包来分析他们所收集的数据。当然，有许多不同的计算机程序包可供选择。你可能有权使用学校或者院系提供的大型且功能强大的统计程序包（一些常见的程序包包括 SPSS、SAS 和 BMD；你的计算机里可能有微软的 Excel）。或者，你可能有机会使用一些小型统计程序；一些学校甚至要求选修相关统计课的学生购买某些统计程序。在任一情况下，你都应该有机会接触到至少一种计算机统计分析程序。我们无法针对你能够使用的统计软件展开介绍，因为有太多的程序了。在所有涉及统计的章节中，我们会试着提供一些关于如何解释程序输出的通用的提示。

变异性的测量

尽管集中趋势的测量以及图表足以传达非常可观的信息，但我们还是能够从所收集的数据中学到更多的东西。我们也需要知道我们数据的变异性。

想象一下授课老师返回了你最近的一次测验的结果；你的得分是 64 分。这个分数告诉你什么？分数本身可能并不能反映什么。你向教授询问了更多的信息，并且发现整个班的平均分是 56。你感到好一些，因为你在平均分之上；但是片刻的思考之后，你发现自己需要更多的信息。分数的聚合程度如何？它们是集中在均值周围还是分散开来？分数**变异性**（variability）的大小或者展布程度会影响你的得分的排名。如果大部分分数都非常接近均值，那么你就是你们班中得分较高的人之一。如果其他人的分数都分散开来，离均值较远，那么你并不是最高分的那些人之一。很明显，你需要一个变异性测量，从而获得关于数据的完整图像。全距和标准差是心理学研究者常常报告的两种常用变异性的测量。

> ◆ **变异性**　分数在均值附近分布的离散程度。
>
> ◆ **全距**　一种变异性的测量；可以通过最大值减去最小值获得。

全距

全距（range）是最容易计算的变异性的测量；将得分排序后，最大值减去最小值就是全距。考虑下面这个分布：

$$1,\ 1,\ 1,\ 1,\ 5,\ 6,\ 6,\ 8,\ 25$$

当我们用 25 减去 1 就得到全距，即 24：

$$全距：25-1=24$$

但是，除了告诉我们最大值和最小值之差之外，全距并没有告诉我们太多的信息。知道全距为 24 并不能告诉我们得分的分布是什么样的。看看图 9-9。

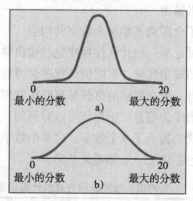

图 9-9　全距并不能提供很多关于待考察分布的信息。即便两个分布的全距相等，它们的差别也可能非常大

图 9-9 的 a 部分和 b 部分的全距是一样的；然而，得分的离散程度是明显不同的。第一个分布中的得分堆积在分布的中心（见图 9-9a），而第二个分布的得分均匀的散布开来（见图 9-9b）。我们需要其他的测量（标准差），从而获得额外的关于得分如何分布的信息。

方差和标准差

为了获得标准差，我们需要先计算方差。你可以把**方差**（variance）想象成一个反映分布综合变异性的数字。数值越大，分数分布得越离散。方差和标准差反映了分布中分数距离均值的远近。

> ◆ **方差**　反映分布的总变异性的指标；是标准差的平方，σ^2。

研究者进行实验时，他们会根据样本中被试的信息（估计）来推测总体。仍然采用前面全距的例子，我们计算出那 9 个数字的方差为 58.25（参见附录 B 中计算方差的公式）。当我们得到了方差，就可以计算标准差了。

解释标准差

为了求得**标准差**（standard deviation，SD），我们需要做的就是求出方差的平方根。根据我们得到的方差 58.25，

$$标准差 = \sqrt{方差}$$
$$= \sqrt{58.25}$$
$$= 7.63$$

与方差类似，标准差越大，得分的变异性或者离散程度越高。

表 9-1 所展示的计算机输出

> ◆ **标准差**　方差的平方根；与正态分布有着密切联系。

样例给出了全距例子中 9 个数字的均值、方差和标准差。与其讨论某一统计软件程序包的输出样例，不如介绍通用的输出样例。不同统计程序包可能提供稍稍不同的信息；现在展示给你的是那些按常理应当出现在程序输出中的信息。正如你可以看到的，计算机告诉我们，我们输入了 9 个数字。这 9 个数字的均值是 6.00，方差是 58.25，标准差是 7.63。

表 9-1　含均值、标准差和方差的计算机输出

均值	标准差	方差	全距	样本量
6.00	7.63	58.25	24.00	9

现在我们已经介绍了标准差，但是它能告诉我们什么呢？要回答这个问题，我们必须引入**正态分布**（normal distribution，也被称为正态曲线）。正态分布的概念基于这样一个发现：当我们增加样本中得分的个数时，许多心理学家感兴趣的分布都会变得对称或者呈现钟形。（有的时候正态分布也被称为钟形曲线。）样本中的大部分分数聚集在集中趋势周围，距离

> ◆ **正态分布**　一种对称的钟形分布，这种分布有一半的分数小于均值，一半的分数大于均值。

集中趋势越远，出现的分数越少。正如你从图 9-10 所见，正态分布的均值、中位数和众数取值相同。

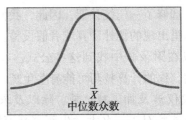

图 9-10　对称且呈现钟形的正态分布。注意到正态分布中均值、中位数和众数取值相同

正态分布和标准差之间存在着有趣的关联。例如，在一个正态分布中，某一点到均值的距离可以用标准差来测量。想象一个均值为 56，标准差为 4 的分布；值为 60 的分数在均值之上 1 个标准差的位置（+1 SD），值为 48 的分数则在均值之下 2 个标准差的位置（−2 SD）；以此类推。正如你从图 9-11 所见，在所有正态分布中，总是有 34.13% 的分数落在均值及其之上 1 个标准差之间。

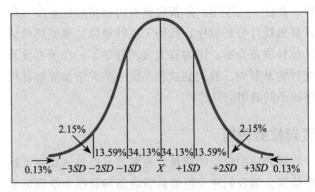

图 9-11　标准差和正态分布的关系

类似地，分布中有 34.13% 的分数落在均值及其

之下 1 个标准差之间。另外 13.59% 的分数则落在均值之上 1 个以及 2 个标准差之间，或者均值之下 1 个以及 2 个标准差之间。因此，正态分布中大约 95% 的分数落在均值之下以及均值之上 2 个标准差之间。准确地说，有 2.28% 的分数在均值之上 2 个标准差之上；还有另外的 2.28% 在均值之下 2 个标准差之下。重要的是，这些比例对于所有的正态分布来说都成立。

心理侦探

回顾一下图 9-11。为什么从均值到均值之上（或之下）1 个标准差的比例与从均值之上（或之下）1 个标准差到 2 个标准差的比例不一样？

当我们逐渐远离均值（往大或者往小的方向），分数与均值的差异会越来越大。我们知道，越大的取值出现的概率越小。而出现在均值之上 1 个标准差和 2 个标准差之间的分数数值比出现在均值和其之上 1 个标准差之间的要大，因此出现在 1 个标准差到 2 个标准差之间的比例要低于出现在均值到 1 个标准差之间的比例。

现在，让我们回到你的测验分数 64 分。你知道全班的平均分是 56。如果你的授课老师告诉你标准差是 4，你的反应可能是什么样的呢？ 64 分位于均值之上 2 个标准差的位置；你会感到非常不错。64 分意味着你属于班上的前 2.28% 的学生（100% 减去低于均值的 50% 再减去位于均值和均值之上 1 个标准差的 34.13%，最后减去位于均值之上 1 个和 2 个标准差之间的 13.59%，如图 9-12a 所示）。

如果你的授课老师告诉你标准差是 20 呢？现在你的 64 分就不再像标准差为 4 的时候那么令人瞩目了。你确实在均值之上，但距离均值之上 1 个标准差还相当远，见图 9-12b。

因为对于所有正态分布而言，距离均值相同标准差单位的得分出现的比例是一样的，我们可以通过均值之上或者之下多少个标准差来比较不同分布中的不同得分。考虑下面的一些分数：

测验编号	你的得分	平均分	标准差	你的得分到均值的距离
1	46	41	5	均值之上的 1 个标准差
2	72	63	4	均值之上的 2 个标准差
3	93	71	15	均值之上的 1 个标准差

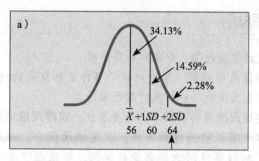

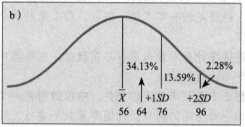

图 9-12 a) 64 分在平均分为 56 标准差为 4 的分数分布中是非常出色的分数。b) 同样的分数在标准差为 20 的分布中则不再值得高评价

尽管你的得分、均值和标准差在不同测验中不尽相同，但我们总是可以确定你每次的得分到均值的距离有多少个标准差。这样，我们就能够比较这些得分之间的差异了。完成了这些比较之后，我们会发现你的得分一直在均值之上的 1 个或者多个标准差。具体地说，你一直处于班级的至少前 15.87%（100% 减去低于均值的 50% 再减去位于均值和均值之上一个标准差的 34.13%）。通过这种方式来比较不同分布中的不同得分，我们可以总结出一些趋势，并且看到未来可能发生什么。另外一种描述性统计，相关系数，也可以用于预测。我们会在下一节谈到这个话题。

与卡车的警示标语不同，心理学研究者视数据和统计分析程序为探索研究问题的工具。

回顾总结

1. **统计**包括收集、分析和解释数据。
2. **测量**是根据某一组法则赋予事件某些符号的过程。测量尺度是一种特殊的测量法则。
3. **定类尺度**是一种简单的分类系统，**定序尺度**则用于事件可以被排序的时候。在**定距尺度**中，排序之后相邻事件间的距离是相等的。如果在这个基础上，再满足拥有零点这一假设，那么此时就是**定比尺度**。
4. **描述性统计**是对数据进行总结概括，包括集中趋势和变异性的测量。
5. **众数**是出现频率最高的分数，**中位数**则将一个分布平均分为相等的两半。**均值**即算数平均值。取决于分布的性质，集中趋势的不同测量在反映典型分数

方面存在优劣之分。然而在正态分布中，它们是完全一致的。

6. 诸如**饼图**、**条形图**、**直方图**和**频数多边形图**等图像常常被用于展示数据的频数或者比例。
7. **折线图**被常用于展示实验的结果。因变量在**纵坐标**（y 轴）上，自变量在**横坐标**（x 轴）上。典型的折线图其 y 轴和 x 轴的比例为 $2 : 3$。
8. **变异性**的测量包括**全距**（最大和最小值之差）和**标准差**（方差的平方根）。**方差**反映了数据展现出来的全部变异性。
9. 与**正态分布**相关联之后，标准差可以传达大量信息。

检查你的进度

1. 连线
   - （1）推断性统计
   - （2）描述性统计
   - （3）测量
   - （4）定类尺度
   - （5）定序尺度
   - （6）定距尺度
   - （7）定比尺度

   - A. 赋予事件某些符号标记
   - B. 排序
   - C. 对事件进行分类
   - D. 间距相等并含有真实零度
   - E. 用于概括总结一组数据
   - F. 间距相等
   - G 实验后用于分析数据

2. 出现频率最高的数是_____。
   - a. 均值
   - b. 中位数
   - c. 众数
   - d. 调和平均值

3. 处理服从正态分布的数据时，你会选择哪一个集中趋势的测量？为什么？

4. _____通过报告每个类别的频数来展示数据。
   - a. 饼图
   - b. 折线图
   - c. 二项分布
   - d. 直方图

5. 你正在用折线图展现实验结果。请问什么是纵坐标？什么是横坐标？作图时，每个坐标代表的是什么？

6. 为什么全距难以传达很多关于变异性方面的信息？

7. _____反映的是数据的全部变异性。
   - a. 方差
   - b. 标准差
   - c. 全距
   - d. 均值

8. 标准差与正态分布是如何关联起来的？

相关

与案件的成功侦破一样，预测在心理学研究中扮演着一个重要角色。这一点在高中升大学的过程中体现得非常明显。在高中时代，你可能参加了大学入学考试。根据这个考试的结果，可以预测你在大学里可能取得的成绩。同样，你可能计划在完成本科学业后继续研究生深造。你可能还会参加另一场入学考试。根据所感兴趣的领域，你会参加美国研究生入学考试，法学院入学考试（Law School Admission Test,

LSAT），医学院入学考试（Medical College Admission Test，MCAT）或者其他类似的测验。

这样的预测都是基于相关系数的。弗朗西斯·高尔顿爵士（1822—1911）提出了相关系数的基本概念。作为一个独立的富家子弟，高尔顿毕生投身于他所感兴趣的研究中。根据杰出心理学史学家 Boring（1950），高尔顿"是一位自由投稿人和绅士科学家。他总是能发现新的关系并找出它们，要么发表成文章，要么在实践中进行试验。没有领域在他的潜在兴趣之外，没有领域能够事先从他掌控的范围中划分出

来"（p.461）。例如，高尔顿研究了诸如财富和指纹这样截然不同的领域。他也提出了这样的假设：一个人的智力高低与其神经系统的发达程度密切相关；神经系统越发达，智力越高。为了更好地测量两个变量之间的关系，高尔顿的助理卡尔·皮尔逊（Karl Pearson，1857—1936）提出了相关系数。

相关系数（correlation coefficient）展现了两个变量之间关系的强度。相关系数可取 −1 到 +1 之间的值。

◆ **相关系数** 反映两个变量之间关系的强度的指标。

值为 −1 的相关系数表明两个变量之间存在完全负相关，如图 9-13 所示。也就是说，一旦一个变量的取值提高了一个单位，另一个变量总是以一定的比例下降。

考虑下面这些在测验 X 和 Y 上的分数：

	测验 X	测验 Y
学生 1	49	63
学生 2	50	61
学生 3	51	59
学生 4	52	57
学生 5	53	55

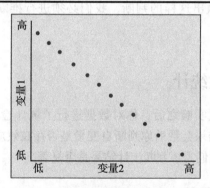

图 9-13　完全负相关

测验 X 上一个单位的增长，对应的是测验 Y 上 2 个单位的下降。根据这一信息，你可以根据学生 6 在测验 X 上的 54 分预测他在测验 Y 上的分数将是 53。

正如你在第 4 章所见，零相关意味着两个变量之间几乎或者完全不相关，如图 9-14 所示。一个变量上分数的增长，另一个变量上的分数可能上升、下降或者维持不变。因此我们无法根据你在测验 X 上的分数来预测测验 Y 上的分数。相关系数并不需要精确为 0 才意味着零相关。无法做出准确的预测才是关键问题。接近 0 相关的两组数可能是图 9-14 这样的。

	测验 X	测验 Y
学生 1	58	28
学生 2	59	97
学生 3	60	63
学生 4	61	60
学生 5	62	50

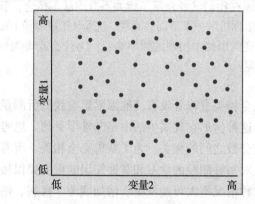

图 9-14　零相关

在这一情形中，测验 X 和测验 Y 的相关为 0.04。小的相关意味着你无法根据测验 X 的分数来预测测验 Y 的分数。两者之间是零相关或者没有关系。

值为 +1 的相关系数意味着两组数之间存在完全正相关，如图 9-15 所示。也就是说，当我们看到一个变量上的 1 个单位的增长，就会看到另一个变量上一定比例的增长。考虑下面这组在测验 X 和 Y 上的分数。

	测验 X	测验 Y
学生 1	25	40
学生 2	26	43
学生 3	27	46
学生 4	28	49
学生 5	29	52

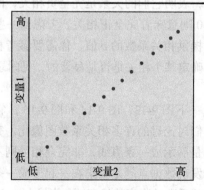

图 9-15　完全正相关

在这个例子中，测验 X 上的每个单位的增长总是对应着测验 Y 上 3 个单位的增长。如果学生 6 在测验 X 上的分数是 30，利用完全正相关的关系，你可以预测他在测验 Y 上的分数将会是 55。

心理侦探

现在我们已经介绍了相关系数的基本概念，我们希望你思考一下下面的问题。完全（正或者负）相关在现实事件中出现的频率高吗？为什么或者为什么不呢？

完全相关意味着没有其他因素影响我们所测量的关系。这种情形在现实生活中是非常罕见的。思考一下测验分数之间的相关。为了获得完全相关，所有的参与人对每种测验的学习和掌握知识的程度要保持一致。这种情况不太可能发生。诸如疲劳、疾病、倦怠或者分心等因素会产生影响，从而导致不能达到完全相关。

皮尔逊积差相关系数

最常用的相关指标**皮尔逊积差相关系数**（Pearson product-moment correlation coefficient, r）是由高尔顿的助理卡尔·皮尔逊提出的。这种相关系数适用于 X 和 Y 都是定距或者定比尺度的变量，并且两者的关系是线性的情况。其他相关系数适用于当两个变量的一个或者两个不是定距或者定比尺度，又或者两者的关系并非线性的情况。

报告完全正/负相关的计算机输出样例在表 9-2 中。正如你所看到的，测验 X 和测验 Y 与它们自己的相关总是 1.00；然而，它们之间的相关是 -1.00，参见表 9-2a，表明它们的关系是完全负相关；而表 9-2b 中的 +1.00 则意味着完全正相关。考虑到一些计算机程序并不提供相关系数的 p 值，你需要参考相关系数分布表来确定某个相关是否显著，见附录 A 中的表 A-3。

回顾一下图 9-13，图 9-14 和图 9-15；它们会帮助你将我们讨论过的许多相关系数图像化。完全正/负相关总是展示成一条直线，非完全相关则不然。然而，你会发现数据点越是聚集在一起形成一条鲜明的直线，相关系数的强度就越高（取值越大）。对于正相关，数据点从左下方到右上方，对于负相关，这个趋势就变成从左上方到右下方了。对于零相关（或接近零），则没有一致的趋势。

表 9-2　报告（a）完全负相关和（b）完全正相关的计算机输出

a. 完全负相关		
皮尔逊相关矩阵		
	测验 X	测验 Y
测验 X	1.00	
测验 Y	-1.00	1.00
观测数：5		
b. 完全正相关		
皮尔逊相关矩阵		
	测验 X	测验 Y
测验 X	1.00	
测验 Y	1.00	1.00
观测数：5		

尽管描述性统计可以告诉我们所收集数据的许多信息，但它们无法告诉我们所有事情。例如，当我们进行了一个实验，描述性统计无法告诉我们所操纵的自变量是否对参与人的行为产生了显著的影响，或者告诉我们所获得的结果是否是随机因素造成的。为了能够做出这样的判断，我们必须进行推断性统计检验。

推断性统计

完成实验之后，你对数据进行了统计检验分析。检验的结果会帮助你判断自变量是否存在效应。换句话说，我们需要判断统计结果是否显著。

什么是显著

推断性统计检验告诉我们，实验结果很可能或几乎不可能是由随机因素引起的。在真实差异为零的前提下，也就是随机因素是出现差异的唯一原因的前提下，推断性统计量取值小的概率高，取值大的概率低。如果结果显示所观测到的推断性统计量取值小，那么差异就很可能是随机因素造成的，我们因此称之为不显著，同时得出自变量对因变量没有效应的结论。在这种情况下，我们会接受**虚无假设**（null hypothesis），虚无假设假定各组之间的差异是由随机因素造成的（也就是并非因为操纵自变量而引起的）。然而，如果推断性统计检验的结果显示所观测到的推断性统计量取值大，也就是出现的概率小，那么差异就不太像是由随机因素造成的（即显著），我们就可以得出随机因素之外的因素也产生了作用的结论。如果我们正确完成了实验并且实施了很好的控制（参见第 6 章和第 7 章），那么显著的统计结果就可以作为一种证据，支撑自变量是有效应的（也就是说确实影响了因变量）结论。

> ◆ **虚无假设**　该假设认为所有组间差异均是随机因素造成的（也就是并非由对自变量的操纵造成的）。

什么时候我们才能认为一个事件发生的概率很低？通常来说，心理学研究者认为概率低于 5% 或者更少的时候，就可以称这个事件是小概率事件。因此，你经常在期刊论文中看到人们提到 "0.05 的显著水平"。这一陈述告诉我们判断结果显著的标准是，在虚无假设的前提下，所进行的 100 次重复实验中，有 5 次或更少的结果是显著的。作为实验者，你需要在实验前就决定你的显著水平。

"抱歉，但是在 0.05 的水平上你被拒绝了。"

Reprinted by permission of Warren Street

在后续几个章节中，你会遇到多种显著性检验。

本章会采用 t 检验作为示例来展示它们的用法。

t 检验

多年以来，你可能听过一句老话 "人靠衣装"。你决定用实验的方法来检验这句名言，即考察消费者的穿着风格是否影响销售人员开始接待消费者的速度。为了设计这个实验，想象一下你从购物商圈的一个商场随机选取了 16 名销售人员并随机地将他们分配到两组中，每组 8 人。组 A 接待的消费者穿着考究；组 B 接待的消费者衣衫褴褛。因为实验前形成的组是随机分配产生的，所以你假定他们在接受自变量处理之前是平等的。

测试组 A 销售人员的学生穿着考究的衣服进入购物中心，测试组 B 的学生则穿着破旧的衣服进入。因为组 A 的学生与组 B 的学生没有关系，或者不会影响后者，所以两组之间是彼此独立的。每位学生进入购物中心的商场之后使用一个消音的、不显眼的计时器来测量销售人员开始接待消费者的时间（以秒为单位）。（记住，这些数据虽然是由学生消费者记录的，但是是销售人员产生的数据。）两组的 "接待延迟" 时间（这是一种潜伏期因变量，参见第 6 章）如下所示。

组 A	组 B
穿着考究	衣衫褴褛
37	50
38	46
44	62
47	22
49	74
49	69
54	77
69	76
$\sum X = 387$	$\sum Y = 506$
$M = 48.38$	$M = 63.25$

你认为销售人员接待穿着考究的消费者时反应更快吗？简单查看两组数据的差异就会发现这一假设似乎是对的；组 B 的均值比组 A 的要高。（更高的取值意味着需要等待更长的时间，销售人员才开始接待。）另外，两组之间也有相当大的重叠部分；一些穿着考究的学生记录的接待延迟时间与衣衫褴褛的学生非常

相似。你所发现的两组之间的差异真的大到可以判定其确实存在还是仅仅是一个偶然事件？仅仅查看数据是无法回答这个问题的。

> ◆ **t检验**　一种推断性统计检验，用于衡量两个均值的差异的大小。

t检验（t test）是一种推断性统计，用于评估两组之间的均值差异（参见讨论两组设计的第 10 章）。因为接待延迟实验的两组是相互独立的，所以我们会使用独立组 t 检验。（我们会在第 10 章中讨论相关组 t 检验。）表 9-3 的计算机输出样例展示了 t 检验结果。

表 9-3　计算机输出样例：独立组 t 检验

组	N	M	SD
穿着考究	8	48.38	9.46
衣衫褴褛	8	63.25	11.73
t = 2.61		df = 14	p = 0.021

你可以看到 t 值为 2.61 ；该 t 值的 p 值是 0.021。在随机因素是造成差异的原因的前提下，这个结果发生的概率小于 0.05，我们可以得出结论，这两组之间存在显著差异。

如果你的计算机程序在结果输出部分并没有提供 p 值，你就需要利用 t 表来进行判断。还记得吗，我们的 t 值是 2.61。获得 t 值以后，我们必须按序完成以下步骤来解释 t 检验的结果。

1. 确定自由度。（因为一些统计程序包可能并不会自动输出自由度，因此记住以下这个公式以便使用是重要的。）对于我们的衣着研究而言：

$$df = (N_A - 1) + (N_B - 1)$$
$$= (8-1) + (8-1)$$
$$= 14$$

2. 查看如附录 A 的表 A-1 的 t 表时，我们需要自由度（后面我们会具体介绍自由度）。这个表列出了出现概率很小的 t 值。我们将观测到的 t 值与这些偶然出现的 t 值进行对比。显著意味着观测到的 t 值等于或者大于表 A-1 中的 t 值。

3. 查看 t 表中自由度为 14 的那一行。这一行中，我们可以找到出现概率为 5%（显著水平为 0.05）的 t 值对应的是 2.145。因为观测的 t 值 2.61 大于 2.145（t 表中显著水平为 0.05，自由度为 14 的值），所以我们可以得出结果是显著的结论（偶然出现的概率小于

0.05）。因此穿着风格对于接待延迟有显著的影响。在随机因素是造成差异的原因的前提下，这一结果是偶然出现的概率小于 5%。如果我们选择了不同的显著水平，如 1%（0.01），t 表的值将会是 2.977，这时我们的结论将是结果不显著。在许多情况下，你的计算机程序会自动输出 t 值的概率，这样你就不需要使用 t 表了。

尽管根据公式计算自由度很简单，但这一术语的含义并没有因此就很明确，即便你已经完成了统计概论的课程。我们会尝试帮助你理解它的意义。**自由度**（degrees of freedom）的自由是指数据中某个数据点可以任意取值的能力。这种能力受到我们对这个数据施加的一些限制条件的影响。每假定一种限制条件的成立，某个数的取值就固定了。例如我们假定所获得的 10 个数的总和为 100。总和为 100 就是一个限制；这样一来，某个数的取值就会被固定。在下面的例子 1 中，最后的一个数字必需取值 15，因为前 9 个数（可以任意取值的数）的总和为 85。在例子 2 中，前 9 个数的取值有所变化。最后一个数的取值是多少？

> ◆ **自由度**　一组数中能够自由取值的数的个数。

数	1	2	3	4	5	6	7	8	9	10	总和
例子 1	6	12	11	4	9	9	14	3	17	15	100
例子 2	21	2	9	7	3	18	6	4	5	?	100

与第一个例子一样，前 9 个数字可以任意取值。在第二个例子中，前九个数的总和为 75。这意味着最后一个数的取值为 25。

单侧检验 vs. 双侧检验

还记得第 5 章吗？你的研究假设可能是有方向的，也可能没有方向。如果你采用了有方向的研究假设，就具体陈述了结果可能是什么样的（也就是有方向的陈述）。例如我们之前考虑过的例子，按通用表达格式（参见第 5 章）陈述的实验假设可能如下。

相比起衣衫褴褛的学生，穿着考究的学生出现在商场中，销售人员会更快地开始接待他们。

因为我们预期面对穿着考究的学生，销售人员的反应比面对衣衫褴褛的学生时要快，因此我们所进行的就是有方向的研究假设。如果我们仅仅预期两组之间有差异，而不具体假定差异的方向，那么那就是在使用无方向的研究假设。

有方向和没有方向的假设与 t 检验有什么关系？如果你想起统计课上讨论过的单侧或者双侧显著性检验，那么你就在正确的轨道上。单侧 t 检验衡量的是虚无假设为真时，某种结果出现的概率。双侧 t 检验则衡量虚无假设为真时，两种可能的结果出现的概率。如果你将单侧检验与有方向的假设关联起来，并将无方向的假设与双侧检验对应起来，那么你再次判断正确。

图 9-16 画出了实验假设（有方向对比无方向）以及 t 检验类别（单侧对比双侧）的关系。正如你从图 9-16a 所看到的，当我们在进行单侧检验时，拒绝域较大并且只出现在分布的一端。如图 9-16b 所示，当我们进行双侧检验的时候，结果偶然出现的概率一分为二，平均出现在分布的两端。

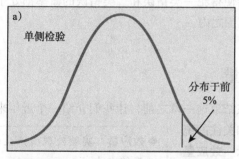

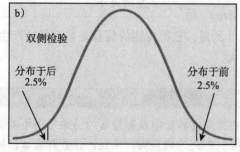

图 9-16　a) 单侧检验和 b) 双侧检验的拒绝域。a) 单侧检验中，虚无假设的拒绝域落在分布的一端。有方向的研究假设，如 a > b，与单侧检验相关联。b) 双侧检验中，虚无假设的拒绝域一分为二均匀地落在分布的两端。无方向的假设，例如 a ≠ b（a 不等于 b），与双侧检验相关联

尽管单侧显著性检验和双侧显著性检验的计算方法是一致的，但在使用 t 表的时候你需要查看不同的列。对于购物商场的例子而言，我们进行了一个双侧显著性检验；2.145 是我们在 0.05 的显著水平上的临界值。因此任何等于或者大于 2.145 的 t 值都是显著的（参见附录 A 的表 A-1）。如果我们进行了一个单侧检验，0.05 显著水平上的临界值就变成了表 A-1 中的 1.761。

在单侧检验中，不需要那么大的取值就可以达到显著，这意味着单侧检验更容易发现显著的结果。如果确实如此，为什么实验者并没有总是采用有方向的研究假设呢？主要的原因是研究者在实验之前并不清楚实验的结果具体会是什么样的。如果在实验之前就知道了实验的结果具体是什么样的，我们就没有必要进行实验了。如果你采用有方向的假设，而结果又与之相反，你只能拒绝自己的假设并接受虚无假设。如果你的研究假设是无方向的，那么你的实验可能会支持两组之间存在差异的假设。进行 t 检验的时候，研究者通常对两个方向的结果都感兴趣，例如如果销售人员更快地开始接待衣衫褴褛的学生呢？

显著性检验的逻辑

记住，我们要根据虚无假设为真时结果出现的概率来判断一个实验结果的统计显著性。在获得显著结果的情况下，我们假定自变量造成了结果上的差异。尽管夏洛克·福尔摩斯并没有在讨论心理实验，但是当他质问华生的时候，"我跟你说过多少次，当你排除了所有不可能，那么剩下的，无论多么不可思议，一定是真相！"（Doyle，1927，p.111）他完全抓住了假设检验的目的。

通常我们的终极目的并不在于弄清楚实验的样本是什么样子的，而在于透过样本弄清楚它所来源的那个总体是什么样的。简单地说，我们希望在样本的基础上进行推广，推测样本背后更广阔的总体。

图 9-17 展示了这一逻辑推理过程。我们首先从一个特定的总体中抽出随机样本，如图 9-17a 所示。我们假定通过随机分配产生的两个组是相等的：任何组间差异都很小，并且完全由随机因素造成的。在图 9-17b 中，我们看到实验的结果；对自变量的操纵造成了组间的显著差异。从这里开始，研究者就在根据

实验结果进行推断和推广。例如，根据两组之间的显著差异，研究者在推论如果这些实验处理在总体中进行会发生什么。在图9-17c中，研究者将样本中获得的研究结果推广到整个总体中（参见第8章），我们推断自变量的效应对整个总体适用。

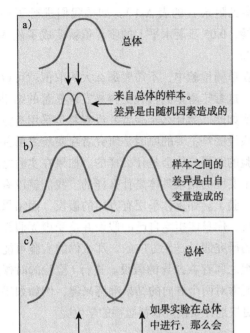

图9-17　a）从总体中抽出随机样本。b）对自变量的操纵导致了样本之间的差异达到显著。c）实验者将这个实验结果推广到更广泛的总体中

当统计分析出错了：一类和二类错误

不幸的是，不是所有的统计推断都是正确的。还记得吗？我们判定一个实验结果是显著的，只要虚无假设为真时，它出现的概率（100次中发生5次或者更少）足够小。总是有可能你的实验正是这100次实验中的少数5次之一，也就是结果确实是小概率事件（由随机因素造成的）。因此，虚无假设是对的，而你犯了一个错误，你接受了实验假设。我们把这种错误称为**一类错误**（Type I error，

◆ **一类错误**　虚无假设为真时，接受实验假设。
◆ **二类错误**　实验假设为真的时候接受虚无假设。

以符号 α 来表示）。实验者直接通过选择显著水平来控制犯一类错误的概率。例如，选择0.01的显著水平而不是0.05的显著水平，你将更不容易犯一类错误。

当你选择更极端或者更严格的显著水平（例如从0.05变成0.01）来规避一类错误时，你犯**二类错误**（Type II error，或者β）错误的概率就会上升。二类错误即拒绝了真的实验假设。与一类错误不同的是，实验者不能直接控制二类错误。我们可以通过采取某些能够增加组间差异的措施来间接减少犯二类错误的概率。例如，选择更强的自变量或者使用更多的参与人都是规避二类错误的有效措施。

我们会在后面的章节再次讨论这两个概念。它们可以用下面这个表格概括总结出来。

		事件的真实状态	
		实验假设为真	虚无假设为真
你的判断	实验假设为真	正确的判断	一类错误（α）
	虚无假设为真	二类错误（β）	正确的判断

你需要记住典型的做法是选择0.05的α水平，因为这会使得犯一类错误和二类错误的概率都处于可接受的范围之内。

效应量

在结束这一章之前，让我们介绍一个近年来广受欢迎和关注的统计概念。**效应量**（effect size）是

◆ **效应量**　实验处理所产生的效应的大小。

一种统计测量，它所传达的信息是自变量所产生的效应有多大。

> **心理侦探**
>
> 在推断性检验中获得显著的结果难道不能够给我们提供相关的信息吗？毕竟，显著意味着自变量有效应，而这正是我们关心的问题。为什么我们还需要别的信息呢？

不幸的是，一个显著的检验仅仅告诉我们自变量有效应；它并不能告诉我们显著效应的大小。更进一步，一个显著的效应之所以显著，可能取决于自变量

以外的其他因素。例如你刚才看到的，如果你增加样本量，即使自变量效应的大小不变，你获得显著结果的可能性也会提高（也就是回避二类错误）。前一版《APA 格式：国际社会科学学术写作规范手册》（APA's *PM*，2001）指出，"不管两种概率的哪一种（α 水平以及推断性统计量的概率水平）都不反映效应的重要性或者大小，因为它们都取决于样本量"（p.18）。

出于这些考虑，APA 鼓励研究人员在报告推断性统计结果时加上效应量。事实上，一些统计学家（如 Kirk，1996）早就预言，未来将是报告效应量多于报告显著性检验的时代。而事实确实如此，《APA 格式》（2010）指出，当你在准备研究报告的时候"要让读者更加准确地认识到研究发现的重要性，几乎肯定需要在结果部分报告效应量的一些测量指标。"（p.34）。

目前存在许多计算效应量的方法。这里介绍的两种对你们来说应该不成问题。Cohen d（Cohen，1977）适用于当你比较两组差异并计算一个 *t* 检验的时候。

在这个情况下：

$$d = \frac{t(N_1 + N_2)}{\sqrt{df}\sqrt{N_1 N_2}}$$

或者当两个样本的样本量相等的时候：

$$d = \frac{2t}{\sqrt{df}}$$

Cohen（1977）指出，$d = 0.20$ 到 0.50 意味着小的效应量，$d = 0.50$ 到 0.80 意味着中等的效应量，d 值大于 0.80 则意味着大的效应量。

另一个测量效应量的技术针对的是皮尔逊积差相关（r）：r^2 提供了待考察的变量所能解释的那部分变异性的占比（Rosenthal & Rosnow，1984）。例如，尽管 90 对分数的相关 $r = 0.30$ 是显著的（$p < 0.01$），但这个相关仅仅解释了方差的 9%（$0.30^2 = 0.09 = 9\%$）。这一数字意味着研究结果中 91% 的方差是由其他变量所解释的，这实际上意味着一个相当小的效应量。

回顾总结

1. **相关系数**反映了两个变量之间关系的强度。许多预测都是基于相关系数的。

2. 当一个变量上一个单位的增长总是对应着另一个变量上一定比例的下降，那么我们就观测到了完全负相关（−1.00）。完全正相关（+1.00）意味着一个变量上一个单位的增长总是对应着另一个变量上一定比例的增长。零相关意味着两个变量之间没有关系。

3. 皮尔逊积差相关系数要求两个变量都采用定距尺度的测量。

4. 推断性统计帮助实验者决定自变量是否有效应。显著的推断性统计量意味着虚无假设为真的前提下，结果发生的可能性很小。

5. ***t* 检验**是一种推断性统计分析，用于检验两组之间的差异。

6. 结果显著的时候，实验者希望能够将结果推广到更广泛的总体中。

7. 单侧 *t* 检验适用于有方向的假设，双侧 *t* 检验则适用于无方向的假设。

8. 尽管单侧检验的临界值较低，更容易获得显著的结果，但许多实验假设都是无方向的，因为研究者无法精确判断研究的结果会是什么样的。

9. 有的时候推断性统计检验会导致错误的决策。一个实验假设可能被错误地接受了（**一类错误**）或者错误地拒绝了（**二类错误**）。

检查你的进度

1. 连线
 （1）相关系数　　　　　A. 无方向的假设
 （2）完全负相关　　　　B. 结果偶然发生的可能
 　　　　　　　　　　　　性低
 （3）完全正相关　　　　C. 拒绝真的虚无假设
 （4）显著　　　　　　　D. 用于判断自变量是否
 　　　　　　　　　　　　有效应的检验
 （5）推断性统计　　　　E. 有方向的假设
 （6）一类错误　　　　　F. 反映两个变量之间关
 　　　　　　　　　　　　系的强度
 （7）二类错误　　　　　G. 拒绝真的实验假设
 （8）单侧检验　　　　　H. -1
 （9）双侧检验　　　　　I. +1

2. 解释一下正相关和完全正相关之间的差别。
3. 零相关意味着什么？
4. 解释一下独立组 t 检验背后的逻辑。
5. 什么是显著水平？如何设定显著水平。

6. 如果使用单侧检验更容易获得显著结果，为什么实验者会使用无方向的实验假设并采用双侧检验呢？
7. 单侧显著性检验与_____相对应。
 a. 有方向的假设　　c. 正相关
 b. 无方向的假设　　d. 负相关
8. 一类错误_____。
 a. 在实验者的直接控制之下
 b. 总是以 5% 的概率发生
 c. 实验假设设定的
 d. 以上全部正确
 e. 以上全部错误
9. 如果可以比较世界上的所有男性和女性，你会发现男性更加具有攻击性。你展开了一个实验但是没有发现攻击性上存在性别差异。你_____。
 a. 做出了正确的决定　　c. 犯了二类错误
 b. 犯了一类错误　　　　d. 犯了三类错误

展望

　　到目前为止，我们讨论了研究想法的源泉（第1章），提出了实验假设（第2章），思考了执行研究可能带来的伦理问题（第2章），检查了实验可能存在的无关变量和干扰变量（第6章），实施了对无关变量的控制（第6章、第7章）。现在我们可以在一个实验设计中将这些元素综合起来。第10章会介绍含两组参与人的实验设计。在后续章节中，我们会逐步介绍一些更加复杂的设计。

设计、开展、分析以及解释两组设计实验

实验设计：基本构建模块

现在实验前的所有障碍已经被扫清了，我们可以开始进行一个实验了。然而真的如此吗？尽管我们已经选定了一个研究问题，阅读了相关文献，提出了一个假设，选择了我们的变量，实施了控制程序，并且考虑了相应的被试群体，我们仍然没有准备好去开展一个实验。在真的开展实验前，我们需要为实验选择一个蓝图。如果你要设计一个房屋，可能面临种类繁多的可能的方案，因为许多可选方案在前面等待你的决断。幸运的是，相较设计房屋而言，为实验选择一个蓝图要简单得多，因为实验设计的标准可选方案寥寥无几。

为实验选择蓝图与为房子选择设计方案同样重要。你能够想象建造伊始便没有任何设计方案的房子造出来会是什么样子的？其结果肯定会是一个悲剧。这个道理同样适用于实验的"建造"当中。我们把**实验设计**（experimental design）看成研究的蓝图。在第1章中，你学到了实验设计就是指选择被试、分配被试、控制无关变量，以及收集数据的总体规划。如果没有合适的实验设计就开始实验，那么你的实验就会如缺乏设计方案而建造出来的房屋一样"坍塌"下去。一个实验怎么会坍塌呢？

◆ **实验设计** 指选取参与人，分配参与人到各个实验条件，控制无关变量以及收集数据的综合计划。

我们见到过许多学生在并没有任何研究方向的情况下就开始了他们的实验，最终只能发现他们的数据难以用已知的统计分析方法进行分析。我们也遇到过一些学生收集了与他们最初的研究问题无关的数据。因此，我们希望你不仅仅在本课程中采用这一原则，在未来的研究中也将其视为你的参考准则。

在这一节中，我们将通过展示实验设计流程中的一系列问题来帮助你选择适合自己的实验的设计。正如福尔曼大学（Furman University）的杰出心理学教授查尔斯·布鲁尔（Charles Brewer）常常说的，"如果你并不知道该往哪个方向去，那么你成功的概率差不多就是随机概率"（Brewer，2002，p.503）。如果你没有找到恰当的实验设计，那么这个实验能够回答你研究问题的概率就会非常的渺茫。夏洛克·福尔摩斯对此深有体会："不，不，我从不猜想。猜想是一个糟糕的习惯，它对逻辑推理是有害的"（Doyle，1927，p.93）。

在你的幼儿时期，在玩乐高积木或者万能工匠益智玩具时，你可能从初学者组合套装开始。这个组套规模小而且简单，但是你通过它学到了搭建物品的基本概念和步骤。随着慢慢长大，你开始使用更高级的组套，从而搭建出更为复杂的事物。儿童益智搭建游戏和实验设计之间的相似性超乎人们的想象。在两个情形中，初学者组套均可帮助我们学习拼装组建的流程，从而在未来能够学会使用更复杂的组套；基本组套是更复杂组套的基础。另外，在两个情形中，组合简单模型均可提高完成搭建的可能性；但是更复杂的模型仍然服从基本的构建法则。

两组设计

在这一节中，我们将介绍最基本的实验设计——两组设计，以及它的衍化设计。这是有效实验设计中最简单的一种。研究中，我们总是服从**简约原则**（principle of parsimony），这个原则也被称为奥卡姆剃刀或奥康的剃刀（Occam'sRazor 或 Ockham's Razor）。14 世纪的哲学家威廉·奥卡姆（William Occam）因其名言"让我们避免引入那些并非阐明现象所必需的东西"而闻名（McInerny，1970，p.370）。研究中，我们可以将简约原则应用于研究问题当中。正如侦探将该原则用于案件的侦破一样：不要将问题复杂化。两组设计是最简单的设计。

◆ **简约原则**　认为现象以及事件的解释应当是简单的，除非简单的解释不可能成立。

有多少个自变量　图 10-1 展示了为选择出合适的实验设计方案所需回答的第一个问题：我们的实验应当使用多少个**自变量**（independent variable，IV）？在这一章以及下一章中，我们将讨论只有一个自变量的实验设计。你可能还记得（参见第 6 章）自变量是实验者直接操纵的实验刺激或者研究环境中的某个方面，目的在于确定它对参与人的行为，也就是**因变量**（dependent variable，DV）的影响。例如，如果你想考察焦虑如何影响考试成绩，焦虑水平会是你的自变量。如果你想考察不同治疗方法对于抑郁症的疗效，那么治疗方法会是你的自变量。最简单的实验设计只有一个自变量。在第 12 章中，我们将会介绍含有多于一个自变量的实验设计。

◆ **自变量**　实验者直接操纵的刺激或者环境的一部分，用于考察其对行为的影响。

◆ **因变量**　实验者测量的反应或者行为。因变量的变化应当是由对自变量的操纵引起的。

只有少数公开发表的研究采用一个自变量。这意味着只有一个自变量的实验设计是不完善或有缺陷的吗？不，并非如此。单自变量设计并没有任何问题；但是这样的设计往往过于简单，以至于可能无法回答实验者想要考察的所有问题。简单并不等同于差。经验不足的研究者或者探索新研究领域的研究者经常选择单自变量设计，因为单自变量比多自变量的实验容

易实现，并且控制程序的实施相对简单。另外，多个单自变量实验组合在一起，足以解释复杂的现象。

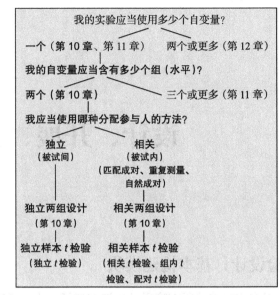

图 10-1　实验设计之系列问题的树图

多少个组　假设我们已经决定了使用单自变量设计，我们到了考虑选择恰当实验设计的第二个问题（见图 10-1）的时候了：我的自变量应当含有多少个组？在这一章中，答案是两个。尽管一个实验可以只含有一个自变量，但必须含有至少两个组。

心理侦探

为什么单自变量必须至少含有两个组？

最简单的确定自变量是否存在效应的办法是比较两组人，一组接受了自变量的操纵，另一组则没有。因为我们确保**无关变量**（extraneous variables）受到了控制（参考第 6 章），因此，如果这两组人表现不一致，那么我们就可以得出结论，自变量导致了实验参与人的行为出现差异。通过比较两组来考察自变量的方法，通常根

◆ **无关变量**　意料之外未受到控制却会对因变量产生影响从而使得实验结果失效的变量。

据自变量的量级或者类别来划分组别。请注意，后者并非指不同的组代表不同的自变量。

最常见的分组方法是只对其中一组呈现自变量的某种量级或者某个类别，另外一组则不呈现。因此，实验者得以对比有自变量以及无自变量的情形。这种

自变量的不同量级被称为自变量的**水平**（levels，也被称为处理条件）。在常见的两组设计中，自变量的一个水平是无（自变量不在），另外一个则是有（自变量出现）。请注意，自变量的有无被概念化为同一自变量的不同水平，而非两个不同的自变量。现在让我们回到前面的例子。

> ◆**水平** 实验中自变量的不同量级或者不同类型（也被称之为处理条件）。

心理侦探

　　如果你对焦虑对于考试成绩的影响或者抑郁疗法的疗效感兴趣，那么什么样的实验设计才能让你比较自变量的有和无呢？

　　在第一个例子中，你需要比较焦虑的考生（第一个水平）和不焦虑的考生（第二个水平）。在第二个例子中，你需要比较接受治疗的抑郁症患者（第一个水平）和没有接受治疗的抑郁症患者（第二个水平）。

　　在有无情形中，接受了自变量的那组研究参与人往往被称为**实验组**（experimental group）。这是因为我们似乎对他们进行了实验。而没有接受自变量的那组被称为**控制组**（control group）。这组的所有成员实现了一种控制的功能，因为他们告诉我们人或者动物在"正常"情况（即没有暴露于自变量的情况）下的行为是什么样的。他们同时也是实验组的对照。我们利用统计分析去比较两组在因变量上的差异，从而确定自变量的效应。当两组之间有显著差异时，我们认定这个差异是由自变量引起的。反之，若两组没有显著差异，我们认为自变量没有效应。

> ◆**实验组** 两组设计中，接受实验处理的那一组参与人。
> ◆**控制组** 两组设计中，不接受实验处理的那一组参与人。

　　让我们来看看一个采用两组设计的实验。密歇根州利沃尼亚市麦当娜大学（Madonna University）的学生克里斯汀·麦克克兰（Kristen McCellan）以及她的导师伊迪·伍兹（Edie Woods）对销售人员如何应对残疾人士感兴趣。他们的自变量是听力的丧失与否。实验中实验刺激消费者成对出现。实验组由接待消费者中聋哑人的销售人员组成（容易辨认出来，因为聋哑人会使用手语）；控制组则由接待消费者中非聋哑人的销售人员组成。McClellan 和 Woods（2001）随机将 77 名销售人员分配到实验组或控制组中，然后让研究人员（消费者扮演者）进入商店。在初次目光接触后，研究人员秘密记录用时多久销售人员才靠近并提供购买帮助。（他们并没有获得销售人员的知情同意书，因为销售人员并非是处于高风险状态的研究参与人；参见第 2 章）McClellan 和 Woods 发现，平均而言实验组的销售人员在等待更长的时间（3.9 分钟）之后才去接待聋哑消费者。控制组的这一时间仅为 1.3 分钟。图 10-2 展示了这个实验的两组设计。研究者常常使用如图 10-2 中的模块示意图将实验设计图像化。请注意，自变量（所接待的消费者的听力）指整个模块，而自变量的两个水平分别是整个模块中的两个子模块。在接下来的三章里，我们将继续使用这种模块示意图来展示实验设计，以便你掌握不同的设计。

自变量（消费者的听力水平）

接待实验组	接待控制组
聋哑消费者	非聋哑消费者

图 10-2　基本两组设计

控制组　　　　　　　　失控组

幸运的是，我们在心理学研究中使用的是控制组和实验组。

Peter Mueller/The New Yorker Collection/cartoonbank.com

分配研究参与人

　　在选择实验设计之前，我们还需要回答另一个问题：我们必须考虑如何将研究参与人分配入不同的组中。我们既可以采用随机分配程序，也可以采用某种非随机方法。让我们先来看看随机分配程序。

随机分配

　　正如你在第 6 章中所看到的，一种经常使用的分配方法是**随机分配**（random assignment）。考虑到我们仅有两个分组，所以可以通过掷硬币然后根据正反面的方法来分配研究参与人。只要硬币是公平的（正反出现的概率相等），我们的参与人就会有 50% 的概率被分配入其中的一组。还记得吗？随机分配与你在第 6 章所学的**随机选取**（random selection）并不相同。随机选取是关于你如何选取研究参与人的，而随机分配是关于你如何分配他们进入不同的研究分组的。随机分配是实验中的控制措施，而随机选取影响的是结果的可推广性。我们在第 8 章中曾讨论过结果的可推广性。

> ◆ **随机分配** 一种分配参与人的方法，这种方法使得每位参与人有同样的概率被分到不同的组中。
>
> ◆ **随机选取** 一种控制技术，该技术保证总体里的每一名成员都有同样的概率被选中参与实验。

当我们将研究参与人随机分配到不同组中，就产生了人们熟知的**独立组**（independent groups）。同一组的研究参与人与另一组的参与人完全没有关系；他们彼此之间是独立的。如果尝试找出这组参与人与那组参与人之间的联系，你会发现不存在什么合理的关系。当我们计划比较两组之间的差异时，我们正在做一种叫作**被试间比较**（between-subjects comparison）的分析。我们感兴趣于两组没有关系的参与人之间的差异。

> ◆ **独立组** 通过随机分配参与人形成的不同分组。
>
> ◆ **被试间比较** 对比由随机分配产生的不同组的参与人。

实验设计的术语有的时候非常混乱，出于某种原因，一直没有统一的标准。你可能听到人们混杂地使用独立组设计（independent groups designs）、随机组设计（randomized groups designs）或者被试间设计（between-subjects designs）这些术语。所有这些实际上指的都是最基本的策略：随机分配。避免混淆的关键是掌握随机分配背后的原理。当你理解了主要的思路，这些名字也就看起来合乎情理了。正如你从图 10-1 所见，当单自变量的实验只有两个水平，并且参与人是被随机分配到两组中的，这样的实验采用的就是独立两组设计。

作为一种控制手段，随机分配是实验设计中的

重要一环。如果我们将研究参与人随机分配入各组中，其实就是在假定这两组在许多变量上都是相等的（Spatz，2011）。这些变量包括许多无关变量，若不加控制可能混淆实验结果（参考第 6 章）。随机分配是一种长远看来会起作用的统计控制手段。如果我们搜集的样本不够大，那么并没有办法保证随机分配的控制效果。例如，我们不应该惊讶于掷 10 次硬币结果出现 7 次或 8 次正面朝上。然而，如果我们掷 100 次硬币，却有 70 次或 80 次正面朝上，这样的结果就非常不可思议了。

因此，采用随机分配的方法时，我们预期两组在许多可能影响实验结果的变量上是相等的。让我们回到 McClellan 和 Woods（2001）的关于销售人员的反应时和消费者听力的研究。描述他们实验的时候，我们相当谨慎地指出，研究人员随机安排销售人员去接待听力正常的消费者或者是听力有问题的消费者。如果他们挑选了最礼貌的销售人员（作为控制组）来接待听力正常的顾客，那么实验结果会变成什么样子的呢？这样的做法将使销售人员的礼貌程度与自变量的两个水平产生系统性关联（也就是礼貌的销售人员会更快开始接待消费者，不礼貌的销售人员则不然）。这样的分配方法会导致**被混淆的实验**（confounded experiment，见第 6 章）。即使结果表明控制组的销售人员接待正常消费者等待的时间比实验组的销售人员接待失聪消费者等待的时间更短，我们仍然难以得到确切的结论，因为不知道什么导致了差异。更快地开始接待可能是因为他们更加礼貌，也可能是因为他们接待的是听力正常的消费者，又或者两者兼有。遗憾的是，在一个被混淆的实验中，并没有方法去辨别哪一个解释是正确的。如果 McClellan 和 Woods 以这种方式进行实验，那么他们就完全是在浪费时间。

让我们帮助你回忆随机

> ◆ **被混淆的实验** 在这种实验中，无关变量系统地随着自变量变化，最终使得实验者无法进行因果推论。

分配的一个优势。在第 6 章中你学到了随机分配是唯一一种能够控制未知无关变量的方法。例如，在 McClellan 和 Woods（2001）的实验中，什么样的无关变量可能影响了销售人员的表现呢？我们已经讨论过了销售人员的礼貌程度作为混淆变量的可能性。研

究者并没有去测量销售人员的礼貌水平。其他还没有想到的变量也可能对销售人员的表现产生影响；因此，McClellan 和 Woods 非常小心地将他们的研究参与人（销售人员）随机分配到实验组和控制组中。随机分配将两组的差异抹去。

心理侦探

你能找出 McClellan 和 Woods 在随机分配部分的逻辑谬误吗？

长远来看，随机分配是一种终究会成功的技术。因为 McClellan 和 Woods 将 77 名销售人员随机分配入两组，那么有较大的概率这两组是相等的。如果他们仅仅测量了少数几位销售人员，那么随机分配也不能保证两组是相等的。如果你考虑到这一潜在的问题，那么祝贺你！如果我们只有少量的研究参与人，应该如何进行实验呢？

非随机分配

在前一节中我们看到了随机分配的一种潜在的隐患：各组可能并不相等。如果实验还未开始各组之间就已经存在差异，我们的结果就有问题了。还记得吗？长远来说，随机分配一定会产生相等的两组。反过来说，当我们各组的成员越多，我们就对随机分配的控制效果越有把握。

想象一下假如我们面临这样一个情境：我们只有少量的研究参与人，因此我们担心随机分配可能无法产生相等的两组。我们该怎么办呢？在这种情境下，我们可以采用非随机分配方法。我们要么利用参与人之间已有的关系，要么

◆ **相关分配**　一种分配参与人到不同组的方法，这种方法产生一队队参与人，他们彼此之间存在关联；随后每队中的参与人被随机分配到不同的处理条件下（也被称之为配对或者匹配分配）。

去创造一些关系。这种方法要求我们在实验前就对参与人的重要方面有深入的了解。这样，才可以利用**相关分配**（correlated assignment，也被称为匹配或者配对分配，matched or paired assignment）来产生相等的组。也就是说，一旦各组参与人之间存在某些关联，

我们就在使用相关分配。（请注意，相关分配与相关系数完全没有关系。）有三种实现相关分配的常用方法。

1. 匹配成对　要产生**匹配成对**（matched Pairs），我们必须观察可能影响实验结果的变量（除了自变量之外的）并测量参与人的相应得分。我们通常测量那些如果不加以控制就可能造成混淆的变量。在测量了该变量之后，我们将两个在该变量上得分相同的研究参与人匹配成对。配对成功后，我们可以将

◆ **匹配成对**　指两组设计中被匹配成对的参与人，他们在实验前进行了一些变量上的测量，然后根据这些变量上的得分进行配对。

配对的参与人随机分配到不同的处理组中。

如果上述描述较为混乱的话，下面的例子应当有助于进一步阐明这个概念。假设我们想重复 McClellan 和 Woods 的销售人员的研究结果，因为我们担心随机分配可能没有平衡好两个组。假设我们怀疑女性销售人员倾向于比男性销售人员更快地开始接待消费者（可能这比较明显是编造的例子，但这是一个很好的例子）。在这个例子中，我们可能就会关心两个研究组的销售人员的性别比例是否相等。如果我们采用掷硬币的方式来分配销售人员，那么两个研究分组的性别比可能并不相同；因此，我们决定采用匹配成对的方法。我们先要产生配对。第一对应当由同性别的销售人员组成；第二对应当由另外一对同性别的销售人员组成。（我们总是保持每对配对的销售人员性别相同。）对于每一对，我们通过掷硬币来决定哪位销售人员分配到实验组、哪位被分配到控制组。然后，我们将这一程序复制到第二对上，以此类推。在完成了配对分配后，我们的实验组和控制组在性别比例上就是一致的。我们已经展示了如何采用配对分配的方法在实验前产生两个同等的研究组。（注：在这个假想的例子中，如果销售人员的人数是奇数，有一个销售人员没有办法进行匹配，那么该销售人员就不参与正式实验。）

心理侦探

在什么情况下这种配对分配的方法能够产生相等的组而随机分配不能呢？

配对分配之美在于我们已经测量了参与人在那些可能影响研究结果的变量上的得分，并且根据该得分对参与人进行了配对平衡。若我们采用随机分配的方法，等于让概率来控制这个平衡的过程。还记得吗，我们需要实施控制，使得不同的组在可能影响实验结果的变量上保持一致。在刚才讨论的假想例子中，你必须知道销售人员的性别可能与其反应有关。如果不能测量可能影响实验结果的变量，那么你不应该采用配对分配。如果你测量了一个与实验结果无关的变量，那么你实际上是在降低发现显著差异的可能性（参考本章"相关组设计的优势"中的"统计方面"）。

2. 重复测量　**重复测量**（repeated measures）是匹配成对的一种理想情况：我们测试或测量同一参与人在两种不同实验处理条件下的表现。这里，配对的效果是完美的，因为配对后的不同观测实际上是在不同实验情境下观测同一个人或动物得到的。无关变量无法造成混淆，因为任何两个条件之间的差异均是自变量造成的。在这种实验中，

◆ **重复测量**　一种实验程序，这种程序要求研究参与人完成多次测试任务或者进行多次测量。

参与人是他们自己的控制参照。

心理侦探

为什么不能在所有实验中使用重复测量的设计方案？请尝试想一到两个理由。

在使用重复测量的设计方案之前，我们必须考虑一些实际因素。

（1）我们能够移除自变量的效应吗？McClellan 和 Woods（2001）并没有使用任何可能存在持续效应的实验操纵——招待聋哑消费者应当不会影响销售人员未来对其他类型消费者的反应。在第 2 章中提到过一个研究，Burkley 等人（2000）无法采用重复测量的设计方案，因为在实验中他们无法移除阅读某种知情同意书对于学生的影响。再往深处思考一下，即便他们让学生阅读第二种同意书，也没法移除学生之前阅读过的同意书的影响。如果学生还记得之前阅读过的同意书，简单地提供新的同意书并不能排除前面同意书的影

响。有时候当研究者没法移除自变量的效应时，他们会采用抵消平衡的方法（参见第 6 章）。通过抵消平衡各组的效应，研究者希望最终各组效应是相等的。

（2）我们能够多次测量因变量吗？到目前为止，本章中我们还没有集中讨论因变量，因为它们与实验设计方案的选择关系不大。然而，当你考虑采用重复测量的设计方案时，因变量就变得尤为重要。重复测量的设计方案要求你必须多次测量因变量（至少两次）。McClellan 和 Woods 可以采用重复测量的方案，即让销售人员既接待聋哑消费者，又接待听力正常的消费者。然而在某些情形中，多次测量因变量是不可能的。在 Burkley 等人（2000）的实验中，一旦学生破解了字谜题，那么这些题目就不能再作为因变量了。在一些其他的情形中，我们可以使用相似的因变量，但是必须非常谨慎。要在 Burkley 等人的实验中采用重复测量的方案，我们需要两组不同的字谜题，分别用在阅读了两种不同知情同意书的学生身上。如果我们使用两种不同形式的因变量，就必须保证它们是相等的。尽管我们可以使用两组字谜题，它们的难度系数应当相同，但是这难以确定。同样的道理适用于有许多形式的因变量，如迷宫游戏、测验、谜题以及计算机程序等。如果我们不能保证因变量的两种测量是相互匹配的，那么便不能使用重复测量的实验设计。

（3）研究参与人能够适应重复测量的程序吗？这一问题至少在某种程度上是一个研究伦理问题，我们在第 2 章中讨论了这一内容。尽管没有针对重复测量的具体伦理原则，但是我们应当意识到过多的参与可能会影响参与人参加研究的意愿。另外，在极端情境中，长时间参与繁重的伤脑筋的实验可能会引起参与人生理以及情绪状态方面的问题。另外的担忧则是参与者是否同意投入他们被要求投入的那么多的时间。

重要的是在评估重复测量的可能性时，我们需要考虑到这些实际的情况。尽管重复测量设计是很好的控制手段之一，但是有时候一些实验方面的问题导致我们不能使用这种设计。

3. 自然成对　**自然成对**（natural pairs）本质上就

是匹配成对和重复测量的组合。这一技术根据自然规律（如生物的、社会的关联）将研究参与人进行配对。例如，研究智力的心理学家常常使用双胞胎（自然成对）作为研究的被试。这种方法类似于对同一参与人进行重复测量的方法，但是它比匹配成对简易些。因此，当实验者使用了兄弟姐妹、父母子女、丈夫妻子、同窝幼畜，或者其他生物的或者社会的关系时，那么自然成对就是该实验的特征。

◆ **自然成对** 指两组设计中在某些方面自然相关（如，生物或者社会方面）的研究参与人。

总而言之，只要不同组之间的参与人彼此存在一定的关系，那么所使用的实验设计就是相关组设计。图 10-1 展示了一个①单自变量实验，该自变量含有②两个水平。假设你计划采用③相关分配的方法对研究参与人进行分组，即采用相关两组设计，那些在某些变量上得分相当或者彼此存在某些关系的参与人，他们的因变量得分是彼此相关的。当我们比较这些参与人的表现时，其实就是在进行人们熟知的**被试内比较**（within-subjects comparison）。实际上我们就是在比较同一参与人（被试）的不同分数。尽管严格地说，这种直接比较仅适用于重复测量设计，但是对于匹配成对或者自然配对的参与人而言，他们在匹配变量上也可以视为"同一人"。

◆ **被试内比较** 对比由匹配成对，自然成对或者重复测量产生的不同组的参与人。

让我们来看看一个学生完成的采用了相关两组设计的例子。心理学的一个主要研究领域是压力对于躯体以及躯体反应的影响。卫斯理公理会大学的学生瑞秋·威尔斯（Rachel Wells）（2001）发现，以往的研究者采用一种心算测验来引起参与人的压力。她希望确定这种测验对于大学生躯体反应的影响。她让学生从 715 开始以 13 的间距进行倒数，并告诉他们多数学生可以在 4 分钟内完成该任务。4 分钟时间一到，Wells 立刻测量参与人的心跳和血压。然后，学生将完成 10 分钟左右的问卷，以此作为无压力的缓和休息时间。10 分钟之后，Wells 再次测量参与人的心跳和血压。学生的心跳和血压都明显得到舒缓。这证明了该心算测验确实能够引发压力。

因为 Wells 使用了重复测量，所以她的实验是一个很好的相关组设计的例子。她在一个压力事件之后测量了学生的躯体特征，并在一段休息时间之后再次进行了测量。在压力源之后的测量是后测；在休息时间之后的测量可以作为比较。通常在这种研究中，实验者可能在引入压力源之前还会进行一次测量；这次测量就是前测。在 Wells 的实验中，自变量是引入的压力，因变量是学生对压力的生理反应。一些重要的参与人（被试）变量，包括参与人的年龄（可能年轻一些或者年长一些的人对压力有不同的反应）、测量的（一天中）时间（可能生理指标在一天的不同时间段内原本就是不同的），以及学生的智力水平（可能聪明一些的学生会觉得该测验没那么具有压力感），所有这些无关变量（及其他变量）都被 Wells 通过重复测量的手段进行控制了。

如果 Wells 使用匹配成对而不是重复测量呢？还记得吗？匹配成对是针对一个相关变量的，即一个如果不加以控制可能会成为无关变量的变量。假定这些学生的数学能力差异很大。Wells 可能会针对数学能力进行匹配成对。因为数学能力可能会影响他们在倒数任务中的表现，进而影响他们感知到的压力的大小。Wells 也可以使用其他匹配变量，只要她能够确定这些变量与学生的生理指标有关。

Wells 能够使用自然成对的方法来展开该实验吗？基于目前的信息，没有迹象显示存在自然成对的学生。如果学生是一对双胞胎，那么该实验当然非常适合使用自然成对。看起来似乎没有什么因素使得这些学生可以视为自然对。所以如果配对对于 Wells 而言是重要的，那么她更可能会针对某些变量进行配对。

回顾总结

1. 心理学研究者事先采用**实验设计**（即实验的蓝图）来规划他们的实验。

2. 两组设计适用于那些仅有两个水平的单自变量的实验情境。

3. 两组设计通常包括一个**实验组**，即接受自变量的那组，以及**控制组**，即不接受自变量的那组。

4. **随机分配**所产生的分组是彼此独立的。

5. **相关组**可以通过**匹配成对**、**自然成对**，或者重复测量同一参与人（**重复测量**）产生。

检查你的进度

1. 为什么一个研究组不足以支撑一个有效的实验？

2. 不同大小的自变量被称为自变量的_____。

3. 独立组和相关组的区别在哪里？为什么这个区别对于实验设计而言是重要的？

4. 连线

   （1）随机分配　　　A. 兄弟姐妹

   （2）自然成对　　　B. 每月进行同一测验

   （3）重复测量　　　C. 两个拥有同等智商的人

   （4）匹配成对　　　D. 掷硬币

5. 在哪些情境下，使用随机分配作为一种控制手段的时候，我们需要特别小心？

6. 假设你正在规划一个实验，你可以使用独立组或者相关组。那么在什么情形下你应该使用相关组？什么时候随机分配又是恰当的呢？

7. 当_____的时候，随机分配所产生的多个研究分组是相等的的概率更高。

   a. 使用小样本

   b. 使用大样本

   c. 考察的是有方向的研究假设

   d. 考察的是无方向的研究假设

比较两组设计

因为有两种两组设计，所以研究者必须做出选择，他们是使用独立设计还是相关组设计。你可能想知道他们是如何做出选择的。在下一小节，我们会探讨一些心理学研究者在进行实验设计的时候必须考虑的问题。请仔细阅读，因为你在未来也可能会遇到类似的问题。

让我们再次观察图 10-1。可以看到，独立两组设计和相关两组设计是非常类似的。两种两组设计描述的实验情境均涉及含两组单自变量。唯一的区别在于你如何将参与人分配到不同组中。如果你以随机为基础进行分配，就采用了独立两组设计。如果你针对某一变量对参与人进行匹配，或者测量了你的研究参与人两次，又或者你的研究参与人彼此存在某些特定关系，你就采用了相关两组设计。

选择一种两组设计

现在你拥有两种可以处理非常类似情境的实验设计。你如何在两者之间做出选择呢？是应该使用独立组还是使用相关组呢？

你可能还记得我们提到过，随机分配从长远来看应当"有效"（也就是说产生了相等的两组）。如果你的参与人人数很多，那么随机分配应当能够充分平衡各组。然而，问题是多少人才算足够多呢？不幸的是，这一问题没有具体答案，因为对不同的研究者，答案可能有所不同。如果每组有 20 名或者更多的研究参与人，那么你可以比较安心地使用随机分配来平衡不同的分组。然而，如果每组中只有 5 名或者更少的参与人，那么随机分配可能会失效。这个关于数字（样本量）的问题实际上在问的是多少人你才会感到安心，多少人你的研究主管才会感到恰当，或者多少人你才可以进行合理的辩护。在 McClellan 和 Woods（2001）的研究中，77 名销售人员被分为两组。根据我们的指引性建议，这一数字足以保证随机分配的有效性。虽然 Wells（2001）的研究中有 41 名学生，她还是选择了使用重复测量，也许是因为她担心压力水平的个体差异可能非常大。不管你的决定如何，重要的是记住你的样本越大，随机分配产生相等的不同分组的可能性越大。

相关组设计的优势

相关组设计的两个主要优势体现在控制和统计方面。两方面的优势对于作为实验者的你来说都非常重要。

控制方面　研究的一个基本假设是，实验前不同组的参与人在因变量上是相等的。如果不同组的参与人在实验之前是相等的，而在实验之后就变得不相等了，那么我们可以将这些组间差异归因于自变量。尽管随机分配应当能够平衡不同研究组，但三种产生相关组的方法在平衡组间差异方面拥有更高的确定性。由于我们已经采用了控制措施来保证各组的等同性，因此在相关设计中，我们拥有一些证据证明事前各组参与人是相等的。这种等同性有助于降低实验中的误差变异。而误差变异与统计方面的考虑有关。

统计方面　相关组设计能够带来统计上的好处，因为这种设计能够降低误差变异。你可能想知道："究竟什么是误差变异？"在一个单自变量实验中，你的数据主要包括两种变异的来源。一种是自变量引起的变异：因变量的分数应当随着各组自变量的不同而变化。这种变异被称为**组间变异性**（between-groups variability），是一种你在实验中尝试去测量的变异来源。其他能够引起因变量变化的因素，如个体差异、测量误差，以及无关变异，被统称为**误差变异性**（error variability）。正如你所猜测的那样，我们的实验目的就是最大化组间变异和最小化误差或者组内变异。

为什么降低误差变异很重要呢？尽管不同统计检验的公式可能差别很大，但是它们都可以简化为以下通用的公式

> ◆ **组间变异性**　因变量变异性中由自变量的效应引起的那部分变异性。
> ◆ **误差变异性**　因变量变异性中由自变量以外的因素，如个体差异、测量误差以及无关变异等，引起的那部分变异性（也被称之为组内变异性）。

$$统计量 = 组间变异 / 误差变异$$

还记得吗，虚无假设为真时，统计量取值越大越难观测到。因此，观测到取值大的统计量意味着实验中的差异很可能达到显著。你的数学知识告诉你有两种方法可以增大统计量：增加组间变异性或者降低误差变异。[增加组间变异需要调整你的自变量（参见第 6 章）；我们不会在此讨论这种方案。]

心理侦探

你能够找出相关组设计可以降低误差变异的原因吗？

在本小节的前半部分，我们把个体差异列为误差变异的来源之一。相关组设计有助于减少这一误差的来源。如果在处理组中，我们使用相同的参与人，或者那些在重要特征上非常相似的参与人，又或者通过自然成对、匹配成对产生的参与人，相对于通过随机分配产生的各组参与人而言，他们所展示出来的组间个体差异会较小。想象一下，如果我们随机选取一人与你匹配，那么这个人可能与你会有多么的不同？再想象一下，如果与你匹配的另外一个人与你有关，你们可能会有多么的相似？他可能与你有一样的智商，甚至就是你（在最明显的情况下）！如果我们采用相关设计，那么个体误差导致的误差变异性应该会降低，我们的统计量应该会增大，同时我们应该有更大的概率发现由自变量引起的显著差异。

心理侦探

为什么在上一句话中我们反复（达到 3 次）使用"应该"这种不确定的词？

还记得吗？之前我们讨论匹配成对的时候说过，针对无关变量进行匹配实际上会降低你发现显著差异的可能性。如果你针对无关变量进行匹配，那么不同组的参与人之间的差异不会减小。如果这些差异不会减小，那么你的误差变异性就与你采用独立组设计时一样，因此统计检验的结果也是一样的。当我们采用相关组设计时，实际采用的临界值（t 检验）要大于独立组设计所应当采用的临界值。[引起这一差异的统计原理是这样的：相较于独立组设计而言，在相关组设计中，我们需要放弃一些**自由度**（degrees of freedom）]。相关两组设计的自由度为 $N-1$。这里 N 代表被试对的个数。在独立两组设计中，自由度为 $N-2$，而 N 代表所有参与人的人数。

> ◆ **自由度**　一组数中能够自由取值的数的个数。

假定你的实验中每组只有 10 个参与人。如果你采用独立组设计，自由度会是多少？如果采用的是相关组设计呢？

对于独立组设计你的答案是 18 吗？对于相关组设计是 9 吗？通过本书后面的 t 表（参见表 A-1），你会发现 0.05 水平上自由度为 18 的 t 临界值为 2.101。

而这一数字在自由度变为 9 时变为 2.262。

这些 t 临界值表明在独立组中（t 临界值 = 2.101），相对于相关组（t 临界值 = 2.262）而言，我们更容易拒绝虚无假设。但是之前我们讲到过，相关组具有统计上的优势。这是怎么一回事呢？

前面的数字确实支持了前一个段落的陈述，即找到一个值为 2.101 的 t 值要比找到值为 2.262 的 t 值要更简单。但是你需要记住，相关组设计应当会减小误差变异性，从而产生大一些的统计量。通常情况下，统计量增加的作用超过了自由度减小的作用。需要注意的是，这一推论是基于一个假设的，即你针对相关变量进行匹配。针对无关变量进行匹配并不能减小误差变异性，因而不会使得统计量的值增加——在这种情况下，自由度的损失确实会伤害到你发现显著差异的概率。稍后，在本章的"解释"一节的结尾部分，我们将会通过一个具体的统计例子来说明这一点。

独立组设计的优势

独立组设计的主要优势在于它的简单性。一旦你规划好了实验，对参与人的处理就变得相当简单：你只需要找到可观数量的研究参与人，并将他们随机分配入不同组中。你不需要考虑诸如测量参与人在某些变量上的表现然后据此进行配对，参与人是否能够完成所有实验条件下的实验任务，如何找出参与人之间的关系这些问题，它们只与相关组设计有关。

相关组设计的统计优势是否彻底使独立组设计变得完全无用？其统计优势，无可争辩，是真实存在的。但是正如你可以通过回顾前面关于 t 临界值的讨论领悟到的，这一优势不是压倒性的。当实验参与人的人数逐步增大，差异变得越来越小。例如，自由度为 60 的 t 临界值为 2.00，而自由度为 30 的临界值仅仅是 2.04。如果你预期自变量的效应很强，那么相关组的统计优势就会减少。

有利于独立组设计的最后一点。记得吗，在有些情境下，我们是无法采用相关组设计的。一些情境不允许重复测量（正如我们之前在本章中指出的那样），一些参与人变量无法进行匹配，还有可能参与人之间并没有任何关系。

那么这个模棱两可的结论到底是什么？正如你猜测的那样，并不存在简单的、满足所有要求的答案。

相关组设计给予你更多的控制和更高发现统计显著的可能性。另外，独立组设计更容易实施，并且通过大样本能够抵消相关组的统计优势。如果你的样本量足够的大，并且预期自变量的效应足够大，那么你可以放心使用独立组设计。相反，如果你的样本量小，并且预期自变量的效应小，那么相关组设计的统计优势则对你至关重要。对于所有两者之间的情形，你都需要衡量两种设计的优劣，并选择那种看起来有更大优势的设计。

两组设计的变体

到目前为止，探讨两组设计的时候，我们仿佛假定了所有两组设计都是一样的。然而这并不是事实。让我们来看看这种设计的两种变体。

比较自变量的不同量级

早前我们提到过，最常用的两组设计是比较接受了自变量的实验组和没有接受自变量的控制组。尽管这是最常用的两组设计，但它不是唯一的一种。操纵自变量的有无让你能够考察这个自变量是否产生效应。例如，McClellan 和 Woods（2001）能够确定，相较正常消费者而言，销售人员等待更长的时间才开始接待有听力障碍的消费者；Wells（2001）发现她的学生参与人确实对心算测验有压力方面的反应。将自变量的有无操纵类比到侦探工作中，就犹如侦探综合线索来判定嫌疑犯的有罪或无罪。

然而，操纵自变量的有无并不能让你确定自变量效应的具体大小。McClellan 和 Woods 并没有测量由于接待的是聋哑消费者，导致销售人员的反应时延长多少，它们仅仅是确定了销售人员等待更长的时间才开始接待。Wells 并没有确定心算造成多大的压力感，仅仅是知道它会增加压力。

通常情况下，确定了自变量有效应之后，我们可能会想知道关于这个自变量更多的信息。该自变量更高或者更低的量级也能够产生效应吗？不同量级的自变量会产生更强（或者更弱）的效应吗？什么是自变量的最优量级（或类型）？这些都是在确定了自变量存在效应之后有待研究的问题。因此，在操纵自变量的有无之后，我们可以选择继续进行一个新的两组设计实验，以便考察自变量不同量级或者不同类型的效应。类似地，侦探可能有两个嫌疑人。因此他需要比较证据的强度，从而决定哪位嫌疑人的嫌疑更大。

有些自变量就是无法进行有无操作。例如，阿肯色州阿卡德尔菲亚市奥奇塔浸礼会大学（Ouachita Baptist University）大学的学生艾琳·沃恩（Erin Vaughn）（2002）对刻板印象在个人知觉上的作用感兴趣。Vaughn 在实验中研究了配对男女进行约会的决策过程。具体地说，Vaughn 的研究考察的是人们刻板地依据外貌条件评价他人的倾向性（自变量）对于配对男女进行约会的决策过程的影响（因变量）。如果采用自变量的有无设计，这个研究课题就说不通了：因为人们总是或多或少表现出这种刻板的倾向性，但是不会完全不或者完全以貌取人。Vaughn 因此比较了自变量不同水平上的结果。根据参与人在问卷调查中的答案，她形成了"高刻板倾向组"和"低刻板倾向组"。通过比较这两组人的约会配对决策，她发现高刻板倾向组更喜欢将那些外貌条件相似的男女配对。因此，在 Vaughn 的实验中，刻板倾向性影响了参与人认为什么样的人应该组对约会。

关键的地方在于，要意识到当我们在实验中比较自变量的不同水平时，我们不再拥有一个真正意义上的控制组。换句话说，不存在任何一组没有接受哪怕一点点的自变量。我们并不是在确定自变量是否有效应，因为我们已经知道它有效应了。我们仅仅是尝试着发现自变量不同类别或不同水平上的差异。

处理测量出来的自变量

到目前为止，当我们提到自变量的时候，我们强调了它们是实验者直接操纵的因素。严格地说，这个陈述仅仅对**真实验**（true experiment）而言是正确的。在真实验中，实验者对实验有完全的控制，并能够将参与人分配到不同的自变量条件下。换句话说，实验者可以操纵自变量。McClellan 和 Woods（2001）可以将销售人员分配到有听力障碍的顾客组或者正常顾客组。如果你想考察两种阅读能力教学模式在阅读教学方面的成效，可以将没有阅读能力的学生分配到任一教学模式下。

> ◆ **真实验** 这种实验中，实验者直接对自变量进行操纵。

正如你在第 6 章所见，有许多自变量是心理学研究者想研究但无法直接操纵的；我们只能测量它们。例如，南卡罗莱纳州克林顿市长老会学院（Presbyterian College）的学生琳赛·史密斯（Lindsey Smith）和她的老师马里昂·盖恩斯（Marion Gaines）检查了患有注意缺陷多动障碍（attention deficit hyperactivity disorder，ADHD）以及没有患有此病症的学生在知觉任务上的表现。因为他们无法直接操纵学生的多动症状态，Smith 和 Gaines（2005）开展了一项**事后回溯研究**（ex post facto research，参见第 4 章）。与本章主题相类似，他们采用了两组设计。研究参与人完成了一个事后掩蔽知觉任务。在任务中，计算机屏幕正中的刺激在呈现后被掩蔽 x 秒，因此知觉难度增加。Smith 和 Gaines 发现，患有 ADHD 的参与人在该知觉任务中表现得比控制组更差。根据我们所知道的 ADHD 的信息，Smith 和 Gaines 的发现可能并不新鲜。我们甚至可能能够提出一个理论解释为什么 ADHD 患者在这种知觉任务中倾向于表现得更差。然而，在解释结果的时候要注意保持谨慎。尽管从 Smith 和 Gaines 的研究中可以得出非 ADHD 患者在任务中要表现得更好，我们并不确定为什么会有这样的差异。用另外的话说，可能两组参与人存在除了 ADHD 以外其他的差异。因为 Smith 和 Gaines 并没有（也不可能）将参与人随机分配到（因此被定义为事后回溯研究）两个组中，所以他们无法确定 ADHD 就是造成两组差异的原因。

> ◆ **事后回溯研究** 一种研究方法，在这种研究中，研究者无法直接操纵自变量，但是可以对自变量进行归类、分类或者测量。通常参与人在自变量上的得分是先天的（例如，性别作为自变量）。

事后回溯研究的劣势显然非常严重。一个无法建立因果关系的实验显然其结论是非常局限的。为什么在知道它不能够得出确切结论的前提下我们还会进行事后回溯研究？正如我们早前提到的，一些心理学研究者非常感兴趣的变量除了事后回溯研究之外不能够通过任何研究方法来进行探索。如果你想研究男女差异的根源，除了事后回溯研究方案，你别无选择（因为你无法操纵参与人的性别）。同样，随着心理学研究者不断地进行事后回溯研究，他们也不断获得进展。事后回溯研究被用来探索影响智商的因素（当然你肯定记得那个著名的关于智商的先天后天的争论）。据我们所知，目前的答案是两种因素皆影响智商：心理学研究者认为先天因素设定了你智商的上下限，而环境因素决定了你在该区间内的具体落点（Weinberg，1989）。因此，我们似乎不应该放弃事后回溯研究，

尽管它存在非常大的局限性。然而我们必须牢记，根据事后回溯研究得出结论时，需要保持非常谨慎的态度。正如侦探要面对的一样，他们只能收集事后回溯的证据，因为在罪案已经发生之后，我们无法影响任何一个变量。

回顾总结

1. **相关组设计**所提供的控制更加完善，因为它在确保两组相等方面的确定性更高。
2. 相关组设计通常可以减小**误差变异性**，并且更可能发现统计显著的结果。
3. **独立组设计**的一个优势是容易实现。如果样本量足够大，它也是一种非常强大的设计。
4. 研究者通常采用两组设计去比较自变量的不同大小或者类别。
5. 一些自变量不能够被操纵，因此我们只能测量它们并通过**事后回溯研究**来研究它们，尽管我们不能由此得出因果关系。

检查你的进度

1. 为什么实验前两组的等同性非常重要？
2. 因变量的变异性可以部分归因于实验操纵，这部分被称为_____；另一部分则归因于_____。
3. 以下哪三个因素属于因变量变异性中误差变异性的部分？
   a. 非随机分配、随机分配和混合分配
   b. 个体差异、测量误差和无关变量
   c. 安慰剂效应、测量误差和自变量
   d. 方差、标准差和均值
4. 比较独立组设计和相关组设计的优势和劣势。
5. 除了本章中的知情同意书以及心算的例子，请举出两个例子，考察自变量不同水平的差异而非自变量有无的差异。
6. 举出三个课本没有并且你会选择事后回溯研究方法的例子。

统计分析：你的数据展示了什么

在根据实验设计方案展开实验并完成数据收集之后，你可以开始用统计手段分析数据了。让我们先来看看实验设计方案和统计检验是如何结合起来的。

实验设计与统计分析的关系

在本章之初，我们将实验设计比拟成蓝图并指出你需要实验设计来指明你希望研究的方向。当你认真地规划实验并选择了正确的实验设计时，你实际上还完成了另外一个非常重要的步骤。选择合适的实验设计决定了你该用哪种统计检验来分析数据。因为实验设计和统计分析彼此紧密联系着，所以你应当在收集数据之前就确定你的实验设计方案，从而保证存在恰当的统计检验来分析数据。注意，千万不要成为教授课堂例子中的学生，完成了一个研究项目最后却发现没有合适的统计分析方法。

分析两组设计

在本章中，我们已经探讨了单自变量的两组设计。你可能还记得在统计课上以及本书的第9章中，你学到过这种实验设计所产生的数据一般采用 t 检验来分析（假定你的测量尺度达到定距或者定比尺度）。你可能还记得学过两类不同的 t 检验。对于独立两组设计，你会采用独立样本 t 检验来分析数据。对于相关两组设计，你则会采用相关样本 t 检验（也被称为组内 t 检验，或者配对样本 t 检验）。

让我们明确一下：实验设计和统计分析之间的

关系是非常明确的。t 检验是恰当的，因为你的实验里只有一个自变量，且该自变量有两个水平（处理条件）。该用哪一种 t 检验取决于你如何分配参与人进入不同的研究组。如果采用了随机分配，那么你会使用独立样本 t 检验。如果采用了重复测量、匹配成对或者自然成对，那么你会使用相关样本 t 检验。

计算你的统计量

在第 9 章中，我们提供了计算机处理 t 检验的方法。那个研究例子涉及比较销售人员接待衣衫褴褛的消费者和穿着考究的消费者的反应时。在本章中，我们会更完整地检查这些数据。为了方便本章剩余内容的介绍，让我们回顾一下这个数据背后的假想实验。我们想知道学生的穿着是否真的会影响销售人员接待他们的速度。我们收集了来自 16 名销售人员的数据，8 名被随机分配到接待穿着考究的消费者组中，另外 8 名则接待衣衫褴褛的消费者。

心理侦探

你会采用哪种统计检验来分析这个实验的数据呢？为什么？

要回答这个问题，最简单的方法就是利用图 10-1 中的图表。实验只有一个自变量：穿着风格。这个自变量有两个水平：穿着考究和衣衫褴褛。我们将研究参与人随机分配到不同的组中。因此，这一设计是独立两组设计。你应当使用独立样本 t 检验。

解释：理解你的统计分析

我们希望你的统计学授课老师教会你这个关于统计的重要教训：统计不应该让人害怕，也不应该让人回避；它是可以帮助你理解实验数据的工具。因为今时今日，人们关注计算机化统计分析，计算统计量变成了一种帮助理解它们的辅助措施。正如如果你不知道如何操作的话，拥有一台 DVD 播放机并没有什么实际的用途。如果你不知道如何进行解释，统计分析同样也是没有意义的。类似地，侦探必须学习必要的技能以便理解警方科学鉴定实验室提供的报告。本节我们会强调两种解释统计分析的方法：解释计算机的统计结果输出，以及将这些统计信息翻译为实验相关的结果。

解释计算机统计结果输出

许多计算机程序包都可以用于分析数据。因此，我们不可能（也没有效率）展示所有程序包的结果输出并教会你如何解释每种结果输出。值得注意的是，我们会展示通用的计算机统计结果输出以及对这些分析的解释。我们认为不同统计程序的结果输出之间的相似性足以让你将本书的例子扩展到你可能使用的具体的程序包中。（计算机化统计程序在保留多少位小数上非常不同。为了与 APA 格式保持一致，我们会将所有计算机输出以及文字叙述中出现的数字保留两位小数。）

独立样本 t 检验

让我们回到第 9 章的统计例子。还记得吗？我们将销售人员随机分配到两组中去：一组衣衫褴褛、一组穿着考究。消费者进入商场并获得如第 9 章所列的接待反应时。如果我们使用某计算机程序来分析这个数据，它的结果输出会是什么样的呢？在第 9 章中，出于简洁明了的原因，我们展示了一个简化的结果输出；更完整的结果输出在表 10-1 中。

表 10-1 独立样本 t 检验的计算机输出示例

组 1 = 穿着考究
组 2 = 衣衫褴褛
变量 = 销售人员的反应时

组	N	均值	标准差	标准误
组 1	8	48.38	10.113	3.575
组 2	8	63.25	12.544	4.435

F_{max} 检验　　$F = 1.634$　　$P = 0.222$
方差同质性满足
$t = 2.61$　　$df = 14$　　$p = 0.021$　　Cohen's $d = 0.92$
方差同质性不满足
$t = 2.61$　　$df = 13.4$　　$p = 0.021$　　Cohen's $d = 0.92$

我们通常先查看描述性统计。描述性统计出现在计算机输出的顶部。我们可以看到组 1（输出的顶端将组 1 定义为"穿着考究"组）有 8 个个案，其销售人员的平均反应时为 48.38 秒，标准差为 10.11 秒，平均反应时的标准误为 3.58 秒。组 2（"衣衫褴褛"组）有 8 个个案，销售人员的平均反应时为 63.25 秒，标准差为 12.54 秒，标准误为 4.44 秒。这一阶段需要特别保持注意，因为一句关于计算机的老话告诉我们："输入的是垃圾，输出的还是垃圾。"换句话说，如果你输入了错误的数字，将会从计算机中得到错误的结果。你应当总是保证输入的数字是正确的，并尽可能地二次检查你的输入。"等一下，"你可能说，"如果需要我去检查计算机的工作，那么使用计算机的意义又是什么呢？"我们并不是在让你去检查计算机的工作，而是检查你的工作。例如，如果计算机提供的关于组 1 或者组 2 的信息说该组有 7 个个案，你就会知道计算机遗漏了一个数据点——可能你只输入了 7 个分数，或者你对某一分数的标识发生了错误。若仅有 8 个分数，你完全可以自己计算每组的均值。为什么这么做呢？如果你发现你的均值与计算机展示的一样，那么你可以合理地确信你输入的数据是正确的，因此可以开始解释你的统计结果。

> ◆ **方差同质性**　假定计划进行统计比较的两组（或更多组）其方差是相等的。

第二部分的统计结果仅仅包括两个统计值：F 和 p。这些值展示了被称为 F_{max} 的假设检验，该检验可用于检验两个研究组的**方差同质性**（homogeneity of variance）（Kirk，1968）。方差同质性是指两组分数的变异性相等。使用 t 检验的前提是假定各组方差相等。在这个例子中，该假设是合理的因为 F 比值出现的随机（虚无假设为真的前提下）概率是 0.22，远大于 0.05 的标准。如果 p 小于 0.05，那么方差同质性的假设就不满足。因为方差同质性的假设成立，我们才能够使用第三部分的信息（"方差同质性满足"）来理解我们的假设检验。

在第二部分，如果 p 值小于 0.05，我们就发现了**方差异质性**（heterogeneity of variance），这意味着两组的变异性并不相等。因此我们就违反了使用 t 检验的数学前提假设。幸运的是，统计学家开发出了一种在方差异质的情况下也能使用的程序。在这种情况下，我们会使用第四部分的信息（"方差同质性不满足"），而不是第三部分的信息。如果两组方差相等，我们就可以

> ◆ **方差异质性**　不满足方差同质性；也就是两组（或更多组）方差不相等。

合并它们的估计量；但是如果两组方差并不相等，我们就只能分别使用它们。在当前例子中，因为 F_{max} 统计量并不显著（$p = 0.22$），我们将使用"方差同质性满足"部分的统计结果。

通常而言，t 检验对违反同质性假设是**稳健的**（robust）（Kirk，1968）。稳健的检验是指在前提假设被违反的情况下仍然能够提供准确结果的检验方法。Kirk 指出，t 检验对同质性非常稳健，以至于人们通常不会检验同质性假设。因此，你所使用的统计程序可能并不提供 F_{max} 统计量（并且因此

> ◆ **稳健**　指统计检验在前提假设（如方差同质性假设）被违反的时候还能够提供有效的统计结果。

也可能并不提供方差同质与不同质情况下的估计）。

通过考察第三部分的信息，我们发现 t 值（计算机计算出来的）是 2.61。自由度为 14（N_1+N_2-2）。你并不需要使用 t 表来确定这个 t 值是否显著。你可以直接使用计算机提供的 p 值，即（双侧）0.021。也就是说，假定两组均值相等，出现这样的或者更大的 t 值的概率低于 3%。这个概率低于"神奇的" 0.05 界限，因此我们得出这样的结论：两组均值存在显著差异（也就是说，它们之间的差异不太能归因于随机因素）。

有些统计程序可能默认不提供自由度，因此记住如何计算自由度非常重要。同时，有些程序不会提供 p 值，那么你需要自己做出判断。在这种情况下你会使用 t 表（见附录 A 表 A-3）。在这种情况下你会发现，我们观测到该 t 值的概率小于 0.05。[计算机通常会提供精确的 p 值（这个例子中是 0.021），而统计分布表仅仅能够让你将你的结果与标准的 p 值，如 0.05 或者 0.01 进行比较。]

另外，计算机输出还表明 Cohen's d 等于 0.92。我们从第 9 章学到，d 大于或等于 0.8 意味着大的效应。这个信息有助于确定消费者穿着风格的效应大小。完成了这一部分，我们就完成了解释计算机输出的部分。我们的下一个任务是用语言描述统计分析所提供的信息。

将统计结果翻译成文字　回到实验的基本逻辑：实验开始时我们有两个相等的研究组。除了自变量（或者说穿着风格），对它们的处理是完全一致的（为了达到控制的目的）；我们测量了两组参与人（在因变

量上的得分，或者说开始接待的反应时间），从而比较他们。在这一阶段，基于统计分析，我们发现了显著的组间均值差异（也就是说，差异不太可能是由随机因素造成的）。如果实验前相等的两组在实验后变得不相等了，我们能将这个变化归因于什么呢？如果控制手段足够充分，我们唯一的选择就是假定两组差异是由自变量引起的。

在我们的例子中，我们已经认为销售人员以不同的速度开始接待两种穿着风格的学生。许多学生在这一步就停止了，认为他们已经给出了关于实验的完整结论。

> **心理侦探**
>
> 为什么这样的结论是不完整的？在我们继续讨论之前，你能够给出完整的结论吗？

说"销售人员接待的速度因学生的穿着不同而不同"的这一陈述是不完整的，因为它仅仅陈述了差异，而没有说差异的方向。不论什么时候，一旦我们比较不同的处理方式并发现了差异，就会希望知道哪一组水平更高或者表现得更好。在两组实验中，这种解释是非常简单的。因为我们只有两组，并且我们已经做出结论，两组之间存在显著差异，我们可以更进一步说明均值较高的那组得分领先于均值较低的那组（正如这个例子所示，得分高并不一定总是意味着表现得更优异）。

要更完整地展示该实验的结果，我们需要查看描述性统计。结果显示，销售人员接待衣衫褴褛的学生时，平均反应时为 63.25 秒，而接待穿着考究的学生时，平均反应时仅为 48.38 秒。因此我们得出结论：相比接待衣衫褴褛的学生，销售人员更快开始接待穿着考究的学生。请注意，这段陈述既说明存在差异，又指出了差异的方向。

根据研究结果做出结论的时候，我们希望在实验报告中简洁而又准确地展示结果。要达到这两个目标，需要同时使用文字和数字。这种报告模式属于 APA 格式的一部分，我们将在第 14 章中展开具体讨论（APA，2010）。我们会在这里介绍报告统计结果的格式。请牢记，你的任务是展示，即用文字呈现你发现了什么，并用统计信息支撑你的文字。例如，假定

你写了一段文字描述你从示例实验中发现的结果，你可能写了类似于下面的这段文字：

相较于接待衣衫褴褛的消费者（$M = 63.25$，$SD = 12.54$），销售人员接待穿着考究的消费者时（$M = 48.38$，$SD = 10.11$）等待更少的时间就开始接待，$t(14) = 2.61$，$p = 0.021$。估计的效应量，Cohen's d，为 0.92。

请注意，文字本身就能够提供清晰的对结果的描述，即没有接受过任何统计教育的人也能够理解。推断性统计的结果支撑着该结论。描述性统计（$M = $ 均值，$SD = $ 标准差）让读者了解每组的实际表现以及数据的变异性。这种标准格式有助于清晰简洁地展示统计结果。

相关样本 t 检验

还记得吗，本章介绍了两种两组设计。现在我们来探讨一下计算机输出的相关两组设计的统计结果。关于销售人员的实验是独立两组设计的例子，不能够使用相关样本 t 检验来进行分析。

> **心理侦探**
>
> 你如何修改这个实验程序，从而使得两组是相关而非独立的呢？

你应当记得有三种产生相关组的方法：匹配成对、重复测量以及自然成对。如果修改实验时，你使用三种方法中的一种，就做了一个正确的改动。因其仅为一个例子，不妨假定我们担心销售人之间的差异会混淆实验结果。为了更好地平衡两个组，我们决定采用重复测量的方法。我们决定测量每位销售人员开始接待两种消费者所需的时间：一次是接待穿着考究的消费者，一次是接待衣衫褴褛的消费者。在实验之前，我们知道两组销售人员是相等的，因此排除了个体差异作为混淆变量的可能性。

随后我们开始进行实验。我们测量了 8 名销售人员在接待两种不同消费者（取决于他们的穿着）时的反应时。基于这个设想，第 9 章的数据通过重复测量变成相关的数据，而非独立的数据。用计算机程序分析这个数据之后，我们会看到如表 10-2 所示的结果输出（请注意，用两种统计分析方法来分析同一组数据

是不允许的。我们在这里这样做仅仅是出于展示的原因。如果你对自己的实际数据进行了多次分析，会增加犯一类错误的概率；参见第 9 章。）

表 10-2　相关样本 *t* 检验的计算机输出

组 1 = 穿着考究			
组 2 = 衣衫褴褛			
变量 = 销售人员的反应时			
	N	均值	标准差	标准误
组 1	8	48.38	10.113	3.575
组 2	8	63.25	12.544	4.435
均值差异 = 14.875		标准差 = 7.699	标准误 = 2.722	
相关系数 = 0.790		*p* = 0.020		
t = 5.465	*df* = 7	*p* = 0.001	Cohen's *d* = 1.93	

请看表 10-2。我们首先查看描述性统计，它们出现在结果输出的顶端。当然，因为数据一样，所以我们得到了与独立样本同样的描述性统计结果。销售人员接待衣衫褴褛的消费者时的平均反应时为 63.25 秒，其标准差为 12.54，标准误为 4.44。穿着考究的学生接受到来自销售人员的帮助的平均时间为 48.38 秒，其标准差为 10.11，标准误为 3.58。请注意，这里有 8 对数据点（代表了 8 名销售人员的数据）而非 16 个数据点。这个变化（两个 *t* 检验之间的变化）在我们计算自由度的时候十分重要。

第二部分的信息展示了均值差异的大小，以及它们的标准差和标准误。（研究者很少用到这些信息，因此它们可能并不会出现在你的计算机输出中。）第三部分提供了成对的参与人之间相关程度的信息（在重复测量中是同一参与人）。这里你可以确定成对的分数是否是相关的。还记得吗？我们希望它们是相关的，这样通过相关组设计才能获得更好的统计控制。正如你从这个例子看到的，这些分数彼此高度**正相关**（positively correlated，参见第 4 章和第 9 章）。在我们的例子里，这个结果喻示着如果销售人员迅速接待一位消费者，那么他很可能也会迅速接待其他消费者。

> ◆ **正相关**　一个变量的分数增加，另一个变量的分数也随之增加。

第四部分是我们的推断性假设检验结果。我们获得了自由度为 7 的 *t* 值 5.47。

我们的实验中有 16 个数据点（8 名销售人员均被测量了两次），但是只有 7 个自由度。在前面的例子中，我们有 16 个参与人和 14 个自由度。为什么这里不一样呢？

你应当还记得相关样本的自由度等于被试对的对数减 1。如果你的记忆比较模糊，请翻看本章早前"统计方面"一节的内容。

计算机告诉我们自由度为 7 时获得 5.47 的 *t* 值的概率是 0.001。根据这样小的概率，我们可以做出结论：面对穿着不同的消费者，销售人员开始接待所需的时间有显著差异。用另外的话讲，我们相信实验中两组之间的差异不太可能是由随机因素造成的。相反，这个差异应当是由自变量引起的。效应量的信息，Cohen's *d*，给我们的结论提供了更充分的支持，因为 *d* 等于 1.93。还记得吗？*d* 大于或等于 0.8 意味着高效应量；因此，该自变量的效应相当可观。

将统计结果翻译成文字　这个实验的实验逻辑与独立样本的逻辑完全一致。唯一的差别是我们使用了配对的参与人，我们更加确定实验前两组人是相等的。我们仍然同等对待两组人（控制），只有一个例外（自变量）。我们随后测量了两组参与人表现（因变量），从而可以在统计上比较他们。

要恰当地描述统计结果，简单地陈述发现了显著差异并不足够。我们还必须报告显著差异是什么形式的或者什么方向的。用相关样本 *t* 检验分析数据，我们再次比较两组，考察均值从而确定哪组表现更优，这样是再简单不过的事情。当然，因为我们使用的是同一数据，所以结果是一致的：衣衫褴褛的学生开始接受帮助的平均时间为 63.25 秒，而穿着考究的学生是 48.38 秒。

你将如何用文字和数字在实验报告中报告该实验的结果呢？

你是否发现自己正在翻看本书的前几页，是否在查看我们之前的结论？如果确实如此，那么这是一个很好的策略，因为这里的结论应当与之前的结论极为类似。实际上，只要在关键之处做了相应的调整，你几乎可以照搬之前的结论。你发现了它们吗？以下是针对早前的结论进行细微改动后的版本。

相较于接待衣衫褴褛的消费者（$M = 63.25$，$SD = 12.54$）而言，销售人员接待穿着考究的消费者时（$M = 48.38$，$SD = 10.11$）等待更少的时间，$t(7) = 5.47$，$p = 0.001$。估计的效应量，Cohen's d，为 1.93。

正如你看到的，句子中的 4 个数字发生了变化：自由度变小了，t 值变大了，p 值变小了，效应量变大了许多。在这个假想的例子中，我们分析了这个数据两次（在实际数据分析中，如果你这样做，那么将是一个明显的违反统计假设的行为），你可以看到相关组设计的优势。正如本章早前所述，尽管相对于独立组而言我们失去了自由度，但结果是由随机因素造成的可能性实际上仍下降了，并且效应量大大增加了。同样，我们拥有这些优势是因为对被试进行了匹配，从而降低了数据的变异性。

通过考察表 10-3，你可以看到一个鲜明的例证，通过匹配我们得到了什么。在这个例子中，我们再次使用了第 9 章的数据。但是这次，在进行相关样本 t 检验之前，我们将第二组分数的次序打乱了。这样的情形可能发生在你针对无关变量进行匹配时（还记得我们在本章早前提到过的这种可能性吗）。正如你通过比较表 10-3 和表 10-2 可以看到的，描述性统计仍然保持不变，因为每组的分数并没有变动。但是表 10-3 的两组分数之间的相关是 -0.88。因为两组分数之间存在**负相关**（negative correlation），t 值是 1.91，甚至比独立组（参见表 10-1）的还低。这一显著的变化存在于表 10-3 和表 10-2 的推断性统计部分。原来的分析展示 t 为 5.47，$p = 0.001$。相反，在两组分数存在负相关的时候，新的分析表明 t 为 1.91，$p = 0.097$，并且效应量为 0.68（三种分析中最小的一种）。因此，当两组分数的相关关系被逆转成负值后，结果就变得不再显著了。记住，这里的要点是在使用相关组设计时，两组之间实际上必须是正相关。

◆ **负相关** 一个变量的分数增加，另一个变量的分数随之减小。

表 10-3 相关样本 t 检验的计算机输出（调整顺序后的数据）

组 1 = 穿着考究			
组 2 = 衣衫褴褛			
变量 = 销售人员的反应时			
	N	均值	标准差	标准误
组 1	8	48.38	10.113	3.575
组 2	8	63.25	12.544	4.435
均值差异 = 14.88		标准差 = 21.977		标准误 = 7.770
相关系数 = -0.880		$p = 0.004$		
$t = 1.91$	$df = 7$	$p = 0.097$		Cohen's $d = 0.68$

研究的扩展

研究是一种循环递进的过程。在完成了一个实验之后，因为该研究已经回答了关于这个课题的所有问题而停止研究是非常罕见的。相反，一个实验通常只能回答一部分研究问题，并不能回答其他问题，而且可能引出新的问题让你思考。当你了解了许多著名心理学研究者的工作之后，可能意识到许多人在他们的职业生涯早期就建立了自己的研究领域，并在剩余的职业生涯中持续地奋战于这些领域。我们并不是在说你在本科阶段选择的专业一定会在未来将你塑造成一名心理学研究者（尽管有可能）。相反，我们仅仅是在指出这个事实：一个好的实验会引出另一个实验。

我们将在下面的两章中继续讨论研究的扩展，从而展示研究是怎样一个循环递进的过程。我们将拓展第 9 章的研究（考察消费者的穿着风格如何影响销售人员的行为），并思考如何通过实验回答一些延伸问题。下面两章将继续讨论研究的扩展，从中你可以看到就同一研究课题，我们如何提出不同的问题，这些问题又可能需要不同的研究设计。这些研究问题是假想的，但是它有与之相衔接的实际应用的接触面。我们希望研究的扩展能够帮助你看到同样的研究问题如何能够以不同的方式进行研究，以及看到一个问题通常会引出许多新的问题。

为了确定你理解了选择实验设计时的一系列逻辑步骤，让我们回顾一下这些步骤。在这个过程中，需要特别注意如图 10-1 所示的实验设计的系列问题。

1. 在回顾了相关研究文献后，我们选择了自变量（穿着风格）和因变量（销售人员的反应时间）。

2. 因为计划就消费者的穿着风格对销售人员的反

应时的影响进行初步考察，所以我们决定只检验一个自变量（穿着风格）。

3. 因为只计划考察穿着风格是否会影响销售人员的表现，所以我们只选择自变量的两个水平（穿着考究和衣衫褴褛）。

4a. 如果有充足的被试来源，那么我们可以使用随机分配，这样就得到了独立组。在这种情况下，我们使用了独立两组设计，并采用独立样本 t 检验进行数据分析。

4b. 如果预期参与人的数量较少，同时需要实施最高等级的控制，我们会选择采用重复测量或者匹配组设计，这样就得到了相关组。因此，我们采用了相关两组设计，并使用相关样本 t 检验进行数据分析。

5. 我们得出这样的结论：相对于衣衫褴褛的消费者而言，销售人员更快地开始接待穿着考究的消费者。

回顾总结

1. 你所采用的用于分析实验数据的统计检验与你选择的实验设计有关。

2. 如果自变量有两个水平并且你随机将参与人分配到两组中，那么恰当的统计检验就是**独立样本 t 检验**。

3. 如果自变量有两个水平并且通过匹配成对、自然成对或者重复测量等方法来分配参与人，那么恰当的

统计检验就是**相关样本 t 检验**。

4. 计算机的统计结果输出通常包括描述性统计（均值和标准差）和推断性统计。

5. 为了展示实验的统计结果，我们按照 APA 的格式撰写结果报告，从而达到清晰简洁的目的。

6. 研究是循环递进的过程。多数实验的问题可以使用不同的设计方案来考察。

检查你的进度

1. 如果要比较男 CEO 和女 CEO 的刻板印象倾向性，你会使用哪种统计检验？阐明你的思路。

2. 如果要比较男 CEO 的刻板印象倾向性在反歧视法案通过之前和之后的变化，你会使用哪种统计检验？请阐明你的思路。

3. 相比起独立样本 t 检验而言，相关样本 t 检验的自由度_____。
   a. 较小
   b. 较大
   c. 完全一样
   d. 不是以上几种；不可能比较不同检验的自由度

4. 查看计算机输出时，应该先看哪一部分的信息？为什么？

5. 不同组的变异性相近，这意味着_____；不同组的变异性差异很大，这意味着_____。

6. 在报告实验结果时，我们使用_____和_____来展示结果。

7. 解释下面的统计结果：
   组 A（$M = 75$）；组 B（$M = 70$）；$t(14) = 2.53$，$p < 0.05$；

8. 为什么我们将研究描述成一种循环递进的过程？请用一个例子解释一下这种循环递进如何发生。

展望

在这一章中，我们从选择研究设计方案的角度讨论了规划实验的概念。我们具体介绍了单自变量两组设计的基本构建模块。在下一章中，我们会在这一设

计的基础上进行扩展：给单自变量增加更多的水平。这一扩展使我们得以研究更多关于自变量效应的深刻问题以及更具体的信息。

第 11 章

设计、开展、分析以及解释多组设计实验

实验设计：基本构建模块的扩展

在第 10 章中，我们学习了许多与**实验设计**（experimental design）相关的概念和原理，它们是所有实验规划的基础，而并不仅仅是两组设计的基础。在本章中，如果遇到这些概念，我们会进行简要的回顾。但同时也请你翻回到第 10 章，参考那里相应的讨论。

在这一章中，我们会扩展基本构建模块设计。思考一下之前的类比：作为一名儿童，你很快就掌握了乐高或者万能工匠的初学者游戏组套。你完全学会了建造那个简单组套所能够建造出来的任何事物，并开始希望建造更大、更令人兴奋的事物。为了满足这一需求，你拥有了一个规模更大的游戏组套，结合初学者组套，这一组套能建造出

◆ **实验设计**　指选取参与人，分配参与人到各个实验条件，控制无关变量以及收集数据的综合计划。

更复杂的事物。尽管你使用了更大的构建组套，但你在初学者组套里学习到的原理在这里依然适用。

实验设计与此同理。研究者常常希望能够超越两组设计，这样他们可以研究更复杂、更有趣的研究问题。幸运的是，他们不用从头开始，这就是为什么在前一章中我们将两组设计称为基本构建模块设计。所有实验设计都是基于两组设计。尽管你的研究问题会变得更为复杂精细，但是你的实验设计原理并不会改变。同样，当侦探面对更复杂的案件时，他们仍然会遵循之前学到的基本调查程序。

把实验设计视为实验的蓝图仍然是恰当的。我们希望下面的类比能够让你明白实验设计的必要性。尽管当在建造狗舍的时候，你可能不需要蓝图也能建造出来，但是如果想要建造自己的房子，没有蓝图几乎是不可能实现的。将建造小房子想象成第 10 章中的两组设计。假定你需要蓝图去建造一间屋子，想象一下在建造一栋公寓或者摩天大楼的时候，你对蓝图的需求会增加多少？我们将在第 12 章中讨论实验设计中的摩天大楼。

多组设计

这里，我们将考虑两组设计的一种扩展。让我们回到图 10-2。在这幅图的基础上，我们能够提出（或回答）的更复杂却又具有逻辑连贯性的下一个问题是什么呢？

多少个自变量

如图 11-1 所示，考虑实验设计的时候，我们需要问自己的第一个问题总是："实验中我应当使用多少个**自变量**（Independent Variable，IV）？"在本章中，我们会继续探讨单自变量实验。记住尽管单自变量实验比多

◆ **自变量**　实验者直接操纵的刺激或者环境的一部分，用于考察其对行为的影响。

自变量实验（参见第 12 章）简单，但是它们并不比后

者更低级。许多学生在设计自己的第一个研究时，所有因素都考虑进去了，唯独忽略了厨房的关键——水槽；一个设计完善的单自变量实验要比一个设计马虎的多自变量实验好得多。还记得第10章的**简约原则**（principle of parsimony）吗？如果单自变量实验可以回答你的问题，那么就采用它，不必使用更复杂的设计。

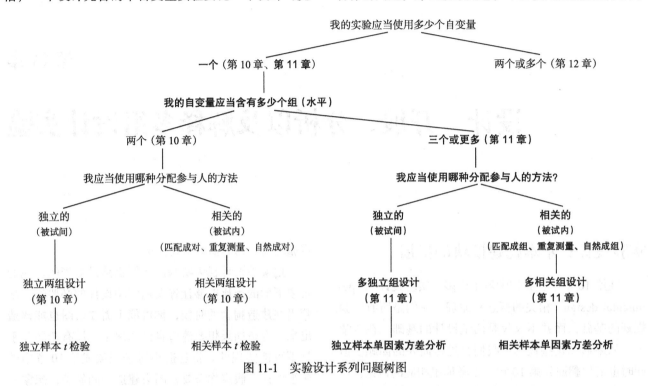

图 11-1　实验设计系列问题树图

多少个组

在决定进行一个单自变量实验后，我们的第二个问题就围绕在应当使用多少个组来考察自变量上，如图 11-1 所示。这个问题区分了多组设计和两组设计。正如它们的名字所谕示的，两组设计比较自变量的两个**水平**（level），多组设计比较自变量的多个水平。因此我们可以比较自变量的三个、四个，乃至多个水平，或者自变量不同的量级。这一情形与侦探面对多名嫌疑人的情形类似。探长需要同时对多名嫌疑人进行调查而不能只局限于两名嫌疑人。

> ◆ **简约原则**　认为现象以及事件的解释应当是简单的，除非简单的解释不可能成立。
>
> ◆ **水平**　实验中自变量的不同量级或者不同类型（也被称为处理条件）。

心理侦探

在第10章中我们学到，常见的两组设计包括实验组和控制组。多组设计与两组设计有什么区别呢？

实际上这个问题有两个答案——如果你知道其中一个，那么自我鼓励一下吧。首先，多组设计可以包含一个控制组。与一个实验组外加一个控制组不同的是，含一个控制组的多组设计包含了两个或者更多的实验组。这样，我们就可以把许多采用两组设计的实验浓缩为一个实验。不必使用一个两组实验来确定自变量效应的有无，并用另一个两组实验来确定自变量的最佳量级。相反，进行含有一个控制组和多个**处理组**（treatment group）的多组实验可以达到同样的目的。处理组的个数由你决定。其次，多组设计不一定要包含控制组。如果你已经知道自变量有效应，可以直接比较处理组之间的差异。

> ◆ **处理组**　参与人接受自变量处理的那个组。

让我们看看一个采用了多组设计的研究例子。马里兰州弗罗斯特堡市弗罗斯特堡州立大学（Frostburg State University）的学生科伦·沙利文（Collen Sullivan）和她的指导老师卡米尔·布克纳（Camille Buckner）（2005）想要考察榜样类型是否影响学生购买产品的意向。他们采用了父母、同伴、名人以及没有榜样这几个条件。为什么这个实验适合多组设计？首先，它只有一个自变量：榜样的类型。其次，自变量有两个或以上水平：它有 4 个榜样类型条件。因此，如图 11-1 所示，单自变量多个水平，应当采用多组设计。我们在图 11-2 中画出了该实验设计的模块示意图。比较图 10-2 和图 11-2，你可以直接看出为什么多组设计是两组设计的延伸。

自变量（榜样类型）

实验组 1	实验组 2	实验组 3	控制组
父母	同伴	名人	无榜样

图 11-2　Sullivan 和 Bucker（2005）采用的多组设计

资料来源：From "The Influence of Perceived Role Models on College Students' Purchasing Intention and Product-Related Behavior," By C. J. Sullivan and C. E. Buckner, 2005, *Psi Chi Journal of Undergraduate Research*, 10, pp. 66-71.

图 11-2 有三个实验组。这个实验有控制组吗？有的，无榜样条件就是控制组。在这个实验中，Sullivan 和 Buckner 对 4 种不同榜样类型的组间差异感兴趣。他们发现，相比名人榜样和无榜样组的学生，父母榜样组的学生有更强的购买产品的意向，同伴组的学生购买意向的强度介于父母榜样组和其他两组之间，但是差异并不显著。用统计的语言，Sullivan 和 Buckner 的统计结果支持实验假设（即不同榜样类型的影响存在差异）。当然，支持实验假设与证实了实验假设是不同的。Sullivan 和 Buckner 证明了榜样类型影响学生的购买意向吗？不，他们只发现了不同榜样类型或者处于这些类型条件下的参与人之间存在差异，并且这些差异不太可能是由随机因素造成的。如果用了别的榜样类型呢？如果用了其他类型的研究参与人，例如儿童或者年长的成人呢？还记得吗？在第 8 章的时候我们介绍过如何将实验结果扩展到当前实验参与人之外的人身上。

心理侦探

假设你想考察三个或者更多研究条件之间的差异。在这种情况下，能使用多组设计吗？为什么能或者不能呢？如果可以，图 11-2 中的模块示意图会发生什么变化呢？

是的，如果要考察四种或者五种榜样类型，你可以使用多组设计。实际上，即便有 10 种或 20 种榜样类型，它仍然适用。多组设计的唯一要求是该实验只有一个自变量且自变量的水平多于两个，如图 11-1 所示。实际应用中，很少有研究者采用含四组或者五组的多组设计。如果设计涉及的组数多于三组，我们仅仅需要扩展模块示意图，如图 11-3 所示。

自变量（榜样类型）

实验组 1	实验组 2	实验组 3	实验组 4	实验组 5
榜样 1	榜样 2	榜样 3	榜样 4	榜样 5

图 11-3　假想的含五组的多组设计

分配参与人入各组

在决定进行一个多组实验后，我们需要决定如何将参与人分配到如图 11-1 所示的小组中。正如第 10 章讨论的，我们需要在**独立组**（independent groups）和**相关组**（correlated groups）之间进行选择。

独立样本（随机分配） 还记得吗？**随机分配**（random assignment）使得每位参与人有同等概率被分入任意一组中。在研究榜样对于购买意向的影响的实验中，Sullivan 和 Buckner（2005）随机将学生分配到各组中去：全部 69 名学生有 1/4 的概率被分配到父母、同伴、名人或者无榜样组中。如果参与人数量足够多，随机分配就能够保证所产生的研究分组在无关变量上（如在人格、年龄和性别上）相等。还记得第 9 章的内容吗？随机分配使我们得以控制没有察觉到的无关变量。因此，随机分配是一种重要的**控制程序**（control procedure）。例如，我们希望避免使用那些只被男大学生或者女大学生视为榜样的角色。我们希望自变量的不同水平能分散到各类参与人身上，从而避免产生

◆ **独立组**　通过随机分配参与人形成的不同分组。

◆ **相关组**　通过匹配、自然成对或者重复测量参与人而产生的不同组。

◆ **随机分配**　一种分配参与人的方法，这种方法使得每位参与人有同样的概率被分到不同的组中。

◆ **控制程序**　实验者所采取的几个用于保证无关变量受到控制的步骤，包括随机分配、匹配等。

被混淆的实验（confounded experiment）。假定我们将所有女参与人放入名人榜样条件下，而所有男参与人被放入父母榜样条件下。根据结果做出结论时，我们无法就榜样的影响得到一个确切的结论，因为榜样与参与人的性别混淆了。换句话说，我们并不确定各组之间的显著差异是由各组在榜样类型上的差异造成的，还是由各组之间的性别差异造成的。

> ◆ **被混淆的实验** 在这种实验中，无关变量系统地随着自变量变化，最终使得实验者无法进行因果推论。

随机分配后，不同组的参与人完全没有关系；换句话说，各组之间是彼此独立的。我们对各个独立组之间的差异感兴趣。如图 11-1 所示，如果在多组设计中使用了随机分配，我们就采用了多独立组设计。

相关样本（非随机分配） 在多组设计中，我们对随机分配有两组设计中一样的忧虑：如果随机分配失效，造成实验之初各组并不相等，将会导致什么样的后果？我们知道随机分配应该产生相等的小组，但是也要知道只有长远看，它才不太可能失效，也就是说，我们需要大量参与人。如果参与人不够多或者预期自变量引起的差异较小，我们可能需要实施比随机分配所能够提供的控制更全面的控制。在这种情况下，我们通常转向使用非随机方法，从而将参与人分配到各组，这样就产生了相关组。让我们来考察三种产生相关组的方法，并看看它们与第 10 章中的讨论有何不同。

1. **匹配成对** 匹配成对并不适用于多组设计，因为我们有至少三个组。因此我们必须使用匹配成组。产生匹配组的原理与产生匹配对的原理一致。一些变量可能影响参与人在因变量上的表现，在实验之前需要测量参与人在这些变量上的得分。然后，我们通过将那些在所测量的变量（通常熟知为**匹配变量**，matching variables）上得分大体相等的参与人分配到一起形成匹配组。当然，匹配组的大小取决于自变量有多少个水平。例如，如果我们的自变量有五个水平，那么每个匹配组应当有五名参与人，他们在匹配变量上得分相等。在生成匹配组之后，每个匹配组内的所有参与人将被随机分配到各个研究分组中（处理）。

回到 Sullivan 和 Buckner（2005）的实验，假定我们相信参与人性别是一个无关变量，因为我们采用有吸引力的男性作为名人榜样。为了保证各组在性别上没有差异，Sullivan 和 Buckner 生成了含 4 名参与人的匹配组，每一组内的参与人性别相同，随后每组内的参与人被随机分配到 4 组中的一组。以这种方式，他们可以保证参与人性别的分布在各组内是一致的。如果每组都有相同的性别组合（不管是否性别比为 50：50），那么参与人的性别就不再是一个无关变量了。

最后一个需要注意的地方是顺序。请记住，你所选的潜在无关变量必须确实对因变量有影响，

> ◆ **匹配变量** 潜在的无关变量，我们测量参与人在这个变量上的得分，并依据得分找出在该变量上得分相似的那些参与人组成一队。

否则就会降低发现显著差异的概率。

2. **重复测量** 除了参与人需要完成多于两个（如三个或者更多）的实验条件之外，多组设计中的重复测量设计与两组设计中的完全一致。在多组设计中，如果采用重复测量，每位参与人都参与了所有的处理条件。因此，若要在 Sullivan 和 Buckner 的实验中使用重复测量，每位学生需要参与到父母、同伴、名人和无榜样条件中。

心理侦探

如果在 Sullivan 和 Buckner 的实验中使用重复测量，可能存在什么潜在的问题？（提示：思考一下第 10 章中关于使用重复测量时需要考虑的实际问题。）

如果我们尝试在榜样影响实验中使用重复测量，可能会产生几个问题。你会让一名学生完成同一个调查四次吗？这样做看起来并不合乎逻辑。学生可能会对不同类型的榜样产生怀疑；他们就可能发现自变量是什么了。或者

在重复了四次之后，他们可能会感到厌倦，而在第三次或第四次时不会太认真。那么，如果采用四种不同的问卷调查呢？这样的方式依然存在问题。认为学生做出不同的反应是因为榜样的类型不同，这个推理合乎逻辑吗？不一定，因为不同的问卷调查之间多多少少会存在差异。学生可能对不同的问卷调查有不同的答案。因此，我们观测到的可能是他们对不同问卷调查的不同反应，而不是对不同榜样类型的反应。这样看来，这个实验可能并不适合重复测量设计。还记得吗？在第 10 章我们提到过这个问题：不是所有实验都适合采用重复测量设计。

3. 自然成组　自然成组可以类比成自然配对，只除了这里的组必须包括多于两名研究参与人。多组的要求可能导致我们无法使用一些有趣的自然配对，如双胞胎或者夫妻，但是仍然有其他可能的自然组合。例如，许多动物研究者采用同窝的幼兽作为一种自然组合，认为它们共享了许多遗传因素，因而应当比随机挑选出来的动物更为相似。以相似的方式，如果你的研究参与人是来自同一个家庭的兄弟姐妹（等于或多于 3 人），自然组合也是可能的。多数自然成对或组合都与生物关系有关。

通过匹配成组、重复测量或者自然成组，我们可以产生多相关组设计。其关键特征是不同组的参与人之间存在某种关联——我们实际上是在比较组内（或者被试内）差异。另外，在独立组设计中，参与人之间并不存在共同关系。因此，我们比较的是组间差异。

乔治亚州梅肯市摩斯大学（Mercer University）的学生金伯利·沃克（Kimberly Walker）以及她的指导老师詹姆斯·阿鲁达（James Arruda）和基根·格林纳（Keegan Greenier）（1999）在实验中采用了多相关组设计。他们对人们在使用直观模拟标度尺（Visual Analogue Scale，VAS）时的准确性感兴趣。直观模拟标尺是一种自我报告的刻度计，可以用于报告人们的内心状态，如情绪、饥饿或者疼痛等。参与人在使用直观模拟标尺时，只需在一条直线上的某一点标上记号。这条直线通常 100 毫米长；直线两端的标记代表内心状态的分值极低或者极高。Walker 及其团队让参与人在直线上标出长度为 10、20、30、40、50、60、70、80 以及 90 毫米的距离。他们计算参与人标识出来的距离和实际距离的差，并视该值为参与人使用 VAS 的误差。通过测量参与人在 VAS 上判断 9 种不同距离时所产生的误差，Walker 及其团队得以确定人们在使用 VAS 时是否在某些距离上产生的误差更大。

心理侦探

为什么 Walker、Arruda 和 Greenier 的实验采用相关组设计？他们具体使用了哪种相关组设计？你认为他们为什么使用相关组设计？

在这个实验中，自变量是距离，以毫米为单位。因此，自变量有 9 个水平。他们测量了参与人在每种距离上的表现；因此，相关组的实现手法是重复测量。Walker 和她的团队采用重复测量设计的原因可能是如果每位参与人只完成一种距离的判断，那么可能需要大量的参与人（需要九组人）。同时，用九组人实际上就没有充分利用参与人。最后，通过让每位参与人完成自变量的所有水平，Walker 及其团队就无须担心实验之初各组参与人是不匹配的。在所有的 9 个条件中，将每位参与人视为他自己的控制参照，组间等同性就得到了保证。重复测量有助于控制许多被试变量，如动机、空间能力以及性别等因素，它们可能影响参与人在使用 VAS 时的准确性。

Walker 及其团队（1999）发现，当标记出现在 VAS 线的两端时，参与人的准确性比标记出现在 VAS 线的中段时更高。他们认为是一种视觉现象导致了这样的结果：视角法则。此外，他们提议在 VAS 中加入深度线索来提高准确性。

比较多组设计和两组设计

与第 10 章一样，我们到了需要决定实验设计方案的时候了。还是与第 10 章一样，我们有两种多组设计需要选择（独立组或者相关组）。那些想要使用单自变量实验的研究者们还需要在多组设计和两组设计之间进行选择。在以下小节中，我们将探讨这些设计方案的优势和劣势。正如我们在第 10 章中提醒你的一样，请仔细阅读，因为你可能在将来会面临同样的选择。

多组设计与两组设计非常类似。事实上，只需要给自变量增加一个（或多个）水平，你就从两组设计变成了多组设计。考虑到如此高的相似性，我们如何比较这两者的差异呢？

在选择实验设计方案的时候，你首要关心的内容是你的实验问题。你的研究问题用两个研究分组就能够回答吗，还是需要三个或多个组？这个问题似乎是一种"无脑"问题；但是它并不是理所当然的。根据第10章中的简约原则，我们希望选择最简单的设计方案来回答我们的研究问题。

在第10章中，我们描绘了一种使用两组设计的理想情形：一个我们需要通过它来确定自变量的效应是否存在的实验。这样的实验通常是不必要的，因为通常可以从文献中找到相关的信息。你不应该在没有深入进行文献回顾之前就展开检验自变量是否有效的实验（参见第2章）。如果资料调查没有找到相关信息，那么你可以考虑进行一个两组（有一无）研究。然而，如果你找到了这一基本问题的答案，并且希望更进一步的话，多组设计可能是一个恰当的选择。

除了以上这些思考，如果你发现多组设计和两组设计都是恰当的，还需要考虑什么？你应当考虑你的结果（未来的）是什么样的，尽管这个回答似乎很奇怪。结果会是什么样的？它们意味着什么？最重要的是，在两组之后加入更多的组能额外告诉你什么？如果加入一组或更多的组之后，你能够获得的额外信息是重要且有意义的，那么无论用什么方法，请加入更多的组。但是，如果你并不确定加入更多的组能带来新的信息，那么你其实就是在做无用功，无谓地将实验复杂化。

让我们回到本章提到的两个学生的例子。研究者考虑过额外的组能给他们提供什么重要的信息了吗？Sullivan 和 Buckner（2005）发现，购买产品的意向随着榜样类型的不同（父母、同伴、名人和无榜样）而不同。一些研究者可能希望研究更多的类型而不是更少。实际上，你早前读到 Sullivan 和 Buckner 的实验时，第一个念头可能是："我想知道学生对___榜样的反应是什么样的？"（在空格处填入你认为特别具有说服力的人或者实体，如运动员）。你可能认为这个实验并不是最好的用来研究榜样对购买意向的影响的实验，特别是如果你并不认同他们所选的几个榜样

类型。这样看起来，Sullivan 和 Buckner 做出了一个明智的选择，即选择了多组设计而非两组设计。实际上，如果他们选择了一个更复杂的多组设计，其结果会提供更多的信息。

Walker 及其团队（1999）测量了人们在 VAS 上判断9种不同距离时的表现。显然，因为使用多组设计，他们获益良多。如果仅仅观测人们对于短距离或者长距离的判断，他们会发现人们的误差总是很小。

假定 Walker 及其团队（1999）想采用一个更简单或者更复杂的多组设计，例如观测人们对于5个或者15个距离的判断，而不是9个。用这样的简单一些或者复杂一些的多组设计是可能的吗？

多组设计可以有5组或者15组吗（或者5次或者15次测量）？当然可以。唯一的局限性来自实际方面的考虑：你能够保证有足够的参与人吗（对于匹配成组或者自然组合而言），或者参与人能够接受被重复测量这么多次吗（对重复测量而言）？因为 Walker 及其团队的实验使用了重复测量，所以我们的关注点应当在实验参与人身上。在这个情境中，如果能够对参与人进行更少或更多的重复测量，那么当然可以在这个实验中只观测5种距离；参与人只需要做出更少的反应就可以了。唯一的疑虑是：5种距离是否能够提供实验者想要的所有信息。另外，进行15次观测会使任务变得相当困难，因为参与人难以辨别不同的距离，并且这要求参与人投入更多的时间。使用含九个水平的自变量是相当罕见的，因此很可能其他实验者会采取更简单，而不是更复杂的实验设计。

总而言之，多组设计与两组设计之间存在许多相似之处。但是它们之间也存在重要区别。在为研究项目选择恰当的实验设计时，你应当慎重考虑。

比较多组设计

正如你猜测的那样，多独立组设计和多相关组设计之间的比较会与第10章中关于两种两组设计的比较类似。然而，多组设计中实际方面的考虑可能变得更为重要，因此我们的结论可能会有所不同。

选择一种多组设计

选择实验设计方案时你需要考虑的首要问题一定是实验要研究的问题。在决定了采用单自变量且涉及三组或更多组的实验设计方案之后，你必须决定是采用独立组还是相关组。如果其中只有一个选项是可行的，那么就没有思考的必要了。然而，如果可以进行选择，你必须在进入到下一步之前就做出决定。

控制问题 正如第 10 章中关于两组设计的讨论，在多独立组设计和多相关组设计之间做出选择的决定，其关键点是控制问题。多独立组设计采用随机分配作为控制手段。如果有大量参与人（至少每组 10 人），那么你对随机分配能够平衡各组差异会更有信心。

多相关组设计采用匹配成对、重复测量或者自然成对作为控制手段，从而保证各组的同等性，并降低误差变异性。还记得那个反映统计检验通用公式的等式吗？

$$\text{统计量} = \frac{\text{组间变异性}}{\text{误差变异性}}$$

降低分母中的误差变异性，使所得到的统计量的值更大，因此更容易拒绝虚无假设。我们希望你还记得在第 10 章中讲到的相关组设计会降低自由度，因此更难以达到统计显著，也就是更难拒绝虚无假设。然而，误差变异性的降低通常能抵消自由度的损失，甚至扭转方向。因此，从发现显著结果的角度来讲，相关设计产生的统计检验通常更强。

实际方面的考虑 如果我们打算采用多相关组设计，可行性就变得相当重要。让我们逐个讨论每种多相关组设计。如果我们倾向于采用匹配成组，就必须考虑一些潜在的困难，如能否找到三名或者更多的参与人，且他们在我们选择的无关变量上是相匹配的。假定我们开展一个关于学习的实验，并且希望参与人在智商上相匹配。找出相同智商的三位、四位、五位或者更多的（取决于自变量水平的个数）参与人有多困难呢？如果我们不能够找到足够多相匹配的参与人，那么就无法在实验中使用这些参与人。由于实验设计要求匹配组有一定的规模，因此我们可能会流失一些潜在的研究参与人。自然成组同样可能受到组的大小的制约。有多大可能你的实验可以使用三胞胎、四胞胎或者五胞胎呢？出于这个原因，使用同窝幼兽可能是最常见的使用自然组合的多组设计。如果在多

组设计中采用重复测量，我们就是在要求参与人至少接受三次观测。这一要求使得每一位参与人需要投入更多的时间或者来实验室多次，又或者要求他们接受那些不愿意接受的条件（任务）。我们希望自己传达的信息是清晰的：如果计划使用多相关组设计，那么你需要规划得非常仔细，这样这些基本实际问题才不会毁掉你的实验。

那么，多独立组设计有什么实际问题需要考虑呢？多独立组设计比多相关组要简单些。你需要考虑的现实因素是，要有大量的参与人才能够保证随机分配的有效性，并且保证能够满足所有研究分组的人数需求。如果参与人的人数不够多，你应当考虑相关设计。

多独立组与多相关组设计之间的比较难以得出一个确切的结论。相关设计有统计优势，但是它同时要求你考虑更多实际问题，这些问题可能使你的实验执行起来非常困难，甚至变得不可能。独立设计更容易实现，但是这要求招募更多的研究参与人，从而保证各组之间的等同性。我们所能够给出的最好的建议是：记住每个实验给你带来的独特的疑难、机遇和问题。在选择实验设计方案时，你应当特别留意我们讨论过的因素，并结合具体的实验问题仔细权衡比较后再做决定。

多组设计的变体

在第 10 章中我们讨论了两组设计的两种变体。对于多组设计而言，这两种变体同样是存在的。

比较自变量的不同量级

这种多组设计的变体并不是一种实际上的变体；它是基本设计的一部分。因为最小的多组设计包括三个分组，每种多组设计必须比较自变量的不同量级（或者类型）。即便多组设计只含有一个控制组，它也含有至少两个处理组。

如果我们已经知道某个自变量有效应，那么可以采用多组设计来帮助我们确定该效应的阈限。在这种实验里，我们通常加入一种重要的控制措施，从而控制可能存在的**安慰剂效应**（placebo effect）。例如，有没有可能一部分咖啡的提神作用是因为我们预期它会产生这样的效应呢？如果是，一个恰当的控制组会包

含那些饮用了去咖啡因的咖啡的人。这些参与人并不知道他们饮用的咖啡不含咖啡因。这样的不含咖啡因的条件会告诉我们咖啡是否存在安慰剂效应。

> ◆ **安慰剂效应** 一种实验效应，由参与人的预期或者接受到的暗示而非自变量所引起的。

处理测量出来的自变量

本章提及的所有研究实例都使用了被操纵的自变量。多组设计也可以使用观测出来的自变量。第4章介绍过，如果研究中的自变量是被观测出来的，而非被操纵出来的，我们在进行的研究就是**事后回溯研究**（ex post facto research）。还记得吗？在这种研究中，我们不能随机分配参与人，因为他们已经从属于某些组了。因此，在实验之初，这些研究分组之间可能已经存在差异了。我们不能根据这种实验建立起因果关系，因为我们不能直接控制和操纵自变量。然而，事后回溯研究可以提供一些有趣的信息，而且因为这种设计还是实施了一些控制手段，所以我们可能能够排除一些备选解释。让我

> ◆ **事后回溯研究** 一种研究方法，在这种研究中，研究者无法直接操纵自变量，但是可以对自变量进行归类、分类或者测量。通常参与人在自变量上的得分是先天的（例如，性别作为自变量）。

们来看一个学生完成的单自变量的事后回溯研究。这个研究的自变量是测量出来的。

田纳西州纳什维尔市贝尔蒙特大学（Belmont University）的学生达拉·邓纳姆（Radha Dunham）和她的导师朗尼·严德尔（Lonnie Yandell）（2005）通过事后回溯方法研究了学生在绘图能力方面的自我效能感。他们从高级艺术课程、初级艺术课程以及普通心理学课程中选取研究参与人，三门课程的参与人分别代表高级、初级和无艺术背景组。为什么这个实验的设计符合多组设计？这个实验只有一个自变量吗？是的，艺术能力。这个实验中的自变量有三个或者更多的水平吗？是的，高级、初级以及无艺术背景组。这些水平构成了他们所测量的自变量——研究者并不能随机将学生分配到这三组中的任一组；他们只能"观测"这些学生选修了哪些课程，作为他们艺术能力的一种粗略的估计。

Dunham 和 Yandell（2005）发现，相对于高级和初级艺术能力组而言，无艺术背景组展现出了最低的艺术方面的自我效能感，高级和初级艺术能力组在艺术方面的自我效能感上并没有差异。请注意，多组设计使得 Dunham 和 Yandell 能够发现一组和其余两组中任意一组的差异。这个结果展现了多组设计优于两组设计的地方；若采用两组设计，则需要两个两组实验才能发现这样的结果。请记住这些差别，因为我们会在本章的"统计分析"一节中再次讨论它们。

回顾总结

1. 心理学研究者事先采用**实验设计**来规划他们的实验，实验设计可充当实验的蓝图。
2. 当你的实验只有一个**自变量**且该自变量含有三个或更多水平的时候，采用**多组设计**。
3. 多组设计可能含有也可能不含有**控制组**，如果有一个控制组，那么至少需要加入两个实验组。
4. 你通过**随机分配**来产生**独立组**。
5. 你通过匹配成组、自然组合以及反复测量每名参与人（重复测量）来产生**相关组**。
6. 相比起**多独立组设计**，**多相关组设计**在实验控制方面拥有额外的优势。
7. 由于需要处理研究参与人方面的实际问题，所以多相关组设计比多独立组设计复杂得多。
8. 多组设计主要是为了比较自变量的不同量级（或者类型）。
9. 观测出来的自变量可以在多组设计中使用，结果就是**事后回溯研究**。

检查你的进度

1. 为什么两组设计可以视为多组设计的构建模块？
2. 最简单的多组设计有_____个自变量和_____个分组。
3. 你认为相较于两组设计，多组设计的优势是什么？
4. 想出一个你能够用多组设计来回答而不能用两组设计来回答的研究问题。
5. 为什么匹配成组、重复测量以及自然组合都是相关组设计？
6. 多组设计中，组的个数的上限究竟在哪里？实际上限呢？
7. 列出在选择多组设计或者两组设计的时候需要考虑的因素。
8. 通常相关组设计有一定的优势，因为它_____。
9. 相比相关两组设计或者多独立组设计，为什么采用多相关组设计的时候其实际方面的考虑要求更高呢？
10. 如果希望比较长子／女，幼子／女以及独生子女的人格特质，我们应当采用什么类型的实验设计？这是真实验还是事后回溯研究？为什么？

统计分析：你的数据展示了什么

在前一章中，我们曾指出实验设计和统计分析是紧密相关的。在开始实验之前，你必须完成我们总结出来的所有决策过程，这样才能避免完成了实验收集了数据之后没有恰当的统计检验来分析数据。

分析多组设计

在这一章中我们介绍了有三个（或更多）组的单自变量实验设计。在统计学课上，你可能学到了使用方差分析（analysis of variance，ANOVA）来分析多组设计。正如你即将看到的，我们仍然使用方差分析来分析含有多个自变量的设计（第 12 章）；因此，有多种不同类型的方差分析，我们需要区别它们。在这一章中，我们将考察适合一个自变量的方差分析；研究者常称这种方差分析为**单因素方差分析**（one-way ANOVA）。

你可能记得在本章中，我们考虑过多独立组

> ◆ **单因素方差分析**　一种统计检验，用于分析含三组（水平）或者更多组的单自变量实验。

设计和多相关组设计。正如第 10 章中我们需要两种 *t* 检验一样，此时，我们需要两种不同的方差分析来分析这两种设计。正如你从图 11-1 中所看到的，如果通过随机分配产生多组参与人，我们就会采用独立样本单因素方差分析（也被熟知为**完全随机方差分析**，completely

> ◆ **完全随机方差分析**　这种单因素方差分析用于不同组的参与人是相互独立的情况。

randomized ANOVA）来分析数据。如果使用匹配成组、自然组合或者重复测量，我们会采用相关样本单因素方差分析（也被熟知为**重复测量方差分析**，repeated-measures ANOVA）来评估数据。

> ◆ **重复测量方差分析**　这种单因素方差分析用于不同组的参与人之间存在某种关系的情况。

规划你的实验

第 10 章的一大特色就是讨论如何分析穿着风格那个实验的数据（同样可以参见第 9 章）。当然，那个实验并不能直接用作本章数据分析的例子，因为它代表了两组设计。

> **心理侦探**
>
> 假定我们已经进行了如第 9 章和第 10 章中的示例实验。我们如何进行一个类似的实验但采用多组设计呢？

最简单的实验会是这样的：这个实验里，导论课上的学生穿着三种风格的衣物，而非两种。假定我们希望研究能更进一步。由于我们发现（第 10 章）销售人员更快地接待穿着考究的消费者而非衣衫褴褛的，所以决定加入一个中间的穿着风格——我们选择加入休闲风格这个第三种类型。我们必须考虑重新定义自变量的**操作**

> ◆ **操作性定义**　根据所需的操作来定义自变量、因变量以及无关变量。

性定义（operational definition）。我们定义休闲风格为宽松的裤子和衬衫（例如卡其裤和 polo 衫 / 马球衫），对于男消费者和女消费者都一样。一个班里有 24 名学生，分成三组，因此每组（每种穿着风格）有 8 名学生作为该组的"刺激"。我们让学生在某一天来到同样的商场，然后逛逛随机选择的那个产品区域。这个商场很大且雇用了很多销售人员，因此每位学生都能找到不同的销售人员。这种随机选择使得销售人员被随机分配到三个组中（产生独立组的条件）。一名观察者暗中跟随学生并记录下销售人员开始接待学生的时间，作为因变量。这样你就可以看到如表 11-1 所示的销售人员的反应时（接待延迟时间）。让我们在考察统计分析之前先讨论一下方差分析背后的原理。

表 11-1　假想的穿着风格实验中销售人员的反应时
（以秒为单位）

穿着风格		
考究	破旧	休闲
37	50	39
38	46	38
44	62	47
47	52	44
49	74	50
49	69	48
54	77	70
69	76	55
均值 =48.38	均值 =63.25	均值 =48.88

方差分析的原理

我们预期你已经在统计课上学习了一些方差分析的基本知识。在第 10 章的"控制方面"一节中，我们介绍了一个非常相关的概念；你可能希望翻回到那一节中。你可能会回忆起数据的变异性有两个来源：

◆ **组间变异性**　因变量变异性中由自变量的效应引起的那部分变异性。

◆ **组内变异性**　误差变异性的同义词。

◆ **误差变异性**　因变量变异性中由自变量以外的因素，如个体差异、测量误差以及无关变异等，引起的那部分变异性（也被称为组内变异性）。

组间变异性（between-groups variability）和**误差变异性 error variability**，也被熟知为**组内变异性**，within-groups variability）。组间变异性代表了因变量的变异中可以被归因为自变量的那部分；误差变异性是由个体差异、测量误差以及无关变异造成的。换句话说，误差变异是指数据里所有不是自变量引起的变异。来看看表 11-2，它是由表 11-1 稍加改动后得到的。

表 11-2　假想的穿着风格实验中销售人员的反应时
（以秒为单位）

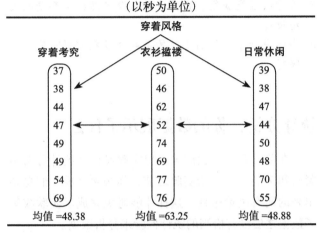

穿着风格		
穿着考究	衣衫褴褛	日常休闲
37	50	39
38	46	38
44	62	47
47	52	44
49	74	50
49	69	48
54	77	70
69	76	55
均值 =48.38	均值 =63.25	均值 =48.88

心理侦探

你认为表 11-2　中的箭头代表了哪种变异性呢？圆角方框突出的列又代表哪种变异性呢？如果回答这些问题有困难，请重读一下前面的段落。

组间反应时的差异反映了自变量（不同穿着风格）引起的变异；因此，箭头反映的是组间变异性。如果三组销售人员的反应时有所差异，那么穿着风格应该是这些差异的原因（假定我们已经控制了无关变量）。误差变异性可以发生在每组组内的参与人之间（正如它的名字谕示的那样，组内变异性）；这种变异性就是圆角方框突出的列所代表的。组内变异性的一个重要来源是组内参与人之间的差异，即我们标记成个体差异的那种差异。不同的人（或者动物）在因变量上的得分不完全相同，因为他们是不同的有机体。

"等一下，"你可能说，"我们刚才谈到的组内差异如个体差异、测量误差、无关变异，这些其实也可以在组间的参与人之间观察到，如同我们在组内观察到的一样。"这种想法反映了你有非常好的思维能力。你指出的问题是正确的，也被考虑到了。因此我们应当改变前几页的公式：

$$统计量 = \frac{组间变异性}{误差变异性}$$

组间和组内都可以观测到个体误差这个事实告诉我们应当改变方差分析的通用公式。方差分析公式中的 F 符号是为了纪念发展了方差分析（Spatz，2011）的罗纳德·埃米尔·费希尔爵士（Sir Ronald A. Fisher，1890—1962）。

$$F = \frac{（自变量引起的变异性 + 误差变异性）}{误差变异性}$$

如果自变量有很强的效应且产生了比误差变异大得多的变异，那么我们应当发现这个等式的分子会明显大于分母，如图 11-4a 所示。那么，其结果将会是一个很大的 F 比值。另外，如果自变量完全没有效应，也就是自变量并不引起任何变异，就意味着等式中分子部分的增加量为 0。在这种情况下，F 比值会在 1 附近，因为组间和组内的变异性应当大体相等。这种情况在图 11-4b 中展示出来了。

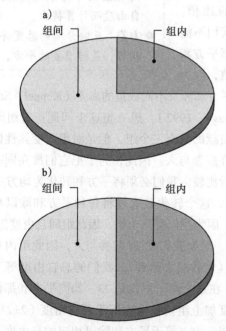

图 11-4 实验中变异性的分布。图 11-4a 产生大 F 比值的情况；图 11-4b 产生 F 比值为 1 的情况

关于方差分析的一个概念得到了改进：方差分析就是在比较组间变异性（自变量引起的变异）和组内变异性。因此 F 比值可以概念化为（包括计算）以下公式：

$$F = \frac{组间变异性}{组内变异性}$$

一个简单的理解方差分析的方法就是意识到方差分析就是处理（自变量）引起的效应除以误差。当自变量对因变量有显著的效应，F 比值会很大；当自变量没有效应或者效应很小，F 比值会很小（接近 1）。你可能愿意用书签标记出这一页，因为我们很快会再次回到这里。

解释：理解你的统计分析

当加入第三组，我们的实验设计会变得比第 10 章中的两组设计更为复杂。正如你将看到的，加入第三组（或者更多）会产生一个有趣的统计难点；我们可能需要采用额外的统计检验来解释显著的结果。（也许你没有遇过这样的分析方式，这里提醒一下，单因素方差分析不仅可用于多组设计，用于两组设计也完全没有问题。针对这样的设计，在前一章中我们只展示了 t 检验，是为了减少复述和可能的混淆。）

解释计算机统计结果输出

我们将再次考察计算机输出的通用模式，这样你可以体验到典型的输出格式，从而更好地将你所获得的知识延伸到你可以使用的那个特定的统计程序上。结果在表 11-3 中。

表 11-3 独立样本单因素方差分析的计算机输出

组	N	均值	标准差	标准误	95% 置信区间
1 穿着考究	8	48.38	10.11	3.57	39.92-56.83
2 衣衫褴褛	8	63.25	12.54	4.44	52.76-73.74
3 日常休闲	8	48.88	10.20	3.61	40.34-57.41

单因素方差分析：穿着风格解释反应时

来源	平方和	自由度	均方	F 比值	p 值
组间	1 141.75	2	570.88	4.71	0.02
组内	2 546.25	21	121.25		
总和	3 688.00	23			

事后检验：Tukey-HSD 检验，显著水平为 0.05

* 表示这一对两两比较存在显著差异

均值		组1	组2	组3
	穿着			
48.38	组1			
63.25	组2	*		*
48.88	组3			

独立样本单因素方差分析

我们正在查看来自独立样本单因素方差分析的结果，因为这个实验有一个自变量和三个研究分组。我们进行了独立样本单因素方差分析，因为我们将销售人员随机分配入三种穿着风格组中。因变量分数表示的是销售人员开始接待穿着不同的顾客的反应时间。

如往常一样，我们首先查看描述性统计方面的信息。你可以在表 11-3 的顶部找到描述性统计的结果。在进行下一步之前请记住，我们提倡利用计算器检查样本均值，从而确保你输入的数据没有问题。这一步会占用几分钟，但是如果你在数据输入的过程中会稀里糊涂地犯错，这一步就能帮助你避免使用错误的结果。我们可以看到组 1（接待穿着考究的销售人员）的平均反应时为 48.38 秒，组 2（穿着破旧）的平均反应时为 63.25 秒，组 3（日常休闲）的平均反应时为 48.88 秒。因此，我们确实观察到了这些均值在数值上的差异，但是我们并不知道这些差异是否大到达到显著的水平，除非进行推断性统计分析。我们同时也看到每组的标准差（第二组的时间差异比其他组的要大）和标准误（标准差除以根号 n），还有 95% 置信区间。你可能还记得置信区间估计了 μ（总体均值）的取值范围。因此，我们有 95% 的信心 40.34 ~ 57.41 秒这段区间涵盖了总体中销售人员开始接待穿着休闲的消费者的平均反应时间。

推断性统计紧接着描述性统计出现。我们可以看到这部分的标题含有"单因素方差分析"，它让我们知道自己正在进行单因素方差分析。标题展示了正在分析的变量是"反应时"，并且我们是从"穿着风格"变量的角度进行考察。这个副标题说明了我们通过自变量（穿着风格）来研究因变量（销售人员的反应时间）。

方差分析的结果输出通常被称为**来源表**（source table）。通过观察这样的表格，你会发现"来源"出现在表格的左侧。来源表之所以获得这样的名字，是因为它将数据中不同来源的变异区分开来，并在表中加以突出。在

> ◆ **来源表** 报告方差分析结果的表格。来源指的是变异性产生的原因。

单因素方差分析表中，你可以看到两种变异来源：组间和组内。

心理侦探

"组间"和"组内"这两个术语指的是什么呢？

组间是处理（自变量）效应的同义词，而组内指的是误差方差。**平方和**（sum of squares）即各数与其均值的差值的平方和，常被用于反映实验中因变量的变异性（Kirk, 1968）。我们使用方差分析来划分（分割）这些变异性。在表 11-3 中，你可以看到总平方和（整个实验变异性的总和）是 3688，我们将之划分成组间平方和（1141.75）和组内平方和（2546.25）。组间平方和和组内平方和加和起来总是等于总平方和（1141.75 + 2546.25=3688）。

如果根据平方和来计算组间变异性和组内变异性的比例，我们会获得一个比 1 还小的比值。然而，我们不能直接根据平方和计算比值，因为

> ◆ **平方和** 指因变量中由不同因素引起的变异性的大小。
> ◆ **均方** 变异性来源的平均大小；可通过不同来源的变异性所对应的平方和除以相应的自由度而计算得出。
> ◆ **方差** 反映分布的总变异性的指标；是标准差的平方，σ^2。

每一种平方和涉及不同数量的离差（Keppel, Saufley, & Tokunaga, 1992）。想一想这个问题：对组间变异性做出贡献的只有三个组，但是对组内变异性做出贡献的有许多参与人。因此，为了把它们放在同一个水平上进行比较，我们必须将平方和转化为**均方**（mean squares）。这个转化是通过将每种平方和除以相应的自由度。因为我们有三个组，因此组间自由度为 2（组数减 1）。因为我们有 24 名参与人，因此组内自由度等于 21（人数减去组数）。我们的总自由度等于总人数减 1，在这个例子里就是 23。如同平方和那样，组间自由度加上组内自由度等于总自由度（2+21=23）。再次强调，均方等于平方和除以相应的自由度。因此我们的组间均方是 570.88（1141.75/2），而组内均方是 121.25（2546.25/21）。

我们需要指出，均方可以被类比成**方差**（variance）的一个估计，也就是统计中的标准差的平方（σ^2）。一旦获得了均方，我们就能够找到变异的分布。不用像图 11-4 那样画出饼图，我们可以通过计算 F 比

值来比较两种变异。几页前我们建议你标记书签的地方告诉我们，F 比值等于组间变异性除以组内变异性。因为我们用均方去估计变异性，因此 F 比值的等式变成了

$$F = \frac{组间均方}{组内均方}$$

因此我们的 F 比值是 4.71，如表 11-3 所示，是通过将 570.9 除以 121.3 得到的。这个结果意味着组间变异性是：组内变异性的 5 倍左右。或者，更清晰明了的说法是：由自变量所引起的变异性几乎是误差引起的变异性的 5 倍。如果我们用饼图来视觉化该结果，就会得到图 11-5。

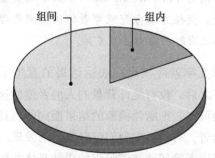

图 11-5 穿着风格实验中不同来源的变异性的分布

最后就剩下结论了（或者说我们这么认为）。穿着风格有显著的效应吗？表 11-3 中，在"F 比值"的右边你可以看到"p 值"这个条目：0.02。观测到这个样本或更极端的随机概率（在虚无假设为真的前提下）显然比 0.05 要低，因此我们确实发现了显著的差异。三组销售人员在反应时间上的差异不太可能是由随机因素造成的。尽管计算机输出了 p 值，你还是需要知道如何使用 F 表，以防你的计算机程序没有报告 p 值。

使用 F 表与使用 t 表有所不同，因为在方差分析中，我们有两个自由度。在这个例子中，我们的自由度是 2（组间，分子的）和 21（组内，分母的）。附录 A 表 A-2 的 F 表中，列代表分子的自由度，行代表分母的自由度。在这个例子中你需要在列中找到 2，行中找到 21，然后找出它们的交汇点。在那个点上，你会发现 0.05 的标准对应的是 3.47，而 0.01 的标准是 5.78。因为我们的 F 比值 4.71 在这两个数字之间，因此如果效应是误差造成的，那么所观测的结果（或更极端的结果）出现的概率小于 0.05，大于 0.01。因

此，如果你使用 F 表而不是计算机的输出，你会报告 $p < 0.05$ 或者 $0.01 < p < 0.05$（越具体越好）。夏洛克·福尔摩斯说，"我只是在衡量各种可能性之后，说出了其中可能性高的结论"（Doyle，1927，p.93）。

如果是两组设计，计算分析到这一步就算完成了，我们可以开始接下来的用语言解释统计结果的部分了。如果在两组设计中发现了显著的结果，我们只需要指出均值更高的那一组，然后得出"这个组的均值显著高于另一组的均值"的结论就可以了。但是这种决策程序并不适用于多组设计里的显著结果，因为我们的均值多于两个。根据显著的 F 比值，我们知道均值之间存在差异，但是谁跟谁之间有差异呢？仅仅基于 F 比值，我们无法知道。

为了确定具体多组实验哪里出现了差异，我们需要进行额外的统计检验，也被熟知为**事后比较**（post hoc comparisons，或者叫后续检验，follow-up tests）。这种检验帮助我们在确定了显著的综合效应（通过显著的 F 比值确定的）之后，找出哪些组之间存在显著的差异。有许多不同的事后检验，这些争论不在本书的讨论范围之内。只需要记住：在单因素方差分析中，如果你发现了显著的综合效应，需要进行事后检验。

> ◆ **事后比较** 发现显著的 F 比值后，用于比较组间均值差异的统计检验。

在表 11-3 的底部，你可以看到 Tukey-HSD（honestly significant difference，确实显著差异的缩写）检验。Tukey 检验可以用于进行任何两两比较，也就是说你可以对任意两组均值之差进行检验（Keppel et al.，1992）。在表 11-3 中，我们可以看到根据 Tukey 检验，在 0.05 的水平上组 2 与组 1 以及组 3 之间存在显著差异。这意味着，相比穿着休闲（48.88 秒）以及穿着考究（48.38 秒）的学生，销售人员需要等待更久才开始接待衣衫褴褛的学生（63.25 秒）。没有发现其他两组之间存在显著差异，这意味着接待穿着考究或者穿着休闲的学生时，销售人员的反应时不存在统计意义上的差异。

如前一章一样，我们希望你学到了计算机输出的规律，而非那些盲目搜索出来的某些单词或者术语。如果你理解了这些规律，那么在组间和穿着风格（或者其他自变量的名字）之间变换不应该难倒你；不同

的统计程序可能会采用不同的方式完成同样的事情（就像用不同的名字指代同一个检验）。例如，当你看到"误差"这一标签而不是"组内"的时候，不要感到惊讶，因为两个术语都在指同一件事情。重要的是对于同一数据，两个不同的统计程序是否能够得到同样的结果。

将统计结果翻译成文字　让我们来提醒你一下，正如我们在第 10 章所做的那样，任何统计检验的结果都基于你的实验程序。换句话说，如果实验完成得仓促草率，你的统计结果会完全没有意义。当我们得出"自变量引起了因变量的变化"这样的结论时，我们是在假设实验得到了很好的控制，且无关变量被移除了。如果你发现无关变量使实验结果被混淆了，不要尝试去解读统计结果，因为它们现在是没有意义的。基于同样的原因，侦探必须掌握在现场收集证据的特定方式。如果他们收集的证据受到了污染，那么全世界没有一个鉴定室的检验能够得出确切的结论。

基于推断性统计，我们得出这样的结论：消费者的穿着风格是重要变量，因为销售人员接待消费者的快慢取决于他们的穿着风格。

心理侦探

尽管这个结论技术上来说是正确的，但这个结论是否存在不足？为什么？你将如何改进使其更加完善？

这个结论存在不足是因为它不完整。再读一读这句话，然后思考一下你从中可以知道什么。你所知道的仅仅是某种穿着风格会使消费者接受销售人员的帮助的时间比其他穿着风格更快。因此，你虽然知道穿着风格引起了差异，但是不知道什么样的风格会使销售人员更快地反应。为了得到更完善的结论，我们需要借助推断性统计，特别是事后检验。在表 11-3 中我们发现，穿着考究的学生等待销售人员开始接待的时间平均为 48.38 秒，衣衫褴褛的学生这一数字为 63.25 秒，穿着休闲的学生则为 48.88 秒。显著的 F 比值告诉我们，三个均值之间存在某些差异。Tukey 事后比较检验告诉我们，组 2 与组 1 以及组 3 之间的差异是显著的。要恰当地解释这个结果，我们需要检查描述性统计。当我们查看均值时，可以得出这样的结论：

相比穿着考究或者穿着休闲的学生来说，衣衫褴褛的学生需要等待更长的时间才等到销售人员的帮助。其他均值对之间的差异均没有达到统计显著。

我们必须知道如何依据 APA 格式来报告统计结果。我们需要使用文字和数字。存在许多不同的方式撰写实验报告中的这一部分。以下是其中的一个例子。

穿着风格对销售人员的反应的效应是显著的，$F (2, 21) =4.71$，$p=0.02$。能被穿着风格所解释的方差比例是（η^2）0.31。Tukey 检验显示，（$p<0.05$）接待衣衫褴褛的消费者的销售人员（$M=63.25$，$SD=11.73$），其反应的速度比接待穿着考究（$M= 48.38$，$SD = 9.46$）或穿着休闲的（$M= 48.88$，$SD = 9.55$）消费者的销售人员要慢。接待穿着考究或穿着休闲的消费者的销售人员，其反应时并没有显著差异。

单单文字就应该足以表达结果的意思了。去掉那些数字之后，没有统计背景的人能否读懂这段话？我们认为可以。推断性检验的结果面向的是具有统计背景的读者，有助于向他们解释我们的发现。描述性统计使得读者确切地知道每组的成绩具体如何以及这个成绩的稳定性。效应量 η^2（eta 方）和 r^2 非常类似，因为它告诉了你因变量（反应时）的方差能够被自变量（穿着风格）解释的比例。（一种简便的计算 η^2 的方法是将组间平方和除以总平方和。）因为我们都采用 APA 格式来报告结果，因此读者对应该包含什么样的信息是有预期的。你可以在实验文献中找到这样的报告结果的方式。随着阅读越来越多这样书写出来的结果部分，你对这样的格式会越来越熟悉。

相关样本单因素方差分析

现在让我们来看看相关样本单因素方差分析。目前为止，本章中我们讨论的关于穿着风格和销售人员反应时的示例实验采用的是多独立组设计。因此，相关样本单因素方差分析并不适用。

心理侦探

你如何改变穿着风格影响销售人员的反应的实验设置，使我们可以使用相关组而不是独立组？

要改变实验设置，你需要决定修改后的实验是使用匹配成对、自然组合还是重复测量。最好的选择是匹配成对或者重复测量；我们并不认为在这个情境中自然组合是可行的，因为你的参与人不是同窝的幼兽，而找到多组三胞胎销售人员几乎不可能。如果选择了匹配成组，你必须选择匹配变量。知道哪些变量会影响销售人员对于消费者的不同穿着风格的反应是比较困难的。匹配成组也不是一个很好的形成相关组的方法。

想象一下你的实验在一个小商场里进行，这个商场只雇用了少数销售人员。为了保证有足够的数据点，你决定让销售人员接待每一种穿着风格的消费者（重复测量）。因为要测量每位销售人员在接待三种穿着风格的消费者时的反应时，你因此控制了销售人员之间潜在的个体差异。（另一种可能导致你选择重复测量的原因是你发现销售人员的一些变量，如态度，可能影响他们接待不同穿着风格的消费者时的反应时。重复测量能够基本消除销售人员个体差异造成的影响，因为每位销售人员需要接待全部三种穿着风格的消费者。）

你现在可以开始实验了。不同穿着风格的学生进入商场。因为采用了重复测量，所以我们确定三组销售人员是相等的（因为他们是同一名销售人员）。根据这个假设，现在表 11-1 的分数反映的是八名销售人员的多个反应时。（记住，在真实数据分析中，用不同的统计检验来分析同一个数据是不被允许的。这里只是教科书的一个示例，并非真实的数据分析。）

你可以从表 11-4 中找到相关样本单因素分析的结果。同往常一样，我们先查看描述性统计。描述性统计出现在表 11-4 的上部。正如你所看到的，我们得到了每一组的均值、标准差、样本量以及 95% 置信区间。描述性统计与表 11-3 的相符，这合乎逻辑。尽管我们现在采用了相关样本的分析，但样本本身并没有发生变化。因此，我们看到了和前面一样的均值、标准差和置信区间。

表 11-4 相关样本单因素方差分析的计算机输出

组	N	均值	标准差	标准误	95% 置信区间
1. 穿着考究	8	48.38	10.11	3.57	39.92-56.83
2. 衣衫褴褛	8	63.25	12.54	4.44	52.76-73.74
3. 日常休闲	8	48.88	10.20	3.61	40.34-57.41

单因素方差分析：穿着风格解释反应时（相关样本）

（续）

组	N	均值	标准差	标准误	95% 置信区间
来源	平方和	自由度	均方	F 比值	p 值
穿着风格	1 141.75	2	570.88	19.71	0.000
被试	2 140.65	7	305.81	10.56	0.000
单元内	405.59	14	28.97		
总和	3 688.00	23			

事后检验：Tukey-HSD 检验，显著水平：0.01

* 表示该两两比较展现出显著差异。

	组1	组2	组3
均值	穿着风格		
48.38	组1		
63.25	组2	*	*
48.88	组3		

表 11-4 中另一个信息源是方差分析的来源表。这个表中每一种来源所对应的数字与之前表中的数字有所不同。尽管你认为这可能是用来迷惑你的鬼把戏，但还是需要关注重要的信息。还记得吗，在不同情形下，我们使用的术语有些许不同。这里，我们的三种方差来源被标签为"单元内""被试"和"穿着风格"。因为你知道不同穿着风格是自变量，因此应该非常清楚"穿着风格"代表自变量的效应。同时，"单元内"反映了误差变异（参见表 11-2；其中单元内变异被视觉化为图中圆角方框所强调的部分）。当然，"被试"反映了不同销售人员的个体差异。查看来源表的时候，我们发现这个实验（穿着风格对销售人员的影响）的 F 比值是 19.71，自由度为 2（分子）和 14（分母），p 值是 0.000。

这个例子展现了计算机化统计程序的一个缺陷。在

> ◆ **渐近的**：指分布的两端逐渐接近基准线但是永远无法真正到达基准线的状态。

统计课上学习概率分布的时候，关于分布的尾部你学到了什么？我希望你们学到了分布的两端是**渐近的**（asymptotic），也就是说，尾部在 x 轴趋向无穷大的时候，y 轴上分布曲线虽然逐渐趋近，但是永远无法达到基线。这意味着统计量的 p 值不可能是 0.000。不管统计量的值有多大，总有一定的概率出现在比这个值更极端的分布的两端。不幸的是，设计统计软件的人可能没有留有那么多空间来报告更精细的结果，或

者他们并没有考虑过这个问题，所以他们让计算机输出 0.000 这样的概率，这其实意味着结果不存在任何不确定性。鉴于这个缺陷，如果你发现计算机报告了这样的结果，我们建议你报告为 $p<0.001$。

离题的话到此为止，但是你要知道计算机的缺陷。让我们回到统计分析上来。穿着风格的综合效应是显著的，接下来我们应当探索具体某两种穿着风格之间出现的行为差异。这里的来源表和表 11-3 并不一致，因为它包括了两个自变量的效应：穿着风格和被试。尽管被试效应是显著的，但是它并没有告诉我们什么重要的信息：我们仅仅知道了八名销售人员的反应时存在显著差异，换句话说，存在个体差异。这个效应符合我们的预期的，而且这个效应并不重要。通常你可以忽视这个效应。但是从统计上来说，被试效应是重要的。如果比较表 11-3 和表 11-4，你会发现相较于独立样本方差分析的组内（或误差）变异性，相关样本方差分析将被试的变异性（均方）从单元内（或误差）变异性中独立了出来。这个差异反映了相关样本分析的检验力更高，具体体现在降低了误差项的变异性以及产生了更大的 F 比值。

正如在多独立组设计里，我们仍然使用 Tukey 检验来完成事后比较。我们发现了组 2（衣衫褴褛）与组 1（穿着考究）以及组 3（日常休闲）之间存在显著差异（$p<0.01$）；但是组 1 和组 3 的差异并不显著。请注意，我们的显著差异是在 0.01 水平上，而不是独立样本中的 0.05 水平。这个变化是另一个相关样本分析更具检验力的表现。

将统计结果翻译成文字 这里的实验逻辑与独立样本方差分析的没有区别。唯一的差别是在这种设计中我们实施了更严格的控制，即我们采用了重复测量设计，而不是将参与人随机分配到各个实验条件中。

我们的结论应该是文字与数字的结合，并能清晰展示给读者我们发现了什么。记住，不仅要报告是否存在差异，还要报告差异的方向。

心理侦探

如何结合文字和数字来撰写并报告这一实验结果呢？

尽管相关样本检验的结果和独立样本检验的类似，但是它们在一些重要的地方有所区别。我们希望你能够找出这些差异。以下是结果部分的示例。

穿着风格对销售人员反应时的影响是显著的，$F_{(2, 14)}=19.71$，$p<0.001$。能被穿着风格所解释的方差比例是（η^2）0.74。Tukey 检验显示，相比接待穿着考究（$M = 48.38$，$SD = 9.46$）或穿着休闲的（$M= 48.88$，$SD = 9.55$）消费者（$p<0.01$），销售人员更慢地开始接待衣衫褴褛的消费者（$M=63.25$，$SD= 11.73$）。销售人员在接待穿着考究和穿着休闲的消费者时，其速度并没有差异。

你所写出来的结果部分与上面的段落类似吗？记住，不需要每一个用词都保持完全一致，重要的是你囊括了所有重要的细节。

心理侦探

这里的结果描述与独立样本方差分析的结果描述有五个重要的差别，你能够找出它们来吗？

第一个差异来自自由度。相关样本方差分析的误差项的自由度（单元内）要比独立样本的（组内）要小。第二，相关样本检验的 F 比值比独立样本的要大。F 比值变大是由于 F 统计量的公式中分母变小了。F 比值的这一变化导致出现了第三个变化，即 p 值。尽管相关样本方差分析的自由度要小一些，它的 p 值还是较小的那个。第四，能被穿着风格所解释的方差比例（η^2）变大了许多。第五，相关样本的事后检验产生的 p 值更小。

后面的三个差异清楚地展示了相关组设计的优势。因为重复测量降低了误差变异性，所以我们观测到的结果的随机（虚无假设为真的前提下）概率明显比独立样本的要低。因此，相关组设计得到的结论更为清晰（降低了犯一类错误的概率，注意：这句话从统计上说是错误的。如果统计检验的前提假设是满足的，那么犯一类错误的概率实际上是我们在实验之前选择的。可能的是原文指降低了犯二类错误的概率，也就是提高了统计检验力）。我们不能保证相关样本设计总是能发现独立样本设计所不能发现的差异；但是我们能确定在差异较小的情况下，相关组设计的确能够提高你发现显著结果的概率，因为这种设计会降低误差方差。

研究的扩展

在第 9 章和第 10 章中，我们围绕不同穿着风格对销售人员反应的影响来探讨如何拓展研究项目。相较于接待穿着考究的消费者，销售人员的反应时在他们接待衣衫褴褛的消费者时更长。因为这个结果，我们决定继续沿着这个研究方向深入下去，并且在这一章中比较了三种穿着风格的差异。基于这个实验的结果，我们可以得出这样的结论：相较于接待衣衫褴褛的消费者，销售人员在接待穿着考究或者休闲的消费者时反应更快。

我们的研究到这里就可以结束了吗？正如你可能意识到的，我们可以比较无穷无尽的穿着风格，这个研究就会永远持续下去。认真地说，你可能已经在思考其他能影响销售人员反应时的自变量了。随着研究问题变得更加复杂，寻求更复杂的设计来解决这些问题变得十分必要。在第 12 章中，我们会继续探索这个研究主题，但是在那个时候，我们将考虑在一个实验中同时考察多个自变量。

让我们回顾一下进行本章中穿着风格实验的逻辑步骤。让我们重新回到的图 11-1，并注意实验设计相关的问题。

1. 在完成了预实验（第 10 章）并且确定了销售人员在接待穿着考究的消费者时反应更快之后，我们决定考察更多的穿着风格（自变量）对销售人员反应时（因变量）的影响。

2. 我们决定只考察一个自变量（穿着风格），因为我们的研究仍然处于初级阶段。

3. 我们考察了三种穿着风格，因为他们似乎是消费者有可能穿着的几种风格。

4a. 如果能够接触到大量的销售人员，我们会使用随机分配的手段产生三组研究参与人，并因此采用多独立组设计。我们进行了独立样本单因素方差分析，并发现接待衣衫褴褛的消费者的销售人员，其反应慢于接待穿着考究或者休闲的消费者的销售人员。

4b. 如果只能接触到少量的销售人员，我们决定采用重复测量。因此，我们使用了多相关组设计并进行了相关样本方差分析。相比接待衣衫褴褛的消费者，销售人员在接待穿着考究或者穿着休闲的消费者时反应更快。

5. 我们得出（假想的）这样的结论：如果消费者希望在商场里更快地得到帮助，那么他们需要注意避免穿着不够体面。

回顾总结

1. 当你的实验涉及一个自变量和三个或者更多的研究分组，并且你采用随机分配的时候，恰当的统计分析是独立样本单因素方差分析（**完全随机方差分析**）。

2. 当你的实验涉及一个自变量和多于两个研究分组，并且使用了匹配成对、自然组合或者重复测量等手段的时候，你应当采用相关样本单因素方差分析（**重复测量方差分析**）来分析数据。

3. 方差分析将因变量的变异性分割成**组间变异性**（由自变量引起的）和**组内变异性**（误差造成的）两个部分。两者的比值被称为 F 比值。

4. 方差分析的结果通常用**来源表**展示出来，这个表列出了差异的不同来源，还列出了自变量效应的 F 比值。

5. 显著的 F 比值仅仅说明各组之间存在显著的差异。还需要**事后比较**来确定到底哪两组有差异。

6. 采用 APA 格式报告统计结果能够让我们以更清晰简洁的文字和数字来展示结果。

7. 前面的实验通常会引出更进一步的研究问题和实验。多组设计很适合用在两组设计实验之后的后续实验中。

检查你的进度

1. 假定你希望通过比较学校里的大一、大二、大三以及大四学生的 ACT 或者 SAT 的分数，从而评估这些学生的学习潜能是否存在差异。请用模块示意图展示你的设计。为了开展这个实验，你会采用什么设计以及什么统计检验呢?

2. 你可能想知道学生参加三次 ACT 或者 SAT，其表现会不会明显变好。你选择了一组学生并获得了他们三次的成绩。你会采用哪种实验设计去回答这一问题呢? 画出相应的模块示意图。你会采用什么样的统计检验来分析数据?

3. 当我们查看多组设计的 F 比值和其 p 值时，为什么不能通过查看描述性统计，然后直接得出实验的结论呢?

4. 由自变量引起的变异被称为____方差，而由个体差异和误差引起的变异被称为____方差。

5. 假定你完成了问题 2 中的实验并发现了以下统计结果: $F(2, 24) = 4.07$, $p < 0.05$。根据这些信息，你能够得出什么结论?

6. 你还需要什么样的信息才能够得出比问题 5 中更完善的结论?

7. 为什么掌握和了解第 10 章的相关知识对于理解本章的"研究的扩展"一节非常重要?

8. 如果你决定测量情绪的季节变化，将采用哪种实验设计? 为什么?

9. 你想考察人们对于不同类型的快餐汉堡包的偏好。在你所在的镇子里有麦当劳、汉堡王、温蒂汉堡，以及白色城堡专营店。对于这个研究问题，你会选择什么样的实验设计?

展望

在这一章中，我们拓展了研究设计的相关知识以及如何将其与某些特定的实验问题匹配起来等方面的知识。具体地说，我们考察了基本构建模块设计的一种扩展，这种扩展考虑含三组或更多组的单自变量的情况。在下一章中，我们会考虑一个与基本设计鲜明不同的变化，我们将加入第二个自变量。这种设计使得我们能够回答更精细复杂的行为问题，因为许多行为会同时受到多个变量的影响。

第 12 章

设计、开展、分析以及解释多自变量实验

实验设计：成倍增加基本构件模块

这一章将继续使用我们在第 10 章中初次学习到的实验设计材料。我们会看到许多前两章中熟悉的概念，也包括更早叙述中提到的那些概念（如自变量、因变量、无关变量，以及控制等）。你会预期这一章类似于在回顾这些熟悉的概念；然而，我们会在崭新的框架下应用这些概念，也就是在多因素实验设计中。

让我们回到在第 10 章中遇到的关于实验设计的比喻：乐高或者万能工匠的搭建积木游戏。第 10 章和第 11 章分别展示了初学者搭建组套和稍微复杂一些的升级版初学者组套。现在，有了多因素设计，我们遇到了最好的高级搭建组套，它涵盖了所有可能的部件。当你购买了最完整的搭建材料，才可以搭建任何事物，从非常简单的事物到非常复杂的结构；这一点对于实验设计而言仍然是正确的。多因素设计给予我们足以在一个实验中处理多个**因素**（factors）或者**自变量**（independent variables）的能力。多因素设计是实验心理学的命脉，因为它让我们得以同时考察自变量的组合效应，更接近于真实的世界。多因素设计之所以更像真实的世界，是因为你的行为在某一时刻仅仅受到一个因素影响的情况相当罕见，即使存在这样情况的话。想象一下，你在

◆ **因素**：自变量的同义词。
◆ **自变量**：实验者直接操纵的刺激或者环境的一部分，用于考察其对行为的影响。

尝试找出唯一影响你的 ACT 或者 SAT 分数的因素！智力是否可能？动机呢？你选修的课程呢？星期六早上 8:00 的考试时间呢？健康呢？等等。

在第 11 章中，我们使用了另外一个关于实验设计的比喻；我们将两组设计比喻成一座房屋，多组设计比喻成一幢公寓，多因素设计则比喻成摩天大楼。这个比喻背后的思路并不是去恐吓你多因素设计有多么的复杂，而是为了展示两点。首先，正如我们早前提过的，即便是复杂设计也还是基于你之前遇到过的简单设计所依据的原理法则。正如你从建造一座房舍到建造摩天大楼，许多建筑原理并没有改变：它们仅仅是被应用在一个更大的尺度上。这一准则对于实验设计也是正确的：尽管在这一章中我们讨论更多的是复杂设计，但是你已经从第 10 章和第 11 章中获得了大部分的背景知识。其次，正如建造规模更大的建筑意味着更多的决策和选择，设计规模更大的实验也意味着更多的决策和选择。当然，决策也意味着责任。在多因素设计中，你需要承担更多的责任。与仅单自变量实验不同，你需要规划两个或者三个（甚至更多）自变量。额外的自变量意味着你有更多的因素需要选择和控制。通过承担更多的责任，你同样也会收获更多的信息。从单自变量实验到双自变量实验，你会收获关于第二个自变量以及两者之间交互作用的信息。我们很快会对交互作用展开深入的讨论。让我们先来看看多因素设计。

多因素设计

在这一章中，我们会通过成倍增加基本两组设计来达到扩展实验的目的。回顾一下图10-2。想象一下，如果你将该设计增加一倍会发生什么。当然，一种可能的结果就是得到我们在第11章中讨论过的设计：有4个水平的多组设计。这样的设计会产生一个类似于第11章研究的扩展一节所提到的设计，如假定我们在实验中比较的是四种穿着风格而不是三种。然而，这种成倍复制的扩展实际上是原设计的延伸而非拓展。我们仅仅把第10章中一个自变量的两个水平（穿着考究 vs. 衣衫褴褛）变成四个水平。

心理侦探

那么图10-2的拓展（而非延伸）会是什么样的呢？请用图画出你的结果。

你的结果与图12-1的类似吗？比较一下图12-1、图11-2以及图11-3。你是否发现了什么差异？你能够将这个差异归因于什么？你会在下一节中找到答案。

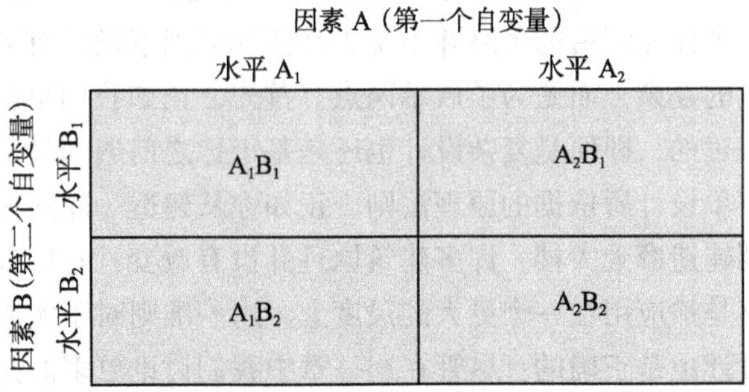

因素 A（第一个自变量）

	水平 A₁	水平 A₂
水平 B₁	A₁B₁	A₂B₁
水平 B₂	A₁B₂	A₂B₂

因素 B（第二个自变量）

图 12-1　最简单的多因素设计（2×2）

多少个自变量

在前面的两章中，在选择恰当的实验设计时，我们遇到的第一问题就是实验中应当包含多少个自变量。这个问题在第12章中并没有发生变化，我们仍然如图12-2所示的那样从"我们的实验应该使用多少个自变量"这一问题开始。但是，我们确实是第一次有了不一样的答案。我们开始转到有至少两个自变量的复杂设计。我们将任何含有至少两个自变量的设计称为**多因素设计**（factorial design）。多因素设计之所以叫这个名字，是因为我们将自变量视为因素；这样，多个自变量就构成了多因素设计。理论上来说，你在

实验中使用的自变量数目并没有上限。然而就实际情况而言，在一个实验中使用多于两个或者三个自变量的情况非常罕见。超过这一数量之后，所增加的复杂性会要求你具备极高超的开展实验以及解释结果的能力。因此，我们会使用含两个自变量的实验来进行展示（含三个自变量的实验的展示在附录C中）。实际生活中，侦探常常面临与多因素设计类似的复杂案件。想象一下，你是一名面临多名嫌疑人的侦探，并且你面临着不同嫌疑人有不同作案手法、作案动机以及作案诱因的情况。你可以看出这样的情境与多因素设计有多么相似吗？

◆ **多因素设计**　含有多于一个自变量的设计。

多少个组或者水平

通过观察图12-2你会发现，我们在第10章和第11章中都提出过的问题并不会在多因素设计的系列问题树图部分出现。缺失的原因很简单：一旦使用了两个（或者更多）自变量，你就在使用多因素设计。每个变量的水平数在这一点上并不重要。

让我们回顾一下图12-1。你是否发现它实际上可以看成两个两组设计上下叠加在一起？这就是我们之前提到的成倍增加或者拓展两组设计。如果我们使用两个两组设计并将它们结合起来，我们最终实际上使用的就是如图12-1所示的设计，也就是两个自变量，每个有两个水平。图12-1展示了最简单的多因素设计，也被熟知为2×2设计。2×2这一简写标签告诉我们：该设计有两个因素（自变量），因此标签含两个数字；并且每个自变量有两个水平，因此两个数字都取值为2。换句话说，数字的个数告诉我们有多少个自变量，数字的取值告诉我们每个自变量有多少个水平。最后，这个乘法运算所得的结果还告诉我们在实验中含有多少种不同的实验处理组合。一个2×2的设计包含了四种处理组合（2乘以2），3×3的设计包含了九种处理组合，2×4的设计则包含了八种处理组合。

心理侦探

假设你所设计的实验中有三个自变量，一个有两个水平，一个有三个水平，最后一个有四个水平。你如何简略地标识这个设计？

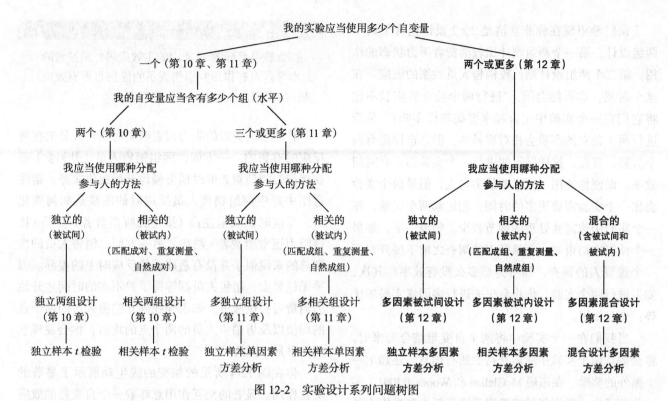

图 12-2 实验设计系列问题树图

因为有三个自变量，所以答案有三个数字。每个数字代表每个自变量的水平数。因此你的答案应当是 2×3×4 设计。

图 12-1 展示了另一种标识不同实验设计的方法。因素用字母来表示，因此第一个因素写成成因素 A，第二个，因素 B，以此类推。一个因素的某个水平通常用该因素所对应的字母加上标记水平的数字下标来表示。因此，第一个因素的两个水平标记为和。如果一个因素含多于两个水平，我们继续使用数字来标记他们直到我们标记了最后一个水平（如 A_1，A_2，…… A_n），而 n 代表该因素的水平数。

2×2 设计在实际生活中看起来会是什么样子的？为了找到这个问题的答案，让我们参考图 10-2，这幅图展示了 McClellan 和 Woods（2001）的两组设计的实验。实验比较了销售人员接待聋哑消费者和正常听力消费者的反应时。

心理侦探

你将如何拓展 McClellan 和 Woods（2001）的实验，从而使它变成 2×2 设计？请画出图来。

首先，我们希望你的设计如图 12-3 一样。第一个

因素（自变量）应当是消费者的听力，其两个水平分别代表实验组（聋哑消费者）和控制组（非聋哑消费者）。第二个因素（自变量）可以是任何可能的变量，只要前面的两组在这个变量上有所差异。例如，假如你对消费者听力状况的作用是否取决于销售人员的性别（正如我们在第 10 章中所提到的）感兴趣。你的第二个自变量（一个测量的而非操纵的自变量）将会是销售人员的性别，而你的两个组分别由女性和男性销售人员组成。这个实验设计展示在图 12-3 中。我们需要四个处理组，每一个代表了两种实验处理各自两个水平的排列组合。因此我们会使用一组女性销售人员来接待聋哑消费者，一组女性销售人员接待听力正常的消费者，一组男性销售人员来接待聋哑消费者和一组男性销售人员接待听力正常的消费者。

	因素 A（消费者的听力）	
	聋哑消费者	听力正常的消费者
男	男销售人员接待聋哑顾客	男销售人员接待听力正常的顾客
女	女销售人员接待聋哑顾客	女销售人员接待听力正常的顾客

（左侧纵向标注：因素 B（销售人员的性别））

图 12-3 拓展 McClellan 和 Woods（2001）的听力障碍研究

我们希望现在你非常清楚 2×2 设计包含了两个两组设计。第一个两组设计比较消费者听力状态的作用，第二个两组设计则比较销售人员性别的效应。在这个时候，你可能会问："进行两个独立的实验不比将它们在一个实验中组合起来要简单许多吗？"尽管进行两个独立的实验会相对容易些，但是这样做有两个劣势。首先，这样做不如进行一个实验那么有时间效率。即便你使用了同样多的参与人，但是两个实验会比一个实验需要更多的时间；相比起两个实验，在一个实验中你需要处理的细节较少。想象一下，如果一个侦探在结束对一个嫌疑人的调查之前不展开对下一个嫌疑人的调查，那将会是多么没有效率！其次，如果进行两个实验，你将会失去进行多因素实验的优势：交互作用。

当我们在一个实验中将两个自变量结合起来时，将获得从两个实验中所能获得的所有信息，还加上一个额外的奖励。在拓展 McClellan 和 Woods（2001）实验的例子中，我们仍然想确定消费者听力和销售人员性别的单独的效应。在一个多因素实验中，这种由自变量所引起的效应被称为**主效应**（main effect）。我们从多因素实验中获得的额外奖励就是两个自变量的**交互作用**（interaction）。在这一章中，我们会详尽地介绍交互作用，但是请允许我们在这一阶段先提供一个预览。假如我们进行了消费者听力/销售人员性别的研究并发现其结果如图 12-4 所示。

> ◆ **主效应** 指多因素设计中自变量的单独的效应。
> ◆ **交互作用** 多个自变量对因变量的联合的、同时的效应。

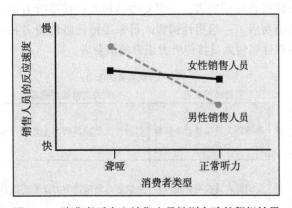

图 12-4 消费者听力和销售人员性别实验的假想结果

心理侦探

你能够解释图 12-4 中的主效应吗？消费者的听力水平是否有作用？销售人员的性别是否有效应？请仔细研究这幅图来回答这些问题。

看起来消费者的听力因素确实对销售人员的接待反应时有影响。一方面，两组销售人员（男和女）都在接待聋哑消费者的时候更慢地开始提供服务；请注意图中对应两组销售人员反应时的曲线是如何变化的：反应时曲线呈左高（接待聋哑消费者）右低（接待听力正常消费者）趋势。另一方面，销售人员的性别总的来说似乎并没有造成接待反应时上的差异。似乎无论男女，销售人员都等待了差不多的时间才开始为消费者提供服务。如果你找到女销售人员的两个点的均值以及男销售人员的两个点的均值，你会发现它们几乎是一样的。

你在图 12-4 所见的相交的线生动展示了显著的交互作用。显著的交互作用意味着一个自变量的效应随着另一个自变量的变化而变化。另外一种常用的表达交互作用的方式就是一个自变量的效应取决于另外一个自变量的水平。如果这些描述对你来说都难以理解，请查看图 12-4，然后问问你自己，消费者听力的作用是否对两组销售人员来说是一样的。尽管不同性别的销售人员的接待反应时都在接待聋哑消费者的时候有所增加，显然这个效应对于男销售人员来说更为明显，也就是男销售人员在接待聋哑消费者的时候远比接待听力正常的消费者的时候要慢得多。另外，女性销售人员在接待聋哑消费者或者听力正常的消费者时，她们的反应时相对接近一些。虽然女性销售人员在接待聋哑消费者时也相对慢一些，但是这一差异对她们而言是不显著的。如果你在向某人解释你的结果，那么仅仅说销售人员更慢地开始接待聋哑消费者是否是正确的？或者你是否注意到消费者听力的效应可以看作是销售人员性别的函数，即消费者的听力水平严重影响男销售人员的接待反应时，但是这一效应对女销售人员而言很小甚至不存在？很明显，第二种解释尽管更加复杂，但展示了更为清晰、更加准确的关于结果的描述。这样看来，消费者的听力作用取决于销售人员的性别；一个自变量的效应取决于另一个自变量的水平，这意味着交互作用。让我们进行更多的解释多因素结果的练习，从而保证你理解了交互作用。

你可以解释图 12-5 和图 12-6 的主效应和交互作用吗？消费者的听力水平是否有效应？销售人员的性别呢？两个因素之间有交互作用吗？仔细研究这些图，然后回答这些问题。

让我们先来看看图 12-5。要回答关于消费者听力的问题，你首先需要分别找出接待聋哑消费者以及听力正常的消费者时销售人员的平均反应时。请注意，如果你计算每组的均值，两组的均值几乎完全相等；销售人员在接待聋哑消费者或者听力正常的消费者时的反应时都是中等长度的。类似地，为了确定销售人员性别的效应，我们需要找出女性和男性销售人员的均值。销售人员的平均接待反应时似乎并没有性别差异。男性和女性销售人员接待不同消费者的反应时差不多是一样的。最简单的判断是否存在交互作用的方法是检查图中的线是否平行。图 12-5 的线明显不平行。因此一个自变量的效应取决于另一个自变量。在这一假想例子中，女销售人员更快地开始接待聋哑消费者，男销售人员则更快地开始接待听力正常的消费者。请注意，你需要同时使用两个自变量才能解释显著的交互作用。图 12-5 展示了两个主效应不显著而交互作用显著的情况。在破译这些结果方面你做得怎么样？

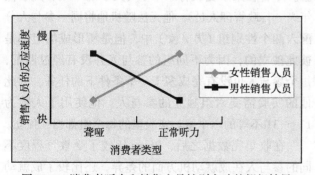

图 12-5 消费者听力和销售人员性别实验的假想结果

现在让我们转到图 12-6；我们依然会依次探讨同样的问题。如果根据消费者的类型来计算均值，我们会发现聋哑消费者接受帮助的速度比听力正常的消费

者要快。同样，我们看到女销售人员比男销售人员更快地开始接待。因此，两个效应都是显著的。那么交互作用呢？图里的线看起来大体是平行的，不是吗？请注意，在解释每个主效应的时候，我们没有必要提到第二个自变量：聋哑消费者更快接受帮助（不管销售人员是男还是女）。女销售人员比男销售人员更快地开始接待消费者（不管消费者的听力是正常还是有障碍）。因此图 12-6 中的交互作用不显著。

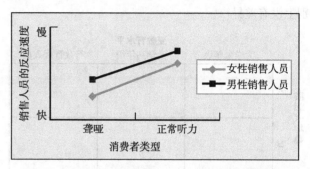

图 12-6 消费者听力和销售人员性别实验的假想结果

我们还没有涵盖两自变量实验所有可能的结果。两个主效应和一个交互作用，任何一种显著以及不显著的组合都可能发生。全部三种效应可能都显著，可能都不显著，或者其他的一些组合。重要的是你懂得如何通过查看相应的图来解释它们。在本章的后半部分，我们还会再次讨论交互作用，从而保证你完全理解了它。

让我们来看看一个由学生完成的采用了多因素设计的实际研究的例子。内布拉斯加州林肯市内布拉斯加州卫斯理公理会大学的学生梅尔·里贝（Merle Riepe）（2004）对受教育水平和性别在成就动机方面的影响感兴趣。Riepe 使用了受教育程度不同的三组参与人：一年级、二年级、三年级以及四年级还有医院的行政管理人员。另外，不同组的参与人均包含男性和女性，从而构成了性别变量。Riepe 通过问卷测量了每位参与人的成就需求以及附属需求；Riepe 并没有使用附属需求的分数。这个研究的实验处理组合展现在图 12-7 中。正如你看到的，研究有两个自变量（受教育水平和性别），受教育水平有三个水平而性别有两个水平。

研究参与人从完成人口统计调查表开始实验。参与人接着完成测量成就动机的量表。Riepe 的结果展示在图 12-8 中。该图显示参与人的受教育水平对他们的成就动机有显著的影响；受教育程度高的学生其成就动机比医院的行政管理人员低。受教育水平低的学生展现出中等水平的成就动机，但是与另外两组都没有显著差异。成就动机并没有呈现显著的性别差异或者是性别和受教育水平的交互作用。尽管在图中两条线并不完全是平行的，但两条线之间朝向上的差异并没有大到交互作用达到显著。因此我们可以得出结论：成就动机仅仅在受教育水平上有所不同，而在性别上没有差异。

图 12-7　Riepe（2004）实验的示意图

资料来源：Adapted from Figure 1 from "Effects of Education Level and Gender on Achievement Motivation," by S. M. Riepe, 2004 , *Psi Chi Journal of Undergraduate Research,* 9, pp. 33–38. Copyright © 2004 Psi Chi, The National Honor Society in Psychology (http://www.psichi.org). Reprinted by permission. All rights reserved.

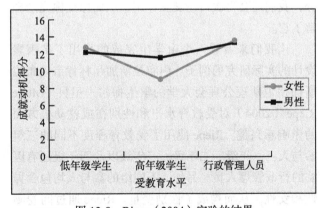

图 12-8　Riepe（2004）实验的结果

资料来源：Adapted from Figure 1 from "Effects of Education Level and Gender on Achievement Motivation," by S. M. Riepe, 2004 , *Psi Chi Journal of Undergraduate Research,* 9, pp. 33–38. Copyright © 2004 Psi Chi, The National Honor Society in Psychology (http://www.psichi.org). Reprinted by permission. All rights reserved.

分配研究参与人

　　如同第 10 章和第 11 章一样，如何分配研究参与

人非常重要。同样，我们有两种选择：**独立组**（independent groups）和**相关组**（correlated groups）。然而，这个问题的答案在这里不会像两组设计和多组设计的时候那样简单，因为它们都只有一个自变量。事情在多因素设计里变得复杂许多，因为我们有两个（或者更多）自变量需要考虑。所有自变量不同组的参

> ◆ **独立组**　通过随机分配参与人形成的不同分组。
> ◆ **相关组**　通过匹配、自然成对或者重复测量参与人而产生的不同组。
> ◆ **混合分配**　一种多因素设计，其中一个自变量使用独立组，另一个自变量使用相关组。在更复杂的多因素设计中，至少一个自变量使用独立组，同时至少有另外一个自变量使用相关组。（也被称为混合组）。

与人可以是相互独立的也可以是相互关联的，或者一个自变量的分组是独立组另一个则是相关组。我们称后者为**混合分配**（mixed assignment，或者混合组，mixed groups）。

　　独立组　那些所有自变量的分组都是独立的或者采用随机分配方法的多因素设计都被称为被试间设计或者完全随机设计，如图 12-2。参照我们在第 11 章中关于组内和组间方差的讨论，这些名称应当不难理解。组间方差指的是由随机分配产生的独立组之间的变异性。

　　Riepe（2004）使用了完全随机设计来进行关于成就动机如何随着教育水平和性别变化而变化的实验。尽管在某个受教育水平上（大学高年级 / 大学低年级 / 行政管理人员），他无法随机地将同一参与人分配入两个性别组（男 / 女）中，但是所形成的组都是彼此独立的，因为不同组的参与人并没有经过匹配，每个参与人也没有完成多于一个条件下的任务。因此他的实验需要六组独立的参与人：他使用了人数为13 ～ 31 不等的六个组。实验里的每个组都相互独立。

　　在收集完数据之后，Riepe 比较了受教育程度不同的参与人在成就动机方面的差异，还比较了成就动机的性别差异。这些比较都是组间比较，因为每一组参与人都与其他组没有关联。

　　相关组　这一节所讨论的多因素设计对所有自变量都采用非随机分配的分组方法。我们称这样的设计

为完全组内（或者被试内）设计。我们希望借助非随机分配来保障实验前各组参与人之间的等同性。值得注意的是，特别是那些样本量小的研究或者自变量效应小的研究，随机分配并不能在这样的情形下保证各组之间的等同性。让我们来仔细查看三种产生相关组的方法。

1. 匹配成对或者成组。匹配通过配对或者匹配的方式形成小组，因为多因素设计的自变量可以含有两个或者更多的水平。自变量的水平数越多，匹配的工作量越大，完全是因为需要找出更多在匹配变量上相等的不同组的参与人。同时，对匹配的精确性要求得越严格，匹配的难度就越高。例如，针对性别或者受教育程度进行匹配相对简单；但是，在大学专业或者家庭背景方面进行匹配就会变得困难许多。类似地，如果在多个自变量上使用匹配成对或成组的方法，那么我们就会大量需要某类研究参与人，这种需求很可能是我们难以承受的。例如，在一个 2×2 的实验中采用匹配产生的研究参与人需要匹配出四个组，而一个 2×3 的需要六个组，3×3 的设计就变成了九个组。想象一下，一个含三个自变量的实验会发生什么！鉴于这个原因，在多因素设计中，对所有自变量都采用匹配成对或组的情况非常罕见。

2. 重复测量。你还记得吗？重复测量设计中，参与人完成了自变量所有水平上的任务。在一个完全组内实验中使用重复测量，参与人需要完成所有研究条件；也就是说，他们需要参与到任意一种可能的处理组合条件中。正如你可能想到的，这样的要求使得对所有自变量都采用重复测量方法的实验变得难以实现或者不可能实现。

心理侦探

在 Riepe（2004）的实验中对两个自变量都采用重复测量是否可能？如果可能，这样做是否是明智的？为什么或者为什么不？

为了回答第一个问题，你需要理解它的含义。观察图 12-7 要对这个实验的两个自变量都采用重复测量的匹配方法，每位参与人需要参与到所有六种可能的条件中去。每位参与人能够参与到所有不同的受教育程度的条件中吗？当然可以，但是只能在纵向研究中

（参见第 4 章）。考虑到 Riepe 是一名本科生，希望能够在一个学期或者一个学年中完成他的项目，这个问题的答案就变成了毫无疑义的否。每位参与人能参与到所有两个性别的条件中吗？仅在非常不寻常的条件下可以。因此，实际上 Riepe 是无法对两个自变量采用重复测量的方法的。

即便可以对两个自变量都采用重复测量，这样做是明智的吗？"是否明智"比回答"是否可能"更难一些。因为它包括了价值判断。如果你预见一个设计存在某些问题，那么可能使用这一设计就是不明智的。例如一个合理的假设是，让参与人完成所有实验条件可能会提高参与人对于两个（或者更多）自变量的关注度。如果参与人推断出这个实验的目的，那么你就需要警惕那些会影响他们在实验中表现的变量，如他们的预期以及需求特征（参见第 7 章）。因此，在有些情况中，即便可以对所有自变量都采用重复测量的方法，可能这样做也不是明智的。

当然，并非所有的多因素实验在使用重复测量的时候都会遇到这样的问题。在一个多自变量的实验中，让参与人完成所有处理组合是可能的。正如你现在可能已经猜到的，设计越简单，让参与人完成所有实验条件的可行性就越高。因此 2×2 设计是最可能采用完全重复测量的设计。

3. 自然成对或组。在完全被试内设计中采用自然成组会遇到和采用匹配成对或成组同样的问题，只是这个问题可能会变得更加困难。如果在一个多因素设计中采用匹配成对或组已经是困难的了，那么想象一下找出足够天然就相互关联的被试对 / 组会有多么的困难。至少在采用匹配程序的时候，有大量的参与人等着被测量从而进行匹配。如果采用自然组合，我们需要找到足够数量的自然组。正如我们在第 11 章提过的，除了用同窝幼兽之外，很少实验者采用这种匹配方法。鉴于这个方法并不常用，我们不会在这一章中考虑自然组合。

让我们来看看一项学生完成的采用了完全被试内设计的研究项目。俄勒冈州萨勒姆市威拉姆特大学（Willamette University）的学生，盖尔·卢卡斯（Gale Lucas）、贝内特·兰维尔（Bennet Rainville）、普利亚·班（Priya Bhan）、珍娜·罗森博格（Jenna Rosenberg）、卡丽·普劳德（Kari Proud）以及他们的

指导老师苏珊·科格（Susan Koger）对于视觉刺激的记忆扭曲感兴趣。具体地说，Lucas 等人（2005）对于边界扩展效应（扩展图片实际边界的倾向性）是否受到图片类型的影响感兴趣。在这个研究中，研究者使用了拍摄的照片和计算机生成的图片（他们的第一个自变量）。同时，参与人可以看到一张标准图片，一张该图片的近景（放大）和一张该图片的远景（缩小）（他们的第二个自变量）。也就是说，Lucas 等人采用了 2（图片的类型）×3（图片视距）实验设计。

> **心理侦探**
>
> 画出 Lucas 等实验的模块示意图并标上相应的标签。

我们希望你绘制出来的示意图如图 12-9 所示。如果确实如此，做得好！如果不一样，请回顾一下本章关于自变量数量以及水平数的相关内容。

图 12-9　Lucas 等人（2005）的实验的模块示意图

资料来源：From "Memory for Computer-Generated Graphics: Boundary Extension in Photographic vs. Computer-Generated Images," by G. M. Lucas, B. Rainville, P. Bhan, J. Rosenberg, K. Proud, & S. M. Koger, 2005, *Psi Chi Journal of Undergraduate Research*, 10, pp. 43-48.

在 Lucas 等人（2005）的实验中，每位参与人观看了 12 张标准图片，然后要完成一项问卷调查（分心任务），测量他们的视觉偏好。在这之后，参与人观看之前 12 张照片的复制图片，1/3 以同样的方式呈现这些图片，1/3 放大了（近景版），1/3 缩小（远景版）了。一半的图片是拍摄而来的，一半是计算机生成的。参与人需要判断后来所看到的图片是否在前面呈现过。因为参与人完成了所有六种条件下的任务，所以 Lucas 等人对两个自变量都采用了重复测量的方法；参与人以三种视距观看了两种类型的所有图片。Lucas 等人发现，图片类型和图片视距的交互作用显著，即参与人在观看计算机生成的图片而不是实际拍摄的照片时，更倾向于扩展边界（报告远景版图像是他们之前看过的）。边界限制（报告近景版图片是他们之前看到的）在两种图片类型上没有呈现显著差异。如果 Lucas 等人采用两个独立的两组设计，他们就无法获得关于图片类型和图片视距的交互作用的信息。

混合分配　因为多因素设计至少含有两个自变量，所以我们有机会使用一些在单自变量设计中无法遇到的分配方案。正如我们前面提到过的，混合分配设计涉及随机和非随机分配的结合，其中至少一个自变量采用了一种分配方案。在两自变量多因素设计中，混合分配包括一个采用随机分配的自变量和一个采用非随机分配的自变量。在这样的设计中，采用重复测量方案的可能性比在其他非随机分配设计中的要高。我们常常遇到的一种多因素混合设计是这样的，这种设计重复测量了两次（或更多）两组独立的参与人。这样的实验方案使我们得以测量组间差异，并且可以判定这些差异在不同的时间点或者在不同刺激类型中是否保持恒定。混合设计综合了两种设计的优势。这种通过重复测量被试间变量从而反复使用参与人的做法使得这一设计非常流行和强大。

让我们看看一个采用混合设计学生完成的研究例子。乔治亚州迪凯特市艾格尼丝斯科特学院（Agnes Scott College）的学生尼达·艾特雅姆（Nida Ittayem）和她的指导老师艾琳·厄尔（Eileen Cooley）研究了任务类型和学生降低压力能力的关系。参与人是 34 名女大学生，她们分别参与了三种不同的任务条件：一种叙事写作任务，写下重大情绪体验；一种绘图任务，画出重大情绪体验；一种控制任务，记录日常生活中无情绪体验的事件。连续四天，每位参与人每天都需要完成所分配的任务；Ittayem 和 Cooley（2004）要求每位学生在完成写作或者绘图任务后，报告当天的焦虑水平。

> **心理侦探**
>
> 这个实验中的两个自变量是什么，每个自变量有多少个水平？哪个变量是组间变量，哪个是组内变量？你如何简要地标识这个实验？这个实验的因变量是什么？

任务类型是一个自变量，它有三个水平（书写情绪、画出情绪、书写控制内容）。第二个自变量是压力测量的时间点（连续四天）。任务类型是组间变量，因为每位参与人只完成了一种任务。三个任务组是相互独立的，即各组的参与人之间并没有什么联系。时间是组内变量，即所有学生都完成了所有时间点的测量，因为她们每天都在完成写作或者绘图的任务后进行了压力问卷的填写。因为这个实验有两个自变量，一个（任务类型）有三个水平，一个（时间）有四个水平，这是一个 3×4 设计（按惯例来说，在混合设计中，一般被试间变量在前而被试内变量在后）。最后，因变量是学生对于自己压力水平的评分。在 4 个时间点上，实验者比较属于不同任务组的学生的压力评分。

Ittayem 和 Cooley（2004）没有发现显著的任务类型或者时间的主效应；然而，两个变量的交互作用是显著的。写出或者画出自己情绪体验的学生的压力水平在连续四天中呈现稳步的下降趋势。而控制写作组的学生的压力水平则在头两天（第 1、2 天）呈现压力增长的趋势，在随后两天（第 2、3 天）呈现压力下降的趋势，在最后两天（第 3、4 天）又呈现出明显的增长趋势。这三组参与人在四天中呈现出来的不同压力变化趋势意味着显著的交互作用。

回顾总结

1. 心理学研究者用于指导实验的计划被称为**实验设计**。
2. 如果你的实验包含两个（或者更多）自变量，你在使用的就是**多因素设计**。每个自变量（单独的）都有自己的**主效应**。
3. 自变量的水平数在选择某个具体的多因素设计时并不重要。
4. 在一个实验中将两个自变量结合起来能够让你检验**交互作用**；也就是说，一个自变量的效应取决于另一个自变量的取值。
5. 当你将研究参与人随机分配到各组，你就使用了**独立组**。如果多因素设计里的所有自变量都采用独立组，你就在使用被试间多因素设计。
6. 当你使用匹配成对或成组，重复测量或者自然成对或成组，你就在使用**相关组**。如果实验中的所有自变量都使用了相关组，你就是在使用被试内多因素设计。
7. 多因素混合设计就是在多因素设计中同时使用了独立组和相关组（**混合分配**）。其中，至少一个自变量必须使用独立组，而至少另外一个自变量使用相关组。

检查你的进度

1. 两组设计是如何与多因素设计联系起来的？用一幅图来展示你的答案。
2. 为什么在一个实验中，你所能够选择的自变量的个数有实际意义上的上限？
3. 你进行了一个 2×2 的实验；你可以从分析中获得以下哪些信息？
   a. 自变量 A 的效应
   b. 自变量 B 的效应
   c. A×B 的效应
   d. 以上所有

4. 连线
   （1）多因素混合设计 A. 兄弟会成员 vs. 非成员；男 vs. 女
   （2）完全组间设计 B. 测量了两次家庭收入相匹配的兄弟会成员
   （3）完全组内设计 C. 测量了两次兄弟会成员 vs. 非成员
5. 最简单的多因素设计含有_____个自变量和总共_____个处理组。
6. 请提出一个你原创的多因素设计，需要采用混合分配方案。

比较多因素设计和两组以及多组设计

在这一阶段，你会发现有三种主要的实验设计类型：两组、多组和多自变量设计。每种设计类型都含有至少两种子类型，取决于如何分配参与人（独立还是相关组，再加上多自变量中的混合分配）。作为一名研究新手，你可能发现，在第一次规划实验的时候，这样一系列的实验设计使得问题变得异常复杂。为了帮助你规划研究，我们会就一些研究者在研究规划阶段可能遇到的问题展开讨论。

你可能还记得我们曾经说过，两组设计是以有无的形式初步考察单个自变量效应的理想方案（参见图 10-2）。类似地，2×2 多因素设计也可以用来进行针对两个自变量的初步调查。如果你查看图 12-3，我们在那里拓展了 McClellan 和 Woods（2001）的听力实验，你可以看到我们使用这个设计来展开初步调查，研究消费者的听力状态（聋哑与正常听力）以及销售人员性别对销售人员的接待反应时的影响。当我们完成了这个实验，我们会得到消费者听力状态和销售人员性别是否影响销售人员接待反应时的相关信息。假定我们希望更进一步：如果我们想更深入地了解消费者听力和销售人员性别的效应呢？

通过第 11 章，我们发现可以使用多组设计来展开更深入的调查。我们在两组设计的基础上扩展出了含有自变量多个水平的设计。我们可以在多因素设计中进行同样的扩展。图 12-10 展示了图 12-3 的一种扩展，其中一个自变量有三个水平，形成了一个 3×2 多因素设计（当然，没有办法增加销售人员性别这个变量的水平数）。请注意，图 12-10 其实就是由一个三水平的多组实验和一个两组实验组合起来形成的实验。通过这个假想的设计，我们可以获得更多关于消费者残疾因素造成的影响的信息。这是因为不像图 12-3 那样只有是否残疾两个条件，此时，我们有三种不同类型的消费者，其中两种患有不同类型的残疾。正如多组设计，多因素设计中自变量的水平数没有上限。另外，自变量的水平数可以相等或各不相等（如本例）。因此，我们可以使用 2×5 多因素设计，3×3 多因素设计或 3×6 多因素设计等。

到目前为止，我们关于图 12-10 的讨论并没有提及任何我们不能够通过两个独立的实验获得的信息。

无论是进行一个多因素实验还是两个单自变量实验，我们都可以揭示主效应或者自变量本身的信息。但是，正如我们已经看到的，多因素设计的真正优势在于它们能够测量交互作用。我们提到过，多次交互作用可以使我们更好地了解所居住世界的复杂性。

消费者残障状态

	聋哑消费者	盲人消费者	正常听力消费者
销售人员性别 女			
男			

图 12-10　两个多组设计的组合

不幸的是，有的时候我们会遇到学生对于学习交互作用所刻画的复杂关系不感兴趣的情况。相反，他们会选择进行一个单自变量实验，因为这样的实验结果更容易理解。我们并不反对简单的研究设计（因为它们构成了我们理解世界的重要工具），但是我们反对说这些话的态度，"我选择简单的实验设计就因为它更简单。"如果你选择一个实验设计的理由仅仅是因为它更加简单，那么我们认为你根据错误的原因做出了错误的选择。还记得吗？我们曾经提醒你，在能够充分检验假设的研究设计中，你应当选择最简单的那一种。已有的最简单的设计可能并不能充分地检验你的假设。例如，如果我们已经知道某个变量的许多信息，那么对这个自变量的有无操纵可能就太简单了。基于同样的原因，如果我们已经知道影响某个因变量的因素很复杂，那么一个简单的设计可能并不能很好地扩展我们的认知。让我们用下面一段里的例子来进一步阐述刚才所说的东西。

假如我们的一位朋友乔伊想研究大学生的成绩为什么会是现在这样的分数。在这个研究中，分数会是因变量，且乔伊希望找出那些影响分数的自变量。一个符合逻辑的选择是智力，因为显而易见，智商高的学生分数会高而智商低的学生分数会低。因为乔伊知道他不可能让每名大学生都参加智力测验，所以他采用 ACT 或者 SAT 分数对作为对智商的粗略测量。乔伊选择一组高 ACT 或者 SAT 分数的学生和一组低 ACT 或者 SAT 分数的学生，并比较他们的分数。显然，乔伊发现高智商组学生的 GPA 要比低智商组的要高。乔伊对于这个结果非常兴奋，因为他的假设被证实了。他撰写了一个报告展示他的结果并为此洋洋得意，告诉所有他遇到的人，智商造成了大学生成绩上的差异。

我们速写出来的这个情境有什么不对的地方吗？你发现这个研究本身有什么错误吗？你发现什么逻辑上的错误或者设计上的问题了吗？

这个研究是错误的吗？并不是，因为研究中并没有明显的违反实验指引的做法或者明显的无关变量。一个更好的答案是逻辑上有问题，或者至少将问题简单化了。

思考一下原来的研究问题。你相信 ACT 和 SAT 分数能够完全解释大学生分数的差异吗？如果你与多数学生一样，那么你的答案肯定是否定的。我们都知道，一些以低分进入学校，甚至延期入学的学生后来都得到了好的分数。相反，我们也知道一些学生入学时有奖学金，后来考试不及格。显然，肯定存在一些智商或者升学考试之外的因素影响学生的成绩。例如那些动机以及学习技巧的因素。例如那些是学生宿舍还是学生公寓的生活因素。例如是已婚还是单身的亲密关系等因素。又例如，是加入姊妹会或者兄弟会还是独立个体的社会关系等因素。所有这些因素（以及许多其他的因素）都可以造成 GPA 上我们观测到的个体差异。因此，如果我们决定将所有鸡蛋都放在一个篮子里（即入学考试分数），我们就是将问题过度的简单化了。

研究简单问题的局限在于，我们只能获得片面的、简单的答案，因为这些答案就是我们所能获得的所有答案了。根本上说，限制在简单研究问题上并没有什么不对的地方（还记得第 10 章的简约原则吗）。当然，我们获得的答案肯定也是简单的，除非我们认为简单的答案就能够解答所有我们想要探索的问题。然而，实际现象可能并不存在简单的答案（如同我们在前面提到的乔伊的例子）。这样的话，我们就犯了夏洛克·福尔摩斯所批判的行为了："你就是在看，并没有在观察"（Doyle，1927，p.162）。提出更复杂的

问题会使答案更加复杂，但是这些答案会给我们提供对于真实世界是如何运行的更好的刻画。多因素设计提供了这样的途径去回答更复杂的问题。

选择多因素设计

在选择多因素设计的时候，有三个方面的问题需要考虑。首先，问题的中心就是你的研究问题；多因素设计在设计实验来回答你的研究问题方面有很高的灵活性。其次，你并不会惊讶，在选择方案的时候需要考虑控制方面的问题，因为实验设计的主要问题就是控制。再次，因为多因素设计包括了非常繁多的子设计方案，所以应用性方面的问题也值得考虑。

研究问题

在一个多因素实验中，我们能够探索的研究问题数量大大增加了。能够探索额外的研究问题是一个很好的机会，但是这同时也增加了我们的负担。在探索新的研究问题时，我们必须确定研究问题之间彼此是相互联系递进的。正如许多人不喜欢穿颜色会相互冲撞的衣服，我们并不希望提出的问题彼此互相矛盾冲突。相互矛盾的研究问题即使勉强放在一起，还是无法梳理出逻辑关系。毫无疑问，它们就像是你在教室里听到的一个学生提出的一个与课堂内容无关的问题。彼此毫无关系的研究问题放在一个实验中就会彼此冲突。例如，假定你听到了一个计划研究自尊和眼球颜色对于测验成绩影响的实验提案。这样的实验计划是否会让你感到不快？我们希望确实如此。在一个实验中同时考察自尊和眼球颜色是合理的吗？考察眼球颜色对于测验成绩的影响有意义吗？这些自变量像是硬凑在一起一样，仅仅是因为可以这样做就把它们凑在一起。眼球的颜色是合理的自变量吗？可能在其他的情境中是合理的。例如，眼球颜色可能影响人们对于这个人的吸引力甚至是对这个人智商的判断。然而，眼球的颜色不太像会影响人们的测验成绩。我们希望通过阅读已有的心理学文献，能够排除这些"稀奇古怪"的自变量组合。在已有文献的基础上提出你的研究问题，奇怪的自变量组合的可能性就会大大降低。

控制问题

到现在，我们希望你可以在看到标题"控制问

题"的时候就能够预期我们接下来要讨论的内容。扫视一下图 12-2，你可能会想起在多因素设计中我们需要考虑独立组还是相关组的问题。多因素设计如此复杂的一个因素就是对每个自变量，我们都面临这样的选择。

心理学研究者通常假定，如果每个组有至少大约 10 个参与人，随机分配会产生相等的两个组。另外，相关分配（匹配或者重复测量）在保证两组的等同性方面更有把握。我们希望到现在你已经完全理解这两个方法背后的逻辑了。如果你需要一个回顾总结，请参阅第 10 章和第 11 章。

实际因素

随着实验设计中自变量个数的增加，一些实际方面的问题会变得更加复杂。通常当学生发现他们可以在一个实验中提出多于一个研究问题的时候，他们会变得天马行空，这里加入一些自变量那里又加入一些，将所有变量都放进去，就是漏了厨房水槽，因为它实在是难以挪动。尽管好奇心是难能可贵的，但在设计实验的时候将好奇心保持在控制范围内是十分必要的。还记得我们在第 10 章中讲过的**简约原则**（**principle of parsimony**）吗？我们郑重建议你，务必将实验的复杂性控制在刚刚够回答你所感兴趣的问题的范围之内。我们曾经听说过一则故事，故事里的一个原则反映了这种独特的想法。那个时候演讲人正在和研究生探讨如何规划他们的硕士或博士论文。演讲人建议研究生遵循 KISS（**Keep It Simple，Stupid**）原则：简单就好，傻瓜。这一建议并不是一种侮辱或者要展现演讲人居高临下的训导者地位。演讲人明白，人有一种本能，精心设计一个实验，企图通过一个实验就找出所有问题的答案。

◆ **简约原则** 认为现象以及事件的解释应当是简单的，除非简单的解释不可能成立。

在两组或者多组设计里，显然你能够研究的问题数量是有限的，因为这些设计中只有一个自变量。然而，在多因素设计里，似乎天空那么远才是界限——你可以依据自己的意愿，使用自己愿意使用的自变量数目以及每个自变量的水平数。当然，你需要记住，当你引入新的自变量或者自变量的水平时，你在将事

情复杂化。还记得我们在本章之前位置提到过的两个问题吗？一种复杂性体现在实际实施实验的过程中：你需要更多的参与人、更多的实验环节，出现错误的概率也就会随之变高。另一种复杂性体现在对数据结果进行解释的时候：四、五、六甚至更多自变量之间的交互作用显然几乎是无法进行解释的。可能就是出于这样的考虑，多数研究者将他们的多因素设计局限在两个或者三个自变量的范围内。明智的侦探总是将他们的调查集中于少数几个线索上，而非同时追踪所有手上的线索。

多因素设计的变体

在第 10 章和第 11 章中，我们看到了两个与本章相关的实验设计的变体：比较自变量的不同量级以及使用测量出来的自变量。对于多因素设计，设计变体列表将出现一种新的可能：自变量的数量大于二。让我们先回顾一下上述两种旧的变体形式，然后讨论新的形式。

比较自变量的不同量级

在本章之前部分我们就已经提到过这种变体。在绘制图 12-10 里的假想实验的示意图时，我们比较的是三种类型（水平）的消费者。

在多因素设计中增加某个自变量的水平数需要注意一点。在多组设计中，要引入一个新的自变量水平，你只需要增加一个组。在多因素设计中，要引入一个新的自变量水平，你需要增加多个组，因为其他自变量的每个水平都需要加入新的组。例如，2×2 设计扩展成 3×2 设计的时候，实验的组数从 4 组变成 6 组。2×2×2 设计扩展成 3×2×2 设计的时候，实验的组数从 8 组变成 12 组。在多因素设计中加入新的自变量水平需要成倍地增加组数。

使用测量出来的自变量

可能对你们而言并不惊讶的是，我们可以在多因素设计中使用非操纵的自变量。需要记住的是，使用测量而不是操纵的自变量意味着你的实验是**事后回溯研究**（**ex post facto research**）。在没有进行直接操纵，使自变量发生变化这种控制措施的前提下，我们在总结研究结果的时候必须非常谨慎。当然，事后回溯研

究是我们研究诸如性别、人格特质之类自变量的唯一手段。

因为多因素设计含有多个自变量，所以可能在一个实验中，一个自变量是操纵出来的，一个自变量是测量出来的。得克萨斯州圣安东尼奥市得克萨斯大学（The University of Texas）的学生胡安·扎帕特尔（Juan Zapatel）和他的导师斯特拉·加西亚-洛佩兹（Stella Garcia-Lopez）（2004）提供了一个很好的含上述元素的研究例子。他们要求参与人对歌词进行评价，并探讨参与人的种族和音乐类型的影响。

> ◆ **事后回溯研究** 一种研究方法，在这种研究中，研究者无法直接操纵自变量，但是可以对自变量进行归类、分类或者测量。通常参与人在自变量上的得分是先天的（例如性别作为自变量）。

在阅读了这个对于 Zapatel 和 Carcia-Lopez 的实验的一句话描述之后，你能够指出哪个自变量是被操纵的、哪个是测量出来的吗？

如果你的回答是种族是测量出来的，而音乐类型是操纵出来的，回答就是正确的。当然，参与人的种族只能是测量出来的自变量。我们无法让参与人改变自己的种族。这样一来，音乐类型就只能是被操纵的那个自变量了。事实确实如此，Zapatel 和 Carcia-Lopez 将所呈现的歌词分为四类，并分别命名为黑人说唱音乐、拉丁说唱音乐、（基督教）教会音乐和其他。（他们实际上只使用了两组参与人不熟悉的歌词，只是歌词有不同的标签。）

若实验的自变量既有被操纵出来的也有被测量出来的，那么在解释结果时，我们需要注意什么？在解释测量出来的自变量时，我们必须保持谨慎，因为我们并没有操纵自变量使其发生变化。另外，面对操纵出来的自变量，我们可以如往常一样相对自在地解释实验结果。因此，Zapatel 和 Carcia-Lopez 在解释音乐类型的效应时比解释参与人种族的效应时信心更强。

处理多于两个自变量

设计一个含有多于两个自变量的实验可能是多因素设计的最主要的变体了。在这一小节中，我们会讨论含三个自变量的多因素设计。含更多自变量的设计仍然采用我们这里整理出来的基本技巧和原则。我们必须提醒你，没有很好的理由就不要在一个实验中引入过多的自变量。

图 12-11 描绘了最简单的含三个自变量的多因素设计（通常称为**三因素设计**，three-way design）。正如你所看到的，在二维平面上绘制出三维设计是比较困难的。这个设计有三个自变量（A、B 和 C），每个自变量有两个水平。因此，这个设计是一个 2×2×2 实验。我们可以通过加入新的自变量水平来扩展这个设计，但是需要记住，处理组合的个数（组数）是

> ◆ **三因素设计** 一种含三个自变量的多因素设计。

以倍数增加的，而非直接叠加。

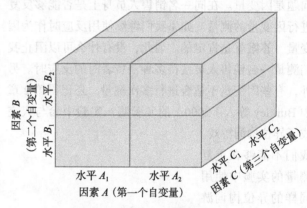

图 12-11 最简单的三因素设计（2×2×2）

让我们来看一个三因素设计的假想例子。如果回顾图 12-3，你会记得我们在扩展 McClellan 和 Woods（2001）的关于消费者听力方面的研究时，加入了第二个自变量——销售人员的性别。想象一下，如果我们也对消费者性别的作用感兴趣，想知道男消费者还是女消费者会更快地受到销售人员的接待。这个变化使图 12-3 的设计变成了图 12-12 里的设计。我们已经"炸开"了这个设计，所以你可以轻易地看到八个处理组合的每一个。请注意，每种处理组合都是由一组参与人组成的。

图 12-12 设定了八种不同的处理组合（三个自变量）。这个设计是否需要八组不同的消费者吗？为什么？

如果实验采用完全组间设计，那么就需要八组不同的销售人员。在这种情况下，你需要通过随机分配来构建八个不同的组。如果使用了匹配成组的方法，这种设计还是需要八个不同的组。唯一可以降低所需销售人员组数的方法是重复测量。三个自变量中有一个可以采用重复测量的吗？显然，销售人员的性别可以排除出来，即人不能同时是男性又是女性。消费者的听力状态和性别可以进行重复测量，取决于你如何分配销售人员。销售人员可以同时接待正常听力或者聋哑消费者。同样，销售人员可以同时接待女消费者和男消费者。

在决定采用重复测量之前你需要考虑的另一个问题是因变量。在同一名销售人员身上是否能够反复进行因变量的测量？如果我们继续使用反应时作为因变量，答案就是肯定的。因此，没有什么可以阻止我们测量一名销售人员接待多种消费者时的反应时。另外，有些因变量不适合进行多次测量。还记得第 2 章中 Burkley 等人（2000）的实验吗？实验中参与人完成了异位构词游戏。我们不能够在重复测量的实验中使用同样的异位构词游戏，因为参与人已经通关了。要使用重复测量，需要两组不同但相当的异位构词游戏，这是可能设计出来的。

因此，前面心理学侦探环节中，那个简短问题的并不那么简短的答案就是"这要视情况而定"。尽管图 12-12 的设计包含了

八组不同的销售人员，但是并不需要真的使用八组不同的销售人员。销售人员的组数取决于我们是使用独立组还是重复测量的方案。

关于含多于两个自变量的多因素设计的最后一点：我们在本章中多次提到了交互作用。随着自变量的增加，我们也引入了更多的交互作用到我们的设计中。如果我们使用三个自变量（A、B、C），我们会得到四种交互作用的信息：AB、AC、BC 和 ABC。为了更清晰明了地理解这些交互作用，让我们以图 12-12 作为例子。考虑到图 12-12 展示的实验包括消费者听力、销售人员性别以及消费者性别三个自变量，我们的统计检验会评估消费者听力和销售人员性别、消费者听力和消费者性别、销售人员性别和消费者性别，以及三个变量（消费者听力、销售人员性别和消费者性别）之间的四种交互作用。你会发现交互作用的个数与处理组合的个数是一样的（参见附录 C）。

想象一下你的实验有四个自变量：A、B、C 和 D。列出所有可能的交互作用。

你是否发现了 11 种可能的交互作用？让我们逐个查看这些可能。

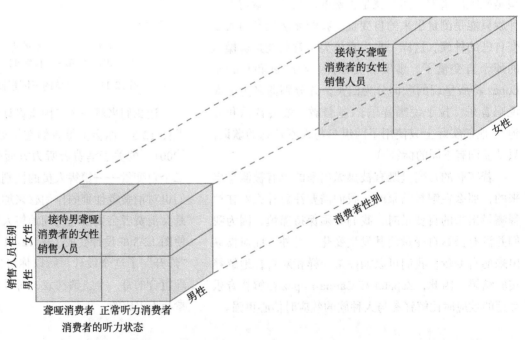

图 12-12　McClellan 和 Woods（2001）的听力残障研究的第二种扩展设计

两个自变量之间的交互作用：*AB*、*AC*、*AD*、*BC*、*BD*、*CD*

三个自变量之间的交互作用：*ABC*、*ABD*、*ACD*、*BCD*

四个自变量之间的交互作用：*ABCD*

衡量 11 种不同的交互作用，包括其中四个自变量之间的交互作用，这里面所蕴含的巨大挑战性大概足够让你理解我们为什么建议你将实验局限于三个自变量的格局。

宾夕法尼亚州格罗夫市格罗夫城市学院（Grove City College）的学生凯利·厄利尔（Kelly Early）和艾米·霍洛威（Amy Holloway）以及他们的导师加里·韦尔顿（Gary Welton）（2005）研究了影响人们原谅对方的倾向性因素。以往的研究对许多因素的探讨

都是孤立的。基于这些研究，他们在研究中同时考虑了其中的三个因素：意图、程度和关系。

程度高低的操纵是通过大争执和小争执两个条件来实现的。关系远近的操纵是通过告知参与人这个人是亲近的朋友还是仅仅一个认识的人来实现的。意图的操纵是通过将冒犯行为描述成有意识的还是无意识的来实现的。

Early 等人发现，三个主效应全部显著。小争执中，参与人更可能原谅对方，更可能原谅好朋友，并且更可能原谅无意识的冒犯。尽管研究者在一个实验中操纵了三个自变量，但可能的三个自变量之间复杂的交互作用最后都不显著。（Early et al.，2005，p.55）

回顾总结

1. 通过组合两组或者多组设计，研究者可以生成**多因素设计**。
2. 多因素设计可以同时检验多个自变量对于因变量的效应。这种设计使得我们可以在更接近真实世界的情况下进行研究，一次只处理一个自变量的设计则不然。
3. 当你选择某一个特定的多因素设计时，必须考虑你的研究问题、控制问题和实际因素。
4. 在一个多因素设计中，我们可以使用自变量的不同类型或者不同量级，又或者使用测量出来的自变量，与我们在使用两组或者多组设计时并没有多大差别。
5. 多因素设计可以包含三个或者更多的自变量，然而因为交互作用个数的成倍增加，所以对这种设计的结果做出统计解释会变得非常复杂。

检查你的进度

1. 为什么说多因素设计仅仅是你从第 10 章和第 11 章中所学到的知识的组合？使用图示可能有所帮助。
2. 假定一位朋友跟你说了她的 2×4×3 实验设计。请画出这个设计的示意图，并解释它的结构。
3. 请描述①完全组间，②完全组内，以及③混合设计。它们有哪些相似之处？哪些不同的地方？
4. 为什么研究问题是选择多因素设计时需要考虑的第一问题？
5. 假如你希望去探讨来自两个不同种族的儿童的差异。你的自变量是_____自变量。

6. 你的朋友计划在下一学期选修实验心理学。她告诉你，她非常开心能够上这门课，因为她已经规划好了自己的实验。她希望探讨父母离异、社会经济地位、居住的地理位置、父母教育水平、学前教育的类型，以及父母的政治倾向对于儿童的性别角色发展的影响。你会给朋友提供什么样的建议？
7. 一名研究者进行了一项 2×3 实验。这里研究者需要计算多少个交互作用？
   a. 1　　　　　　b. 2　　　　　　c. 3　　　　　　d. 6

统计分析，你的数据展示了什么

我们确定你目前已经理解了这个事实，但是我们仍然选择反复提醒你，实验设计与统计分析是一体的。你必须仔细规划自己的实验，选择一个最能够回答你所提出的问题的实验设计。从我们介绍的实验设计中选择一个作为你的设计，可以保证你能找到一个标准的统计检验来分析自己的数据。因此，你的实验就可以避免比死更坏的命运了，也就是收集了数据但是发现没有检验可以用于分析你的数据。

多因素设计的命名

在这一章中，我们已经讨论了含有多个自变量的设计。取决于你的统计课程，你可能还没有涉及分析来自这样复杂设计的数据。我们使用与处理多组设计时同样的统计检验来分析多因素设计：方差分析。正如在第 11 章提到的，我们必须学会区分不同的方差分析，因此通常会在方差分析前面加上指出设计的规模以及如何分配参与人的修饰词。也许你听过，可以表明设计规模的词包括多因素方差分析这种通用术语，或者两因素方差分析、三因素方差分析这种特指含两个或者三个自变量的特定术语。另外，设计的规模可以通过 $X \times Y$ 的形式来进行标识，这里 X 和 Y 分别代表两个因素的水平数，正如我们在本章中多次提到的。可以用于表明我们如何分配参与人的修饰词包括独立组（independent groups）、完全随机（completely randomized）、完全被试间（completely / totally between-subjects）、完全组间（completely / totally between-groups）这些表明我们在所有自变量上都使用随机分配的术语，或者随机区组（randomized block）、完全被试内（completely / totally within-subjects）、完全组内（completely / totally within-groups）这些表明我们在所有自变量上都使用匹配或者重复测量的术语，以及混合（mixed）或者分区多因素（split-plot factorial）设计等用于表明我们同时使用了组间和组内分配手段的修饰词。正如你所看到的，多因素设计的修饰词可以很长。如果你理解了设计背后的原理，那么这些名称应当不难理解。例如，你可能听过三因素完全组间设计（three-way totally between-groups design）或者两因素混合方差分析（two-way mixed ANOVA）。

你可以解码出前一句话中的两个例子吗？这两个例子所指的分别是哪种设计呢？

三因素完全组间这个修饰词表明实验中有三个自变量（三因素），并且会在所有自变量上使用随机分配（组间）的方法。两因素混合方差分析指的是一个实验中含有两个自变量，其中一个使用了随机分配而另一个使用了相关分配技术（匹配或者重复测量）。请注意，这些描述并没有给我们一个完整的关于这个设计的描述，因为里面并没有包含每个自变量有多少水平的具体数字。要获得完整信息，类似 $2 \times 3 \times 2$ 完全组间设计等修饰词是必需的。从这个修饰词我们可以知道有三个自变量，它们分别有两个、三个以及两个水平。我们还知道实验者在所有自变量上都采用了随机分配的分配方法。请注意，在这个简短的修饰词中我们压缩了多少关于实验设计的信息！

规划统计分析

在第 11 章中，我们主要讨论了一个假想的实验，这个实验研究了消费者的穿着对于销售人员接待反应时的影响。那个例子使用了多组设计，因为我们比较了三种穿着风格，从而探讨穿着风格对于销售人员反应的影响。你应该非常清楚，我们必须想出一个新的假想实验作为例子，因为我们现在探讨的是新的设计。

你如何稍作改动，从而将第 11 章中穿着风格的实验改变成本章的一个例子？仔细思考这个问题，需要做出的改动越简单越好。画出模块示意图，展示你所提出的实验。

正如你在设计实验时的情况，现在存在许多不同的正确答案。最重要的是，你的改变必须包括加入第二个自变量。在保留不同穿着风格作为一个自变量的同时再加入第二个自变量，你的设计应当会与图 12-1 类似。尽管两个自变量的一个或者两个都可以含有多于两个水平，但是那会使你的设计变得相当复杂。由于题干中指出你需要选择最简单的设计，因此我们假定你不会选择含三个自变量的设计。

本章用于展示统计分析的例子建立在第 11 章例子的基础上。根据第 11 章，你会记得我们比较了三种不同的穿着风格，从而确定穿着是否影响销售人员接待消费者的快慢。实际上，我们确实发现了销售人员在接待穿着考究或者休闲的消费者时反应比接待衣衫褴褛的消费者时更快。假定你正在分析前一个实验的数据，并且认为自己发现了一个奇怪的地方：看起来销售人员对于男消费者和女消费者的反应有所不同，在排除了穿着造成的差异之后。你决定去探索这个问题，从而确定消费者性别以及穿着对销售人员接待反应时的影响。因为销售人员对穿着考究以及穿着休闲的消费者的反应没有区别（参见第 11 章），你决定仅仅使用休闲和衣衫褴褛两种穿着风格。因此你设计了一个 2×2 实验（参见图 12-13），其中两个自变量是穿着类型（日常休闲和衣衫褴褛）和消费者性别（男、女）。

图 12-13 以穿着风格以及消费者性别作为自变量的假想实验

多因素方差分析的原理

多因素方差分析的原理与我们在第 11 章所见的一样，只有一个主要的改变。我们仍然使用多因素方差分析来分离两种因变量变异性的来源：**处理变异性**（treatment variability）和**误差变异性**（error variability）；然而，在多因素设计中，处理变异性的具体来源有所增加。不像之前的章节，独自一个自变量是处理变异性的唯一来源，多因素

> ◆ **处理变异性** 因变量变异性中由自变量的效应引起的那部分变异性（也被称为组间变异性）。
>
> ◆ **误差变异性** 因变量变异性中由自变量以外的因素，如个体差异、测量误差以及无关变异等引起的那部分变异性（也被称为组内变异性）。

设计含有多个自变量以及它们之间的交互作用，这些都是处理变异性的来源。因此，与图 11-4 那样的分离变异性的方案不同的是，我们会按图 12-14 那样来分离因变量的变异性。当然，变异性的实际分布取决于哪些效应是显著的。如果你使用了一个含三自变量的多因素设计，那么因变量的变异性会被分割成更多的部分。

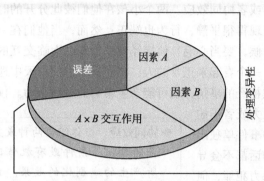

图 12-14 分离含两自变量的多因素设计的变异性

你可能猜想我们会引入新的统计公式，因为我们在统计分析中引入了更多的部分。你的这种猜想是正确的。你可以翻回到第 11 章去温习一下单自变量情形中通用的方差分析的等式。对于一个两自变量的多因素设计，我们可以使用以下等式：

$$F_A = \frac{\text{自变量 } A \text{ 的变异性}}{\text{误差变异性}}$$

$$F_B = \frac{\text{自变量 } B \text{ 的变异性}}{\text{误差变异性}}$$

$$F_{A \times B} = \frac{\text{交互作用的变异性}}{\text{误差变异性}}$$

这些等式使得我们可以分别分析两个自变量各自的以及它们之间的交互作用的效应。如果我们采用一个更复杂的多因素设计，那么每个自变量以及它们的每个交互作用都会有一个 F 比值。

理解交互作用

当两个变量之间存在交互作用时，通过考察各自单独的效应来预测或理解两个变量的联合效应是难以进行的。让我们引用最著名的交互作用的例子。许多人认为饮用一两杯酒是一种愉悦的体验。许多人认为开车兜风能够让人放松。如果我们将两者结合会发生什么呢？我们会获得非常愉悦且放松的体验吗？当然

不是。最终可能会导致致命的后果。不同药物之间通常存在交互作用。因此你通常能够听到非常严格的医嘱和关于不能够同时使用一些药物的警告。尤其是药物的混合使用很可能产生**协同效应**（synergistic effects），也就是这样的联合效应并不能从每个药物本身预测出来。你可能曾经见到过两个小孩之间的交互作用或者协同效应。两个小孩在他们彼此分开的时候都表现得很平静，行为也端正；然而，当他们在一起的时候，要当心啊！侦探经常在工作中面临交互的作用。一个看起来正常的人，在充满压力的一天中遇到刺激神经的事情，就可能产生暴力的过激行为。仅仅是压力或者不愉快的事件单独出现的话都不会导致暴力犯罪，但是它们的结合就变得致命了。

> ◆ **协同效应** 当你组合两种或更多的物质、条件或有机体时所产生的戏剧化的效果。该效应比单个个体所产生的都要大（或者小）。

还记得我们早前关于图 12-4 的讨论以及在那里发现的交互趋势吗？在这个实验情境中，我们关心的是不同自变量的不同水平如何产生对因变量的交互作用。一个显著的交互作用意味着每个自变量的效应都不是直接而简单的。基于这个原因，我们往往在发现了显著的交互作用后忽略掉主效应。有时候交互作用非常难以解释，特别是我们有多于两个自变量或者一个自变量有多个水平的时候。一个常常能够帮助我们理解交互作用的策略是画出它来。将因变量画在 y 轴上，自变量画在 x 轴上，然后你就可以将另外一个自变量用不同的线表示出来（参见第 9 章）。通过考察这样的一幅图，你通常可以推断出什么导致了显著的交互作用。例如，通过检查图 12-4 你会发现，消费者残障的效应在销售人员的不同性别上并不是恒定的。残障对于男性销售人员的影响程度比对于女性销售人员的影响程度要大。因此，消费者听力残障的效应并不是直接的；这取决于销售人员是男性还是女性。还记得吗，交互作用表明一个自变量的效应取决于另一个自变量的不同水平。

当你绘制出一个显著的交互作用时，通常会发现图中的线会交叉或者交汇。这种趋势是一种视觉上的一个自变量的效应随着第二个自变量的改变而改变的信号。不显著的交互作用通常展示出几近平行的线（或者差不多平行），正如你在图 12-8 看到的那样。Riepe（2004）发现教育水平影响成就动机，但是性别不存在主效应。另外，两个自变量之间并不存在交互作用（他图中的线几乎是平行的）。正如我们在接下来的几页中将会讨论到的统计分析的例子那样，我们会特别的关注交互作用。

解释：理解统计分析

多因素设计的统计分析会提供给我们比从两组或者多组设计中所能获得的更多的信息。这些分析并不一定会比我们在第 10 章以及第 11 章所见到的更复杂，但是它们确实能够提供更多的信息，因为我们现在有多个自变量以及它们的交互作用需要分析。

解释计算机统计结果输出

和第 10 章、第 11 章一样，本节将介绍通用计算机输出。如果翻回到图 12-2，你会发现我们有三种不同的方差分析需要讨论，取决于我们如何分配参与人。我们将以穿着和消费者性别的实验为例，在三种不同情境下进行 2×2 分析，从而展示这三种方差分析的异同。

独立样本两因素方差分析

独立样本两因素方差分析含有两个自变量（穿着风格和消费者的性别），它们是彼此独立的。要使用这样的设计，我们需要通过随机分配产生四组不同的销售人员，每组参与人接受图 12-13 中一种可能的组合。因变量的具体得分参见表 12-1，代表的是销售人员接待消费者时的反应时。

计算机结果 描述性统计出现在表 12-2 的顶部。你可以看到，销售人员平均而言大约等待 1 分钟才开始接待消费者：总均值（全部 24 名销售人员）为 53.50 秒。接待穿着休闲以及衣衫褴褛的消费者时，销售人员的平均反应时分别为 46.92 秒和 60.08 秒；接待女性以及男性消费者时，平均反应时分别为 49.83 秒和 57.17 秒。后面的两组描述性统计展示的是两种穿着风格以及不同性别组合下的整体情况。销售人员接待穿着休闲的女性消费者的平均反应时为 48.17 秒；接待穿着休闲的男性消费者时的平均反应时为 45.67 秒。在衣衫褴褛的穿着条件下，接待女性消费者的销售人员的平均反应时为 51.50 秒，接待男性消费者为 68.67 秒。为了确保输入的数据是正确的，你需要花几分钟的时间通过手算来检验这些均值的准确性。

表 12-1 假想的销售人员的接待反应时（秒），用于考察消费者穿着风格以及性别的效应

		穿着风格		
		日常休闲	衣衫褴褛	
消费者性别	女	46	37	
		39	47	
		50	44	
		52	62	女 M = 49.83
		48	49	
		54	70	
		M = 48.17	M = 51.50	
	男	38	47	
		50	69	
		38	69	
		44	74	男 M = 57.17
		49	77	
		55	76	
		M = 45.67	M = 68.67	

日常休闲 M = 46.92　衣衫褴褛 M = 60.08

总均值 M = 53.50

另一方面，如果你们对善与恶不感兴趣，它（这个苹果）可以让你们深入理解统计概率的本质。

好的统计基础应当能够避免让你变得如此绝望（如亚当和夏娃般的绝望）。

Reprinted from *The Chronicle of Higher Education*. By permission of Mischa Richter and Harald Bakken.

完全随机多因素设计的**来源表**（source table）出现在表 12-2 的底部。在来源表中，我们想考察的仅仅是两个自变量的主效应（消费者的穿着风格和性别）以及它们的交互作用。剩余的来源（单元内或者被试

内）都是误差项，用于检验自变量效应。需要注意的是，不同的计算机程序可能使用不同的标签来标识误差项，例如这个例子中的"单元内"，"误差"等。（如果你需要回顾诸如平方和或者均方的概念，请参见第 11 章。）在检查主效应的时候，我们发现"穿着"对应的 F 比值是 11.92，其偶然发生的概率（没有差异的前提下，出现这样结果的概率）为 0.003（经过四舍五入）。消费者性别对应的 F 比值是 3.70，其概率为 0.07。你学会利用本书后

> ◆ **来源表** 报告方差分析结果的表格。来源指的是变异性产生的原因。
>
> ◆ **边缘显著** 指的是虚无假设为真的前提下，统计结果出现的概率在 5% ～ 10% 之间。换句话说，几乎要显著，但是并没有。研究者通常将其视为显著（达到了 0.05 显著水平），并以讨论显著结果的方式讨论这样的结果。

面的 F 表来验证这些概率吗？你应当能够发现，"穿着"的概率落在表中 0.01 水平的部分。性别这一自变量是**边缘显著的**（marginal significance），通常指的是虚无假设为真的前提下，出现这样结果的概率落在 5% 和 10% 之间。尽管边缘显著不在通常而言的显著范围之内，但它非常接近以至于不少实验者也讨论这样的结果。记住，选定的显著水平越高，犯一

> ◆ **一类错误** 虚无假设为真时，接受实验假设。

类错误（Type I error）的风险就越高（参见第 9 章），也就是更容易将一个不显著的差异判定为显著。

表 12-2 独立样本两因素方差分析的计算机输出

均值表（以秒为单位）

		穿着风格		
		日常休闲	衣衫褴褛	行均值
消费者性别	女	48.17	51.50	49.83
	男	45.67	68.67	57.17
	列均值	46.92	60.08	

总体均值 M = 53.50

来源表

来源	平方和	自由度	均方	F	p
穿着	1 040.17	1	1 040.17	11.922	0.002 5
消费者性别	322.67	1	322.67	3.698	0.068
穿着 × 消费者性别	580.17	1	580.17	6.649	0.017 9
单元内	1 745.00	20	87.25		
总和	3 688.00	23			

我们的下一步是去检验两个自变量之间的交互作用。请注意，我们只有一个两因素交互作用，因为我们只有两个自变量。穿着和消费者性别之间的交互作用对应的 F 比值为 6.65，p 值为 0.02，这意味着显著。还记得吗？一个显著的交互作用使得主效应失去了讨论的意义，因为主效应取决于交互作用，并且此时难以直观地解释主效应。因此，为了理解这些结果，我们必须解释交互作用。正如之前所见，解释交互作用的第一步就是根据描述性统计画出结果。图 12-15 画出了这个例子中的交互作用。

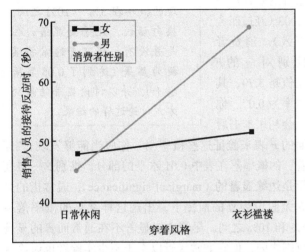

图 12-15　穿着和消费者性别实验的交互作用

将统计结果翻译成文字　记住，只有当我们很确定实验设计以及相关程序实施了足够的控制，从而排除无关变量的影响时，我们根据统计分析的结果所做出的结论才是正确的。计算机和统计检验只是根据你提供的数据进行分析；它们并不会检查数据是否来自有问题的实验。

要解释我们的统计分析结果，让我们回到图 12-15 所展示的显著的交互作用。

心理侦探

仔细研究图 12-15。你认为什么导致了这个显著的交互作用？换句话说，为什么一个自变量的效应取决于另外一个自变量的水平？

你应当记得，如果图中的线相交或者交汇，我们就观察到了交互作用；平行的线意味着没有交互作用。图 12-15 所展示出来的相交的线，再加上交互项很低

的偶然发生的概率，都意味着交互作用显著。当我们查看折线图时，其中一点远离其他的点，这点反映的是销售人员接待衣衫褴褛的男消费者时的反应时。这个均值明显比其他的要高。因此，我们可以得出这样的结论：相比其他类型的消费者而言，销售人员需要等待更长的时间才开始接待衣衫褴褛的男消费者。请注意，在解释交互作用的时候，必须两个自变量都被提到才是合理的——前面的句子提到了衣衫褴褛的男消费者。

心理侦探

查看图 12-15。你能明白为什么这个交互作用使得一个主效应显著而另一个边缘显著吗？

如果根据主效应的结果做出结论，我们就会判断相比接待衣衫褴褛的消费者（60.08 秒），销售人员在接待穿着休闲的消费者时反应更快（46.92 秒）。同样，我们会得出相比接待女性消费者（49.83），销售人员在接待男性消费者时反应时更长（57.17）。当你查看图 12-15 时，看起来销售人员在接待衣衫褴褛的消费者比接待穿着休闲的消费者更慢吗？不，仅仅是接待衣衫褴褛的男性消费者的销售人员花费更多的时间。看起来男性消费者受到帮助的时间比女性慢很多吗？不，销售人员仅仅在接待衣衫褴褛的男性消费者时比较慢。在你发现了显著的交互作用的情况下，如果尝试直接解释主效应，最后会像在一个黑白画面中加入一个灰色片段一样。换句话说，你出现了过于简化结果的问题。还记得吗？交互作用发生在当其中一个自变量的效应取决于另一个自变量水平的时候。

解释结果的最后一步在于将我们的结果传达给他人。还记得吧？我们曾使用统计和文字的组合，以 APA 的格式来报告我们的发现。下面是一种你可以用来报告这个实验结果的方式。

穿着风格对销售人员的接待反应时的效应是显著的，$F_{(1, 20)} = 11.92$，$p = 0.003$。消费者性别的效应边缘显著，$F_{(1, 20)} = 3.70$，$p = 0.069$。主效应受到显著的穿着和消费者性别之间的交互作用的影响，$F_{(1, 20)} = 6.65$，$p = 0.18$，$\eta^2 = 0.25$。交互作用的结果展现在图 1（参见图 12-15）中。视觉查看图像显示，

在接待衣衫褴褛的男性消费者时，销售人员的接待反应时长于接待其他类型消费者时的反应时。

我们的终极目的是仅仅使用文字本身就足以清楚地表述结果。尽管交互作用的概念对于一些没有统计背景的读者来说比较复杂，我们仍然希望所有人都能理解我们对于结果的解释。然而，为了完全理解交互作用，你需要进行进一步的统计检验。这些检验有的时候是比较复杂的——如果你的研究涉及显著的交互作用，我们建议你去咨询你的导师。（注意，记住这个忠告，因为你会在本章中反复看到显著的交互作用。）同样，我们提醒你，η^2 是效应量的一种测量（参见第 10 章）。我们只报告交互作用的效应量的估计，因为显著的交互作用掩蔽了主效应。

我们希望从这段对结果的描述中，你能够注意到重要的两点。首先，相比第 10 章和第 11 章的例子，这一段结果总结更长。使用多因素设计的时候，你有更多的结果需要报告，这样你的报告陈述就会变得很长。其次，尽管我们报告了交互作用的显著性并指向交互作用的示意图，但是我们对于研究中所发现的交互作用的论述并没有结束。实验报告的结果部分仅仅是用来呈现结果的，并不是用来进行全方位的解释的。正如《APA 格式：国际社会科学学术写作规范手册》（2010）关于结果部分提到的，"关于结果的含义应当在讨论部分才进行论述。"（p.32）。

相关样本两因素方差分析

相关样本两因素方差分析含有两个自变量（在这里是穿着和消费者的性别），并在两个变量上都使用相关的组。通常，研究者会通过匹配或者重复测量的方法来形成相关的组。在穿着—消费者性别实验中，在两个自变量上都进行重复测量是可能的。我们可以选择只使用一组销售人员，让他们接待两种性别的消费者，每位消费者依次穿着所有类型的衣服。

心理侦探

让一组销售人员接待所有四种类型的消费者，你能够发现这里面的逻辑错误吗？

在这个实验中，使用重复测量并没有明显的逻辑问题。销售人员显然习惯于在短时间内接待各式各样的消费者，因此在这个实验中采用这种设计并没有什么问题。而在许多实验情境中使用重复测量是不合适的。例如，想象一个课堂上的实验，实验要求学生先后阅读来自两个教材论述同一主题的章节，并在随后完成关于这些章节的测验。在这个假想的实验中，第二次测验无形中具有了一定的优势。具体地说，当学生进行第二次测验时，他们阅读了同一话题的两个章节。但是在进行第一次测验的时候，他们仅仅阅读了一个章节。显然，重复测量用在教材这个变量上是不恰当的。因此，我们会通过匹配产生相关组。这里可以看出，根据你的研究问题以及分配参与人的程序来选择所使用的实验设计是非常关键的。

计算机结果 重复测量多因素方差分析的结果出现在表 12-3 中。你会注意到各组的均值与表 12-2（独立样本方差分析）是完全一致的。这是符合预期的；我们正在分析的数据和表 12-1 中的是一样的。然而，因为我们用了不同的方法来分配参与人形成分组，所以我们的方差分析的结果应当是不一样的。

表 12-3 相关样本两因素方差分析的计算机输出

均值表（以秒为单位）

		穿着风格		
		日常休闲	衣衫褴褛	行均值
消费者	女	48.17	51.50	49.83
性别	男	45.67	68.67	57.17
列均值		46.92		60.08
		总均值 $M = 53.50$		

来源表

来源	平方和	自由度	均方	F	p
穿着	1 040.17	1	1 040.17	24.688	0.001
消费者性别	322.67	1	322.67	7.658	0.014
穿着 × 消费者性别	580.17	1	580.17	13.770	0.001
残差	632.00	15	42.13		

相关组两因素方差分析的来源表出现在表 12-3 的底部。穿着的主效应在 0.001 水平上显著，性别的主效应则在 0.014 的水平上显著。然而，两个主效应都受到显著的穿着—性别的交互作用的影响（$p=0.001$）。记住，交互作用显著意味着一些自变量的效应在另外的自变量的不同水平上是不同的。为了理解交互作用，我们必须用图展示出穿着风格和消费者性别在不同组合条件下的均值。这一交互作用出现在图 12-15 中。

将统计结果翻译成文字 从这些对同一数据的不同分析中，我们可以学到的一个重要教训就是，将实验设计成不同的方式所产生的力量相当可观。例如，花少许的时间比较一下本次分析的来源表（表12-3）和完全随机分析的来源表（表12-2）。你会注意到，相关样本设计的 F 比值更大且概率更小，两个自变量的主效应以及它们的交互作用都是如此。在前一章中我们告诉过你，使用相关样本会降低误差变异性，这是通过降低被试间的差异来实现的。这样的统计分析通常更强有力，是更具检验力的检验，正如这个例子中所展示的那样。

要完整理解实验结果，我们必须解释图12-15所展示的交互作用。在这一阶段，我们的阐述会相对简单些，因为我们在前一个小节中已经仔细介绍过交互作用了。再说一次，我们非常清楚的是存在交互作用是因为相比接待其他类型的消费者，销售人员在接待衣衫褴褛的男性消费者时反应更慢；但是，这个效应是针对那种穿着风格、那个性别的消费者而言的。销售人员并非在接待所有男性消费者时都比较慢，因为他们在接待穿着休闲的男消费者时所花费的时间并没有更长。基于同样的理由，销售人员并没有在接待所有衣衫褴褛的消费者时都反应比较慢，因为他们在接待衣衫褴褛的女性消费者时所花费的时间与接待穿着考究的消费者时并没有什么差别。因此，我们得出这样的结论：较慢的接待反应只发生在某种性别与某种穿着风格的组合上。请注意，解释一个交互作用要求在一个句子中同时提到两个自变量，因为我们不能忽略掉一个自变量而只关注另外一个。

当然，在将结果传达给其他各方的时候，我们必须使用 APA 格式。我们仍然依赖标准的文字和数字的结合来概括结果的方式：文字用于解释，数字用于记录发现。一个可能的概括这个例子中的结果如下所示：

穿着风格和消费者性别的主效应都是显著的，$F(1, 5) = 24.69$, $p = 0.001$ 以 及 $F(1, 5) = 7.66$, $p = 0.014$。另外，穿着风格和消费者性别的交互作用是 显 著 的，$F(1, 5) = 13.77$, $p = 0.001$, $\eta^2 = 0.48$。交互作用用图1（参见图12-15）展示出来。销售人员在接待衣衫褴褛的男性消费者时的反应比接待其他类型（性别以及穿着风格）的消费者时要慢得多。

在实验报告的讨论部分，你可能会再提供一个完整的关于这个交互作用的详细讨论。

混合设计两因素方差分析

混合设计两因素方差分析含有两个自变量（这里穿着风格和消费者的性别），且一个自变量使用独立组另一个使用相关组。在穿着—消费者性别实验中使用这种设计的一个方法是随机将销售人员分配到不同消费者性别的组中。无论是男消费者组还是女消费者组，销售人员都会接待所有穿着风格的消费者。因此消费者性别使用的是独立组，是被试间变量。而穿着风格使用了重复测量，是被试内变量。查看图12-13，你注意到不同的销售人员会接待男性或者女性消费者（纵向查看示意图），而同一组的销售人员会接待休闲着装以及衣衫褴褛两种着装风格的消费者（横向查看示意图）。因变量得分可以从表12-1中查找到，反映的仍然是销售人员接待消费者的反应时，但是同一名销售人员面对男/女消费者时会贡献两个接待反应时，分别是他们接待不同着装风格消费者时所产生的。这种设计富有效率，因为需要相对较少的销售人员来参与研究，同时又降低了反应时上的个体差异。

这个设计里的被试内和被试间变量可以相互调换吗？

这个问题本质上是在问能否让销售人员接待着装休闲男女混杂的消费者或者衣衫褴褛的男女混杂的消费者。在这个例子中，答案是能，因为比起接待穿着同一风格的消费者，接待同一性别的消费者并没有什么特别神奇的地方。当然，并不总是像这个例子中一样，可以翻转一个设计。记住，我们在早前用文字提醒过你，不是所有自变量都可以视为被试内变量。

计算机结果 描述性统计出现在表12-4的顶部。描述性统计与我们之前进行过的两次分析并没有什么区别；出于方便展示的目的，我们仍然在分析表12-1的数据。

来源表出现在表12-4的底部。正如你从标题所看到的，被试间效应（独立组）和被试内效应（重复测量）在这个来源表中是分开的。这个分离是必要的，因为被试间和被试内使用了不同的误差项。交互作用出现在表中被试内的部分，因为它涉及一个变量的重复测量。

表 12-4　混合设计两因素方差分析计算机输出

均值表（以秒为单位）

		穿着风格		
		日常休闲	衣衫褴褛	行均值
消费者	女	48.17	51.50	49.83
性别	男	45.67	68.67	57.17
	列均值	46.92	60.08	

总均值 M= 53.50

来源表

来源	平方和	自由度	均方	F	p
被试间效应					
消费者性别	322.67	1	322.67	2.422	0.151
误差（消费者性别）	1 332.33	10	133.23		
被试内效应					
穿着	1 040.17	1	1 040.17	25.206	0.001
穿着 × 消费者性别	580.17	1	580.17	14.059	0.004
误差	412.67	10	41.27		

> **心理侦探**
>
> 哪个自变量是被试间变量，为什么？哪个自变量是被试内变量，为什么？

不，这不是一个设了陷阱的问题——只是一个简单的复习问题，为了确保你给予了足够的关注。消费者性别是被试间变量，因为不同销售人员接待了男性或者女性消费者。穿着风格是被试内变量，因为每名销售人员既接待了衣衫褴褛的消费者，也接待了穿着休闲的消费者（重复测量）。

消费者性别这一自变量的 F 比值是 2.42，偶然发生的概率是 0.15；因此，消费者性别并没有造成销售人员接待反应上的显著差异。穿着风格的效应所产生的 F 比值为 25.21，p 值为 0.001，是一个显著的发现。我们同样注意到，穿着风格和消费者性别的交互作用是显著的（p = 0.004），其 F 比值为 14.06。因为交互作用显著，所以我们不需要解释显著的穿着效应。我们会通过图像化交互作用更好地理解它，参见图 12-15。

这次的方差分析结果与本章前两次的有所不同，再一次展示了实验设计在判定显著性上的重要性。有趣的是，消费者性别的效应在这一设计中变弱了。

Kirk（1968）指出，在混合设计中（分区设计），被试间因素的检验比被试内因素的检验要相对弱一些。此处分析的结果在与前面分析的结果两相比较之后，也证实了这一点。

将统计结果翻译成文字　我们已经完成了一部分统计结果的解释。我们知道消费者性别的效应并不显著，穿着风格的效应是显著的；但是因为消费者性别和穿着风格之间的交互作用是显著的，所以我们略过穿着风格的结果直接解释交互作用。

图 12-15 表明，销售人员接待穿着休闲的女性消费者、穿着休闲的男性消费者以及衣衫褴褛的女性消费者时，其反应时短于接待衣衫褴褛的男性消费者的反应时。我们如何用 APA 格式来报告这些发现呢？下面是一个例子：

> 混合设计多因素方差分析的结果显示消费者性别的效应不显著，$F(1, 10) = 2.42$, $p = 0.15$。穿着风格的效应是显著的，$F(1, 10) = 25.21$, $p = 0.001$。然而，这个主效应受到显著的消费者性别——穿着风格的交互作用的影响，$F(1, 10) = 14.06$, $p = 0.004$, $\eta^2 = 0.58$，图 1 展示了这个交互作用（参见图 12-15）。这个交互作用表明，销售人员在接待衣衫褴褛的男性消费者时反应相对较慢。

> **心理侦探**
>
> 注意到混合设计与前一节的完全组内设计在穿着风格的主效应和交互作用方面获得了相似的结果了吗？为什么这两种设计的结果如此相似呢？

要回答这个难题，你必须看到两种设计的相似之处。尽管两种设计看起来非常不同，但它们之间存在一个非常重要的相似之处。由于背后的实验设计，两个分析中穿着风格的主效应和交互作用效应都是组内效应。因此，这两种方差分析基本上是以同样的方式分析同样的数据。

本章讨论的最后一点，请记住，在实际实验中，你不能同时使用不同的分析方法来分析同一组数据。我们使用同一组数据是出于演示的目的，这样方便展示给你如何选择一个实验方案，并在存在几种可能的备选设计时学会如何进行正确的选择。

最后的说明

出于简化的目的，所有我们在本章中展示过的分析都只涉及含两个水平的自变量。你是否还记得在第 11 章中，我们经常希望考察含有多于两个水平的自变量。在图 12-9 中，我们展示了一个 3 × 3 设计的例子。那个设计含有两个自变量，每个有三个水平。你还记得在第 11 章中，当我们发现一个三水平的自变量有显著效应时发生了什么吗？为了确定显著差异出现的位置，我们进行了**事后比较**（post hoc comparisons）。在发现自变量的显著效应之后再进行的这些检验让我们得以确定哪些水平之间存在显著差异。

◆ **事后比较**：发现显著的 F 比值后，用于比较组间均值差异的统计检验。

我们希望你在本章的某些地方考虑到了这些问题。在多因素设计中，如果一个含有多于两个水平的自变量是显著的，你应该怎么办呢？假定这个主效应没有被交互作用混淆，你必须进行一系列的事后检验来判定什么地方的差异是显著的。

研究的扩展

在第 9 章和第 10 章中，我们讨论过我们设想的研究的扩展。我们早前的兴趣集中于确定穿着考究或者衣衫褴褛的消费者是否在受到销售人员帮助的快慢上有所不同。发现考究的穿着确实与更快的反应相关联之后，我们扩展了研究问题，将第三种穿着风格（第 11 章）纳入研究之中。证据显示，穿着考究或者休闲的消费者开始得到帮助的时间比衣衫褴褛的消费者要快。

正如你在第 10 章看到的，我们会从一个相对简单的问题展开研究，因此得到了简单的答案。这样的研究会引出一个稍微复杂一些的问题，并可以持续下去。你会预期自己的研究问题也可以以类似的方式系列展开。尽管开始的时候问题相对简单，你希望一个实验就能够解决所有问题，但是这样的情况非常罕见。在实验后你需要保持开阔的眼界，准备接受新的研究问题。持续按图索骥地展开**系列研究**（program-

◆ **系列研究**：围绕一个话题或问题的一系列研究或实验。

matic research）是富有挑战性的、有活力的和有趣的。记住，通过这样的方式展开一系列研究是许多成名心理学研究者奠定他们名声的做法。

本章比第 10 章和第 11 章复杂得多，因为在实验设计中我们有更多的选择。让我们回顾一下在设计本章的实验时，需要完成的步骤。你可能希望回到图 12-1，从而跟进每一个具体的问题。

1. 在完成了如第 10 章和第 11 章的初步研究之后，我们决定在一个实验中同时考察两个自变量（穿着风格和消费者性别）。每个自变量有两个水平（穿着风格 → 日常休闲 vs. 衣衫褴褛；消费者性别 → 男 vs. 女）。这样的设计让我们得以确定穿着风格的效应、消费者性别的效应，以及它们之间的交互作用。

2. 因变量是销售人员接待消费者的反应时。

3a. 有大量销售人员的情况下，我们可以选择随机将销售人员分配到各组，每组销售人员接待一种性别、穿着一种风格衣服的消费者，这样得到的就是多因素组间设计。我们使用独立样本多因素方差分析来分析接待反应时，发现销售人员在接待衣衫褴褛的男性消费者时反应要比接待所有其他消费者时要慢，参见表 12-2 以及图 12-15.

3b. 在第二种假想情境中，我们只有少数销售人员，因此在两个变量上都使用重复测量；也就是说，每位销售人员接待穿着两种类型衣服的男性、女性消费者，所以每位销售人员接待四种不同的消费者。因此，这个实验使用的是组内多因素设计。我们用相关组多因素方差分析来分析数据，发现销售人员在接待衣衫褴褛的男性消费者时反应最慢，参见表 12-3 以及图 12-15。

3c. 在第三种假想情境中，我们随机将参与人分配到不同性别的消费者组中，但是在穿着风格这个自变量上使用重复测量，因此每位销售人员要么接待穿着两种风格衣物的男性消费者，要么接待穿着两种风格衣物的女性消费者。这种安排产生的是混合组多因素设计（一个自变量使用独立组，一个使用相关组）。我们使用混合设计多因素方差分析来分析接待反应时，发现销售人员在接待衣衫褴褛的男性消费者时反应时最慢，参见表 12-4 和图 12-15。

4. 我们得出结论：穿着风格和消费者性别对销售人员接待反应时的影响是交互的。女性会很快得到帮助，不管她们的衣着打扮是什么样的，不同的是，男性只有在打扮得体（不衣衫褴褛）的情况下才会很快得到帮助。衣衫褴褛的男性消费者需要等待比其他三组参与人更长的时间才会得到帮助。

回顾总结

1. 当你使用含两个或者更多自变量的实验设计并且每个自变量都使用独立组的时候，合适的统计分析是独立组多因素方差分析。

2. 相关组多因素方差分析适合于你的实验设计含有两个或者以上自变量，并且你在所有自变量上都使用相关组或者重复测量的情况。

3. 如果你的设计含有两个或者更多自变量并且混合地使用独立以及相关组，你应当使用混合设计多因素方差分析去分析数据。

4. 方差分析将因变量的变异性分解成来自各个自变量和它们的交互作用以及误差项几个部分。F 比值展示了实验效应引起的变异性和误差变异性的比值。

5. 显著的主效应 F 比值意味着这个自变量引起了因变量上显著的差异。

6. 显著的交互作用 F 比值意味着两个（或者更多）自变量对于因变量的效应是交互的。为了理解交互作用，你必须用图表表示出每组因变量的平均分。

7. 我们按照 APA 格式清晰明了地报告统计结果。恰当的格式包括一段对结果的文字解释以及记录发现的统计结果。

检查你的进度

1. 你希望比较美国大一、大二、大三以及大四在校学生的 ACT 和 SAT 的成绩以及成绩的性别差异。用模块示意图来展示这个设计。在这个项目中，你会采用哪种设计和统计检验？

2. 你想知道考试本身和培训课程是否会影响 SAT 和 ACT 分数。你招募了一组学生作为你的参与人。他们参加了三次考试。然后，你向他们提供了一个培训课程。随后，他们再次参加另外一种形式的考试，还是三次。因此，每位学生参加了两种测验三次（为了考察练习效应），同时每位学生都参加了所提供的培训课程（为了考察课程效应）。用模块示意图来展示这个设计。在这个项目中，你会采用哪种设计和统计检验？

3. 你对第 2 点中的问题感兴趣，但是你招募了两组学生来帮助你。一组参加 SAT 或者 ACT 三次；另外一组参加培训课程并参加 SAT 或者 ACT 三次。用模块示意图来展示这个设计。在这个项目中，你会采用哪种设计和统计检验？

4. 什么是交互作用？为什么显著的交互作用使得与之相关的主效应难以解释？

5. 假定你在阅读一篇实验报告。你会从下面的句子中得到什么信息？

    阅读速度同时受到字体大小和年龄的影响，年轻的参与人阅读大字体的文字更快，而年老的参与人阅读小字体的文字更快。

    a. 字体大小和年龄的交互作用是显著的

    b. 字体大小和年龄的交互作用是不显著的

    c. 字体大小、年龄和阅读速度的交互作用是显著的

    d. 字体大小和年龄的主效应是显著的

6. 你希望确定人的情绪状态是否在一年中的四个季度之间有所不同且有性别差异。在这个研究项目中，你会采用哪一种实验设计呢？为什么？

7. 你希望考察在三种不同餐馆（麦当劳、汉堡王以及温蒂汉堡）中就餐的三个年龄段的参与人（4～12岁点儿童、大学生以及老年人）对快餐汉堡的偏好。在这个项目中，你会选择哪种实验设计？为什么？

展望

在这一章中，我们学习了实验设计中最复杂的设计：含多个自变量的多因素设计：这部分的内容结束了三章关于实验设计、数据分析和解释结果的讨论。

在下一章中，我们会介绍一些其他的研究方法，有时候你可能会用到它们。

第 13 章

备选研究设计

尽管你可能认为，到现在我们已经涵盖了心理学研究者所有想得到的、用于指导数据收集的研究设计类型，但是你错了。还有许多其他类型的研究设计。在这一章中，我们会介绍一些研究者出于某些特定目的和考虑而提出的研究设计。我们会首先讨论那些能够保护实验内部效度的研究设计。

保护内部效度的再讨论

在第 8 章中，我们介绍了**内部效度**（internal validity）这一概念。内部效度与**混淆**（confounding）变量和**无关变量**（extraneous variables）有关。如果你的实验是内部有效的，那么判定自变量是所观察到的因变量发生变化的原因就是合理的。你建立了一个**因果关系**（cause-and-effect relation），那么就能知道自变量引起了因变量的变化。例如，经过多年深入的研究，医学研究者知道吸烟会引发肺癌。尽管其他一些变量也可能引发癌症，但是

> ◆ **内部效度**　对实验的一种评估；考察自变量是否是因变量上所观测到的结果的唯一解释。
> ◆ **混淆**　无关变量随着自变量的变化发生系统性变化，由此产生的效应。
> ◆ **无关变量**　意料之外未受到控制却会对因变量产生影响，从而使得实验结果失效的变量。
> ◆ **因果关系**　自变量造成因变量发生了某种变化。

我们知道吸烟是一种病因。如同实验者的目的就是建立心理学方面的因果关系（例如正强化可以改善学习效果），内部有效的实验能够让我们自信地做出"X 导致 Y 的发生"这样的陈述。

从内部开始审视你的实验

在第 6 章中我们强调过控制无关变量的必要性，从而可以从实验中获得明确的结论。只有在设计实验的时候就考虑如何避免可能的无关变量的影响，我们才能够对所得到的因果关系感到坦然；也就是说变量 X（我们的自变量）使我们所观测的变量 Y（我们的因变量）发生了变化。控制措施所要达到的目的是建立一个保护自变量和因变量的缓冲区域，使得它们不会受到其他变量的影响。这让我们想起了一个卡通牙膏广告（可能你也看到过）。当使用所营销的品牌牙膏刷牙之后，就会生成一层看不见的防护层，可以防止蛀牙。实验控制以类似的方式给我们的实验提供一个对抗混淆的防护层，如图 13-1 所示。类似地，侦探努力破解嫌疑人无懈可击的防线。如果他们的调查很顺利，针对被告人的案件将会出现在法庭上。

处理实验的内部效度是一个很有意思的过程。在设计和准备实验的时候，我们采用了许多预防措施来增加内部效度，并且在实验结束之后，我们通常会针对内部效度进行评估。如果这个过程对你来说有一些奇怪，不必大惊小怪，因为只是刚开始似乎有点儿奇怪而已。内部效度考察的问题是：自变量是否是造成

因变量发生变化的那个原因。正如你从图 13-1 所看到的，如果你很好地学习了第 8 章并实施了足够的控制措施，你的实验应当没有被混淆，并且你确实能够做出自变量使因变量发生变化这样的结论。让我们简要回顾一下。

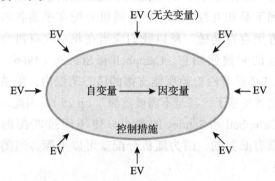

图 13-1　控制措施在避免实验发生混淆方面的作用

心理侦探

　　试想一下你被要求负责开展著名的佳洁士测试——对你的预期是：能够判定佳洁士能否减少蛀牙。你的老板希望你能够在实验中使用实验组（佳洁士组）和控制组（品牌 X）。在继续阅读之前请写出至少五个这个实验可能的无关变量。

　　你能够列出五个可能的无关变量吗？这个列表可能很长：你可能想到了一些我们没有想到的可能性。（尽管这一练习可能可以直接作为第 8 章提到的混淆的例子，但它同时与内部效度有关。如果无法控制一个重要的无关变量，你的实验的内部效度将大大降低。）记住，任何两组之间存在系统性差异的因素（除了牙膏品牌之外）都可能是无关变量，它们都可能会导致无法做出明确的关于牙膏效果的结论。下面是我们列出的可能是无关变量的列表（部分）：

　　每天刷牙的次数
　　每天刷牙的时长
　　饮食之后多长时间开始刷牙
　　所食用的食物类型
　　所使用的牙刷类型
　　由父母遗传下来的牙遗传因素
　　所接受的牙齿方面的护理
　　不同牙医对于蛀牙的"操作性定义"
　　所在城市的饮用水是否经过氟化

　　正如我们之前说过的，这个列表并不是完全的，它只是给你提供了一些关于什么样的因素可能是无关变量的思路。为了保证你能够理解无关变量是如何毁掉一个实验的内部效度的，让我们用前面列表中的一项来做一个例子。另外，我们还将探讨为什么需要在实验前展开一些预防措施从而保障内部效度，并在实验后评估实验的内部效度。

　　在设计这个研究的时候，你希望确保实验组和控制组的参与人每天刷牙的次数相同。因此，你会告诉参与人的父母，要求他们的孩子在每次进食后刷牙。你的目标是希望所有参与的儿童每天刷三次牙。假定你负责这个实验并收集数据。分析数据的时候你发现，实验组（佳洁士）比控制组（品牌 X）蛀牙的人数明显更少。到此为止，你的结论看起来非常直接：与品牌 X 牙膏相比，用佳洁士刷牙可降低蛀牙的概率。然而，随着继续深挖数据，你通过查看参与人父母完成的调查问卷，发现实验组的儿童平均每天刷牙 2.72 次，而控制组的儿童每天仅刷牙 1.98 次。现在很明显的是两个组在两个方面存在差异：所使用的牙膏品牌以及每天刷牙的次数。哪个因素是实验组呈现出更低的患蛀牙风险的原因呢？难以辨别！没有统计检验能够区分这两个相互混淆的因素。你应当在实验前就尝试控制刷牙次数这个因素来保障内部效度，但是直到实验结束、直到你发现你的实验不是内部有效的，你都没有办法评估控制措施的有效性。智者一言足矣：好的实验控制才能得到内部有效的实验。

　　还记得吗，我们在第 8 章列举了 9 个威胁内部效度的因素。我们也提供了一系列处理这些威胁因素的控制策略。现在你熟悉了研究设计，我们可以进一步解释清楚一些研究设计的策略是如何规避那些威胁内部效度的因素的。正如你读到的这些策略，你会发现它们中的一些直接就是第 10 章到第 12 章中介绍的实验设计的一部分。

通过研究设计来保证内部效度

　　有两种方法可以用于对抗那些威胁内部效度的因素。在第一种方法中，你需要尝试回答九个问题，每一个对应一种威胁因素。尽管这一方法在控制这些威胁性因素方面是有效的，但它非常耗时，并且可能难以实施，因为需要同时开展多方面的控制手段。可能通过研究设计来确保内部效度的第二种想法出现在你的脑海中，尽管可能还没有形成一个具体的想法。侦探使用标准的侦查程序来保护他们所负责的案件；实验设计的程序同样可以帮助我们成为合格的心理学侦探。

在前面的三章中，我们给你展示了多种不同的实验设计，同时也指出了这些设计中在控制方面的考虑；然而我们从没有提到过对于内部效度的九大威胁，直到这一章。我们能够利用实验设计来解决这些问题吗？根据 Campbell（1957）以及 Campbell 和 Stanley（1966）的观点（Campbell, 1957；Campbell & Stanley, 1966），答案是"可以的"。让我们仔细查看他们的建议。

随机分配

尽管**随机分配**（random assignment）不是一个具体的实验设计，它确实是一个我们可以用于实验设计的控制技术。还记得吗？在随机分配（参见第 4 章）中，我们根据随机原则将实验参与人分配到不同的处理组中。因此，所有被试被分到任何处理组中的概率是相同的。随机分配的目的在于在实验开始之前产生出相等的不同研究组。根据 Campbell 和 Stanley（1966）的观点，"最充分的消除组间初始差异的万能保险就是随机化"（p.25）。因此，随机分配可以被视为一个非常强大的工具。随机分配的唯一弱点就是我们不能够通过对它的实施来保证不同组之间的等同性。

> ◆ **随机分配** 一种控制措施，保证每位参与人都有同样的概率被分入实验中的任意一组。

有一点值得注意，我们不得不说明一下。在讨论实验设计方面的问题时，随机是一个经常被提到的术语。但是，很多情况下不同用法之间存在细微的差别。例如，在第 10 到第 12 章之间，我们通常使用独立组来描述彼此之间没有任何关联的不同组的参与人（关联是通过匹配、重复测量或者自然成对、成组等手段建立起来的）。并不罕见的是，你可以看到或者听到人们用独立组来指代随机组。尽管这一标签是有道理的（因为各组之间没有关联），但同时也有一些误导的成分在里面。还记得在第 10 章中我们第一次谈到匹配参与人的时候吗？我们强调在完成了配对之后，你需要将每对参与人中的一位随机分配到其中一组中。同样的事情也适用于自然形成的参与人配对（或者组合）。这些随机分配而成的组显然彼此之间不是相互独立的。因为随机分配在平衡各组差异方面存在功效，所以我们应当在每一次有机会使用它的时候使用它。Campbell 和 Stanley（1966）指出，"在显著性检验所能支撑的信心范围内，单单随机化就足够了，甚至不需要前测"（p.25）。因此，根据 Campbell 和 Stanley 的观点，使用经过匹配的组是没有必要的，因为随机分配就可以平衡各组的差异了。

> **心理侦探**
>
> Campbell 和 Stanley 关于随机化可以平衡各组差异的观点其最主要的反例是什么呢？

我们希望你还记得（第 10 ～ 12 章中）我们介绍过，长远地说，随机化应该能够平衡各组之间的差异。如果你开展的实验只招收了很少量的参与人，那么你应该意识到随机分配的缺陷。尽管随机化在很少参与人的情况下也有可能产生出相等的组，但是我们无法像有大量参与人那样的情况下那么有信心。

最后，你应当还记得第 4 章中我们提到随机分配与**随机选取**（random selection）是不一样的。随机分配与内部效度的问题有关，随机选取则更多与外部效度有关（参见第 8 章）。

> ◆ **随机选取** 一种控制技术，该技术保证总体里的每名成员都有同样的概率被选中参与实验。

实验设计

Campbell 和 Stanley（1966）考察了六种实验设计方案并就保障内部效度的控制措施方面进行了评估。他们推荐三种可以较好控制威胁内部效度的因素的设计，也是我们在第 8 章中列出来的那些。让我们审视一下他们推荐的三种设计。

前测后测控制组设计 前测后测控制组设计出现在图 13-2 中。正如你可以看到的，这个设计包括随机分配产生的两组参与人，所有人都参与了前测，其中一组接受了自变量。

```
R    O₁              O₂        （控制组）
R    O₃       X      O₄        （实验组）
```

注释：
R = 随机分配
O = 前测或后测的观测或测量
X = 实验变量或事件
每一行代表的是不同组的参与人。
从左到右的维度反映的是时间的流逝。
任何处于同一垂直线上的字母，其代表的事件是同时发生的。
（注：这一注释同样适用于图 13-3、图 13-5 以及图 13-6）

图 13-2　前测后测控制组设计

正如我们在第 8 章中总结的那样，这种设计包括两种机制，每种都可以控制一部分对内部效度的威胁。随机地将参与人分配到不同组中使得我们可以假定两组之间的差异在实验之前就被平衡掉了，因此排除了**有偏向的被试选取**（selection）这个潜在的问题。对两组同时进行前测和后测使我们得以控制**经历**（history）、**成熟**（maturation）以及**测试**（testing）造成的影响，这是因为此时它们都以同样的方式、同样的程度影响着两组。如果控制组在前测和后测之间发生了变化，这样我们就知道存在自变量以外的因素在起作用。只要我们将同样极端的参与人平均分配到实验组和控制组，**统计回归**（statistical regression）就可以被控制。如果存在任何涉

◆ **有偏向的被试选取**　对内部效度的一种威胁，指因为被试选取的方式使实验前各组参与人并不相等；因此实验之后研究者无法将观测到的差异归因于自变量。

◆ **经历**　对内部效度的一种威胁；指重复测量设计中两次因变量测量之间发生的事件。

◆ **成熟**　对内部效度的一种威胁；指实验过程中参与人身上发生的变化；包括实际的物理成熟，又或是疲惫、厌倦、饥饿等。

◆ **测试**　对内部效度的一种威胁；指测量因变量本身造成了因变量发生变化。

◆ **统计回归**　对内部效度的一种威胁；指仅仅因为统计因素导致原来的低分或者高分在第二次测试中有所提升或者有所下降的现象。

及**与有偏向的被试选取的交互作用**（interactions with selection），它们应当会以同样的方式影响着两组，因此它们对于内部效度的影响就被抵消了。

其他对内部效度的威胁虽然没有被控制，但是前测和后测控制组设计确实使我们能够判定这些因素是否会给实验造成问题。例如，通过在两个时间点同时测量两个组，我们可以检查**实验亡失率**（experimental mortality）是否造成问题。如果研究有测试任务，**工具劳损**（instrumentation）的影响也可以被测量出来，但是如果采用了人类访谈员或者观察者，问题可能仍然存在。最后，如果控制组（或者不同实验组）的参与人学习了提供给其他组的处理，**实验处理的扩散或者模仿**（diffusion or imitation of treatment）也是潜在的问题。而且，尽管你将控制组视为对比的参照，但判断的标准仍是控制组的分数是否以一种与实验组相似的方式增加或者减少。如果你观察到了相似的变化，就应当怀疑保护内部效度的控制措施是否失败了。

◆ **与有偏向的被试选取的交互**　对内部效度的一种威胁，指选取出来的不同处理组之间存在成熟、经历或者是工具劳损方面的差异。

◆ **实验亡失率**　对内部效度的一种威胁，指不同组的实验参与人以不同的概率退出实验。

◆ **工具劳损**　对内部效度的一种威胁，指在测量因变量的过程中，随着时间的推移，设备或人的测量标准发生改变。

◆ **实验处理的扩散或者模仿**　对内部效度的一种威胁，指一组参与人获知并熟悉了其他组参与人的实验处理，并复制了该处理的现象。

所罗门四组设计　图 13-3 的模式图展示了一种所罗门四组设计，该设计首先由所罗门提出（Solomon，1949）。请注意，这个设计的前两组和前测后测控制组设计中的两组是一样的，但是又引入了另外的两组，因此获得了"四组设计"的名字。因为所罗门四组设计有和前测后测控制组设计里类似的两组，因此能提供类似的防护作用，以对抗内部效度的威胁。新加入的两组所带来的主要优势是关于外部效度的（参见第 8 章）。

所罗门设计的一个问题来自对数据的统计分析，因为没有统计检验能够同时处理六组数据。Campbell

和 Stanley（1966）建议单独将后测分数提取出来并将其看作多因素设计，如图 13-4 所示。不幸的是，这一方法完全忽略了所有的前测分数。

$$
\begin{array}{lll}
R & O_1 & O_2 \\
R & O_3 & X & O_4 \\
R & & & O_5 \\
R & & X & O_6
\end{array}
$$

图 13-3　所罗门四组设计。这一设计可用于保护内部效度

	没有自变量	接受自变量
有前测组	O_2	O_4
无前测组	O_5	O_6

图 13-4　将所罗门四组设计中的后测分数提取出来转化成多因素设计的模式

仅后测控制组设计　图 13-5 展示了仅后测控制组设计。正如你通过比较图 13-5 和图 13-2 以及图 13-3 从而看出来的，仅后测控制组设计是前测后测控制组设计的翻版，只是没有包括前测，同时也是所罗门四组设计中新加入的两组的翻版。前测的缺失是否会使得仅后测控制组设计稍逊于其他两种包含了前测的设计呢？并没有，因为我们可以借助随机分配来平衡组间差异。因此，随机分配参与人到各组并且对其中一组保留实验操纵从而使其变为控制组是一种非常强大的实验设计，它可以控制许多我们在第 8 章中提到的对内部效度的威胁。

$$
\begin{array}{lll}
R & & O_1 \\
R & X & O_2
\end{array}
$$

图 13-5　仅后测控制组设计。这是一种强大的能够保障内部效度的设计

心理侦探

在查看了图 13-5 之后，你认为这种设计是哪种类型的？（指第 10 ～ 12 章介绍过的设计类型。）

我们希望你能够辨别出图 13-5 指的是第 10 章中的两组设计。然而我们必须指出，只有两组并不是这

个设计的关键之处。仅后测控制组设计可以通过加入新的处理条件来进行扩展，如图 13-6 所示的那样。这一扩展设计应当提示你将其与第 11 章中讨论过的多组设计联系起来。

$$
\begin{array}{lll}
R & & O_1 \\
R & X_1 & O_2 \\
R & X_2 & O_2 \\
\cdot & \cdot & \cdot \\
\cdot & \cdot & \cdot \\
R & X_n & O_{n+1}
\end{array}
$$

图 13-6　仅后测控制组设计的扩展。这一设计允许测试多个处理组

最后，我们可以通过合并同时进行两个这样的设计，从而从仅后测两组设计拓展成多因素设计，这样我们就会获得类似第 12 章的模块示意图所展示的设计。

心理侦探

我们应当非常清楚的是，仅后测设计的特殊性并不在于研究分组的数量。那么，什么才是这种设计的特征呢？在回答问题之前，请花一些时间研究图 13-5 和图 13-6。

两个标志仅后测控制组设计的特征是随机分配参与人以及包括一个控制组（没有接受自变量处理的组）。这些特征使得这个设计能够推理出因果关系，因为它们在实验前平衡了组间差异，并且控制了对内部效度的威胁。

我们希望你懂得欣赏这两个如此简单的手法，即随机分配和实验设计，它们能够给研究者提供相当大的控制。尽管方法是简单的，但在增加实验结论力度的同时，它们又是如此优雅。聪明的你不会低估它们的重要性。

结论

内部效度有多重要？它是任何实验的第一重要的特质。如果你不关心实验的内部效度，那么就是在浪费自己的时间。实验原本就是用来获得因果关系的，即能够做出 X 导致事件 Y 的发生的结论。如果你仅仅是希望获得两个变量之间的关系，你可以使用第 4 章列举的其中一种非实验方法来收集数据或者你可以计

算相关系数。如果你希望调查某个现象的因果关系，必须控制所有可能影响你的因变量的无关变量。你不能够期望自己的统计分析具有必要的控制功能。统计检验只能分析你所提供的用于检验的数据；它们没有能力去除数据中可能发生的混淆（甚至它们也没有能力辨别是否发生了混淆）。

回顾总结

1. 对于**内部效度**非常重要的一个控制措施是对参与人的**随机分配**。这一措施能够保证在实验前各组之间的差异被平衡掉了。

2. **随机选取**指的是如何从一个总体中选出我们的研究参与人，从而保证所有潜在的参与人都有相同的概率被选中。随机选取对外部效度是重要的。

3. 前测后测控制组设计包括两组参与人，他们被随机分配到实验组或控制组中，随后完成前测以及后测。同时，实验组接受了自变量的操纵。这种设计控制了一些对内部效度的威胁，但是仍然存在由于引入前测而造成的问题。

4. 所罗门四组设计是前测后测控制组设计的一种翻版，除此之外，它还引入了额外的没有参与前测的两组。虽然这种设计也控制了一些对内部效度的威胁，但是没有任何统计检验可以用于分析其中包括的所有六组数据。

5. 仅后测控制组设计包含两组参与人，他们被随机分配到实验组和控制组中，其中实验组接受了自变量的操纵。两个组都接受了后测。这种设计控制了一些对于内部效度的威胁，同时并没有受到其他问题的影响。

6. 仅后测设计可以扩展成含额外处理条件或额外自变量的设计。

7. 对于一个实验而言，具有内部效度是不可或缺的；否则难以从实验中获得任何有效的结论。

检查你的进度

1. 我们用来保障实验内部效度的两大主要方法是_____和_____ _____。

2. 为什么对参与人进行随机分配是必要的？

3. 请描述一下随机分配和随机选取之间的差异。

4. 使用前测后测控制组设计来保障内部效度的主要缺点是什么？

5. 你的一位朋友告诉你，她参加了一个心理学实验并且说："这太疯狂了！我们先完成了一项人格测试，然后观看了一段影片，接着再一次完成同样的测试！"根据这个描述，你应当能够辨别出她在所参与的研究中处于_____。

   a. 仅后测控制组设计的控制组

   b. 仅后测控制组设计的实验组

   c. 前测后测控制组设计的控制组

   d. 前测后测控制组设计的实验组

6. 所罗门四组设计作为保障内部效度的一种控制措施，它的主要缺点是什么？

7. 画出仅后测控制组设计的模块示意图。为什么这种设计是控制内部效度的很好的选择？

单个案实验设计

　　单个案实验设计（single-case experimental design，也被称为 $N = 1$ 的设计）如同它名字所喻示的那样。这一术语所指的实验设计适用于单被试情境。这种方法与侦探追捕单一嫌疑人时所使用的策略相当类似。

> ◆ **单个案实验设计**　一种只含一名参与人的实验（也被称为 $N = 1$ 设计）。

心理侦探

　　$N = 1$ 方法可能听起来比较熟悉。我们学过的哪种数据收集方法只涉及一位参与人？

　　我们希望你还记得第 3 章提到的**个案研究法**（case-study approach）。在个案研究中，我们对单个个体进行了密集的观测并且基于这些观测撰写记录。正如我们在第 3 章中提到的，个案研究通常用于临床情境。

如果你已经选修了变态心理学这门课程,你可能还记得阅读过一些个案研究,介绍的是患有各种精神障碍的病人。一方面,个案研究是一种出色的描述性技术;如果你阅读了关于某种精神病患者的个案研究,就会获得关于那种疾病非常生动的画面。另一方面,个案研究仅仅是一种描述性或者观察性研究方法。研究人员不对变量进行操纵或控制,只进行记录和观测。因此,个案研究不足以让我们得出因果关系的结论。

> ◆ **个案研究法** 一种观察性研究技术,这种技术旨在根据对某个参与人的观测编撰出一系列观察记录。

迟早有那么一个时刻,他会知道只要他按下把手,他就会得到自己的报酬。

许多心理学知识源自于单个案研究。

你应该记得,我们必须对实验中的变量实施某种控制措施,从而得出因果关系。在单个案设计中实施控制措施与在典型实验中类似,唯一的区别是我们的实验只有一位参与人。同样,与典型实验一样,我们必须采取预防措施,从而保障单个案设计的内部效度。我们希望单个案设计让你产生了许多疑问。毕竟,它确实与我们迄今为止所介绍的一些主要原则背道而驰。让我们快速回顾一下这种设计的历史和对它的使用,这可能会帮助你理解这种设计的重要性。

单个案实验设计的历史

单个案实验设计在实验心理学史上有着相当辉煌

的过去(Hersen,1982;Herson & Barlow,1976)。在 19 世纪 60 年代,古斯塔夫·费希纳(Gustav Fechner)借助生理心理方法研究了感知的过程。费希纳提出了两个你可能还记得的在心理学导论课上学到的概念:感知阈限以及辨别阈限(just noticeable difference,jnd)。费希纳在一系列个体身上展开了深入的调查。威廉·冯特(首个心理学实验室的创始人)在经过充分训练的参与人身上展开关于自我观察自我反省的探索性工作。赫尔曼·艾宾浩斯(Hermann Ebbinghaus)展开了可能是我们学科中最著名的采用了单个案设计的研究。艾宾浩斯是词汇学习以及记忆领域的先驱研究者。他的研究非常特别——并不是因为他使用了单个案设计,而是因为他是设计里唯一的参与人。根据 Dukes(1965)的研究,艾宾浩斯在他多年的研究中学习了大概 2 000 张无意义音节的列表。Dukes 还提供了其他几个你可能熟悉的著名的单个案设计的例子,例如坎农的关于胃的收缩和饥饿感的研究、华生和雷纳的小阿尔博尔特习得性恐惧的研究,还有几位研究者关于类人猿学习语言的研究。

除了 Dukes(1965)引用的类人猿的语言习得的研究,所有这些单个案研究设计的例子都需要追溯到 19 世纪或者 20 世纪初。Dukes 发现,1939 ~ 1963 年文献中单个案的例子只能找到 246 篇。显然,在现在的文献中,单个案设计的例子会比多组设计要少得多。

心理侦探

你知道为什么单个案设计在过去比现在流行吗?请找出一个原因。

Hersen(1982)将人们偏好多组设计甚于单个案设计归因于由罗纳德·埃米尔·费希尔爵士引领的统计学方面的创新性发展。费希尔是许多统计方法和技术的先驱开发者。对本节所讨论的内容最重要的是他在 20 世纪 20 年代提出的方差分析(analysis of variance,ANOVA;Spatz,2011),我们在第 11 章和第 12 章中进行了非常详细的介绍。再结合 Gosset 在 20 世纪初带来的基于 t 分布的统计检验方面的发展(参见第 10 章),费希尔的工作给研究者提供了一套完整的、可用于分析数据从而得出结论的推断性统计方法。你可以理所当然地使用这些统计检验并且假设它们经久不衰，但是事实并非如此。随着更多的方法变得流行起来，同时又能够让更多研究者使用它们，单个案设计在逐渐退出舞台。在当今研究的世界中，即便是超乎想象的复杂设计，其数据的统计分析用手中的计算机在几分钟之内就可以完成（甚至是几秒钟）。计算的便易性可能是最主要的使多组设计比单个案设计更为流行的原因。

使用单个案实验设计

仍然有一些研究者继续使用单个案设计。由斯金纳创建的**行为的实验分析**（experimental analysis of behavior）方法继续使用这一技术。斯金纳（1966）以这样的方式总结了他的哲学体系："与其研究一千只小鼠，每只研究 1 小时，或者 100 只小鼠每只 10 小时，研究者不如研究 1 只小鼠 1 000 个小时"（p.21）。行为的实验分析协会成功地创立并且早已开始出版自己的期刊，《行为的实验分析期刊》（*Journal of the Experimental Analysis of Behavior*，始于 1958 年）以及《应用行为分析期刊》（*Journal of Applied Behavior Analysis*，始于 1968 年）。单个案设计因此沿用至今；但是，其使用者的数字远小于使用多组设计的人数，正如你可能猜测的那样，只

> ◆ **行为的实验分析** 一种由斯金纳推广的研究方法，该研究方法只涉及一名参与人。

有少数期刊，其名称可归入此类方法。

你可能想到的一个问题是"为什么最开始的时候人们要使用单个案设计呢？"夏洛克·福尔摩斯知道"这个世界上充满了许多显而易见的事情，却从未被人察觉过。"（Doyle，1927，p.745）。Dukes（1965）列举了许多相当具有说服力的论点以及需要使用单个案设计的情形。让我们看看一些具体的例子。第一，如果样本已经是总体，那么你所能够操纵的样本就是样本量为 1 的样本。如果你所接触到的那个参与人非常特殊，那么你可能没有办法找到其他类似的参与人了。当然，这个例子可能更接近个案研究而不是实验，因为没有更广阔的总体可以推广你的发现了。第二，如果可以假定完美的可推广性，那么样本量为 1 的样本就是恰当的。如果总体中的不同成员在某个特定的变量上表现出来的个体差异是可以忽略的，那么

测量单个参与人就已经足够了。第三，使用单个案设计最恰当的情境就是：举一个反例就足以否定某个理论或者某个普适关系。如果科学界认为"强化总是促进反应"，那么发现一种强化不促进反应的情形就可以否定这种论断。第四，可能观察某种特定行为的机会是有限的。现实世界里的行为（非实验室内的行为）极有可能是相当罕见的，以至于你可能只能找出一位表现出该行为的人。Dukes 列举了没有痛觉、完全色盲，或者表现出不可调和的人格识别障碍的人作为具体的例子（而且更接近个案研究）。你可能还记得在心理学导论课上学习记忆的时候读到过病人 H. M. 的例子。为治疗癫痫所进行的手术切除了 H. M. 的部分大脑，他因此再也不能建立新的长时记忆了。研究者花在 H. M. 身上的研究时间接近 50 年，目的就是探索大脑是如何建立新的记忆的（Corkin，1984；Hilts，1995）。H. M. 案例名气大到当他在 2008 年去世的时候，《纽约时报》刊登了他的讣告。第五，当要进行的研究需要花费很长的时间并且成本很高，又要求高强度的训练，或者在控制方面存在很大的困难时，研究者就可能会选择只研究一名参与人的方式。那些尝试教导类人猿使用符号语言、塑料回收标识，或者计算机的研究就属于这一类。显然，适合使用单个案设计的情境是存在的。

单个案实验设计的基本程序

Hersen（1982）列出了单个案设计特有的三个程序：重复测量、基线测量以及一次只允许一个变量发生变化。让我们来仔细讨论一下为什么这三个程序如此重要。

重复测量

如果有许多参与人，我们通常只测量他们一次，然后求出所有观测的平均值。然而，当你只有一名参与人的时候，很重要的一点是确保你所测量的行为是稳定的。因此，你应当反复测量这名参与人的这种行为。在测量过程中控制措施是特别重要的。Hersen 和 Barlow（1976）指出，测量的程序"必须是清楚具体的、可观测的、公开的，并且在所有方面都是可重复的"（p.71）。另外，这些重复进行的测量"必须是在完全一致的标准化的条件下进行的，包括所使用的测

量工具，所涉及的人员，所完成的测量的时间和次数，给予被试的指导语以及具体的实验环境都需要标准化"（p.71）。因此，进行单个案实验以及重复测量并不能排除实验者需要尽可能仔细地控制所要控制的因素。

基线测量

在大多数单个案设计中，实验的开始阶段都在确定行为的基准水平。从本质说，**基线**（baseline）测量相当于一个控制组的作用，用于对比接受了自变量之后的行为水平。你在收集基线数据的时候，会希望行为是稳定的，这样在你实施干预（自变量的操纵）之后，就可以方便地观测任何行为上的变化了。Barlow和Hersen（1973）推荐你在基线测量阶段至少收集三次观测数据，以便考察数据展现出来的趋势。尽管你不会获得完全稳定的测量，但是你所收集的数据越多，你对自己所做出的数据主体趋势的判断就会越有信心。图13-7描绘的是Hersen和Barlow（1976）展示的一个假想的稳定的基线。请注意，他们通过每天收集数据三次并计算日均值来增加发现稳定数据的可能性。

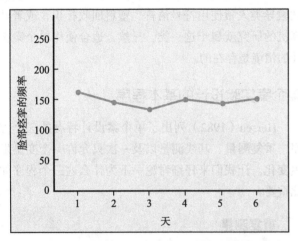

图13-7　稳定基线示例。日均脸部痉挛次数的假想数据；数据每日收集三次，每次源自15分钟的视频录像

资料来源：Figure 3-1 from *Single-Case Experimental Designs: Strategies for Studying Behavioral Change*, by M. Hersen and D. H. Barlow, 1976, New York: Pergamon Press, p. 77. Used with permission of the publisher.

一次只允许一个变量发生变化

在单个案设计中，当你从实验的一个阶段转向下一个阶段时，至关重要的是，作为实验者，一次只能允许一个变量发生变化。

心理侦探

为什么在单个案设计中特别重要的是，一次只能允许一个变量发生变化呢？

我们希望这个问题的答案对你来说不会太难。一次只允许一个变量发生变化是我们强调了多次的实验基本控制措施。如果允许两个变量同时发生变化，那么你的实验就会变成被混淆的实验，并且无法确定到底是什么变量引起了所观测到的行为上的变化。这个结论同样适用于单个案设计。如果你记录了基线数据，然后改变

◆ **基线**　正常条件（也就是不呈现自变量）下进行的行为测量；一种控制条件。

参与人或者实验环境的多个方面，最后再次观测参与人的行为，那么你完全没有办法确定到底是改变的哪个方面影响了行为。

统计分析和单个案实验设计

从传统的角度来说，研究者不会在单个案设计中计算任何统计分析结果。不仅仅是因为适用于这种设计的统计检验其发展落后于多个案设计，还因为对单个案设计进行统计分析是否恰当存在争议（Kazdin，1976）。Kazdin（1976）和Hersen（1982）都总结了关于统计分析的不同论点。让我们快速回顾一下这些争议。

反对统计分析的观点

正如我们前面提到的，传统和历史告诉我们，单个案设计不需要统计分析。传统的做法是通过视觉（眼球）观察来判定行为是否发生了变化。持这一观点的研究者认为，如果一种实验操纵所产生的效应不是视觉上就显而易见的，那么这种操纵产生的效应要么是弱效应，要么甚至是没有效应。斯金纳（1966）写道："做出反应的比率以及比率的变化直接就可以观察出来……并且统计分析是没有必要的"（p.20）。

因为许多单个案研究涉及临床治疗，所以其他反对统计分析的论点主要是：统计显著并不总是等同于临床显著。统计结果支持的效应并不一定能够满足实

际应用的要求。"例如，一名自闭症的儿童可能会每小时敲打自己的头 100 次。一些疗法可以将这个次数降到每小时 50 次。尽管发生了变化，但要消除这样的行为还需要更大的变化。"（Kazdin，1984，p.89）。

最后，针对支持"统计分析方的所谓统计分析有助于发现视觉观察不能发现的效应"的论点，反对统计分析阵营提出了这样的观点：这样细微的效应很可能无法重复出来（Kazdin，1976）。正如你在第 8 章见到的那样，如果不能重复你的结果，你的实验就失去了外部效度。

支持统计分析的观点

支持对单个案设计进行统计分析的论点基本都围绕着提高研究结论的准确性这一点。Jones、Vaught 以及 Weinroutt（1977）提出了支持统计分析的最具说服力的申诉。他们回顾了一系列发表在《应用行为分析期刊》上的用视觉观察法做出结论的研究。Jones 等人发现，对这些数据的分析显示，根据视觉观察而得出的结论有的时候是正确的，有的时候是不正确的。在后一类中，一类错误和二类错误（参见第 9 章）都有出现。换句话说，有些统计分析显示没有效应而研究者声称存在效应，并且有的分析显示显著的效应而研究者声称没有发现效应。Kazdin（1976）指出，尤其是在基线水平不稳定、正在探索的是新领域，或者是在真实世界进行测试的所有这些很可能增加无关变异性的情况下，统计分析最可能发现视觉观察所不能发现的效应。

正如你所了解的，是否要对单个案设计进行统计分析这个问题没有明确的答案。大多数研究者可能会综合他们的个人偏好、接收信息的读者，以及潜在的期刊主编等方面的因素来做出他们在这样情境下的决定。介绍适用于单个案设计的各种不同的检验方法超出了本书的范围。有人使用改进过的 t 检验以及方差分析，但是这些方法仍然存在一些问题。想了解更多关于这些检验的信息，请参阅 Kazdin（1976）。

具有代表性的单个案实验设计

研究者使用标准的标识方法来指代单个案设计，从而方便信息的展示和概念化。在这种标识方法中，A 指代的是基线测量，B 指代的是实验处理过程中或者之后的测量。阅读这些单个案设计的标识方法时，我们一般从左到右，这个顺序也表示时间的先后顺序。

A–B 设计

在最简单的单个案设计 A–B 设计（A–B Design）中，我们先进行基线测量，接着进行实验操纵，然后进行第二次的测量。我们对比 B（处理）测量和 A（基线）测量，从而判定是否发生了变化。这一设计应当让你想起前测后测设计，只除了没有控制组。在 A–B 设计中，参与人的 A 测量是 B 测量的控制对照。

例如，Hall 等（1971）在特殊教育情境中使用了这种设计。一名 10 岁的男孩（约翰）不断地大声说话并扰乱课堂，引起了其他学生的愤怒。研究者要求任课老师在正常情况下测量约翰的基线说话行为（A），测量五次，每次 15 分钟。随后实施的实验处理（B）是这样的，老师忽视约翰的说话行为，同时更着重关注他的正面行为（注意聚焦在理想行为上），同样持续 15 分钟。约翰的课堂说话行为明显减少了。

> ◆ **A**　指单个案设计中的基线测量。
> ◆ **B**　指单个案设计中的结果（实验操纵之后）测量。
> ◆ **A–B 设计**　一种单个案设计；设计中，你首先测量参与人的基线行为水平，然后实施实验操纵，最后再次进行行为测量。

Hersen（1982）将 A–B 设计列为能建立因果关系的设计中最弱的设计，并指出这种设计通常被视为相关性研究设计。

心理侦探

为什么你认为 A–B 设计在建立因果关系方面是相对薄弱的呢？

A–B 设计在建立因果关系方面是相对薄弱的，因为它无法排除我们在第 8 章所见的许多对内部效度的威胁。有可能存在一个没有考虑到的因素，它会随着实验操纵的变化而改变。这种可能性在存在与时间相关的无关变量的情况下尤其明显，例如经历、成熟、以及工具劳损。如果这样的因素与实验操纵一起随着时间变化而变化，那么任何 B 上的变化就既可以归因于实验操纵也可以归因于无关变量了。因为没有控制组，我们也无法排除无关变量作为因果关系中因的可能性。

解决建立因果关系所面临的问题有待于我们即将探索的这种单个案设计。

A–B–A 设计

在 A–B–A 设计（A–B–A Design）中，实验处理（操纵）阶段之后还有一个回归基线条件的阶段。如果在 B 阶段所观测到的行为变化确实是由实验处理（操纵）造成的，那么在 B 移除后，这样的变化就应当消失，并且行为水平会回归到基线水平上。如果 B 阶段中的变化是由一些无关变量引起的，那么在 B 被移除后，这样的变化并不会消失。因此，A–B–A 设计足以让研究者建立因果关系。

在 Hall 等（1971）的实验中，任课老师并没有回到基线条件来观测约翰的行为。当任课老师开始侧重关注约翰的说话行为时，说话这一行为出现的频率又大幅提升了。回归到原来的行为状态增加了研究者结论的砝码，其结论"实验操纵降低了约翰上课说话的频率"就更有力度了。

> ◆ **A–B–A 设计**　一种单个案实验设计，包括基线测量、实验操纵、后测以及回归基线水平等四个阶段。如果在第二次基线测量中，即参与人完成实验前的状态不积极或者这样的状态不是必要的，那么可能并不提倡使用这种设计。

如果你的实验以阶段 A 结束，这就意味着参与人离开实验的时候是处于基线状态的。如果实验操纵（处理）是有益的，那么参与人就相当于没有接受任何有益的实验处理，相关问题也悬而未决。解决的方法有待于我们将要介绍的另一种单个案设计。

回到 A 阶段可以让研究者更好地了解这个实验操纵到底有多有效。北卡罗来纳大学教堂山分校（University of North Carolina Chapel Hill）的学生奥雷利·韦尔特林（Aurelie Welterlin）（2004）研究了一名被诊断患有自闭症的 7 岁男孩，这名男孩有社会交流方面的障碍。韦尔特林让这名男孩与两名同龄女孩一同在一间房内玩耍，并且测量男孩和女孩的互动次数。在基线阶段（A，参见图中的阶段 1），男孩与他人的互动是相当罕见的，如图 13-8 所示。在干预阶段（B，图中阶段 2～6），协助者向男孩发出暗示信号，为了帮助他与女孩进行互动。在二次基线阶段（A；阶段 7），协助者不再向男孩发出任何暗示信号。查看图 13-8 会发现，干预（提供暗示信号）确实增加了男孩社交互动的次数。第二次基线阶段的结果表明，在暗示信号缺失的情况下，男孩的社交互动次数有所下降；但是还是比最初的基线阶段高。韦尔特林因此成功地证明，提供暗示信号确实能够增加社交互动（B）并且这一效应可以持续一段时间，甚至不再提供暗示信号时（第二次基线阶段）效应还存在。

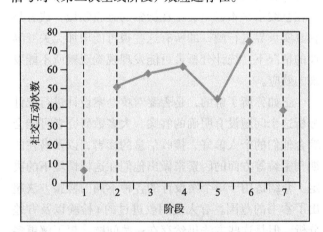

图 13-8　A–B–A 设计。促进一名 7 岁男孩的社交互动行为。阶段 1 和阶段 7 处于基线阶段；阶段 2～6 处于使用暗示信号促进互动的阶段

A–B–A–B 设计

正如你现在能够想到的那样，A–B–A–B 设计（A–B–A–B Design）由基线测量开始，然后依次是实验操纵，回到基线，以及再次实验操纵。这一设计在A–B–A 设计的基础上加入了最后一个实验操纵阶段，这样一来，参与人所完成的实验周期的最后一个阶段就是实验操纵阶段。Hersen 和 Barlon（1976）指出这一设计含有两种转换（B 到 A 和 A 到 B），使得这种设计足以证明所操纵的变量的效应。因此我们建立因果关系的能力得到进一步加强。

研究约翰的行为时，Hall 等人（1971）实际

◆ **A–B–A–B 设计** 一种单个案实验设计，包括基线测量、实验操纵、后测、回归基线、再次实验操纵以及二次后测等几个阶段。这一设计有着最佳的确立因果关系的机会。

上在实验中使用的是 A–B–A–B 设计。在测量了约翰基线阶段正常状态下说话的频率（A）之后，任课老师实施实验操纵（B），也就是忽略他的说话行为并且侧重关注他的有意义的行为。老师随后重复了 A 和 B 两个阶段。这一研究的结果出现在图 13-9 中。这幅图说明了几点。首先，通过视觉观察这些结果应该就足以说明这一操纵的有效性——基线条件和处理条件之间的差异是如此令人瞩目。这幅图是很好的例子，说明了为什么许多采用单个案设计的研究者认为对于这种设计来说统计是没有必要的。其次，很明显的是，实验操纵确实有效应。当老师不再关注约翰的说话行为而是关注他的有意义的行为之后，说话这一行为的频率明显降低了。再次，我们能够确定，有意义行为的增加是由有偏向的关注造成的，因为当这种关注被移除之后，我们就观察到说话行为的显著增加，如图13-9 的基线 2 所示的那样。

设计和现实世界

经过前面的讨论，应该非常清楚的是：A–B–A–B 设计是最适合单个案研究的设计；然而我们必须要提出的一个问题是，实际中典型的做法是否真的遵从我们所建议的选择？ Hersen 和 Barlow（1976）发现研究者通常选择 A–B 设计，尽管它在确定因果关系方面有着明显的缺陷。选择 A–B 设计的原因主要是考虑

到设计的可行性和回到基线水平的难度。在现实世界中，并不总是能够实现完美的设计。我们必须接受一个事实，那就是在这种情况下，我们能够获得确切结论的能力是有限的。让我们来看看三种常见的只能选择 A–B 设计的情形。

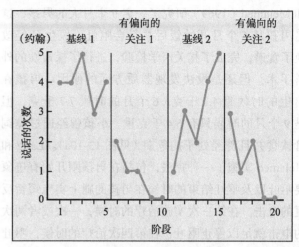

图 13-9　一名智力迟滞学生的说话行为。记录一名可接受教育的智力迟滞学生的说话行为。基线 1：实验操纵之前的测量；有偏向的关注 1：系统地忽略说话行为并且增加对积极行为的关注；基线 2：再一次调整老师的注意到说话行为之上；有偏向的关注 2：再次回到系统忽略说话行为并且增加对积极行为的关注的状态

资料来源：Figure from "The Teacher as Observer and Experimenter in the Modification of Disrupting and Talking-out Behaviors" by R. V. Hall et al. from *Journal of Applied Behavior Analysis*, 4. Copyright © 1971 by *Journal of Applied Behavior Analysis*. Reprinted with permission.

第一，正如许多现场调查中常常出现的，逆转一个实验操纵往往是不现实的。Campbell（1969，p.410）极力主张政治家要像展开实验那样计划社会改革，认为他们应当在有了实验研究基础之后才启动新的政策。如果五年之后没有显著的进步，他建议政治家转向其他不同的政策。政治现实当然不会允许社会变革以实验研究的方式发生。Campbell 提供了很好的展现这一问题的例子。1955 年，康涅狄格州遭遇了破历史纪录的交通事故死亡率。州长因此在 1956 年实施了严打超速的政策，随后交通事故死亡率下降超过 12%。在这样的结果出现后，对于州长来说，去宣布"我们想要确定严打超速的政策是否确实是死亡率下降的原因。

因此，在 1957 年我们会放宽超速相关的法律法规来考察死亡率是否会再次上升"是相当没有政治智慧的。然而，这样的改变对于想要排除其他备选假设并且得出确切的因果关系的研究者来说是必要的。

第二，逆转一个实验操纵可能是不道德的。Lang 和 Melamed（1969）研究了一名 9 个月大的男孩，这名男孩从 6 个月开始饭后总是会呕吐。医生已经改换了食谱，完成了相关医学检验，进行了探索性的外科手术，但还是没法发现器质方面的原因。男孩在出生的时候重 4.2 千克，6 个月的时候 7.7 千克，但是 9 个月的时候只有 5.4 千克重。小孩曾经通过鼻饲管饮食并且曾经处于病危期（见图 13-10a）。Lang 和 Melamed 实施了一种疗法，包括在男孩刚开始有迹象要呕吐以及呕吐结束的时候在男孩的腿上实施短暂反复的电击。在第三次实施治疗的时候，一次或者两次的电击就足以停止呕吐；在第四次治疗的时候，呕吐彻底停止了，治疗到此为止。两天之后，呕吐部分复发，因此再次实施三次这样的治疗程序。五天之后，这名儿童出院了（见图 13-10b）。一个月后，他体重达到 9.5 千克，并且 5 个月后超过 11.8 千克，呕吐再也没有复发。尽管这一治疗方案与 A–B–A–B 设计有一些相似之处（由于病情短暂的复发），但额外的治疗阶段并非原来计划的，移除 B 从而再次测量新的基线状态也不是有意的，因为在停止治疗时，研究者认为问题已经解决了。我们肯定你可以看到为什么出于伦理道德方面的考虑，在这种情况下使用 A–B 设计，而不使用从实验角度来说更加严谨的 A–B–A–B 设计。

第三，如果在实验操纵过程中存在学习过程，那么逆转这个实验操纵就是不可能的、不合理的或者不道德的。康威市的中阿肯色大学（University of Central Arkansas）的学生鲍比·特拉法斯泰德（Bobby Traffanstedt）（1998）采用 A–B 设计研究了一名 10 岁男孩的看电视行为以及运动锻炼行为。Traffanstedt 想要教男孩花更少的时间在看电视上面，而花更多的时间在运动锻炼方面。几周内，他在小孩身上实施了行为主义的塑造和强化操作性程序。基线（第 1 周）和后续（第 2 ～ 9 周）的行为测量出现在图 13-11 中。正如你看到的，视觉观察这些数据就已经很具有说服力了。

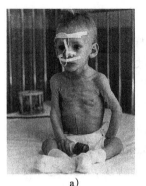

a)　　　　　　　　　　b)

图 13-10　9 个月大的男孩为治疗高频率的呕吐住院，图 13-10a 治疗之前以及图 13-10b 治疗之后（13 天之后）。左边的照片拍摄于治疗之前的观察期。（照片清楚地展示了病人衰弱的状态：缺乏身体脂肪、皮肤松散地挂在身上。脸上缠绕着固定鼻饲管的胶布。右边的照片拍摄于出院那天，也就是第一张照片拍摄后的第 13 天。26% 的体重增加可以轻易地从图片中饱满的、更像婴儿的脸庞，圆圆的胳膊，以及更加结实的躯体中看出来。）

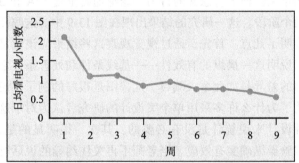
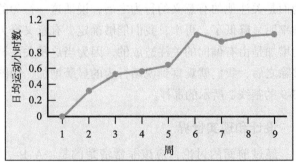

图 13-11　教育一名 10 岁男孩减少看电视的时间并增加锻炼的时间。Traffanstedt（1998）使用了塑造以及强化来调整男孩的行为

为什么 Traffanstedt（1998）不在他的实验中使用 A–B–A–B 设计？

因为 Traffanstedt 已经成功调整了小孩的行为，使其花更少的时间看电视，而花更多的时间进行体育锻炼，所以他不想"撤回"小孩已习得的，并且回到基线状态。从第 2 周到第 9 周，Traffanstedt 已经在尝试逐渐减弱强化的强度；回到基线状态并不是真的可行的。既然已经学习了新的行为，那么让男孩回到基线状态就是没有道理的。

这一小节的讨论所得出的结论就是作为一名实验者，你会发现自己处于两难境地。一方面，你知道什么是恰当的实验设计以及什么才足以做出因果关系的解释。另一方面，你知道应用情境的现实。对付这样情境最好的经验法则是选择可选设计中最严谨的那种实验设计，但是你不应该因为无法采用绝对意义上最恰当的设计而放弃一项重要的项目。作为一名心理学侦探，你有一个高于真实生活中侦探的优势——即便是本节展示的如此严谨的设计，他们也无法在现实中使用。侦探只能在事实发生之后才寻求答案。

其他单个案设计

展现了 A–B、A–B–A 以及 A–B–A–B 设计之后，我们仅仅摸到了单个案设计的表面。我们只是介绍了我们认为你在近期会使用的设计。正如参考文献所描述的，有整本讨论单个案设计的书籍。Hersen 和 Barlow（1976）列举了许多单个案设计的变体，包括多基线测量、多行程规划和多互动的设计。因此，如果你想使用比这里展示的更为复杂的单个案设计，我们建议你在使用单个案设计的时候可以参考 Hersen 和 Barlow 的书或者类似的书籍。

回顾总结

1. **单个案实验设计**是只涉及一个参与人的实验。
2. 存在几种可以合理使用单个案设计的情境。
3. 单个案设计以重复测量、**基线**测量以及一次只改变一个变量为特征。
4. 在单个案设计中是否使用统计分析是存在争议的。传统的方法是通过视觉观察数据来得出结论。统计分析的支持者坚称统计分析可以得出更准确的结论。
5. A–B–A–B 设计提供了最好的建立因果关系的机会。真实世界的现实性通常迫使研究者使用 A–B 设计，这种设计易受到备选解释的混淆。

检查你的进展

1. 为什么单个案设计在早年心理学领域十分受欢迎而现在变得不那么受欢迎了？
2. 如何使用单个案设计来证明一个理论是错误的？
3. 为了在单个案设计中形成对比，我们首先在实验操纵之前的＿＿＿＿阶段测量该阶段的行为。为了获得稳定的测量数据，我们应当至少测量＿＿＿＿次。
4. 本质上来说，＿＿＿＿在单个案设计中起到了控制条件的作用。
   a. 基线测量
   b. 重复测量
   c. 一次只改变一个变量
   d. 行为的实验分析
5. 总结出两个反对在单个设计中使用统计分析以及两个支持的论点。
6. 请将各种设计与其相对应的特征进行连线。
   （1）A–B　　　A. 参与人以基线阶段的状态离开
   （2）A–B–A　　B. 确定因果关系的最佳单个案设计
   （3）A–B–A–B C. 存在许多对内部效度的威胁
7. 为什么在真实事件中你往往会被迫使用 A–B 单个案设计？请举出一个原创例子，说明这一问题。

准实验设计

在这一节中我们会介绍一些基本上与真实验设计一样的设计，只除了没有采用随机分配程序。当我们能够操纵自变量并测量因变量但是无法随机分配参与人进入不同的组中时，我们肯定是在使用**准实验设计**（quasi-experimental designs）。类似地，侦探有的时候会面临这样的情境，他们必须依据间接证据而非直接证据来解决案件。

◆ **准实验设计** 一种研究设计，适用于研究者无法随机分配参与人进入不同的组但研究者确实操纵了自变量并测量了因变量的情况。

心理侦探

如果我们无法随机将参与人分配到不同的组中，会产生什么问题呢？

无法随机分配参与人进入各组违反了一个重要的假设，将有碍我们从实验中获得因果关系，即也就是实验前各组是相等的这一假设。即便能够随机从一个很大的群体中选取参与人，离开随机分配，我们也无法建立因果关系。例如，你能够从心理学导论课程中随机选取学生作为研究的参与人，但是无法将他们随机分配到不同性别的组中！正如 Campbell 和 Stanley（1966）指出的，自费希尔始，随机分配的假设就成为统计分析以及实验设计的重要部分。如果我们不知不觉开始了一个实验，实验之初各组就彼此存在差异，而我们的统计分析显示实验后各组之间有差异，然后我们得出自变量引起了组间差异的结论，要知道差异原本一开始就在那里，因此我们实际上在犯一类错误（参见第 9 章）。显然，我们的结论可能是错的。

很可能我们对于准实验设计的描述让你回想起第 4 章介绍的事后回溯研究。一些作者将事后回溯和准实验设计归类到一起，另一些作者则把它们分开来。我们认为，两者之间存在细小但是有意义的差异。还记得吗？第 4 章在介绍事后回溯研究的时候，我们说这种研究的自变量事件是早已发生的并且是无法进行操纵的。因此，如果我们想研究数学或者英语学习方面的性别差异，就是在研究一种我们无法控制或者操纵的自变量，也就是生理上的性别。当然，也因为自变量的水平是早前就确定的，所以我们无法将参与人随机分配到各组中。

另外，在准实验设计中，我们的参与人所属的组别也是早前就确定的，因此无法进行随机分配；然而，我们确实能够对自变量实施控制——我们可以根据意愿选择实施自变量的时间以及选择实施的对象。因此，我们能够根据性别选择参与人，然后让他们中的一些人参加旨在促进其数学或者英语能力的培训班。在这种情况下，参加培训班（或者不参加）就是先天分组的男孩和女孩的自变量，而数学或者英语成绩就是因变量。显然，随机分配在这个例子中是不可能的。准实验设计比事后回溯设计更接近真实验设计，因为作为实验者的你能够对自变量及其执行过程实施控制。你自己能够操纵自变量要好于大自然帮你操纵自变量，至少在控制方面来说是这样的。

使用准实验设计的基本原理与使用事后回溯研究基本一致，即你无法随机分配参与人。根据 Hedrick、Bickman 和 Rog（1993）的研究，"准实验设计并不是实验者主动选择的方法，而是在无法进行随机分配的情况下不得不选的一种策略妥协"（p.62）。当所涉及的分组变量不能进行随机分配的时候，我们只能在以下两者之间做出选择，要么选择准实验设计，要么直接忽略这个重要或者有趣的研究问题。研究者往往借助准实验设计来避免这些问题被搁置。

准实验设计的历史

回溯准实验设计的历史是困难的。尽管 McGuigan（1960）并没有在他的经典实验心理学教材第一版中使用这个术语，但是 Campbell 和 Stanley 确实在他们 1966 年版的实验设计指南的标题中使用了这一术语。然而毋庸置疑，在 Campbell 和 Stanley 出版他们的作品之前就已经有研究者在探讨准实验设计的相关问题了。Cook 和 Campbell（1979）指出，在 20 世纪 50 年代就已经有研究者撰写了一些关于准实验设计的材料，尽管准确的术语在这之后才出现。准确地说，Campbell 和 Stanley（1966）以及 Cook 和 Campbell（1979）工作的主要作用在于将准实验设计抬高到它今天受人尊敬的位置。

使用准实验设计

Hedrick 等人（1993）列出了几种需要使用准实验设计的具体情形。让我们快速浏览一下他们的列表。第一，许多变量本就是无法进行随机分配的。如果想研究来自不同群体的参与人（例如不同性别、年龄、早前的生活经历、人格特质等），我们必须使用准实验设计。第二，当你希望评估一个正在进行的项目或干预措施（回顾性研究），你只能使用准实验设计。因为这个项目在你的实验还没有开始的时候就已经开始了，你没有办法从最开始的时候就开始实施你的控制措施。第三，关于社会问题的研究需要准实验设计。在研究贫困、种族、失业或者其他类似的社会问题时，你不会选择随机分配。第四，有的时候由于经费、时间或者监控方面的考虑，随机分配是不可行的。例如，如果你进行的跨文化研究涉及了来自许多不同国家的参与人，基本上不能够保证在每种情境下都实施了同样的随机分配程序。第五，某些实验情境，特别是那些存在伦理问题的心理学研究可能需要准实验设计。例如，你开展的一项研究正在评估一种疗法的疗效，你可能会担心如果不给那些可能会受益于这些治疗的人提供治疗会引发伦理问题。正如你将看到的，准实验提供了一种的解决方案，能回避这种情况下的道德困境。

具有代表性的准实验设计

与单个案设计不同的是，我们不会介绍准实验设计的主要程序以及相关的统计分析。归纳出通用的原理非常困难，因为我们将要介绍的具有代表性的设计彼此之间存在本质的差别。因为准实验设计与真实验非常类似，因此准实验设计的统计分析不是问题；传统的用于真实验的统计检验也适用于准实验。

> ◆ **非等同组设计** 一种含两个或者三个实验条件并且没有采用随机分配的设计；对照组（未接受实验操纵的）用来对比一个或者多个处理组。

非等同组设计

非等同组设计（Nonequivalent Group Designs）（Campbell & Stanley，1966）出现在图 13-12 中。

心理侦探

非等同组设计应当让你回想起通过研究设计来保护内部效度中介绍过的一种设计。那么它到底与哪一种设计相类似呢？它们之间的差异是什么？这个差异意味着什么？

如果回到图 13-2，你会发现非等同组设计与前测后测控制组设计之间有着独特的相似之处；然而，非等同组设计在两组之前缺失了 R 的部分；也就是说，随机分配并没有用于产生不同的组。随机分配的缺失意味着各组在实验前可能存在差异，这也是非等同组设计这一名字的由来。

O_1		O_2	（对照组）
O_1	X	O_2	（处理组）

注释：
R = 随机分配
O = 前测或者后测
X = 实验操纵或者事件
　每一行代表了不同组的参与人。从左到右代表时间的流逝。字母垂直对齐意味着其所代表的事件同时发生。
注：这一注释同样适用于图 13-15 和图 13-18。

图 13-12　非等同组设计

你也将注意到设计中的两组被称为对照组（而不是控制组）以及处理组 [而不是（Hedrick et al.，1993）实验组]。从处理到实验这一改变不是特别重要；这两个词可以替换使用；然而，从控制组到对照组的改变是重要而且别有含义的。在非等同组设计中，这个组的作用是作为处理组的对照，但是因为没有随机分配，所以并不能在真正意义上被称为控制组。

如果你愿意用对照组对比两个或者更多处理组，那么通过增加处理组的组数来扩展非等同组设计就是可行的。非等同组设计的关键之处在于形成一个好的对照组。因此，我们应当尽量通过改变选取标准而非随机分配来形成相等的组。

要产生这样的对照组，可选的方法包括以下这些例子：选用某项目或者某服务的候选列表上的人，选用那些不愿意参加某个项目但是又符合要求的人，选用那些课堂中会晚些时候再选修这些课程（研究处理）的学生，以及匹配个体差异。（Hedrick et al.，1993，p.59）

Geronimus（1991）的研究就是一个讲述如何产生有力对照组的好例子。她和她的团队完成了多个关于青少年妈妈的长远变化的研究。正如你很可能已经意识到的，刻板印象中青少年妈妈的结局是相当惨淡的：妈妈越年轻，就越可能经历负面的事情，如贫困、高休学率以及高婴儿死亡率。Geronimus 认为，诸如社会经济地位等家庭因素，而非青少年孕事可能是这些负性结局更好的预测变量。随机分配对于这个研究课题是不可行的，因为不可能随机将一些青少年女孩分配到生育组。因此准实验设计有存在的必要。为了尽可能寻找相等的对照组，Geronimus 决定采用青少年妈妈的尚未怀孕的姐姐作为对照组。因此，尽管分配方案并不是随机的，但是各组之间可以假定为近乎相等，特别是在家庭背景等方面。有趣的是，当家庭背景以这种方式被控制了之后，许多之前与青少年孕事相关联的负性结果消失了。例如，两组之间不再存在任何休学率上的差异。"就婴儿健康以及儿童社会认知发展方面的指标而言，有时候趋势甚至发生了逆转（也就是说，控制了家庭背景因素之后，青少年生育组表现得比延后生育组的要好）"（Geronimus，1991，p.465）。

在 Geronimus 的研究中，"前测"（此处实际上是一种匹配变量）包括确定两个女性是否来自同一个家庭，是否其中一个在青少年时代就怀过孕，而另一个直到 20 岁之后才怀孕。在这种情况下，两组还有可能是并不相等的，但是至少他们在家庭背景方面是高度相等的。有的时候不可能以相等的组开始，这样一来，前测就可以像基线测量一样作为后测的对照。在这种情况下，非等同组设计这个名字是那么恰当。

堪萨斯州托皮卡市华盛本大学的学生珍妮特·卢润（Janet Luehring）和她的指导老师珍妮·阿特曼（Joanne Altman）在她们的研究项目中使用了非等同组设计（Luehring & Altman，2000）。她们测量了学生在心理旋转任务（Mental rotation task，MRT；Vandenberg & Kuse，1978）上的表现。MRT 中的每一道题目，答题者可以看到 5 个三维立体模块，且第一个模块是测试刺激。剩下的 4 个模块中两个与测试刺激是一样的，只是旋转了一定的角度；答题者需要找出与测试刺激相同的那两个模块。MRT 有 20 道类似的题目，并且通常有 6 分钟的时间限制。绝大多数来自心理学研究的证据指出，男性在空间任务上的表现要优于女性（Luehring & Altman，2000）。Luehring 和 Altman 比较了女学生和男学生在 MRT 上的成绩；也就是说两组参与人在实验之前是有差异的。在 Luehring 和 Altman 的实验中，自变量是在限时或者不限时的条件下完成 MRT。他们发现在限时条件下完成 MRT 的女性所犯的错误与男性在限时或者不限时的条件下差不多，都比较少；只有女性在非限时条件下犯的错误比其他三个条件下的要多。因为不同性别的两组在实验前就并不相等，因此实验后恰当的研究问题不是是否存在性别差异，而是性别差异是否与实验前的一样（参见图 13-13a），或者性别差异是否以某些方式发生了改变（参见图 13-13b）。在 Luehring 和 Altman 的实验中，两组之间的性别差异在限时条件下要小一些，因此支持了自变量对于女性在 MRT 上的表现有影响的研究假设。当然，存在其他可能的结果也反映了自变量的效应。更多的 Cook 和 Campbell（1979）想象的结果出现在图 13-14 中。你能解释每幅图所展现的结果吗？

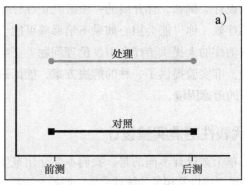

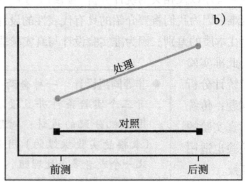

图 13-13　非等同组设计的两种可能的结果

资料来源：Figure from *Quasi-Experimentation: Design and Analysis*, by Thomas D. Cook and Donald T. Campbell. Copyright © 1979 by Cengage Learning.

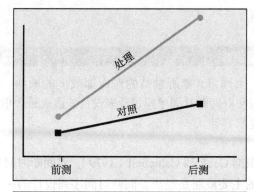

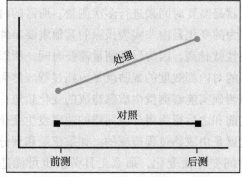

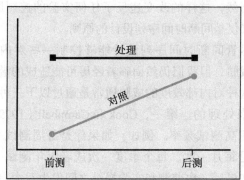

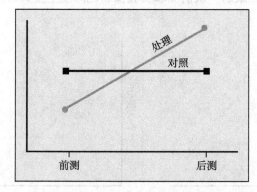

图 13-14　非等同组设计的其他几种可能的结果

资料来源：Figure from *Quasi-Experimentation: Design and Analysis*, by Thomas D. Cook and Donald T. Campbell. Copyright © 1979 by Cengage Learning.

到目前为止，我们关于这一设计的讨论看起来

似乎和真实验设计非常类似。那么准实验设计与真实验设计哪里不一样呢？要记住，最重要的一点是准实验设计更容易受到威胁内部效度的因素的困扰。因为没有使用随机分配，所以你对结果的解释必须非常小心。Cook 和 Campbell（1979）分离出了四种非等同组设计没有控制的对内部效度的威胁。我们只是简要列举这些威胁，因为它们曾经在第 8 章中出现过。第一，成熟是一个潜在问题。因为各组一开始并不相等，更可能的结果是如图 13-13b 所示的那样，两组之间的差异可能是由两组不同的成熟过程造成的，而非自变量。第二，在非等同组设计中，我们必须考虑工具劳损的问题。例如，如果在前测阶段，问卷结果表明两组不是相等的，我们就需要担心问卷是否均匀之类的问题，即是否整个问卷里测量单位是一致的。统计回归是非等同组设计中出现的第三个对内部效度的威胁。在我们根据前测得分的极端性来挑选参与人的时候，回归最可能造成问题。第四，我们还要考虑有偏向的被试选取和经历所产生的交互作用这个对内部效度的威胁。如果一些局部事件有差异地影响我们的处理和对照组，我们就遇到麻烦了。

总的来说，非等同组设计是一种强有力的准实验设计。它所提供的证据的强度来自一个事实："它逼近真实验设计并且如果使用得当，它足以支撑因果推论"（Hedrick et al., 1993, p.62）。当然，我们必须意识到，混淆因素对准实验设计的威胁比对真实验设计的要强烈。Hedrick 等人（1993）警告："在应用性研究项目的计划和执行的全过程中，研究者都必须睁大眼睛思考是否可能存在其他对结果的解释"（p.64）。通常使用准实验设计的研究者必须在他们的研究报告中讨论可能的备选假设。

间断时间序列设计

另一种准实验设计，**间断时间序列设计**（interrupted time-series design）包括在一段时间内反复测量一组参与人（时间序列），引入实验操纵（间断），以及再次反复测量参与人（另一条时间序列）。请观察图 13-15 的间断时间序列设计示意图。我们需要就图 13-15 的要点做出说明：在实验操纵之前（$O_1 - O_5$）和之后（O_6-O_{10}）进行 5 次测量并没有什么神奇的地方。你可以使用任何观察次数，只要足以发现数据趋势

（Campbell & Stanley，1966，前后测量的是 4 次；Cook & Campbell，1979，使用了 5 次；Hedrick et al.，1993，之前和之后测量了 6 次）。正如你可能已经猜到的，间断时间序列设计的基本思路是寻找实验操纵之前和之后的数据在趋势上的变化。因此，间断时间序列设计类似于 A–B 设计。趋势的改变可能是行为水平的变化，参见图 13-16a）；也可能是行为变化的速率（斜率），参见图 13-16b）；或者两者兼有之，参见图 13-16c）。

$$O_1 \quad O_2 \quad O_3 \quad O_4 \quad O_5 \quad X \quad O_6 \quad O_7 \quad O_8 \quad O_9 \quad O_{10}$$

图 13-15　一种间断时间序列设计

在很长一段时间里，研究者频繁使用间断时间序列设计。Campbell 和 Stanley（1996）所提到的应用这种设计的情形通常指的是 19 世纪生物

◆ **间断时间序列设计**　一种只涉及一组参与人的准实验设计，包括反复进行的操纵前测量、所实施的操纵以及反复进行的操纵后测量。

和物理科学领域所进行的经典研究。Cook 和 Campbell（1979）引用了一个具有代表性的 1924 年的研究，探讨的是伦敦从 10 小时工作制变为 8 小时工作制后的影响。Hedrick 和 Shipman（1988）使用了间断时间序列设计来考察 1981 年的《综合预算调整法案》（Omnibus Budget Reconciliation Act，OBRA）的影响，这一法案收紧了未成年孩子家庭补助法案（Aid to Families with Dependent Children Act，AFDC）的适用条件。正如图 13-17 所示，这条法案的短时效果是需处理的案件数量缩减了 200 000；然而在法案实施之后，需处理案件数目的增速又回到了法案实施之前的速度。因此，紧缩补助法案的适用条件似乎仅仅减小了案件数量的基本水平而没有降低它

的增速。

回顾第 8 章所总结的对内部效度的威胁。哪种威胁对间断时间序列设计来说可能造成最严重的问题？

根据 Cook 和 Campbell（1979），对间断时间序列设计的主要威胁是经历。间断时间序列设计的一个主要特征就是需要时间来进行多次测量。所需的时间越长，行为的变化是由非实验操纵的其他重要事件造成的可能性就越高。因为反复测量需要时间，所以另一个潜在的对内部效度的威胁就是成熟过程。然而，反复的前测确实能够测量由成熟造成的变化轨迹：如果操纵之前和之后行为得分以同样的速率发生变化，那么变化就是由成熟过程造成的。如果记录和评分标准随着时间变化而变化，那么工具劳损也可能造成问题。当然，这样的改变违反了任何实验的控制原则，而不仅仅是间断时间序列设计的原则。

尽管间断时间序列设计能够控制一些对内部效度的威胁，但我们仍然面临着经历可能造成的潜在问题。这种对内部效度的威胁通常是通过以下三种方法之一来处理的。第一，Cook 和 Campbell（1979）建议使用高测试频率。例如，如果你是每周测试一次，而不是每月一次、每个季度一次或者每年测试一次，那么在最后一次前测和实验操纵之间发生重大事件的

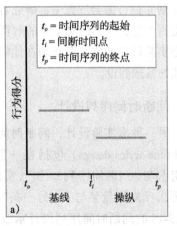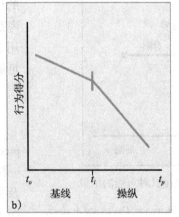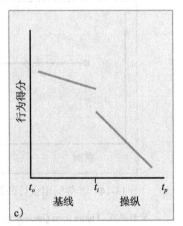

图 13-16　间断时间序列设计中可能的趋势变化。图 13-16a 水平发生变化，速率没有变化。图 13-16b 水平没有发生变化，速率发生变化。图 13-16c 水平发生变化，速率也发生变化

资料来源：Portions of Figure 1 from "Time-Series Analysis in Operant Research," by R. R. Jones, R. S. Vaught, and M. Weinrott, 1977, *Journal of Applied Behavior Analysis*, 10 , pp. 151–166.

可能性就比较低。另外，如果在准实验执行期间，你认真记录下了所有可能造成影响的事件，那么事情就变得简单了，你只需要查看在实施实验操纵的关键期是否发生了什么。这种控制经历的方法可能是使用最广最多的，因为这种方法的便易性，也因为其他两种方法的不足之处。

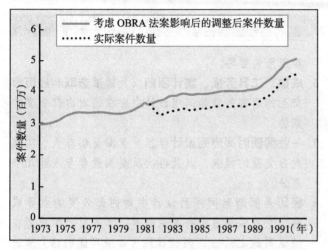

图 13-17　紧缩 AFDC 法案的适用条件对案件数量的影响

资料来源：From "Forecasting AFDC Caseloads, With an Emphasis on Economic Factors" (Congressional Budget Office, July, 1993), p. 32, Washington, DC.

第二种处理经历威胁的方法是加入一个不接受实验操纵的对照组（控制组）。这样的设计出现在图 13-18 中。正如你看到的，对照组在同样的时间点上完成了与处理组（实验组）同样多次数的测量。因此，如果在实验组接受实验操纵期间发生了什么重要的事件，那么对照组应当经历了同样的事情并应当展现出同样的效应。这一方法的唯一问题就是对照组很可能是非等同组，因为并没有采用随机分配程序来进行分组。这种不等同性会让我们回到研究进展过程中控制组间差异这一阶段，类似的问题我们在本章前面的小节讨论过。

| O_1 | O_2 | O_3 | O_4 | O_5 | X | O_6 | O_7 | O_8 | O_9 | O_{10} |
| O_1 | O_2 | O_3 | O_4 | O_5 | | O_6 | O_7 | O_8 | O_9 | O_{10} |

图 13-18　一种含控制组的间断时间序列设计

第三种处理经历问题的解决方法可能是最佳方法，但不是总能够实现的方法。从本质上说，这种方法涉及在间断时间序列设计中使用 A–B–A 范式。存在的问题当然是我们在本章早前介绍 A–B–A 设计时讨论过的。最重要的是，可能没有办法"撤回"实验操纵。一旦我们实施了实验操纵，并不总是能够复原的。另外，如果实验停止在 A 阶段，我们的参与人就以没有接受处理的状态离开实验，可能存在负面的后果。Hedrick 等人（1993）描述了一个无意之间完成了的有着 A–B–A 格式的间断时间序列设计。1966 年美国联邦政府通过了《高速公路安全法案》（Highway Sookety Act），其中包括一项强制摩托车司机佩戴头盔的规定。在 20 世纪 70 年代晚期，由于人们对于自由选择权方面的疑虑所形成的压力，各州开始试图撤销关于头盔的法案。如果我们检查过往这么多年的摩托车死亡率，就会获得 A（没有限制），B（通过了头盔法案），A（部分限制）格式的间断时间序列设计。图 13-19 展示了政府报告里使用的一幅图（United

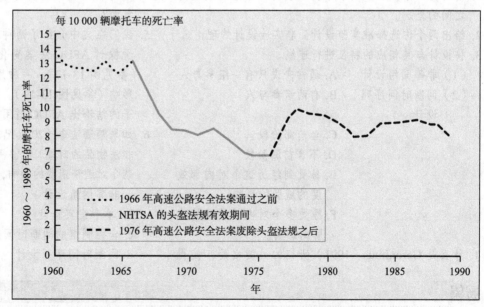

图 13-19　头盔法规实施以及其后法规撤销对于摩托车死亡率的影响

资料来源：Adapted from Motorcycle Helmet Laws Save Lives and Reduce Costs to Society (GAO/RCED-91-170, July, 1991), p. 13, Washington, DC.

States General Accounting Office，1991）。因为通过法案后降低的死亡率以及一些州撤销法律后提升的死亡率，看起来我们可以很直观地根据这些数据获得因果关系。尽管这一类型的设计能够获得非常具有说服力的结论，但是我们必须再次指出这类设计适用的研究情境比较罕见，并且即使有可能的话，在准实验设计情境下使用这种设计也相当困难。

总的来说，间断时间序列设计有揭示因果关系的能力。你在使用这一设计的时候必须特别小心经历的影响；但是高频率的测试能够减小这一影响。当你探索应用类型的研究问题时，诸如在医疗治疗或者教育情境中，间断时间序列设计特别有用。

回顾总结

1. 除了参与人没有被随机分配到不同的组中，**准实验设计**与真实验设计完全一致。因此，各研究组可能在实验前并不相等，这可能会使得我们难以得出确切的结论。
2. 与事后回溯设计不同的是，在准实验设计中，我们能够对自变量实施一定的控制。
3. 存在许多随机分配无法实现的情形，这使得准实验有其存在的必要。
4. **非等同组设计**涉及对比两组参与人：一组接受自变量，一组（对照组）不接受。两组之间并不相等，因为没有进行随机分配。
5. 在非等同组设计中，找到与处理组尽可能相似的对照组至关重要。
6. **成熟、工具劳损、统计回归**以及**被试选取**和**经历**的交互作用都是非等同组设计中存在的对内部效度的威胁。
7. 一种**间断时间序列设计**包括反复测量参与人、实施对自变量的操纵，以及再次反复测量参与人等几个部分。
8. **经历**是间断时间序列设计中对内部效度的主要威胁。它可以通过提高测试频率、加入对照组或者在操纵实施之后撤回实验操纵（如果可能的话）来进行控制。

检查你的进度

1. 请讨论一下实验设计、准实验设计和事后回溯设计之间的差别。
2. 给出两个你选择准实验设计而非实验设计的理由。
3. 将设计与其相应的特征进行连线。
   （1）非等同组设计
   （2）间断时间序列设计

   A. 通常来说只有一组参与人
   B. 有两组参与人
   C. 含前测阶段
   D. 不含前测阶段
   E. 易受到经历这个对内部效度的威胁的影响。
   F. 易受多个对内部效度的威胁的影响。
4. 什么是 Geronimus（1991）研究的关键之处，使得她得出结论：青少年生育并不像通常认为的那样负面？
5. 我们在文中介绍了两种间断时间序列设计：一种用于探讨 AFDC 法案变化的适用条件所产生的影响（参见图 13-17），一种用于探讨摩托车头盔法规的影响（参见图 13-19）。为什么我们对于头盔法规例子的结论比 AFDC 适用条件的结论更有把握？
6. 如果禁酒法令（20 世纪 20 年代宣布所有酒精饮品为非法物品的时期）能够视为一个实验，目的在于确定禁令对酒精消费的影响，那么这是在采用什么设计？
   a. 非等同组设计
   b. 单个案实验设计
   c. 含控制组的间断时间序列设计
   d. 间断时间序列设计

展望

到目前为止，你可能已经完成了研究项目的规划、开展和分析。还有一个任务摆在你前面，那就是撰写研究报告，这才是你付出努力之后收取果实的关键。在下一章，我们将介绍研究者如何按照美国心理学协会的格式来撰写学术研究报告。

第 14 章

按 APA 格式编撰研究报告

科学研究的最后一步就是将你的成果展示给那些可能对你的研究感兴趣的人。正如你从无数刑侦电视剧中所能看到的，侦探也要花时间撰写案件报告。他们的目的与我们并没有什么不同，都是将已经发生的事情告知特定受众。夏洛克·福尔摩斯深知交流的重要性，他对华生医生说："永远不要依赖笼统的直觉，我的伙伴，相反要关注细节"（Doyle，1927，p.197）。本书的许多章节已经间接介绍了如何依据美国心理学会（APA）的格式编撰论文的不同部分。这一章将系统介绍如何依据 APA 格式撰写论文的各个部分。我们会以学生完成的一项研究项目作为例子，从研究的执行阶段开始追踪其研究历程，包括论文的准备，直至论文的发表。这一章会介绍并引用艾里森·迪克森（Allison Dickson）、特蕾茜·朱利亚诺（Traci Giuliano）、詹姆斯·莫里斯（James Morris）和凯里·卡斯（Keri Cass）（2001）的研究。该研究探讨了演唱者所属种族以及音乐类型对音乐表演的评分的影响。迪克森、莫里斯和卡斯是得克萨斯州乔治敦市的西南大学（Southwestern University）的学生，朱利亚诺是他们的指导老师。用这个例子并没有要刺激你的意思，我们只是想告诉你，与你类似的本科生可以完成什么样的事情。

什么是 APA 格式

尽管少数几个学科领域已经提出了自己的报告写作格式，心理学研究者还是提出了能够满足自己需求的写作格式。因为美国心理学会最早倡议使用统一的格式，因此我们通常称之为 APA 格式（APA format）。在第 1 章中，我们看到在 20 世纪 20 年代左右，威斯康星大学的心理学研究者约瑟夫·贾斯特罗认为非常有必要规范心理学领域研究论文的发表。统一范式或者格式的缺乏将导致许多发表的研究报告几乎无法进行横向比较。除了信息的呈现缺乏统一的次序，对于方法、程序或者数据分析的描述也没有统一的描述方法。简单地说，不同论文使用不同的呈现次序和描述方法。APA 格式正是为了解决这种混乱的状况而提出的。

◆ **APA 格式** 按照美国心理学会制定的研究论文撰写格式。

本书所介绍的 APA 格式依据的是第 6 版《APA 格式：国际社会科学学术写作规范手册》（*Publication Manual of the American Psychological Association*）（APA，2010）。本手册（APA *Publication Manual*，以下简称 *PM*）自 1952 年第 1 版面世以来，不断得到改进。这么多年来的改动，包括格式本身的改动，主要是为了便于印刷机的使用：毕竟，APA 格式是为了达到出版的期刊论文在格式上更加统一这个目的而提出的。尽管早前的 APA 格式考虑印刷机的因素，最新的 APA *PM* 明显考虑了计算机的影响和重要性。例如，早前要求采用 1.5 英寸⊖边距，而现在变成了更加方便计算机的 1 英寸。类似地，参考文献部分又回归到悬挂缩进格式（第一行左对齐，第二行内缩），因为计算机以及文字加工程序能够便捷地处理悬挂缩进格式。除了变得更方便计算机以外，以 APA 格式撰写的论文其主要部分的布局也变得更加易于读者理解。例如，根据所表述的主题将全文分割成几大独立章节，这样就能够让读者迅速了解正在阅读的是研究报告的哪一部分。通过章节

标题（heading），作者将论文分割成几个部分，从而让读者快速掌握论文的整体布局。

> ◆ **标题** 心理学论文中不同章节的题目用于帮助读者快速掌握该部分的主要内容和重要性。

开始之前，有必要强调一点：这一章并不能替代 *PM*（APA，2010）。没有方法能够将几百页的书浓缩成一个章节。你必须购买一本 *PM*，并将其视为对自己未来的投资。与心理学实验这门课程类似，对于许多其他心理学课程而言，*PM* 对顺利完成课程论文都有所助益；如果将来你决定往心理学方向继续深造，在研究生阶段，它还能够帮助你完成所有文字报告。另外，其他学科也开始采用 APA 格式来规范书面写作。如果你有一位在教育学院、政治学院或者传媒学院的同学，你可以借用他的 *PM* 来了解心理学论文的写作格式和风格。

APA 格式的章节

以 APA 格式撰写的论文主要包括以下章节，依次排列为：

1. 标题页（包括作者注）；[Title page（includesauthor note）]

2. 摘要（Abstract）

3. 导论（Introduction）

4. 方法（Method section）

5. 结果（Results section）

6. 讨论（Discussion section）

7. 参考文献（References）

8. 表格（若有）[Tables（if any）]

9. 图（若有）[Figures（if any）]

10. 附录（若有）[Appendixes（if any）]

就像之前读过的许多 APA 论文一样，让我们翻看一下 Dickson、Giuliano、Morris 和 Cass 的论文文稿（图 14-1 至图 14-14；M 代表文稿，M 后的数字代表页数）。另外，你还可以翻看他们正式发表的论文（Dickson，Giuliano，Morris & Cass，2001），论文出现在图 14-15 至图 14-19 中（JA 代表期刊论文）。这样一来，你就可以了解文稿是如何重新排版成正式发表的期刊论文的（首次引用之后，正确引用该论文的方式是 Dickson et al.，2001；为了节省空间，我们随后仅引用为 Dickson 的姓）。

Running head: RACE, STEREOTYPES, AND PERCEPTIONS OF PERFORMERS   1

Eminem Versus Charley Pride: Race, Stereotypes, and

Perceptions of Rap and Country Music Performers

Allison J. Dickson, Traci A. Giuliano, James C. Morris, and Keri L. Cass

Southwestern University

Author Note

We would like to thank Jennifer Knight for her advice and input on this study, Marie Helweg-Larsen for her helpful comments on an earlier draft of this manuscript, Alan Swinkels for his assistance with graphic illustrations, and Johnnie Dickson for her proofreading skills and patience.

Correspondence concerning this study should be addressed to Traci Giuliano at Southwestern University, Georgetown, TX 78626-6144. Electronic mail may be sent to giuliant@southwestern.edu.

图 14-1（M1）标题页和作者注

标题页

Dickson 文稿的**标题页**（title page）出现在图 14-1 中。*PM* 在第 23 ～ 25 页⊜介绍了标题页的相关信息和要求；第 41 ～ 59 页以及第 229 页的示范论文也提供了标题页的相关信息。标题页的一个主要特征是含有逐页标题、页数、作者、作者单位以及作者注等几部

⊖ 1 英寸≈ 2.54 厘米。

⊜ 以下提及页码均为英文版页码。

分内容。**逐页标题**（running head）是论文题目的简版（不超过 50 字，包括字符、空格和标点符号），主要用于标识论文所在的页数，也是为了防止纸质论文散开。它出现在每页顶部的左上角，全部大写；仅在标题页中，"Running Head" 字样出现在逐页标题的前面。页数（标题页为 1）出现在同一行，但是靠右对齐。逐页标题和页数出现在论文的所有页面中，除了含图的那些页面。由于正式发表的论文中仍然保留逐页标题，所以它应当简要地概括文稿的中心内容。（参见图 14-16）

> ◆ **标题页** 以 APA 格式撰写的论文的第一页。包括页眉、逐页标题、论文题目，以及作者的名字和所在单位。
>
> ◆ **逐页标题** 论文题目的简略版，出现在出版论文的所有页面的顶部。

论文题目居中出现在逐页标题和页数的下方几行。第一个单词的首字母大写，并大写所有重要单词的首字母（根据 *PM*，含四个或四个以上字母的单词）。论文题目应当简单明了地总结研究的关键内容，不能过长。APA 推荐论文题目的长度在 12 个单词以内（*PM*, p.23）。如果你的题目在一行之内放不下，可以改成两行。在为论文选择题目的时候，你需要仔细斟酌。尽管通常倾向于使用有趣又能抓人眼球的题目，但是这样的题目通常无法传达任何关于论文实质内容的信息。要时刻记住，许多人在读完你的题目之后就会决定是否要完整地阅读文章。Dickson 的题目比 APA 建议的稍微长一些；副标题清楚完整地告诉读者这篇论文涉及演唱者所属种族、刻板印象和主观评价。这个题目比推荐的长度稍长主要是因为主标题——尽管它并没有传达很多关于研究内容的信息，但是显然非常抓眼球。在推荐的 12 单词长度的基础上，你的指导老师（或者期刊主编）可能会允许一些调整的空间，如同这个例子。

作者的姓名出现在题目下方两倍行距的位置。作者所属单位出现在作者姓名下方两倍行距的位置。如果有多名作者，依照对研究的贡献大小排列姓名。如果存在来自同一单位的作者，且一行能够放得下的话，所有姓名出现在同一行上。Dickson 的最终版文稿加入了一名新的作者。实际上，该文稿报告的是一个由 Dickson、Morris 和 Cass 共同完成的研究方法课的课程项目，因此他们是原作者。Giuliano 是这个课的任课老师，在其帮助下，学生提出了他们的课程研究课题，Giuliano 还监控了项目的进展，在数据分析以及解释结果的过程中也提供了帮助，并在课程结束后和 Dickson 共同完成了论文的撰写。Morris 和 Cass 并未参加论文的撰写工作。因此，尽管研究的起点是一个学生小组项目，但是在它发表的时候变成了一个由三名学生和一名老师共同努力的成果。有时候，很难判断一个人的贡献是否足以列为作者之一。根据 *PM*，"因此作者不仅仅包括实际撰写论文的人，还包括所有对该研究做出了实质科学贡献的人"（p.18）。该指引无疑比较含糊，这使人们需要自行判定如何分配作者的名单。

作者注

正式发表的论文中，**作者注**（author note）是列出作者相关信息的地方，主要涉及如何联系作者等方面的相关信息。你的报告可能也需要作者注，取决于你的指导老师的偏好。在之前版本的 *PM*（2001）中，作者注出现在论文末尾并自成一页。新版本的 *PM*（2010）则将作者注放置在标题页的底部（参见第 41 页）。正如你从图 14-1 所见的 Dickson 的作者注那样，她感谢帮助过该研究的人并提供了其姓名和地址，便于读者询问更详细的信息或者索要论文副本。其他的信息可能包括诸如注明该论文的原有展现形式（如会议报告）或者该项目的资金来源。*PM* 在第 24 和 25 页介绍了作者注；Dickson 并没有囊括上面提到的所有四个内容，因为那个期刊并没有这个要求。你的任课老师对于课程项目报告的要求可能有别于 *PM*。

> ◆ **作者注** 实验报告中关于作者或者论文的注释，目的在于方便读者。

摘要

图 14-2 展示了一个摘要页。请注意逐页标题（这次没有 "Running Head" 字样了）和页数的位置。"摘要"（abstract）居中并出现在页数下方两行的位置。1级标题

> ◆ **1级标题** 加粗居中的章节标题，重要单词首字母大写。独立成行。

（Level 1 heading）是指章节的标题，居中、字体加粗并且主要单词首字母大写，但是"摘要"并没有加粗。各个章节的标题将以 APA 格式撰写的论文分解成几大独立章节（有关各级标题的详细介绍出现在 *PM* 的第 62 和 63 页和本书的第 226 页）。

心理侦探

想象一下你刚拿到了一期学术期刊，正在快速浏览以便判断你是否对其中的某些论文感兴趣。你会选择论文的哪一部分来决定是否完整地阅读它们？你会使用哪些信息来做出最后的决定？

显然，题目是第一个问题的答案；然而摘要会作为帮助你判断是否有必要阅读整篇文章的进一步依据。实验报告的**摘要**（abstract）就是（150～250字，取决于具体的期刊）用一段简短的文字来描述论文所展示的研究项目。为了准确判断是否继续阅读整篇论文，摘要应当包括研究的目的和所完成的操作（包括被试和方法）、所获得的结果，以及对结果的推论和实际应用前景的讨论。请注意，摘要是以整段形式出现的；因此第一行无须内缩。

◆ **摘要** 一段简短的描述，概括以 APA 格式撰写的论文所要呈现的研究内容。

PM 要求摘要必须包括研究问题、被试、实验方法、发现和结论。

心理侦探

你能够从图 14-2 中找出所有上述的摘要的五大内容（研究问题、被试、方法、发现和结论）吗？

下面是我们找出的相关内容。

研究问题：第 1 行和第 2 行

被试：第 2 行

实验方法：第 2～5 行

发现：第 5 行和第 6 行

结论：第 6～8 行

你找出了所有相关的信息吗？撰写摘要是一项极具挑战性的工作，因

为需要在短短的篇幅内囊括大量的信息。你可以从 *PM* 的第 25～27 页以及第 229 页找到与摘要相关的信息。

导论

导论（introduction）一节出现在报告的第 3 页。请注意，"Introduction"字样并没有以 1 级标题的形式出现在该节的开头（参见 *PM* 中的第 42、54、57 页）。相反，第一页的论文题目出现在这里。注意确保这里的题目与标题页的一致。图 14-3 展示了 Dickson 论文导论一节的第一页（图 14-4 展示了第二页）；导论的结尾部分出现在图 14-5。

◆ **导论** 以 APA 格式撰写的论文的第一大部分。包括研究主旨陈述、相关文献回顾，以及实验假设。

我们同意，好的导论如同一个倒置漏斗。与漏斗的形态类似，导论开始涉及面极广，然后逐步集中到一个具体的问题上。最后集中到的这个点非常具体；在导论里，这个点就是一个研究问题，一个可以进行科学探索的研究问题：你的实验。在 Dickson 的例子里，第一段话泛泛而谈，引入种族和音乐家类型作为关注的变量。第二段和第三段介绍种族刻板印象的一些背景信息。第四段和第五段开始逐步缩小讨论范围。这里你可以找到具体信息，例如刻板印象和种族在音乐方面的效应以及刻板印象所产生的效应的不一致性。最后，在结束段落里陈述这个研究的实验假设。

RACE, STEREOTYPES, AND PERCEPTIONS OF PERFORMERS   2

Abstract

The present study explored the effects of stereotype deviation in the music industry on people's perceptions of performers. One hundred college students (48 men, 52 women) examined a profile of a fictitious performer containing a picture, a brief biography, and a lyric sample. As part of a 2-way between-subjects design, participants made judgments about either a Black or a White musician who performed either rap or country music. The results showed that a Black rap performer was rated more favorably than a Black country performer, and a White country performer was rated more favorably than a White rap performer. Consistent with predictions, people who violate societal expectations are judged more harshly than people who conform to societal expectations, particularly in cases involving strong preexisting racial stereotypes.

图 14-2 （M2）摘要

心理侦探

你能够找出 Dickson 导论里的研究主旨陈述吗？

导论一节第 5 页（参见图 14-5）的第一句话给出了这个文稿的研究主旨陈述。**主旨陈述**（thesis statement）应当点出你所感兴趣的课题以及你对于这个领域相关变量之间关系的大体看法。从"我们的预期是"开始，你会看到迪克森对于被试在不同条件下（与刻板印象一致和不一致的条件下）对于演唱的评价的预判。一些作者喜欢在导论开头第一段话就阐述他们的研究主旨。具体出现的位置并不重要，只要你在导论中的某个位置给出了研究主旨陈述（尽管你的任课老师可能有一定的偏好）就可以。*PM* 在第 27 和 28 页介绍了导论一节的相关信息。

◆ **主旨陈述**　对于研究主题以及相关变量之间关系的陈述。

RACE, STEREOTYPES, AND PERCEPTIONS OF PERFORMERS　　　3

Eminem Versus Charley Pride: Race, Stereotypes, and
Perceptions of Rap and Country Music Performers

What do Eminem and Charley Pride have in common? Perhaps the connection these two performers share is subtle, but they are in fact quite similar in at least one aspect of their careers. Both Charley Pride, a Black country music performer, and Eminem, a White rap performer, deviate from social expectations that are a part of the music industry. Specifically, these two musicians defy cultural stereotypes by performing types of music that are not typically associated with their race.

Racial stereotypes exist in most individuals, and they can influence subsequent judgments made by a perceiver (Devine, 1989; Dovidio, Evans, & Tyler, 1986; Gaertner & McLaughlin, 1983). For example, Gaertner and McLaughlin (1983) studied the effect of racial stereotypes on perceptions and found that White students responded faster to positive stereotyped words (e.g., *smart*) when the words followed the race *White* rather than *Black*. In addition, Sagar and Schofield (1980) examined the perceptions made by sixth-grade boys about ambiguous behavior. They found that both Black and White boys construed ambiguously aggressive behaviors (such as one child bumping into another) as being more threatening if the actions were performed by a Black boy rather than a White boy. Most people today would not be likely to openly express racist beliefs, but the results of the above studies support the aversive racism perspective, which suggests that subtle and indirect forms of racism persist in society today (Dovidio & Gaertner, 1991; Gaertner & Dovidio, 1986). That is, although current cultural values emphasize fairness and racial equality, White individuals have a historic tradition of having negative beliefs concerning Blacks and other minority groups (Dovidio, Brigham, Johnson, & Gaertner, 1996). Consequently, racial stereotypes continue to exist and to influence interactions among individuals in society, but perhaps in more subtle ways.

Because stereotypes can influence the judgments and behaviors of perceivers, deviations from a stereotype should have similar effects. In general, the expectations of the perceiver and the extent to which these expectations are confirmed or disconfirmed can influence judgments. When behavior only slightly varies from expectations, the difference might not be noticed, but perceivers often magnify the discrepancy when actions differ significantly from expectations. This phenomenon is known as the contrast effect (Brehm, Kassin, & Fein, 1999). In fact, a person who displays behavior inconsistent with societal expectations is often evaluated more extremely than is a person who

图 14-3　（M3）导论第一页

RACE, STEREOTYPES, AND PERCEPTIONS OF PERFORMERS　　　4

behaves consistently with expectations (Knight, Giuliano, & Sanchez-Ross, 2001). Jackson, Sullivan, and Hodge (1993) examined the effects of describing stereotype-consistent or stereotype-inconsistent behavior of Black out-group targets and White in-group targets on social evaluations made by participants who assessed a college application. They found that people who deviate from a norm are judged more extremely than if they behave as the norm dictates. Specifically, stereotype-inconsistent Black applicants with strong credentials were evaluated more favorably than were strong White applicants, and stereotype-inconsistent White applicants with weak credentials were evaluated less favorably than were weak Black applicants.

Both stereotypes and stereotype-inconsistent behavior affect the evaluations individuals make about other people in a variety of social interactions. Fried (1996, 1999) studied biased reactions involving the music industry and found that individuals had very different reactions to music labeled as *rap* or *country* despite the fact that the song lyrics were exactly the same. In two studies, she found that people generally considered rap music to be more violent and more offensive than country music. Furthermore, a folk song that was presented as being performed by a Black artist was judged more negatively than the very same song when it was presented as being performed by a White artist (Fried, 1996). Fried (1999) attributed her results to stereotypes in that rap is usually associated with Black culture whereas country music is often thought of as being a part of White culture. By priming a Black stereotype with the use of the label *rap*, it is possible that individuals apply negative stereotypes that have been shown to be associated with African Americans (Brigham, 1971). Therefore, racial stereotypes can impact evaluations of music performers (Fried, 1996, 1999).

According to Fiske and Taylor (1991), long-held stereotypes are not easily altered, but modification of stereotypes may begin with a divergence by stereotyped individuals or groups. Previous research has examined the effects of stereotypes and stereotype deviation on people's evaluations of other individuals (Jackson et al., 1993; Knight et al., 2001). The present study attempted to integrate and expand on these concepts in relation to the music industry. Specifically, whereas Fried (1996, 1999) examined the effect of either the race of the performer or the labeled genre of music of a song on evaluations about the music itself, the design of the present experiment explored the interactive effects of the race of the performer and the genre of music on participants' evaluations of the performer. In doing so, we explored the difference between perceptions of persons who adhere to social expectations versus persons who deviate from the stereotype.

图 14-4　（M4）导论第二页

RACE, STEREOTYPES, AND PERCEPTIONS OF PERFORMERS　　　5

Consistent with previous research (Jackson et al., 1993; Knight et al., 2001), we expected that participants would judge performers who behave consistently with social norms (i.e., Black rap artists and White country performers) more favorably than performers who deviate from societal expectations (i.e., White rap artists and Black country performers). That is, because country music is associated with White culture, a Black country performer does not exhibit behavior consistent with this stereotype and, as a result, this performer should elicit negative judgments. The same reaction should occur with a White rap artist because his or her behavior is inconsistent with the stereotype that rap is predominantly a part of Black culture.

Method

Participants

Data were collected from 100 undergraduates (48 men, 52 women) at Southwestern University, a small liberal arts college in the Southwest. Demographically, the university is composed primarily of White, middle- to upper-middle-class students; as such, the current sample (which was representative of the campus at large) consisted almost exclusively of White students. Participant volunteers ranged in age from 18 to 26 years ($M = 19.77$ years). Data from four participants were excluded from the analysis because these participants either failed to follow instructions or they did not pass the manipulation check. Specifically, these participants were unable to identify the race of the performer and genre of his music that was presented in the their survey packet.

Design and Procedure

The present study used a 2 (race of performer: Black or White) x 2 (genre of music: rap or country) between-subjects design to explore the effect of the race of a performer and the genre of music on perceptions of the performer. We recruited participants from various locations on campus and asked them to contribute to an investigation exploring "people's perceptions of music." Once they agreed, participants viewed a picture of a male performer, read a brief biography about him, and read a lyric sample of his music. Next, they completed a survey in which they made judgments about the performer and his music, and they responded to filler questions concerning their taste in music in general to corroborate the cover story. Each participant was randomly assigned to one of four experimental conditions and read a profile of either a Black rap artist, a White rap artist, a Black country performer, or a White country performer. Measures of the primary dependent variable (i.e., how favorably participants rated the performers) were embedded among filler questions in the survey. Following completion of the survey and a brief

图 14-5　（M5）导论最后一页；方法一节的前两部分

除了给出研究主旨陈述，导论一节还需要报告与你的研究主旨相关的前人的研究结果。这些内容就是文献回顾的产物。缜密的构思、良好的组织以及注重观点之间逻辑连贯性对于更好地呈现这些内容都是非常重要的。导论类似于向不熟悉你所谈论的内容的人讲述一个故事；你需要非常清楚地了解你的假设，并且其中没有多余的内容。首先，你需要建立一个大体框架。然后，你开始填入细节。你的终极目标是让读者了解你在实验中计划完成的事情。描述你的计划通常出现在导论的结尾部分。在这里你需要陈述实验假设。

> ◆ **文献引用** 文字中出现的一种特殊标识，用于表明某一篇文献被引用了。引用文献的时候需提供作者的姓和文献的发表日期。
> ◆ **参考文献** 心理学论文所引用的文献。
> ◆ **参考文献一节** 一个列表，完整地列出心理学论文所引用的所有文献。

尽管我们无法直接告诉你如何在有限的篇幅内进行写作，但是可以点出一些关键的地方，这样也许能够帮助你更好地完成导论一节的撰写工作。请注意，所有基于事实的陈述都需要通过引用既有文献来支撑这些观点。想找出某篇**文献引用**（citation）的**参考文献**（reference），只需在论文末尾的**参考文献一节**（reference section）中搜索相关信息（也被称为参考文献列表），参见图 14-13 和图 14-14。正如你从 Dickson 导论中看到的那样，引用文献的时候，你需要引用作者的姓以及论文发表的年份。这样的引用有两种格式；在第一种格式中，作者要么是句子中的主语，要么是宾语。在这种情况下，只有发表年份出现在圆括号之内。这种类型的引用采用下面的格式：

Jackson, Sullivan, and Hodge（1993）examined the effects...

使用第二种格式的时候，引用文献仅仅是为了支持你的陈述。在这种情况下，你需要将作者的姓以及发表的年份都放入圆括号中。这种引用形式采用下面的格式：

This phenomenon is known as the contrast effect

（Brehm, Kassin, & Feint, 1999）

对于这种含圆括号的引用格式还需要额外注意两点。存在多名作者时，最后一名作者的姓之前应当加入和的标记符号（&），而非"and"字样。当你在同一个括号内引用多于一个研究的时候，需要根据第一作者的姓依照字母顺序依次排列不同的文献。

> **心理侦探**
>
> 如何引用同一作者同一年份的两篇不同论文？你在研究论文中引用这两篇论文的时候，如何区分它们？

引用同年发表的论文时，仅需要在发表年份之后加入小写的 a 或者 b 即可。因此，假如你有两篇由 Smith 和 Jones 在 2000 年完成的论文，你可以用以下形式引用它们：

Smith and Jones（2000a, 2000b）

或者

（Smith & Jones, 2000a, 2000b）

这个 a 和 b 的标号同样会出现在参考文献一节的文献列表中，作为论文引用的一部分（参见本章讨论参考文献一节的内容）。

在引用一篇含 3～5 名作者的文献时，首次引用需要列出所有作者的姓；随后的所有引用只需列出第一作者的姓并在其后加入"et al."字样（拉丁语"以及其他"的意思）和发表年份就可以了。正如 Dickson 导论的第 3 段和第 5 段所示，这一法则引出了下面这样的引用：

Jackson, Sullivan, and Hodge（1993）[第 3 段，第一次引用]

（Jackson et al., 1993）[第 5 段，第二次引用]

如果文献含有六名或者更多作者，所有的引用（包括第一次引用）都只需要列出第一作者的姓，并在之后加入"et al."字样和发表时间。在参考文献一节，情况就不一样了（参见本章关于参考文献的讨论）。*PM* 在第 6 章（第 169～192 页）中的第 174～

183 页介绍了关于文献引用的信息，旨在肯定所引用文献其工作者的贡献。

APA 格式的第二个要点就是务必使用**无偏向的语言**（unbiased language）。无偏向的语言是一种无论表面或者暗含的意思均不带有对某个个体或者某群体偏见的语言。

> ◆ **无偏向的语言** 无论表面或者暗含的意思均不带有对某个个体或者某群体偏见的语言。

根据 *PM*：

> APA 致力于科学研究并承诺公平对待所有个体以及群体。这一原则要求所有计划发表 APA 论文的作者在撰写论文的时候避免持续地持有针对某些群体的贬低性态度或者有偏向的假设。暗示性别歧视、性取向歧视、种族或者民族歧视、残疾人士歧视，或者年龄歧视的内容都是不可接受的。
>
> 悠久的文化和习俗能够对人们产生巨大的影响，即使最善良认真的作者也不例外。正如你需要检查拼写、语法和用词一样，练习一下检查论文的偏向性。另一种建议就是让目标人群阅读你的文章并进行评论（APA，2010，p.70-71）。

在完成了研究主旨陈述、相关文献回顾，以及实验假设的陈述之后，你就可以开始向读者介绍你是如何开展实验的了。我们将在下一节中着重讨论这个问题。

方法

方法一节（method section）的目的在于给你的读者提供足够的信息，使得他们能够评价你的研究方法是否恰当或者如果他们愿意的话，能够重复你的实验。方法一节通常含有三个小节：参与人 / 被试，仪器设备（也被命名为材料和测试工具）以及程序。注意 "Method" 字样采用的是 1 级标题格式（参见 *PM* 的第 44 页）。如果前面一页余有位置，那么方法一节不应当另开一页。在 APA 格式撰写的论文中，导论、方法、结果和

> ◆ **方法一节** 以 APA 格式撰写的论文中的第二大部分。列出了关于研究参与人、所使用的仪器设备、材料和测试工具以及实验程序等的相关信息。

讨论章节之间并没有页面分隔。除非章节的标题在前一页的最后一行，否则不必另开一页；如果确实在最末一行，就移到第二页，从那里开始新的章节。

参与人（被试）

参与人小节（participants subsection）报告实验参与人的数量并进行简要的描述。图 14-5 展示了 Dickson 方法一节的第一部分。早前版本的 *PM* 要求被试一词仅适用于动物，但是 2010 年的版本允许在人类身

> ◆ **参与人小节** 方法一节的第一部分。完整地列出了研究参与人的相关信息。
> ◆ **2 级标题** 小节的标题，字体加粗，左对齐，重要单词首字母大写。自成一行。

上使用被试一词（*PM*,p.73）。[请注意，"Participants" 一词是 **2 级标题**（Level 2 heading）。]

参与人小节旨在回答三个问题：哪些人参与这个研究？有多少人？这些人是如何挑选出来的？正如你从图 14-5 中看到的，Dickson 从 100 名美国西南大学的学生身上搜集数据。这些学生男女比例几乎各占一半；我们可以从中找到这些参与人的年龄范围、平均年龄以及种族构成。文中提到了 4 名研究参与人因为一些原因被排除在研究之外。Dickson 在文中提供了一些关于这 4 名参与人的细节。请注意，她对参与人（以及他们的重要特征）的描述详细到足以重复这个研究。唯一缺失的信息是是否存在什么诱因促使参与人参加实验；Dickson 给他们贴上 "志愿者" 的标签，但是我们并不知道他们是否提供了诸如额外的课程加分、金钱报酬或者其他事物等奖励。请参见 *PM* 中第 29 ～ 31 页关于这方面的讨论。

如果使用了动物被试，你的描述必须详细到其他研究者足以据此进行重复实验。除了提供被试如何被挑选出来之类的信息之外，你还需要说明是否存在一些特殊的安排，诸如动物的居住条件、膳食条件之类的。以下是一个描述动物被试的好的例子。该例子摘自由新罕布什尔州圣安瑟伦学院（Saint Anselm College）的学生摩根·卡斯劳斯卡斯（Megan kazlauskas）及其指导老师迈克·凯兰（Mark Kelland）共同完成的一项评估老鼠行为的研究论文。

在这个研究中，我们考察了由 Brookhaven 国家实验室（纽约州 Upton 市）的博士查尔斯·阿什比（Charles R. Ashby, Jr.）提供的 Stargazer 幼鼠（Stargazer rats，stg/stg 纯合组；stg 组）及其未受影响的同窝幼鼠（stg/+ 杂合组；LM 组）。幼鼠在动物园中饲养，14 天后在凝视行为的表型上出现差异，可区分为 Stargazer 鼠或者同窝的杂合鼠。断奶以后，幼鼠经配对（Stargazer 鼠及其同窝杂合鼠）一起饲养在室温恒为 25 摄氏度、40% 湿度、12 小时日夜交替（日照时间 7:00 ～ 19:00），可自由饮食的房间里。运送到圣安塞尔姆学院（Saint Anselm College）之后，幼鼠允许继续生活 7 天，保持 12 小时的日夜交替规律（日照时间 8:00 ～ 20:00），可自由饮食。所有的行为测量均在日照环境下进行，8:00 ～ 12:00。（Kazlauskas & Kelland，1997，p.92）

仪器、材料或者测试工具

图 14-6 展示了方法一节的**材料小节**（materials subsection）。这一小节有许多名字，取决于具体的实验；你应当选择最能够体现你的实验材料的名字。迪克森选择了

> ◆ **材料小节** 方法一节的第二部分。若适用，详细描述实验中所使用的除了设备之外的材料。
> ◆ **仪器小节** 方法一节的第二部分。若适用，详细描述实验中所使用的设备。

"Materials" 一词，因为她所使用的文字材料是自己制作的。如果你使用了诸如未标准化的动画、图片、录像，或者纸笔测试等材料，你最好使用 "Materials" 作为这个部分的标题。例如，DunHam 和 Yandell（2005）开发了一个能够测试艺术家自我效能感的量表。这样一来，对量表题目的描述就变得非常关键。他们的描述如下：

量表的每道题目均反映了以下绘画概念或者绘画技巧的某一方面：轮廓曲线、阴文（负空间）、色调素描、阴影、质感、透视角度、比例、肖像画以及构图。示例作品用于展示绘画技巧。在选择了题目对应的范围之后，用平实的不包含任何艺术专有术语的语言来编写题目，考察受试者是否掌握了这项技巧。两

名心理学系非艺术专业的教授审查这些题目的清晰度。这些问题涵盖了不同难度的绘画技巧，并且每个条目都附带一幅示例作品，从而展示这个题目所测试的技巧。每条题目都以类似的方式开始"你是否相信你可以做到……"，又以类似的方式结束"如下图一样"。所有题目都采用李克特 10 点量表形式，从 1（完全不能）到 10（完全能够）。量表允许的最高总分为 90，代表高的绘画自我效能感；允许的最低总分为 9 分，代表低的绘画自我效能感。（Dunham & Yandell，2005，p.18）

RACE, STEREOTYPES, AND PERCEPTIONS OF PERFORMERS   6

manipulation check that focused on the performer's race and the genre of music, we explained the purpose of the present study to the participants and asked them not to discuss it with anyone.

Materials

A three-page experimental packet, which ostensibly contained a survey about people's perceptions of music, was distributed along with an envelope. The first page contained a "performer profile" and included a color picture of a Black or White male performer, a brief biography about him indicating that he was either a rap or country performer, and a lyric sample from one of his songs. The subsequent pages contained the survey, which was used to measure participants' reactions to what they had seen and read on the previous page.

Each performer profile contained a biography that included the name of the performer (i.e., D.J. Jones), his hometown (Atlanta, Georgia), and a brief summary of his musical career (e.g., "D.J. has been singing since he was 14, and recently signed a record deal with a major country label. He will soon be on an international tour opening for a popular country artist"). To create the sample song lyrics, we slightly altered and combined two rock songs (May, 1973; May & Staffell, 1973). With the exception of the two manipulations, we used the same biography and song lyrics in each of the four experimental conditions. The first manipulation altered the genre of music (i.e., rap or country) that the artist performed. Specifically, the name of the performer and the type of music he performed was labeled beneath his picture, and this label coincided with the genre of music described in the biography. Next, a photograph manipulated the race of the performer so that each biography was accompanied by a picture of either a Black or a White man. To ensure that the only attribute differing between the Black and White performers was in fact race, we conducted a pilot test in a Research Methods class to match the Black and White performers on attractiveness and age. The participants in the pilot test were all White, which is representative of the ethnic composition of the participants in the present study. From a pool of 20 color photographs of nonfamous Black and White men selected from magazines, the two stimuli selected for the present study were most similar in perceived-attractiveness and age.

Following the performer profile were the questions that assessed perceptions of the performer and his music, as well as the musical tastes of the participants. Embedded among demographic questions (e.g., sex and age) and other filler questions (e.g., "On average, how many CDs and/or tapes do you buy a month?") were the items that examined participants' perceptions of the performer. Specifically, participants rated on 7-point scales with endpoints

图 14-6 （M6）方法一节的材料部分

如果在实验中使用了一些设备，你应当将这一部分命名为**仪器小节**（apparatus subsection）。你需要简单地描述你所使用的设备以及它的功能。如果你的设备是商业产品，那么你需要提供生产商的名字以及该设备的型号。例如，为研究不同类型的图像记忆，Lucas 等人（2005）使用了计算机设备来呈现他们的

刺激：

参与人在独立的 Gateway E-3400 奔腾Ⅲ 1000 MHz 台式计算机上观看呈现的图像。所有计算机的操作系统均为 Windows 2000 专业版，装备有 256MB 内存以及 ATI RAGE 128 PRO Ultra GL AGP 显卡。这些计算机的显示器均为 17 英寸，分辨率为 1024×768 像素，可呈现 1600 万种颜色。第二作者使用 Java 语言来编写软件用于呈现图像刺激。（Lucas et al., 2005, p.45）

如果设备是自己制作的，那么你的描述需要更加详细。如果设备精密复杂，最好加入示意图详细展示你的设备。如果描述中含有任何物理测量指标，例如高度、重量或者距离，你必须采用公制单位。*PM* 用了很长的篇幅来介绍如何使用公制测量单位（第 115 页）以及相应的正确缩写形式（参见第 109、115 页）。

如果你的"设备"包含标准化的心理学测量材料，那么更恰当的标题是**测试工具小节** [testing instrument (s) subsection][或者 "测量"（measures）]。例如，印第安纳州埃文斯维尔市埃文斯维尔大学（the University of Evansville）的学生尼克·詹姆斯（Niki James）和爱达荷州博伊西市博伊西州立大学的研究人员玛丽·普理查德（Mary Pritchard）按以下的方式描述他们用来测量大学生压力的工具：

> ◆ **测量工具小节** 方法一节的第二部分。若适用，详细描述实验中所使用的标准化测验。

大学生近期生活体验成套问卷（Kohn, Lafreniere & Gurevich, 1990）被用来测量大学生活相关的压力事件（例如 "对学校感到失望"）。参与人被要求对比量表中的描述与他们最近一个月的生活，并在 4 点量表上就相似度进行评分（1= 完全不是我生活的一部分，4= 完全是我生活的一部分）。该量表具有高信效度（Kohn et all., 1990）。（James & Pritchard, 2005, p.63）

如果实验采用了不同类别的实验素材，如材料、仪器或者测量工具，你应当使用复合名字作为该部分的标题。*PM* 在第 29 ～ 32 页介绍了这一小节的相关信息。

程序

程序小节（procedure subsection，参见图 14-5 和图 14-6）简要概括了你是如何完成实验的。除了描述所遵循的实验步骤之外，你还必须描述所实施的实验操纵和控制措施（参见第 6 章），诸如随机化、移除、平衡、恒定或者抵消平衡等。概述所使用的指导语，除非指导语异常罕见和复杂。在后一种情况下，你可能希望逐字逐句地展示指导语。

> ◆ **程序小节** 方法一节的第三部分。该部分会详细描述参与人以及实验者在实验中做了什么。

如果实验涉及多个步骤或者阶段，程序部分可能会变得冗长。迪克森的程序部分描述中等长度。不同的是，问卷施测所涉及的程序会相对直接和简短一些。例如，在测量绘画自我效能感的研究中，Dunham 和 Yandell（2005）是这样说明他们的实验程序的：

> 参与者首先签署一份知情同意书。他们随后完成 Dunhan 绘画自我效能感量表的填写。2 ～ 14 名非艺术类学生完成了两个时段的问卷填写，12 名初级艺术类学生完成了一个时段的问卷填写，四五名高级艺术类学生完成了两个时段的问卷填写。完成了问卷填写后，实验者向各组参与人进行事后解说。每个时段持续约 15 分钟。（p.18）

程序小节的主要目的在于描述实验是如何完成的。你应当提供足够的信息，使得根据方法一节的描述进行重复实验是可行的。但是不要包括无关细节（例如，说明你使用秒表来计时就足够了，秒表的品牌和型号就没有必要了。）

心理侦探

你从 Dickson 的程序小节发现了什么方法方面的关键细节呢？

所谓关键细节是指其他研究人员在重复这个实验的时候必须完全复制的地方。我们认为以下细节是关键的：

2×2 设计

被试间设计

从校园的多个地点招募研究参与人

呈现材料的顺序

随机分配

因变量的测量题目隐藏在其他填充题目之间

在实验结束后进行事后解说

4个实验条件（演唱者的表演类型：黑人说唱、白人说唱、黑人乡村、白人乡村）

我们列举出的关键细节是否有你所遗漏的？如果有，那么请再读一遍程序小节的相关内容，思考一下为什么我们认为这些细节毫无疑问是关键的。例如，你是否忽视了招募参与人的程序？我们相信这一细节解答了之前的疑惑：“是否存在导致参与人参加实验的特别因素？”从这个陈述来看，这不太可能。

程序小节显然是方法一节三个小节中最长的一个。它的长度随着实验的复杂度增加而增加。Dickson的程序小节比材料小节短，这是因为她的实验程序相对简单，而且她必须提供更多关于材料的细节。要获得更多关于程序小节的相关信息，请查看*PM*的第29、31、32页。

最后，对于方法一节存在各式各样的变化不必感到惊讶。使用不同的标题（如在Dickson的例子里是设计和程序）或者方法一节的不同小节以不同的次序出现并不是什么罕见的事情（Dickson的材料小节出现在程序小节之后）。关键在于实验者必须提供足够的信息，使读者得以了解他们在实验中做了什么，以及怎么做的。

结果

我们在第10章中粗略介绍了**结果一节**（results section）的格式，并在第11章和第12章中反复强调了这一点，具体就是讨论如何将统计结果翻译成文字的那部分内容。翻译一词并没有任何夸张的成分，因为对于某些人来说，统计就是一门外语。在结果一节，你的工作就是解码你所获得的数字，将其转化成读者能够理解的文字。同时，你还必须提供所获得的直接事实和数字，来支持你的解码过程。PM在第32～35页和第116～123页讨论了如何展示统计结果。图14-7展示了Dickson的结果一节。进行文献搜索的时候，你可能意识到有时候有的期刊论文将结果和讨论合并成一个章节。这一合并在某些期刊或者简短的实验论文中比较常见。你的指导老师可能偏向让你保持两个独立的章节。

RACE, STEREOTYPES, AND PERCEPTIONS OF PERFORMERS 7

labeled at 1 (*not at all*) and 7 (*very much*): (a) “Overall, how much do you like this performer?”; (b) “How talented do you think this performer is?”; (c) “How legitimate is this performer?”; and finally (d) “How successful do you predict this performer will be in the music industry?” Because these items were highly correlated, they were combined into an overall index reflecting participants' favorability of the performer (Cronbach's α = .80). The scores on the four items were averaged together, and consistent with the scales on the individual items, the overall index is on a 7-point scale with higher numbers representing a more favorable perception of the performer and lower numbers indicating an unfavorable perception.

Results

A 2 (race of performer: Black or White) x 2 (genre of music: rap or country) between-subjects analysis of variance (ANOVA) was performed on the index assessing the favorability of the performer (i.e., likability, perceived talent, perceived legitimacy, and predicted success). Data analysis revealed a significant main effect of race such that Black performers (M = 4.32, SD = .91) were rated more positively than were White performers (M = 3.76, SD = 1.00), $F(1, 92) = 10.42$, $p = .002$, $\eta^2 = .10$. However, this main effect was qualified by the significant two-way interaction between race of performer and genre of music, which was consistent with predictions, $F(1, 92) = 26.72$, $p = .0001$, $\eta^2 = .23$. An inspection of the means in Figure 1 shows that participants rated a Black rap artist (M = 4.79, SD = .68) more favorably than a Black country artist (M = 3.85, SD = .87), $t(46) = 4.17$, $p = .0001$; however, they judged a White country artist (M = 4.19, SD = .92) more favorably than a White rap artist (M = 3.33, SD = .91), $t(46) = 3.24$, $p = .0001$. There was no main effect of genre of music, $F < 1$, *ns*: Participants reported similar ratings for rap performers (M = 4.06, SD = 1.09) and country performers (M = 4.02, SD = .90).

Discussion

The present study integrated and expanded on two lines of research. First, it extended previous research (Fried, 1996, 1999) on stereotyping involving the music industry. Whereas Fried (1996, 1999) examined reactions to music lyrics based on either the genre label or the performer's race, our study considered the interactive effect of both the race of the performer and the genre of music on people's evaluations of performers. The current study also differs from previous research conducted by Fried (1996, 1999) in that the lyrics in our study did not attempt to convey negative images such as violence or aggression. That is, Fried (1996, 1999) asked participants specifically

图14-7 （M7）结果一节；讨论一节的一部分

推断性统计

在撰写结果一节的时候，你应当假定读者有一定的统计基础；因此没有必要去回顾基本概念，诸如如何拒绝虚无假设等。最重要的信息是从推断性统计里提炼出来的发现。在Dickson的论文里，你可以学到应当如何报告多因素方差分析的结果（*F*检验；可翻阅第12章作为相关综述）以及如何报告事后*t*检验。

> ◆**结果一节** 以APA格式撰写的论文的第三大部分。该部分详细报告实验所获得的统计发现。

心理侦探

为什么Dickson使用多因素方差分析来分析她的数据？她的自变量是什么？因变量又是什么？

首先你应当记得多因素方差分析适用于多个自变量的情况，你应当预期 Dickson 的实验设计多个自变量。实验的一个关注点是演唱者的所属种族，因此一个自变量是种族（黑 vs. 白），另外一个自变量是演唱的音乐类型（说唱 vs. 乡村）。

在程序和材料小节，你发现 Dickson 让参与人就演唱者的表现在四个量表上进行评分，然后计算 4 个量表的平均分。因此这个实验只有一个因变量：演唱者的综合评价指数。

在呈现统计结果的时候，必须报告所使用的统计检验、检验的自由度、检验统计量、检验的 p 值以及效应量的估计。Dickson 的结果一节的第二句话就是一个很好的例子：

数据分析显示种族的主效应达到显著；具体地说，相比起白人演唱者（$M = 3.76$，$SD = 1.00$），黑人演唱者（$M = 4.32$，$SD = 0.91$）的评价更为正面，$F(1, 92) = 10.42$，$p = 0.002$，$\eta^2 = 0.10$。

请注意，句子末尾的统计结果告诉了我们五方面的信息：进行了一个 F 检验（方差分析），其自由度为 1，92，检验统计量的值为 10.42，虚无假设为真的前提下观测到这样的数据或者更极端的数据的概率是 2/1000，并且这个效应的效应量较小（0.10）。就算没有发现显著的统计结果，你仍然需要呈现与此类似的相关信息。尽管不同检验统计量的信息可能有所不同，但这五方面的信息总是需要报告的。我们在第 10 章中展示了一系列 t 检验的结果供你参考。你也可以从 PM 的 116 和 117 页找到如何呈现统计检验结果的例子。

描述性统计

为了提供完整的数据信息，一个约定俗成的惯例是在推断性统计的基础上报告描述性统计的结果。均值和标准差通常可以使读者更好地把握数据。如果实验中组数不多，你可以在文中直接报告描述性统计（如 Dickson 做的那样），如同我们在第 10 章里做的那样。另外，如果实验中涉及许多不同的组（实验条件），更有效率并且更加简洁明了的报告方式是使用图表，我们将在下面一节中进行详细介绍。

补充信息

呈现结果的时候，首先要判断的是以什么样的方式呈现必要信息才是最恰当的。如果你的统计结果相对简单，仅仅用文字和数字来报告结果就足够了。对于更加复杂的分析或者结果，你可能希望使用图表来进一步解释文字和数字。

图

因为 Dickson 发现了显著的交互作用，她决定使用图（figure）来展示自己的结果。交互作用图出现在图 14-8 中。图有多种类型，有图形（如折线图、条形图、扇面图、饼图、散点图或者象形图）、图表、点描法地图、绘画或者照片。

◆ 图　一组结果的图像化展示。

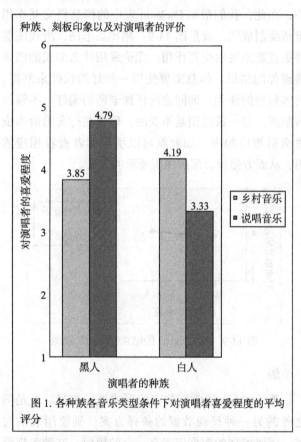

图 1. 各种族各音乐类型条件下对演唱者喜爱程度的平均评分

图 14-8 （M12）Dickson 文稿中的图及其标题

PM 在第 150 ~ 167 页介绍了作图的相关信息。正如你从图所在页面猜到的那样，制图需要一定的投入，并且制作过程并不简单。PM 关于图的大部分介绍都在讲述如何制图用于发表。你的课程可能要求提交研究论文，你的任课老师可能不太拘泥于 PM，并不会要求你们严格执行 APA 格式中每一项关于图的规定。Dickson 文稿中图的标题单独列在一页中，与其对应的图分离——这是之前的 APA 格式。新的 *PM* 要求图的标题与图本身一同出现在一页中（如，参见 *PM* 的第 53 页，请注意，逐页标题和页数仍然出现在图表页上）。你的任课老师可能要求你们遵循旧的或者新的 APA 关于图的规定。最近两个版本的 *PM* 都要求每张图自成一页，任课老师可能会要求你将图插入到论文的行文当中。

大部分你所使用的图很可能是折线图以及条形图（参见第 9 章），它们可以用于展示类似 Dickson 的发现。图特别适合展现交互作用的趋势。我们在第 12 章中初步展示了如何用折线图来展现交互作用的趋势，在此，我们根据 Dickson 表中的信息将交互作用重新绘制成图，就是图 14-9。相比条形图，折线图能够更直观地展示交互作用。无论采用什么形式的图来展现你的结果，你总需要使用一些好的软件来制图。具体到你的课程，询问你的任课老师的偏好。不管如何制图，有一条法则是不变的：确保在行文的恰当位置索引相应的图，如此就可以引导读者查看相应的图，从而方便读者理解图所展示的含义。

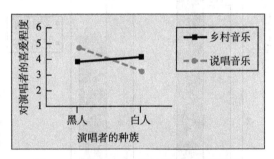

图 14-9　据 Dickson 的结果制作的折线图

表

表（table）通常以数字的形式展示数据。表是图之外的另一种呈现数据的备择方案。到使用表的时候，所要展现的数据应当有一定的规模，这种大规模的数据使得在行文中直接展示数据变得非常困难，或者容易让人困惑。

◆ **表** 列出一系列描述性统计结果的表格

通常你需要在表和图之间做出选择。请注意，Dickson 只使用了一幅图来展现数据，而没有使用表。我们将她文中图 1 的数据用图 14-10 中的表呈现出来。

（如果这一页出现在 Dickson 的文稿中，她需要提供文稿的页标题和页数；参见 *PM* 的第 52 页）

表1
不同种族不同音乐类型条件下对演唱者的喜爱程度

	演唱者的种族	
音乐类型	黑人	白人
说唱		
M	3.85	4.19
SD	0.87	0.92
乡村		
M	4.79	3.33
SD	0.68	0.91

注: 喜爱程度的评分是在 7 点量表上进行的（1- 不喜欢，7- 喜欢）

图 14-10　将 Dickson 的结果转制成表

表相对于图的优势在于你可以额外报告标准差。图相对于表的优势在于图更容易理解；数据，特别是显著的交互作用，似乎通过图像化的展示更容易理解其概念。考虑到这些优势，图像似乎是一个更好的选择。对于实验报告，你的决定可能有所变化。APA 提供了许多制表的指引（参见 *PM* 的第 128 ～ 150 页）。你应当咨询任课老师，从而确定你的报告应当遵守哪条指引。文字加工软件通常可以很方便地插入表格，你可能因此觉得制表比制图简单得多。然而，你应当根据呈现信息的质量来选择表或者图，而不是根据制作的便易性来做出决定。如果你在论文中使用表，请确保在文中的恰当位置索引了相应的表格。

心理侦探

你能够想到一种情境，在这个情境中你会选用表而非图来展现数据吗？

最显而易见的答案就是你有许多均值需要报告，但是又没有显著的交互作用这种情境。我们希望通过比较图 14-8 和图 14-10，你能够明白图像在展示交互作用方面的优势。

讨论

你可以在图 14-7、图 14-11，以及图 14-12 中找到 Dickson 的**讨论一节**（discussion section）。根据 *PM*

（第 35、36 页），你可以在这一节中评价和解释结果所喻示的含意，讨论研究的局限性，以及阐述结果的重要性等。我们偏向更为简单和清晰的第 4

◆ **讨论一节** 以 APA 格式撰写的论文的第四大部分，包括对实验结果的概述、与前人研究的比较以及从根据实验结果而获得的结论。

版 *PM*（APA，1994，p.19）的指引，这一版的 *PM* 建议你在讨论一节中讨论以下三个问题：

◆ 我的贡献是什么？

◆ 我的研究如何帮助解决所提出的问题？

◆ 从研究中我可以得出什么样的结论以及什么样的理论意义？

RACE, STEREOTYPES, AND PERCEPTIONS OF PERFORMERS 8

about their negative impressions of the song lyrics (e.g., its offensiveness, its threat to society, its need for warning labels), whereas the current study emphasized overall impressions of the performer. Rap may be more often associated with negative topics, but these topics can be found in both rap and country music. We chose to use neutral lyrics in the present study because we were not focusing on the relation between negative themes and music genre. Instead, the current study was based on findings that rap is associated with a Black culture that has both positive and negative attributes (Brigham, 1971). We examined the connection between music genre and the stereotype-consistent or stereotype-inconsistent race of the performer. In our study, participants judged Black rap artists more favorably than Black country music performers, whereas they judged White country music performers more favorably than White rap artists. These results support the hypothesis that individuals who deviate from societal expectations are judged more negatively than are individuals who adhere to social norms (Jackson et al., 1993; Knight et al., 2001). Manis, Nelson, and Shedler (1988) found that extreme stereotypes yielded contrast effects when behavior was discrepant from the established stereotype. In the present study, Black country music performers and White rap artists contrast from fairly ingrained societal expectations and thus received more negative judgments than the performers who adhere to societal norms.

The present study could be extended in a number of ways. For example, like Fried's (1996, 1999) research, the current study also presented the lyric sample to participants on paper. It would be interesting to explore whether an audio-recorded lyric sample would affect participants' evaluations of performers or the music. Perhaps auditory processing and visual processing of stereotype-consistent and stereotype-inconsistent information differ. In addition, the present study could broaden its scope by including a more varied sample of participants. That is, future studies could incorporate participants of different races and ages. The data in the current study were collected primarily from White undergraduate students at a liberal arts university, and the results from such a homogeneous sample may not necessarily generalize to alternative populations or settings. Furthermore, exploring alternate stereotype violations could support the findings of the present study, and one area of interest could be the world of sports. For instance, Black hockey players violate societal expectations similar to the apparent violation made by Black country music performers and White rap performers. According to our findings, Black hockey players would receive more negative evaluations than would White hockey players because their behavior is inconsistent with societal expectations.

图 14-11 （M8）讨论的第二页

通常而言，作者通过①简要的复述他们的发现，②对比他们的发现与导论一节所引述过的前人成果，以及③解释他们的发现来回答这三个问题。

RACE, STEREOTYPES, AND PERCEPTIONS OF PERFORMERS 9

Because the population of other minority groups (e.g., Latinos) is approaching that of the Black population in America, future research concerning racial stereotypes in the music industry could examine the impact of the increasing popularity of Latin music (Gonzales, 1990). Garcia and Zapatel (2000) recently examined how the labels *Black rap*, *Latino rap*, and *alternative music* influence perceptions made by both Anglo and Hispanic participants and found that participants' perceptions of music differed depending on their own race. Specifically, Hispanic participants judged music labeled *Latino rap* more positively than music labeled *alternative*, whereas Anglo participants rated music labeled *alternative* more favorably than music labeled *Latino rap*. Similar to previous findings (Jackson et al., 1993), out-group categories (i.e., *Latino rap* for Anglo participants and *alternative music* for Hispanic participants) were judged more negatively than were categories that corresponded to the participants' ethnicity. Extended to a more diverse sample, the present study could offer support for the idea that out-group categories are judged more negatively than in-group categories by examining the relation between participants' ethnicities and their evaluations of rap and country music. Thus, regardless of the race of the performer, Black participants would be expected to rate country music more negatively than rap music, whereas White participants would be expected to judge rap music more negatively than country music. Furthermore, it would be interesting to determine whether or not performers of Latin music will remain primarily Latin and to examine perceptions of stereotype-consistent and stereotype-inconsistent performers in this genre. If future performers do deviate from racial stereotypes, the present study suggests that non-Latino performers of Latin music would be perceived less favorably than would Latino performers.

In closing, Eminem and Charley Pride share a connection in that their actions deviate from widespread stereotypes that specific races are associated with certain types of music. Although people may recognize these two performers because of their musical talent, it is more likely that they are recognized because they were bold enough to defy stereotypes in the music industry. By being a White rap artist and a Black country music performer, Eminem and Charley Pride became forerunners for performers who do not adhere to social norms, and they may have possibly influenced numerous music fans to expect the unexpected.

图 14-12 （M9）讨论的最后一页

复述结果

讨论一节的第一个任务就是尽可能简要地复述结果。通常而言，你仅需复述显著的结果，除非负性的结果具有特别意义。如果研究达到一定的规模并获得了许多结果，在这一阶段你可能希望突出最重要的结果——通常指那些与你的实验假设有一定关系的发现。这样的总结能够确保读者确实读取了结果一节最重要的信息。

如果你查看了 Dickson 的讨论一节，会发现她使用了上述的三种技巧。第一段中，她用一句话总结道："在我们的研究中，相比演唱乡村音乐的黑人演唱者，参与人更喜爱演唱说唱音乐的黑人演唱者；另外，相比演唱说唱音乐的白人演唱者，他们更喜爱演唱乡村音乐的白人演唱者。"（Dickson et al.，2001，p.178）。这个总结句描述了 Dickson 发现的显著的交互作用而不是种族的主效应，因为交互作用决定了种族的主效应。

比较前人的研究

通常而言，你的结果综合起来会与导论一节总结的前人的研究结果存在或多或少的差异。因此，如何论述和评价这个差异非常关键。前人研究与你的实验有关，但不应当完全一样。通常而言，你会列出一些实验结果的预期，它们都是基于你对已有文献的调查而总结出来的。你应当告诉读者你的预期有多准确。这一信息可以帮助读者总结出结论。例如，如果根据前人的研究而得出的预期是正确的，那么你的实验结果应当同时支持前人的研究以及你的研究。相反，如果你的预期不完全正确，那么问题就产生了：要么是你的研究，要么是前人的研究在某些方面是错误的。

查看 Dickson 讨论一节的第一段，你会发现她在对比前人的研究结果。一方面，这样的情况下，这些前人的研究与 Dickson 的研究是相关的，因为他们也研究了刻板印象和音乐。另外一方面，这些结果又不完全一样，因为他们并没有考虑演唱者的种族和音乐类型的联合效应。Dickson 的研究发现了这两个变量之间的交互作用，这是一项新颖而重要的发现。

解释结果

讨论的这一部分比任何其他部分给予你更多的自由空间去陈述你的推断和预想。在这里你给出了研究的"底线"：最后结论是什么。你的结果对于某个心理学理论有什么重要启示？你的结果如何应用到不同的情境中，如实验室、真实世界、心理学知识主体。在这一研究之后，你可以继续研究什么新的问题？正如你所看到的，有许多问题你可以在讨论一节进行探讨。不是所有问题都适合所有研究，所以选择那些你认为对你的实验特别重要的问题。

Dickson 对于结果的解释出现在讨论一节的第一段最后三句话中。该研究的结果支持这样的说法：相比符合社会刻板印象的人，人们更加严苛地评价偏离社会预期的人。

Dickson 的讨论一节的第二段和第三段列举了未来研究的方向。

心理侦探

你在这两段话中能够找出多少未来研究的思路？

我们看到四个可能的未来实验：

1. 使用语音录制的歌词而非打印的歌词。

2. 采用白人学生之外的参与人。

3. 探索与运动相关的种族刻板印象。

4. 拓展音乐类型，包括拉丁音乐。

你可能希望记住这个例子，因为它可以作为未来研究的参考。通过阅读期刊论文的讨论一节，你可能能够想出自己的研究题目。

参考文献

两个重要的原因解释了为什么在研究报告中提供完整而准确的参考文献列表是你的责任。首先，你必须肯定原创作者的贡献，因为通过阅读他们的工作，你获得了一些研究思路和信息。在没有注明出处的情况下，你使用了与原作品完全一样的用词，段落甚至想法，你就是在**剽窃**（plagiarism，参见第 2 章）。其次，注明信息的来源就是在照顾读者，可以方便他们查阅所引用的文献。你是否有这样的经历，在撰写课程报告的时候，你发现遗失了一篇很重要的文献，因为你并没有记录下所有必要的信息，然后无法找到那篇文献了？多数人有这样的经历，并且认为这是非常恼人的。提供完整而准确的参考文献列表就可以从源头避免这样的情况。*PM* 在第 37 页介绍了参考文献列表的相关信息，并在几大方面提供了相关建议，还在第 198 ～ 215 页列举了符合 APA 格式的 77 种不同类型的文献条目的例子，另加上附录里 20 种合法引用材料（第 216 ～ 224 页）。参考文献的格式是如此重要，以至于现在的 *PM* 用一章专门来讨论这个问题（第 7 章，第 193 ～ 224 页）。

◆ **剽窃** 指没有注明出处或肯定原作者贡献就使用他人工作的行为。

在继续下一个内容之前，我们必须区分你从英文课上学到的参考文献列表和文献目录。你在撰写导论以及规划实验过程中所阅读过的文献并不需要都出现在参考文献列表中。只有那些你确实从中获得了某些信息并在论文的某些地方引用过的文献才需要列入其中。如果没有引用某一篇文献，你不需要将其放入列表中。

参考文献列表在讨论一节之后另起一页。你可以从图 14-13 和图 14-14 中找到 Dickson 的参考文献一节。

RACE, STEREOTYPES, AND PERCEPTIONS OF PERFORMERS   10

References

Brehm, S. S., Kassin, S. M., & Fein, S. (1999). *Social psychology* (4th ed.). Boston: Houghton Mifflin.

Brigham, J. C. (1971). Ethnic stereotypes. *Psychological Bulletin, 76,* 15-38.

Devine, P. G. (1989). Stereotypes and prejudice: Their automatic and controlled components. *Journal of Personality and Social Psychology, 56,* 5-18.

Dovidio, J. F., Brigham, J. C., Johnson, B. T., & Gaertner, S. L. (1996). Stereotyping, prejudice, and discrimination: Another look. In N. C. Macrae, C. Stangor, & M. Hewstone (Eds.), *Stereotypes & stereotyping* (pp. 276-322). New York: Guilford Press.

Dovidio, J. F., Evans, N., & Tyler, R. B. (1986). Racial stereotypes: The contents of their cognitive representations. *Journal of Experimental Social Psychology, 22,* 22-37.

Dovidio, J. F., & Gaertner, S. L. (1991). Changes in the expression and assessment of racial prejudice. In H. R. Knopke, R. J. Norrell, & R. W. Rogers (Eds.), *Opening doors: Perspectives on race relations in contemporary America* (pp. 119-148). Tuscaloosa: University of Alabama Press.

Fiske, S. T., & Taylor, S. E. (1991). *Social cognition* (2nd ed.). New York: McGraw-Hill.

Fried, C. B. (1996). Bad rap for rap: Bias in reactions to music lyrics. *Journal of Applied Social Psychology, 26,* 2135-2146.

Fried, C. B. (1999). Who's afraid of rap: Differential reactions to music lyrics. *Journal of Applied Social Psychology, 29,* 705-721.

Gaertner, S. L., & Dovidio, J. F. (1986). The aversive form of racism. In J. F. Dovidio & S. L. Gaertner (Eds.), *Prejudice, discrimination, and racism: Theory and research* (pp. 61-89). Orlando, FL: Academic Press.

Gaertner, S. L., & McLaughlin, J. P. (1983). Racial stereotypes: Associations and ascriptions of positive and negative characteristics. *Social Psychology Quarterly, 46,* 23-30.

Garcia, S. D., & Zapatel, J. P. (2000, January). *Perceptions of lyrics as a function of ethnicity and music genre.* Paper presented at the annual meeting of the Social Psychologists in Texas, San Antonio.

Gonzales, J. L., Jr. (1990). *Racial and ethnic groups in America: A collection of readings.* Dubuque, IA: Kendall/Hunt.

图 14-13 （M10）参考文献列表的第一页

心理侦探

查看图 14-13 和图 14-14。你发现了多少种不同类型的文献条目？你能够指出每一种类型吗？

Dickson 的参考文献列表中有五类文献条目。

1. 书籍：Brehm, Kassin, & Fein；Fiske & Taylor；Gonzales

2. 期刊论文：Brigham；Devine；Dovidio, Evans, & Tyler；Fried（both）；Gaertner & McLaughlin；Jackson, Sullivan, & Hodge；Knight, Giuliano, & Sanchez-Ross；Manis, Nelson, & Shedler；Sagar & Schofield

3. 串编书籍中的一章：Dovidio, Brigham, Johnson, & Gaertner；Dovidio & Gaertner；Gaertner & Dovidio

4. 会议报告：Garcia & Zapatel

5. 音乐录制品：May；May & Staffell

正如你从文献条目中能够看到的那样，首先列出的是作者的姓名和发表日期等相关信息。这样的处理使得读者可以方便快捷地找到文中所引用的作者及发表日期，然后在参考文献列表中找到该条目。文献列表按照第一作者的姓的字母顺序排列。如果多篇文献第一作者相同，就依据第二作者的姓的字母顺序进行排列。如果两篇或者更多文献的作者完全一样，那么你就应当依据发表日期进行排列，先发表的排在前面。如果作者的名字和发表日期都是一样的，那么就依据论文题目的第一个主要单词的首字母来排序，并在不同文献的日期后面加入小写的字母（a，b 等），如同我们之前提到过的那样。

学术著作的题目是下一条信息，随后是帮助读者定位到该文献的辅助信息。正如你所看到的，辅助信息可能有所不同，取决于你所引用的文献的类型。让我们来看一下论文中最常使用的三类引用文献的通用格式：期刊论文、书籍和书籍的一章。

期刊论文

PM 在第 198 ～ 202 页列举了 17 种引用期刊论文的例子。最典型的对期刊的使用就是引用期刊中的论文。引用期刊论文通用的格式如下（改编自 APA，2010，第 198 页的例子）：

RACE, STEREOTYPES, AND PERCEPTIONS OF PERFORMERS   11

Jackson, L. A., Sullivan, L. A., & Hodge, C. N. (1993). Stereotype effects on attributions, predictions, and evaluations. No two social judgments are quite alike. *Journal of Personality and Social Psychology, 65,* 69-84.

Knight, J. L., Giuliano, T. A., & Sanchez-Ross, M. G. (2001). Famous or infamous? The influence of celebrity status and race on perceptions of responsibility for rape. *Basic and Applied Social Psychology, 23,* 183-190.

Manis, M., Nelson, T. E., & Shedler, J. (1988). Stereotypes and social judgment: Extremity, assimilation, and contrast. *Journal of Personality and Social Psychology, 55,* 28-36.

May, B. (1973). The night comes down. [Recorded by Queen]. On *Queen* [Record]. London: EMI Records.

May, B., & Staffell, T. (1973). Doing all right. [Recorded by Queen]. On *Queen* [Record]. London: EMI Records.

Sagar, H. A., & Schofield, J. W. (1980). Racial and behavioral cues in Black and White children's perceptions of ambiguously aggressive acts. *Journal of Personality & Social Psychology, 39,* 590-598.

图 14-14 （M11）参考文献列表的最后一页

作者，A. A.，作者，B. B.，& 作者，C. C.（日期）
论文题目 . 期刊名，卷，页数 . doi：nn.nnnnn

图 14-13 和图 14-14 提供了一些例子，在那里我们讨论了心理学侦探的最后一个问题。作者的姓和名的首字母按照在期刊论文中的相同顺序出现。你应当记得，在本章的早些时候，我们提到了引用多名作者的作品时可以使用 "et al."。然而在文献列表中，我们不能使用 "et al."。在此，我们需要列出所有作者，除非作者多于七名。这种情况下，前六名作者的信息按照一般文献条目的格式列出，之后作者的姓名均用省略号来代表，最后省略号之后列出最后一名作者的姓名即可（参见 *PM* 的第 198 页的例子 2）。日期指的是发表在期刊上的那一年。尽管一般而言，期刊论文的第一页通常会用小字印出年份，但是有的时候可能需要查看期刊的封面去获取这一信息。

输入论文题目的时候只大写第一个单词的首字母并且不要倾斜。如果文章的题目含有冒号，大写冒号之后的第一个单词的首字母。另外，你必须大写所有一般而言需要大写的词（例如名字、州、机构、测验的名称等）。

输入期刊名的时候大写所有主要单词的首字母（APA 的定义是所有含多于四个字母的单词）。你不应该大写诸如 a、and 和 the 之类的词，除非它们是第一个单词或者在冒号之后。期刊名要用斜体，随后的期刊的卷数（以及其后的逗号）也一样。只输入卷数，不要在前面加上诸如 Vol 或者 V 等的前缀。有时候，有的期刊会有期号。例如第 59 卷意味着 2004 年出版的《美国心理学家》（*American Psychologist*）；每个月的刊物是用期号来标记的。因此 2004 年一月的期刊用第 59 卷第 1 期代表。许多期刊在一卷之内使用连续的编码；也就是说，新一卷的第一期从页 1 开始，之后页数依次增加，直到下一卷才重新从页 1 开始。在这种情况下，期号对于寻找所引用的文献没有什么帮助，因此并不出现在文献条目中。然而，一些新的期刊会更新编码；也就是说，它们的每一期都是从页 1 开始。如果你所使用的期刊确实更新了编码，那么期号对于定位文献就是必要的，你也就有必要将其加入文献条目中。这种文献条目的格式如下（改编自 APA，2010，第 199 页的例子 3）：

作者，A. A.，作者，B. B.，& 作者，C. C.（日期）.
论文题目 . 期刊名，卷（期），页数 . doi：nn.nnnnn

请注意，期号出现在圆括号之内（在期号后面没有空格）并且期号没有斜体。最后，列出论文页数——仅数字，前面没有 "p." 或 "pp."。

PM 的最新版要求在文献条目的最后额外加入 doi（digital object identifier，数字对象识别码）。DOI 系统将数码世界里的对象定位于一个永远不变的网站（http://www.doi.org）。因此，尽管数码对象的位置信息可能会改变，但是你总是可以通过 doi 找到它。APA 现在要求报告这一信息，这样读者就更容易在虚拟世界里进行定位了。要通过 doi 来定位一篇论文，只需要在 http://dx.doi.org/ 的搜索页面中输入论文的 doi 即可。因为 Dickson（2001）论文的发表早于 *PM* 的改版（2010），所以你无法从示例论文或者该论文的发表版本中找到任何含有 doi 信息的文献条目。

书籍

PM 在第 202 ～ 205 页提供了 11 种引用书籍以及书籍中章节的例子。这一类别包括引用整本图书或者图书中的章节。引用图书的通用格式如下（改编自 APA，2010 第 202 页的例子）：

作者，A. A.（日期）. 书名 . 地址：出版社 .

我们在这里使用了单作者的例子，但是不要被它误导了。你应当列出所有作者的姓和名字的首字母（例如 Dickson 参考文献列表中 Brehm，Kassin & Fein 的这个条目），如同前面提到的期刊例子一样。使用书籍出版的日期，通常这一日期出现在与封面相对的扉页上。

书名的格式是先前见过的论文题目以及期刊名格式的混合体。它因循了论文题目的大小写格式，你只大写第一个单词的首字母（以及冒号后面的第一个词或者是正常而言就需要大写的词），但是又采纳了期刊名的一部分格式，书名也是斜体的。

出版社的地址以及名字出现在文献条目的最后部分。你必须提供所在城市和所在州（邮编系统的两字母缩写[注]）或者是国家的名称。许多出版社在多地设有办公地点，通常排在首位的地址是你应当引用的地址。出版社的名称采用简写形式，需要"省略多余的用词，诸如出版社、公司、股份有限公司等无助于定位出版社的用词"（APA，2010，p.187）。许多时候你会发现，集体作者和出版社是一样的，*PM* 就是如此。在这样的情况下，不是在出版社的位置重复一遍，而是在地点之后输入"Author"字样（参见本书文献列表中引用 *PM* 的那个文献条目）。Dickson 的文稿有三个引用书籍的例子。

串编书籍是指那些由不同作者各自撰写部分章节然后编辑而成的书籍。这种书籍你可以只引用书中的某一章节。*PM* 提供了几例这样的引用（第 202 ～ 205 页）。这类引用的通用格式如下（改编自 APA，2010，第 202 页的例子）：

作者，A. A.，& 作者，B. B.（日期）. 章节题目 . In C. C. 编辑，D. D. 编辑，& E. E. 编辑（Eds.）. 书名（pp. 页数）. 地点：出版社 .

正如你看到的，这类引用类似于期刊论文的引用加上书籍的引用。这个例子包括两名作者和三名编辑，但是两者都可以取任何数字。你应当提供关于作者的信息以及出版日期，如同我们早前介绍的那样。章节的题目通常具体指向串编书籍中的一篇文章。按照期刊论文题目的大小写格式来输入章节的题目：仅大写第一个单词的首字母，冒号后第一个单词的首字母以及正常而言就应当大写的词。

列出所有编辑的名字，并在其后缀以（Eds.），或者在只有一名编辑的情况下缀以（Ed.）。请注意，与列举作者时不一样的是，你并不前置编辑的姓。在逗号后，你列出书名（斜体），并采用之前介绍的书名的大小写格式。章节所在页数出现在书名之后的圆括号内，这样读者便于在书中定位到该章节（注意前面需输入"pp."字样）。最后像引用所有图书一样，列出出版社的位置和名字。Dickson 的文稿中出现了三次引用图书中某一章节的例子，正如早前提到的一样。

网络资源

引用网络资源时列出相关信息与引用书面资源时列出信息同等重要——实际上，可能更重要。与期刊论文或者书籍不同的是，互联网上的资料可能变动非常频繁。作者可以随时更改网络上的信息，因此保持持续更新存在技术上的困难。*PM* 详细列举了引用电子媒体参考文献的例子，分散在参考文献的不同类型中（第 198 ～ 215 页）。我们之前提到的在引用期刊论文的时候报告 doi，从而可以便捷地定位论文就是一个例子。另外，*PM* 也列举了引用其他电子化参考文献的例子：杂志文章、通讯文章、在线新闻报道、在线辅助材料、电子书籍、电子数据库、在线工具书籍、技术性研究报告、在线会议报告、博士论文、综述、视听媒体、数据、测量工具，以及未发表的作品等。另外，*PM* 还在"互联网留言板、电子邮件列表，以及其他网络社群"（Internet Message Boards，Electronic Mailing Lists，and Other Online Communities）一节中列举了额外的 4 个互联网和网络参考文献的例子（第 214、215 页）因为有太多不同类型的电子资源，因此不可能涵盖所有的类型。这里我们仅列举一个引用某网站上信息的例子；如果你的资料并不是这一类型的，请参考 *PM* 的介绍。

American Psychological Association.（2012）. APA style help. Retrieved from http://www.apastyle.org/apa-style-help.aspx

请注意，这种文献条目类似于书籍类型的文献条目；但是你需要提供具体的网址。这一额外的信息使得读者能够找到那个网站，并确定这个网站上这条信息是否还存在（或者已经更新了）。毫不奇怪，APA 电子文献引用格式发展非常迅速。你可以登录本节早前列举的文献条目中的网站来查看最新的更新，或者寻求能够解答你的疑问的答案。

在文中，这种类型文献的引用与书籍的引用是一样的；对于这个例子，引用应该是这样的（American Psychological Association，2012）。如果你希望引用整个网站（而不是网站上的某一个具体的文档），只需要

在文中引用该网址——不需要增加文献条目（例如要引用 APA 网站，只需列出网址 http://www.apa.org）。

其他类型的参考文献

尽管我们预计你的参考文献基本会是期刊、书籍和书籍中的章节中的一种或多种，但是 *PM* 列举了引用许多其他类型参考文献的例子供你使用。这些参考文献类型包括技术和研究报告、会议和座谈会论文、博士论文和硕士论文、未发表的作品以及限制发行的出版物、综述和视听媒体、不管你希望引用哪种类型的资料，*PM* 都提供了相应的格式给你。

免责声明

第 4 版 *PM*（APA，1994）使用了一种不同的引用格式。尽管所需提供的信息是一致的，但是文献条目的排版方面发生了变化。在旧格式中，文献条目的第一行缩进而接下来的几行对齐左边界；然而在印刷期刊论文的时候，这样的对齐方式翻转过来了：第一行对齐左边界而接下来的几行缩进（被称为悬挂缩进）。这种类型的格式突出第一作者的姓名，更容易被定位出来。根据新的指引（2010），文稿中文献条目的格式与出版中的完全一致。

这里的说明是为了警示你，以前的学生论文其参考文献条目可能是按照旧的格式来撰写的。对于学生而言，找到以往学生的论文复印件作为参考例子并不是什么罕见的事情。如果你照搬了以前的参考文献格式，那么就犯了错误。如果对比 Dickson 的论文和发表的版本，可能会发现还有其他差异。

心理侦探

你知道为什么以 APA 格式撰写的文稿和发表的版本（或者最终版）会在格式上存在差异吗？

APA 格式是为了方便作者和期刊主编制作产物：论文。然而，对于发表的论文或者最终版而言，文档的排版格式可能是更为重要的目标。而对于任课老师而言，在严格遵循 APA 格式和更具美感的论文之间做出选择可能是困难的。

附录

许多出版的论文并不包含附录（appendix），这是因为版面的限制；根据前一版 *PM* 的指引，附录在学生的论文中更为常见（2001，p.324）。通常附录所列出的信息如果加入论文主体可能会导致偏离主题，但是又确实能够帮助读者更好地理解研究细节。当前版本的 *PM*（2010，pp. 31，39）列举了几个例子，包括提供给被试的指导语，列举出所使用的刺激，对于复杂设备的描述，"对于研究中某个子群体的详尽的人口学描述"（p.39），或者列出元分析所基于的文献。

Dickson 在附录中列出了实验中使用的歌曲的歌词。出于版面限制的考虑，我们没有在本书中给出这一附录（但是对这一附录的引用出现在图 14-17 的"Materials"小节中）。

标题

再次申明，APA 格式的论文使用不同的标题来区分报告中不同的章节。报告的主要章节，如导论、方法、结果和讨论，采用 1 级标题（尽管由于一些原因，标题和"Abstract"并没有粗体）。这些主要章节下面的小节采用低一级的标题。例如，方法一节的被试、仪器和程序小节通常采用 2 级标题。2 级标题左对齐，粗体，大写每个主要单词的首字母，并且自成一行。如果你想进一步分割这些小节，可以使用 3 级标题。3 级标题通常缩进 5 个字符，粗体，仅第一个单词的首字母大写，并且以句号结尾。从 3 级标题结尾的句号开始新的段落。

1 级标题和 2 级标题多用在描述单个实验的研究报告中（参见 Dickson 实验的例子）。然而，正如我们所看到的，描述单个实验时，如果需要进一步细分被试、仪器、实验程序等小节，就需要使用 **3 级标题**（Level 3 heading）。请查看 *PM* 3.03 部分（pp. 62-63）获取更多有关标题级别的信息。

Eminem Versus Charley Pride: Race, Stereotypes, and Perceptions of Rap and Country Music Performers

Allison J. Dickson

Traci A. Giuliano*

James C. Morris

Keri L. Cass

Southwestern University

The present study explored the effects of stereotype deviation in the music industry on people's perceptions of performers. One hundred college students (48 men, 52 women) examined a profile of a fictitious performer containing a picture, a brief biography, and a lyric sample. As part of a 2-way between-subjects design, participants made judgments about either a Black or a White musician who performed either rap or country music. The results showed that a Black rap performer was rated more favorably than a Black country performer, and a White country performer was rated more favorably than a White rap performer. Consistent with predictions, people who violate societal expectations are judged more harshly than are people who conform to societal expectations, particularly in cases involving strong preexisting racial stereotypes.

What do Eminem and Charley Pride have in common? Perhaps the connection these two performers share is subtle, but they are in fact quite similar in at least one aspect of their careers. Both Charley Pride, a Black country music performer, and Eminem, a White rap performer, deviate from social expectations that are a part of the music industry. Specifically, these two musicians defy cultural stereotypes by performing types of music that are not typically associated with their race.

Racial stereotypes exist in most individuals, and they can influence subsequent judgments made by a perceiver (Devine, 1989; Dovidio, Evans, & Tyler, 1986; Gaertner & McLaughlin, 1983). For example, Gaertner and McLaughlin (1983) studied the effect of racial stereotypes on perceptions and found that White students responded faster to positive stereotyped words (e.g., *smart*) when the words followed the race *White* rather than *Black*. In addition, Sagar and Schofield (1980) examined the perceptions made by sixth-grade boys about ambiguous behavior. They found that both Black and White boys construed ambiguously aggressive behaviors (such as one child

bumping into another) as being more threatening if the actions were performed by a Black boy rather than a White boy. Most people today would not be likely to openly express racist beliefs, but the results of the above studies support the aversive racism perspective, which suggests that subtle and indirect forms of racism persist in society today (Dovidio & Gaertner, 1991; Gaertner & Dovidio, 1986). That is, although current cultural values emphasize fairness and racial equality, White individuals have a historic tradition of having negative beliefs concerning Blacks and other minority groups (Dovidio, Brigham, Johnson, & Gaertner, 1996). Consequently, racial stereotypes continue to exist and to influence interactions among individuals in society, but perhaps in more subtle ways.

Author note. We would like to thank Jennifer Knight for her advice and input on this study, Marie Helweg-Larsen for her helpful comments on an earlier draft of this manuscript, Alan Swinkels for his assistance with graphic illustrations, and Johnnie Dickson for her proofreading skills and patience.

Correspondence concerning this study should be addressed to Traci Giuliano at Southwestern University, Georgetown, TX 78626-6144. Electronic mail may be sent to giuliant@southwestern.edu.

图 14-15 （JA1）

资料来源：Figure from "Eminem vs. Charley Pride: Race, Stereotypes and Perceptions of Rap and Country Music Performers" by Dickson et al., from *Psi Chi Journal of Undergraduate Research, 6*, pp. 175–180. Copyright © 2001 by Psi Chi.

RACE, STEREOTYPES, AND PERCEPTIONS OF PERFORMERS □ *Dickson, Giuliano, Morris, and Cass*

Because stereotypes can influence the judgments and behaviors of perceivers, deviations from a stereotype should have similar effects. In general, the expectations of the perceiver and the extent to which these expectations are confirmed or disconfirmed can influence judgments. When behavior only slightly varies from expectations, the difference might not be noticed, but perceivers often magnify the discrepancy when actions differ significantly from expectations. This phenomenon is known as the contrast effect (Brehm, Kassin, & Fein, 1999). In fact, a person who displays behavior inconsistent with societal expectations is often evaluated more extremely than is a person who behaves consistently with expectations (Knight, Giuliano, & Sanchez-Ross, 2001). Jackson, Sullivan, and Hodge (1993) examined the effects of describing stereotype-consistent or stereotype-inconsistent behavior of Black out-group targets and White in-group targets on social evaluations made by participants who assessed a college application. They found that people who deviate from a norm are judged more extremely than if they behave as the norm dictates. Specifically, stereotype-inconsistent Black applicants with strong credentials were evaluated more favorably than were strong White applicants, and stereotype-inconsistent White applicants with weak credentials were evaluated less favorably than were weak Black applicants.

Both stereotypes and stereotype-inconsistent behavior affect the evaluations individuals make about other people in a variety of social interactions. Fried (1996, 1999) studied biased reactions involving the music industry and found that individuals had very different reactions to music labeled as *rap* or *country* despite the fact that the song lyrics were exactly the same. In two studies, she found that people generally considered rap music to be more violent and more offensive than country music. Furthermore, a folk song that was presented as being performed by a Black artist was judged more negatively than the very same song when it was presented as being performed by a White artist (Fried, 1996). Fried (1999) attributed her results to stereotypes in that rap is usually associated with Black culture whereas country music is often thought of as being a part of White culture. By priming a Black stereotype with the use of the label rap, it is possible that individuals apply negative stereotypes that have been shown to be associated with African Americans (Brigham, 1971). Therefore, racial stereotypes can impact evaluations of music performers (Fried, 1996, 1999).

According to Fiske and Taylor (1991), long-held stereotypes are not easily altered, but modification of stereotypes may begin with a divergence by stereo-typed individuals or groups. Previous research has examined the effects of stereotypes and stereotype deviation on people's evaluations of other individuals (Jackson et al., 1993; Knight et al., 2001). The present study attempted to integrate and expand on these concepts in relation to the music industry. Specifically, whereas Fried (1996, 1999) examined the effect of either the race of the performer or the labeled genre of music of a song on evaluations about the music itself, the design of the present experiment explored the interactive effects of the race of the performer and the genre of music on participants' evaluations of the performer. In doing so, we explored the difference between perceptions of persons who adhere to social expectations versus persons who deviate from the stereotype.

Consistent with previous research (Jackson et al., 1993; Knight et al., 2001), we expected that participants would judge performers who behave consistently with social norms (i.e., Black rap artists and White country performers) more favorably than performers who deviate from societal expectations (i.e., White rap artists and Black country performers). That is, because country music is associated with White culture, a Black country performer does not exhibit behavior consistent with this stereotype and, as a result, this performer should elicit negative judgments. The same reaction should occur with a White rap artist because his or her behavior is inconsistent with the stereotype that rap is predominantly a part of Black culture.

Method

Participants

Data were collected from 100 undergraduates (48 men, 52 women) at Southwestern University, a small liberal arts college in the Southwest. Demographically, the university is composed primarily of White, middle-to upper middle-class students; as such, the current sample (which was representative of the campus at large) consisted almost exclusively of White students. Participant volunteers ranged in age from 18 to 26 years ($M = 19.77$ years). Data from four participants were excluded from the analysis because these participants either failed to follow instructions or they did not pass the manipulation check. Specifically, these participants were unable to identify the race of the performer and genre of his music that was presented in the their survey packet.

Design and Procedure

The present study used a 2 (race of performer: Black or White) × 2 (genre of music: rap or country) between-subjects design to explore the effect of the

PSI CHI JOURNAL OF UNDERGRADUATE RESEARCH □ Winter 2001
Copyright 2001 by Psi Chi, The National Honor Society in Psychology (Vol. 6, No. 4, 175–180 / ISSN 1089-4136).

图 14-16 （JA2）

RACE, STEREOTYPES, AND PERCEPTIONS OF PERFORMERS □ *Dickson, Giuliano, Morris, and Cass*

race of a performer and the genre of music on perceptions of the performer. We recruited participants from various locations on campus and asked them to contribute to an investigation exploring "people's perceptions of music." Once they agreed, participants viewed a picture of a male performer, read a brief biography about him, and read a lyric sample of his music. Next, they completed a survey in which they made judgments about the performer and his music, and they responded to filler questions concerning their taste in music in general to corroborate the cover story. Each participant was randomly assigned to one of four experimental conditions and read a profile of either a Black rap artist, a White rap artist, a Black country performer, or a White country performer. Measures of the primary dependent variable (i.e., how favorably participants rated the performers) were embedded among filler questions in the survey. Following completion of the survey and a brief manipulation check that focused on the performer's race and the genre of music, we explained the purpose of the present study to the participants and asked them not to discuss it with anyone.

Materials

A three-page experimental packet, which ostensibly contained a survey about people's perceptions of music, was distributed along with an envelope. The first page contained a "performer profile" and included a color picture of a Black or White male performer, a brief biography about him indicating that he was either a rap or country performer, and a lyric sample from one of his songs. The subsequent pages contained the survey, which was used to measure participants' reactions to what they had seen and read on the previous page.

Each performer profile contained a biography that included the name of the performer (i.e., D.J. Jones), his hometown (Atlanta, Georgia), and a brief summary of his musical career (e.g., "D.J. has been singing since he was 14, and recently signed a record deal with a major country label. He will soon be on an international tour opening for a popular country artist"). To create the sample song lyrics, we slightly altered and combined two rock songs (May, 1973; May & Staffell, 1973; see Appendix A). With the exception of the two manipulations, we used the same biography and song lyrics in each of the four experimental conditions. The first manipulation altered the genre of music (i.e., rap or country) that the artist performed. Specifically, the name of the performer and the type of music he performed was labeled beneath his picture, and this label coincided with the genre of music described in the biography. Next, a

photograph manipulated the race of the performer so that each biography was accompanied by a picture of either a Black or a White man. To ensure that the only attribute differing between the Black and White performers was in fact race, we conducted a pilot test in a Research Methods class to match the Black and White performers on attractiveness and age. The participants in the pilot test were all White, which is representative of the ethnic composition of the participants in the present study. From a pool of 20 color photographs of nonfamous Black and White men selected from magazines, the two stimuli selected for the present study were most similar in perceived attractiveness and age.

Following the performer profile were the questions that assessed perceptions of the performer and his music, as well as the musical tastes of the participants. Embedded among demographic questions (e.g., sex and age) and other filler questions (e.g., "On average, how many CDs and/or tapes do you buy a month?") were the items that examined participants' perceptions of the performer. Specifically, participants rated on 7-point scales with endpoints labeled at 1 *(not at all)* and 7 *(very much)*: (a) "Overall, how much do you like this performer?"; (b) "How talented do you think this performer is?"; (c) "How legitimate is this performer?"; and finally (d) "How successful do you predict this performer will be in the music industry?" Because these items were highly correlated, they were combined into an overall index reflecting participants' favorability of the performer (Cronbach's $\alpha = .80$). The scores on the four items were averaged together, and consistent with the scales on the individual items, the overall index is on a 7-point scale with higher numbers representing a more favorable perception of the performer and lower numbers indicating an unfavorable perception.

Results

A 2 (race of performer: Black or White) × 2 (genre of music: rap or country) between-subjects analysis of variance (ANOVA) was performed on the index assessing the favorability of the performer (i.e., likability, perceived talent, perceived legitimacy, and predicted success). Data analysis revealed a significant main effect of race such that Black performers ($M = 4.32$, $SD = .91$) were rated more positively than were White performers ($M = 3.76$, $SD = 1.00$), $F(1, 92) = 10.42$, $p = .002$, $\eta^2 = .10$. However, this main effect was qualified by the significant two-way interaction between race of performer and genre of music, which was consistent with predictions, $F(1, 92) = 26.72$, $p = .0001$, $\eta^2 = .23$. An inspection of the means in Figure 1 shows that participants rated a Black rap artist ($M = $

图 14-17 （JA3）

RACE, STEREOTYPES, AND PERCEPTIONS OF PERFORMERS □ *Dickson, Giuliano, Morris, and Cass*

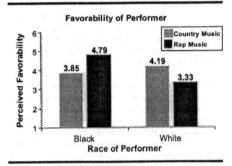

FIGURE 1

Mean ratings for favorability of the performer as a function of his race and the genre of music.

Favorability of Performer

4.79, *SD* = .68) more favorably than a Black country artist (*M* = 3.85, *SD* = .87), *t*(46) = 4.17, *p* = .0001; however, they judged a White country artist (*M* = 4.19, *SD* = .92) more favorably than a White rap artist (*M* = 3.33, *SD* = .91), *t*(46) = 3.24, *p* = .0001. There was no main effect of genre of music, *F* < 1, *ns*. Participants reported similar ratings for rap performers (*M* = 4.06, *SD* = 1.09) and country performers (*M* = 4.02, *SD* = .90).

Discussion

The present study integrated and expanded on two lines of research. First, it extended previous research (Fried, 1996, 1999) on stereotyping involving the music industry. Whereas Fried (1996, 1999) examined reactions to music lyrics based on either the genre label or the performer's race, our study considered the interactive effect of both the race of the performer and the genre of music on people's evaluations of performers. The current study also differs from previous research conducted by Fried (1996, 1999) in that the lyrics in our study did not attempt to convey negative images such as violence or aggression. That is, Fried (1996, 1999) asked participants specifically about their negative impressions of the song lyrics (e.g., its offensiveness, its threat to society, its need for warning labels), whereas the current study emphasized overall impressions of the performer. Rap may be more often associated with negative topics, but these topics can be found in both rap and country music. We chose to use neutral lyrics in the present study because we were not focusing on the relation between negative themes and music genre. Instead, the current study was based on find-

ings that rap is associated with a Black culture that has both positive and negative attributes (Brigham, 1971). We examined the connection between music genre and the stereotype-consistent or stereotype-inconsistent race of the performer. In our study, participants judged Black rap artists more favorably than Black country music performers, whereas they judged White country music performers more favorably than White rap artists. These results support the hypothesis that individuals who deviate from societal expectations are judged more negatively than are individuals who adhere to social norms (Jackson et al., 1993; Knight et al., 2001). Manis, Nelson, and Shedler (1988) found that extreme stereotypes yielded contrast effects when behavior was discrepant from the established stereotype. In the present study, Black country music performers and White rap artists contrast from fairly ingrained societal expectations and thus received more negative judgments than the performers who adhere to societal norms.

The present study could be extended in a number of ways. For example, like Fried's (1996, 1999) research, the current study also presented the lyric sample to participants on paper. It would be interesting to explore whether an audio-recorded lyric sample would affect participants' evaluations of performers or the music. Perhaps auditory processing and visual processing of stereotype-consistent and stereotype-inconsistent information differ. In addition, the present study could broaden its scope by including a more varied sample of participants. That is, future studies could incorporate participants of different races and ages. The data in the current study were collected primarily from White undergraduate students at a liberal arts university, and the results from such a homogenous sample may not necessarily generalize to alternative populations or settings. Furthermore, exploring alternate stereotype violations could support the findings of the present study, and one area of interest could be the world of sports. For instance, Black hockey players violate societal expectations similar to the apparent violation made by Black country music performers and White rap performers. According to our findings, Black hockey players would receive more negative evaluations than would White hockey players because their behavior is inconsistent with societal expectations.

Because the population of other minority groups (e.g., Latinos) is approaching that of the Black population in America, future research concerning racial stereotypes in the music industry could examine the impact of the increasing popularity of Latin music (Gonzales, 1990). Garcia and Zapatel (2000) recently examined how the labels *Black rap, Latino rap,* and

PSI CHI JOURNAL OF UNDERGRADUATE RESEARCH □ Winter 2001
Copyright 2001 by Psi Chi, The National Honor Society in Psychology (Vol. 6, No. 4, 175–180 / ISSN 1089-4136).

图 14-18 （JA4）

RACE, STEREOTYPES, AND PERCEPTIONS OF PERFORMERS □ *Dickson, Giuliano, Morris, and Cass*

alternative music influence perceptions made by both Anglo and Hispanic participants and found that participants' perceptions of music differed depending on their own race. Specifically, Hispanic participants judged music labeled *Latino rap* more positively than music labeled *alternative*, whereas Anglo participants rated music labeled *alternative* more favorably than music labeled *Latino rap*. Similar to previous findings (Jackson et al., 1993), out-group categories (i.e., *Latino rap* for Anglo participants and *alternative* music for Hispanic participants) were judged more negatively than were categories that corresponded to the participants' ethnicity. Extended to a more diverse sample, the present study could offer support for the idea that out-group categories are judged more negatively than in-group categories by examining the relation between participants' ethnicities and their evaluations of rap and country music. Thus, regardless of the race of the performer, Black participants would be expected to rate country music more negatively than rap music, whereas White participants would be expected to judge rap music more negatively than country music. Furthermore, it would be interesting to determine whether or not performers of Latin music will remain primarily Latin and to examine perceptions of stereotype-consistent and stereotype-inconsistent performers in this genre. If future performers do deviate from racial stereotypes, the present study suggests that non-Latino performers of Latin music would be perceived less favorably than would Latino performers.

In closing, Eminem and Charley Pride share a connection in that their actions deviate from widespread stereotypes that specific races are associated with certain types of music. Although people may recognize these two performers because of their musical talent, it is more likely that they are recognized because they were bold enough to defy stereotypes in the music industry. By being a White rap artist and a Black country music performer, Eminem and Charley Pride became forerunners for performers who do not adhere to social norms, and they may have possibly influenced numerous music fans to expect the unexpected.

References

Brehm, S. S., Kassin, S. M., & Fein, S. (1999). *Social psychology* (4th ed.). Boston: Houghton Mifflin.

Brigham, J. C. (1971). Ethnic stereotypes. *Psychological Bulletin, 76,* 15–38.

Devine, P. G. (1989). Stereotypes and prejudice: Their automatic and controlled components. *Journal of Personality and Social Psychology, 56,* 5–18.

Dovidio, J. F., Brigham, J. C., Johnson, B. T., & Gaertner, S. L. (1996). Stereotyping, prejudice, and discrimination: Another look. In N. C. Macrae, C. Stangor, & M. Hewstone (Eds.), *Stereotypes & stereotyping* (pp. 276–322). New York: Guilford Press.

Dovidio, J. F., Evans, N., & Tyler, R. B. (1986). Racial stereotypes: The contents of their cognitive representations. *Journal of Experimental Social Psychology, 22,* 22–37.

Dovidio, J. F., & Gaertner, S. L. (1991). Changes in the expression and assessment of racial prejudice. In H. R. Knopke, R. J. Norrell, & R. W. Rogers (Eds.), *Opening doors: Perspectives on race relations in contemporary America* (pp. 119–148). Tuscaloosa: University of Alabama Press.

Fiske, S. T., & Taylor, S. E. (1991). *Social cognition* (2nd ed.). New York: McGraw-Hill.

Fried, C. B. (1996). Bad rap for rap: Bias in reactions to music lyrics. *Journal of Applied Social Psychology, 26,* 2135–2146.

Fried, C. B. (1999). Who's afraid of rap: Differential reactions to music lyrics. *Journal of Applied Social Psychology, 29,* 705–721.

Gaertner, S. L., & Dovidio, J. F. (1986). The aversive form of racism. In J. F. Dovidio & S. L. Gaertner (Eds.), *Prejudice, discrimination, and racism: Theory and research* (pp. 61–89). Orlando, FL: Academic Press.

Gaertner, S. L., & McLaughlin, J. P. (1983). Racial stereotypes: Associations and ascriptions of positive and negative characteristics. *Social Psychology Quarterly, 46,* 23–30.

Garcia, S. D., & Zapatel, J. P. (2000, January). *Perceptions of lyrics as a function of ethnicity and music genre.* Paper presented at the annual meeting of the Social Psychologists in Texas, San Antonio.

Gonzales, J. L., Jr. (1990). *Racial and ethnic groups in America: A collection of readings.* Dubuque, IA: Kendall/Hunt.

Jackson, L. A., Sullivan, L. A., & Hodge, C. N. (1993). Stereotype effects on attributions, predictions, and evaluations: No two social judgments are quite alike. *Journal of Personality and Social Psychology, 65,* 69–84.

Knight, J. L., Giuliano, T. A., & Sanchez-Ross, M. G. (2001). Famous or infamous? The influence of celebrity status and race on perceptions of responsibility for rape. *Basic and Applied Social Psychology, 23,* 183–190.

Manis, M., Nelson, T. E., & Shedler, J. (1988). Stereotypes and social judgment: Extremity, assimilation, and contrast. *Journal of Personality and Social Psychology, 55,* 28–36.

May, B. (1973). The night comes down. [Recorded by Queen]. On *Queen* [Record]. London: EMI Records.

May, B., & Staffell, T. (1973). Doing all right. [Recorded by Queen]. On *Queen* [Record]. London: EMI Records.

Sagar, H. A., & Schofield, J. W. (1980). Racial and behavioral cues in Black and White children's perceptions of ambiguously aggressive acts. *Journal of Personality & Social Psychology, 39,* 590–598.

Copyright 2001 by Psi Chi, The National Honor Society in Psychology (Vol. 6, No. 4, 175–180 / ISSN 1089-4136).

图 14-19 （JA5）

回顾总结

1. 心理学家提出了规范科学报告的论文写作格式：**APA格式**。

2. APA论文的主要章节包括标题页（含作者注）、摘要、导论、方法、结果、讨论、参考文献、表、图和附录（如果适用）。

3. 文稿的**标题页**包括文稿的页眉页数、逐页标题、论文题目以及作者信息。**作者注**里作者可以感谢给予他们帮助的人，说明研究成果的原展现形式以及委任一名联系人，可提供研究的相关信息。

4. **摘要**是论文内容的简要概述（150～250字）。

5. **导论一节**包括主旨陈述、文献回顾以及关于实验假设的陈述。

6. **方法一节**详细描述参与人（**被试小节**）、实验中使用的物品（**仪器、材料或者测试工具小节**）以及研究中发生了什么（**程序小节**）。

7. 结果一节通过呈现推断性统计和描述性统计的结果来描述实验发现。**图**或者**表**可能有助于相关统计结果的呈现。

8. 在**讨论一节**，研究者通过归纳结果、比较前人研究以及解释统计分析的结果来总结实验所能得出的结论。

9. **参考文献列表**列出了论文引用的所有工作的索引信息。APA格式规定了适用于期刊论文、书籍、串编书籍中的章节以及许多其他文献来源的不同引用格式。

10. 以APA格式撰写的论文中，不同级别的章节使用不同形式的标题。**1级标题**和**2级标题**是实验报告中最常见的。对于更为复杂的论文来说，其他形式的标题可能也会出现。

检查你的进度

1. APA格式意味着什么？它是如何发展出来的？

2. 连线
   （1）逐页标题　　　A. 描述了你所感兴趣的研究问题
   （2）1级标题　　　B. 左对齐，粗体，大写和小写一些字母
   （3）2级标题　　　C. 居中，粗体，大写和小写一些字母
   （4）主旨陈述　　　D. 标题的简略版

3. 为什么多数研究报告中读者最常阅读的部分是摘要？

4. 导论一节与典型期末项目报告中的研究现状部分有什么相似之处，又有什么不同之处？

5. 一条文献引用有三个作者。在行文中第三次引用这一研究时应当_____。
   a. 列出所有的三名作者
   b. 只列出第一作者
   c. 列出第一作者随后加上"et al."
   d. 以上都不是

6. 列出方法一节的三大内容。你认为哪个最重要？为什么？

7. 我们根据_____统计做出结论，并且利用_____统计绘制出反映数据的图像。

8. 在结果一节，使用图表作为唯一的信息来源恰当吗？为什么或者为什么不呢？

9. 一些人相信讨论一节是实验报告中最重要的部分。你是否同意？为什么？

10. 为什么引用串编书籍中的章节所产生的文献条目比引用期刊论文或者书籍所产生的条目复杂得多？

11. 连线
    （1）标题页　　　A. 展示统计结果
    （2）摘要　　　　B. 简要概述论文内容
    （3）导论　　　　C. 完整的作者介绍
    （4）方法　　　　D. 报告实验的"底线"
    （5）结果　　　　E. 包括文稿的页眉和逐页标题
    （6）讨论　　　　F. 文献的索引信息
    （7）参考文献　　G. 回顾以往的研究
    （8）作者注　　　H. 陈述实验是如何完成的

用 APA 格式进行写作

我们希望你是英语写作班上的一名好学生，因为好的写作能力在你开始撰写研究报告的时候非常重要。尽管我们并不企图在这里手把手地教你如何写作，但我们确实希望能够提供一些有帮助的指引。*PM* 第 3 章的标题是"简洁明了地写作"（Writing Clearly and Concisely）。你应当仔细阅读整个章节。在下一小节中，我们会提供一些通用又具体的指引，从而帮助你撰写研究报告。正如你将看到的，APA 写作格式和你在英语课上学习到的写作方式之间有一些差别。科学写作风格与创造型写作有着许多不同的地方。

整体写作指引

科学写作的主要目的在于进行清晰明了地交流。将你的想法尽可能清楚明白地传达给读者是你的任务。*PM* 提供了一些指导性建议，有助于达成这一目的；注意阅读 *PM* 的第 65 ～ 70 页作为以下内容的补充。

有序地展示你的想法

这里的关键点是思路的连贯性。从研究报告的开始到结束，在向读者描述你的实验时，你的思路必须是清楚而连贯的。还记得因为不清楚老师的教学计划（或者前面的课程内容）而听不懂老师在讲什么而坐在教室内茫然的情境吗？课堂上开小差（"追逐兔子"）也许会带来一时的轻松愉快，但是它可能使得你的思维迷失了方向。在撰写手稿的时候不要绕道了！保持原有的思路，一心一意追逐你的目标。

表达的流畅性

连贯的思路很大程度上会帮助提高表达的流畅性。创造型写作通常不是流畅的，因为它需要使用文学技巧去营造对立、紧张或者埋下情节线索又或者隐藏后面出现的意料之外的情节。请记住，科学写作的目的是交流，而不是逃避现实或者娱乐。要让行文更加流畅，最好的办法是当你从一个话题转向另一个话题的时候使用过渡句。尽量避免突然的话题变换，这样会使得读者有撞到了墙上的感觉。

表达的经济性

再重申一次，我们的关键目的是交流，所以在写作的时候直白直接地切中要点非常重要。在期刊主编阅读论文文稿的时候，他们知道期刊只有非常有限的篇幅；因此，对他们而言，那些简短而清晰的论文比那些冗长而混乱的论文更具优势。许多人会非常惊讶地发现，他们通常能够在缩短自己所写文章的同时使得所陈述的内容变得更加清晰。*PM* 特别指出，应当注意避免"行话"、华丽的修饰词以及复述这三种情况。另外，还应当避免重复之前陈述过的话。（是的，第二句话是特意摆在这里的——你察觉到了这里不必要的重复了吗？）

准确性和清晰性

我们鼓励你努力变成语言工匠而不是舞文弄墨者。正如你所知道的，工匠是那些能够熟练使用某些材料的人（例如锡匠、金匠）。语言工匠使用文字精雕细琢，舞文弄墨者使用文字则粗制滥造。注意你所选择的词是否与你所要达成的目的相匹配，是否表达了你要表达的意思。许多人在写作方面的主要问题是按照口语交流的方式进行写作。在口头交流中可能出现歧义，但是我们依然能够理解其中的含义，因为我们可以跟对方进行直接的交流。在阅读一段文字的时候，直接交流是不可能的。仔细选择你的用词，从而准确地表达你想要表达的意思。这样的清晰度在第一次尝试写作的时候是难以达到的，所以请反复阅读并修改你的文章。

改进写作风格的策略

PM（APA，2010，p.70）认为以下三种方法有助于你迅速成为一名高效的作家。

1. **根据提纲进行写作。** 如果拥有一幅路线图，及时到达目的地的可能性就提高了。

2. **将第一稿放置一边，一段时间后再次进行修改。** 如果你企图在短时间内快速完成写作，你可能难以修改你的文稿，因为此时你的想法很可能和几分钟之前的完全一样。通过静置文稿一段时间，你更可能发现在第一时间忽略掉的东西，并且思考出解决问题的方法会相对容易一些。

3. **请他人评论你的文章。** 在提交论文之前，请至少一位第三方来阅读你的论文，这通常特别有帮助。不熟悉论文内容的人更容易发现论文中的不一致性、弱点、不明确的地方以及其他写作方面的问题。当然你所求的是对整篇论文写作风格的批判性建议，而不是对论文观点等实质内容方面的建议。让人帮你通篇逐字逐句地审阅是不太现实的也是不道德的，除非这个人是共同作者。一些任课老师愿意评审学生论文的初稿，所以你应当好好利用这样的机会。请求同班同学评论你的写作并评论他们的写作。你将从他人的批判性意见以及阅读他人的文章和给他人提出批判性意见的过程中学习到许多。

在社会科学中，我们很少使用数字，但是我们可以写出很长、很复杂的句子。

我们希望你能够察觉到这个漫画中的两个命题都是错的。在心理学中，我们实际上常常使用数字，并且我们努力地进行清晰明确的交流。

语法指引

PM 在第 77 ～ 86 页中介绍了许多语法方面的指引。这些指引中多数是你在语法课上学习过的习惯用法。我们强烈建议你去阅读这一部分。为了避免把本书变成一本语法书，我们在这里只讨论与 APA 格式相关或者是学生常感到困惑的习惯用法。

被动语态

根据 *PM*，同时也根据其他写作格式的指引，你应当在研究报告中使用主动语态而非被动语态。在被动语态中，动词的对象变成了句子的主语并且主语变成了宾语（Bellquist，1993）。被动语态通常出现在方法一节，因为被动式可以帮助避免该部分主观化。让我们用一个例子来进一步说明：

After viewing the slides, a recall test was given to participants.

（在观看幻灯片后，回忆测试是被试接下来需要完成的任务。）

这句话不是直接和主动的；相反，它是间接且被动的。测验应当是句子的宾语，而非主语。谁完成了这个动作？应当说是实验者，但是实验者甚至没有没有出现在句子中。

心理侦探

再阅读一次那句被动语态的句子。你能够用主动语态重述这句话吗？

实际上有多种方法可以将这句话改写成主动语态，取决于你是否愿意加入实验者。你可以写成：

I gave the participants a recall test after they viewed the slides.

（在观看完幻灯片后，我对参与人进行了一项回忆测试。）

如果你的实验有共同作者，那么这句话会变成：

We gave the participants a recall test after they viewed the slides.

（在观看完幻灯片后，我们对参与人进行了一项回忆测试。）

尽管许多实验者似乎对于第一人称（我、我们）感到不适应，*PM* 其实是允许使用它们的。实际上 *PM* 特别指出，需要避免使用第三人称来指代你自己（例如实验者）（p.69）并且应当"使用人称代词（p.69）"。如果你希望避免第一人称，那么你应当写成：

The participants completed a recall test after viewing the slides.

（在观看幻灯片后，参与人完成了一项回忆测试。）

在这些例句中，是主体在执行某个动作（主动语态），而非某件事情发生在他们身上（被动语态）。

That 与 Which

以 that 开始的从句被称为限定性从句，并且对于理解句子整体的含义是不可或缺的。以 which 开始的从句可以是限定性从句或者非限定性（即仅仅是提供额外信息的）从句。在 APA 格式中，你应当规定自己在使用非限定性从句的时候使用 which。因此你不应当无差别地替换使用 that 和 which。使用 which 类似于在原来的句子的基础上加上"噢，对了"。为了更近一步帮助你区别这两个词，记住一个关键点——非限定性从句需要使用逗号分开。让我们来看一个例子：

The stimulus items that the participants did not recall were the more difficult items.

（参与人无法回忆起的刺激条目是难度更高的刺激条目。）

"that the participants did not recall" 这个从句对于理解句子的整体意义是非常重要的。想象一下没有这个从句的句子——它会变得没有逻辑了。让我们来看另外一个例子：

The stimulus items, which were nouns, appeared on a computer monitor.

（刺激条目用计算机呈现，它们均为名词。）

"which were nouns" 这个从句并不是理解句子整体意义的关键点。即使我们删去这个从句，也不会改变句子的意思。这个从句确实提供了关于刺激条目的额外的信息，但是你也可以在别的地方列出这一信息。

与时间有关的词

since 以及 while 在科学写作中可能造成混淆，因为它们在日常使用中有多个含义。作者通常不加区分地使用 since 和 because，又用 while 来替换 although。一些语法书认为多种用法都是对的。然而 APA 格式的要求却并不一样。你只能在指代时间的时候使用 since 和 while。换句话说，只在涉及时间的时候使用。因此，只在指事件发生在同一时段时使用 while，只在指时间已经过去了的时候使用 since。这里有一些例子供你参考：

Many different IQ tests have evolved since Binet's original version.

（自最初版比奈智商测验面世以来，不少智商测验得到了长足改进。）

注意，这里 since 指的是 Binet 测验之后；这样的句子是符合 APA 格式的。

We concluded that the XYZ group learned the material better since they scored higher.

（我们认为 XYZ 组学习材料的效果更好，是因为他们的得分更高。）

这样的 since 的用法是不正确的，你需要用 because 来替换。

While the participants were studying the verbal items, they heard music.

（在参与人学习词组的同时，他们还听着音乐。）

请注意，在这个句子里，while 告诉你学习和音乐的播放是同时发生的；这样的句子是符合 APA 格式的。

While some psychologists believe in Skinner's ideas, many others have rejected his beliefs.

（虽然许多心理学研究者相信斯金纳的理论，但是也有许多其他人反对他的理念。）

这里 while 的用法就是不正确的，因为没有同时发生的事件。相反，我们在对比对立面。你需要用 although 或者 whereas 来进行替换。

语言的偏向性

还记得吗，在本章早前我们强调过要使用无偏向的语言。我们相信这种写作风格有助于保持科学的中立（不偏不倚）态度。因此，我们想再次强调删去文章中有偏向的语句的必要性。PM 提供了三条建议，可能有助于降低写作中的偏向性。（APA，2010，pp. 70-73）。

- ◆ **描述要适当具体**。换句话说，对人的描述应当尽可能详细。用宽泛的词来指代某个人群可能会包括不应该包括的人。例如"Japanese Americans"比"Asian Americans"要具体。
- ◆ **谨慎使用标签**。使用符合刻板印象的标签可能意味着我们的用词带有一定的偏向性。一般而言，应当使用群体本身认同的称谓，而不是强加给他们的标签。如果可能，最好避免任何形式的标签。正如 PM 指出的那样，"people diagnosed with schizophrenia" 比 "schizophrenics" 更加准确且更受欢迎（APA，2010, p.72）。

◆ **感谢对实验的参与。** 这条指引基本上针对的是使用人类参与人的实验，尽管将这个原则扩展到动物研究上对我们也没有什么损失。这条指引的主要目的就是确保你记得实验中的参与人是独立的个体。使用主动语态而不是被动语态也有助于将被试拟人化。

免责声明

请记住，我们不可能提取出 PM 中所有语法方面的建议，然后放到这一小节中。我们选择强调前面强调的那些关键点，因为它们可能跟你从英语课上学习到的不一样，或者我们知道学生（以及教授）容易对这些语法以及用法产生疑惑。我们忽略剩余的部分，并不是因为它们不重要或者相对不那么重要。我们督促你去阅读 PM 的 77 ～ 86 页，从而复习相关语法知识。

APA 排版格式

PM 在第 87 ～ 124 页的第 4 章介绍了 APA 的排版格式。另外，第 5 章（第 125 ～ 167 页）讨论了如何展现统计结果，第 6 章（第 169 ～ 192 页）表明如何注明所引用的文献的出处，以及第 7 章（第 193 ～ 224 页）对文献条目举例，这些几乎占了全书的大半部分。第 4 章提供了排版方面的建议，将有助于规范和统一不同作者在不同出版物上的写作格式。我们已经在本章中介绍了 APA 排版格式中最重要的几点：标题的等级，度量单位，用文字、表和图展现的统计结果，文中的文献引用以及参考文献列表。

除了上述几个要点之外，你还必须注意到 PM 提供了诸如标点符号、拼写、斜体、简写、排序、引用、数字、页脚注释以及附录方面的指引。在本章中，我们没有足够的篇幅去解释每一个问题。如果你对这类问题的某一方面有疑惑，请咨询 PM 里面的指引。

准备你的文稿

除了之前介绍过的所有有关 APA 格式的建议之外，PM（第 228 ～ 231 页）还提供了你需要用来决定如何输入实验论文的指引。这一信息以及论文样例（第 41 ～ 59 页）可能是指南里最常使用的部分了，因为它们对作者的帮助非常直接和可观。论文样例包括不同章节的标识符号，它们对应着论文中不同的重要部分。我们希望本章的文稿样例以及 PM 中的论文样例会使得论文输入变得简单起来。

PM 的第 8 章与本书的第 4 ～ 7 章大体相似，是工具性章节。输入文稿的过程中，如果遇到疑难，可以参考这一章（第 228 ～ 231 页）。我们列出了排版过程中特别需要注意的地方。

◆ **行距**：所有内容所有地方都使用双倍行距。

◆ **页边距**：页面的 4 边均使用至少 1 英寸以上的边距。

◆ **对齐方式**：将你的文字加工软件设置成左对齐。你的论文右边应当是凹凸不平的（也就是说，右边界不应当像本书的页面一样每一行的文字右边也整齐地排成一条线）。不要将单词分割然后排在不同行上，也不要使用连字符号来换行。

◆ **页面**：依次给每一页标上页数（包括标题页）。以下这些部分应当另起一页：标题页（包括作者注）、摘要、导论（注意不要用 "Introduction" 来标记这一节）、参考文献、表（每张表占一页）、图（每幅图占一页；在同一页上列出图的标题），以及附录。

◆ **字符间距**：所有标点符号之后都需要使用空格，包括等式中的加减符号。在连字符和破折号之前或之后都不需要空格。使用连字符来表示负数；在这种情况下，在连字符之前而非之后使用空格。

◆ **引用**：对于不长于 40 个词的引用，使用双引号来标记并且不另起一行。对于更长的引用，你需要左缩进——注意要使用双倍行距。

查看表 14-1，从而获得更完整的关于 APA 格式的指引。在排版文稿的过程中，如果你对于排版有任何疑问，请参考 PM。

表 14-1　APA 格式检查表

整体格式和整体排版

	对应的 PM 章节
● 页面四边的边距至少在 1 英寸以上	8.03
● 使用正确的字体大小（12 点）以及正确的字体（例如 serif 字体中的 Courier 或者 Times Roman）	8.03
● 文稿从头到尾使用双倍行距，包括标题页、参考文献、表、图标题、作者注和附录	8.03
● 页数与逐页标题在同一行上，且右对齐	8.03
● 逐页标题和页数出现在文稿每一页的顶端。"Running head"字样只出现在文稿的第一页	8.03
● 在以下标点符号后面只使用一个空格：逗号、冒号、分号、句子末尾的标点符号、引用时使用的句号，以及参考文献部分使用的所有句号	4.01
● 圆括号里面的小写字母用于标记一段话中系列的事件或者条目	3.04
● 每行的末尾如果不够位置，不要分割单词（不要使用连字符换行）	8.03
● 所有测量单位都需使用正确的缩写	4.27
● 正确地使用阿拉伯数字来表示 　摘要里的所有数字 　10 或者大于 10 的数字 　那些前面有测量单位的数字 　表示分数和百分比的数字 　表示时间、日期、年龄、参与人、样本、总体、得分或者测量尺上的读数的数字	4.31
● 正确使用文字来表示 　小于 10 的数字 　以数字开始的题目、句子或者标题中的数字 　天数、月数以及年数的近似数	4.32
● 题目和标题中，若单词含四个字母或者更多，则需要大写首字母	4.15

标题页

● 论文题目应简要概括文章的主要内容，包括待研究的问题或研究的变量以及它们之间的关系。建议题目长度不超过 12 个单词	2.01
● 逐页标题左对齐，加上前缀"Running head："，并且其长度等于或者小于 50 个字符和空格	8.03
● 作者注 　第一段：作者的姓名、所在院系以及所在大学 　第二段：从研究完成到提交文稿的过程中，某些作者的附属单位是否发生了变化 　第三段：致谢，包括资金支持以及对研究的其他形式的帮助	2.03

（续）

第四段：完整的通信信息，包括邮寄地址和电子邮箱地址	

摘要

● "Abstract"字样出现在页面的顶端，居中，并且大写和小写其中一些字母	2.04
● 摘要的第一行左对齐	2.04
● 摘要不超过 150～250 字，取决于所投稿的期刊或者是特别给出的指引	2.04

文章主体

● 论文题目按第 1 页（标题页）的方式出现在第 3 页的顶端	2.05
● 避免一句话自成一段的情况	3.08
● 词语表达要适度具体并且注意标签的敏感性，还有注意肯定研究参与人的贡献	避免表述带有偏向性的一般建议（pp.71-73）
● 对于不同组的参与人使用对等的词组或者术语（例如，"men and women"，而不是"men and wives"；"Blacks and Whites"，而不是"African Americans and Whites"）	3.12～3.16
● 使用恰当的名词和人称代词来描述参与人（例如，如果参与人是男人和女人，需要使用复数人称代词）	3.12，3.20
● 使用 gay men、lesbians、bisexual men 和 bisexual women，而不是使用 homosexuals	3.13
● 需要精心挑选用于描述不同民族或者种族的词，选择能够反映该群体所认同的称谓，同时如果可能的话，标出该群体所属的国家和地区	3.14
● 描述处于某状态下或者拥有不同能力水平的人需使用"人优先"的用法（例如，"patients diagnosed with lung cancer"，而不是"cancer patients"；"persons with paranoid schizophrenia"，而不是"paranoid schizophrenics"。）	3.15
● 词语"girl"和"boy"描述的是小于 12 岁的参与人；"man"和"woman"描述的是 18 岁或以上的参与人。对于 13～17 岁的参与人而言，使用"young man、young woman、female adolescent，或者 male adolescent"等词。年逾 65 岁的成年人应称为"older adults"	3.16
● 任何情况下尽量使用主动语态	3.18，3.21
● "while"一词只用于指事件同时发生（其他可选关联词：尽管、然而、并且、但是）	3.22
● "since"一词只用于指时间的流逝（其他可选关联词：因为）	3.22
● "male"和"female"只用作形容词（例如 female quail），而 men、women、boys 和 girls 用作名词	http://supp.apa.org/style/pubman-ch03.00.pdf；例子 3

	(续)
● 引用时需保证每个词都是完全一致的，并且需要提供所在的页数	4.08
● 断字（或不断字）需要遵循 APA 的指引（特别是表 4.1 和 4.2）	4.13
● 简略术语在第一次使用的时候需要展开全称，在之后需要一直保持简写	4.22
● 尽量少用拉丁语简写并且只用在括号内，还要注意正确地使用标点符号	4.26
● 引用文献时，括号外的引用使用词语 "and"	表 6.1
● 引用文献时，括号内的引用使用符号 "&"	表 6.1
● 在括号内引用多篇文献时，按照第一作者的姓氏字母顺序排列并且用分号隔开	6.16
● 文稿中所有引用的文献都必须在参考文献部分列出	6.11 之前的段落
● 如果所引用的文献有 3～5 名作者，第一次引用必列出所有作者；在随后的所有引用中，均使用第一作者的姓之后加上 "et al." 字样的格式	表 6.1
● 如果所引用的文献有 6 名或以上作者，在所有引用中，均使用第一作者的姓之后加上 "et al." 字样的格式	表 6.1
● 所有统计符号（例如 F、t、p）都必须斜体	4.45
● 精确报告 p 值，具体到第二位或者第三位小数；小数点之前不加零	4.35
参考文献	
● 所有文献条目均按字母顺序排列	6.25
● 所有文献条目均出现在文稿的主体文字中	6.11 之前的段落；6.22 之前的段落
● 作者的姓和名的首字母用逗号分开；不同作者之间用逗号分开	6.27
● 斜体期刊名和卷号	6.30
● 每条文献条目均采用双倍行距并使用悬挂缩进格式（每条文献条目的第一行左对齐而之后的所有行均缩进 1/2 英寸）	2.11；6.22 之前的段落
● 论文、期刊、书的章节和书名都要正确使用大小写	6.29
● 只有对那些同卷不同期但是页数还从 1 开始的期刊，需要在卷数之后加上期号并用圆括号括起来（不必斜体）	6.30
● 所列出的网址（URL）必须是可以运行的，并且地址要精确和完整，包括大小写以及标点符号；句末不必加上标点符号	6.31
● 报告数字对象识别码（DOI）	6.31
图表	
● 每张表都应是不可或缺的，属于文章出版版本的一部分，并且需要遵循 APA 格式	5.19
● 不同表中的小数位数需要保持一致（例如，所有单元格使用同样的小数位）	5.14

	(续)
● 每张图都应是不可或缺的，属于文章出版版本的一部分，并且需要遵循 APA 格式	5.30

资料来源：Adapted from Rewey, K. L., and Velasquez, T. L. (2009). "A Presubmission Checklist for the *Publication Manual of the American Psychological Association* (6th ed.)." *Psi Chi Journal of Undergraduate Research*, 14, 133–136. Copyright © 2009 Psi Chi, The National Honor Society in Psychology (http://www.psichi.org). Reprinted by permission. All rights reserved.

职业活动之学生见解

撰写符合 APA 格式的论文确实需要付出一定程度的努力；但它的回报是实质性的，并且具有重要意义。你将要掌握的技能非常有价值，你将学会如何按照广为接受的科学写作范式进行写作，并且将拥有一篇学术论文，你还可以投稿进而发表你的论文。整本书我们都在"温柔地鼓励"你充分把握学术职业发展中的机会，例如在会议上报告你的研究以及发表你的研究。让我们更为深入地审视相关学术职业活动，从而结束本章。它们不像你想象的那样令人生畏。

第一个需要决策的是你决定进行哪一种学术职业活动。在第一章中我们谈到过通过报告以及发表论文来分享你的研究结果。在这一章中，我们主要关注于 Dickson 论文的发表。你有两种途径分享你的研究：通过海报或者口头报告的形式在会议中展示你的研究（请参阅第 1 章，获取可参加的心理学学术会议列表）。按海报的形式，你会使用视觉化的方法展示研究——通常只是用小量的文字来告诉观看者实验的基本内容，再加上一些图表来形象化你的结果。海报论文展示通常会选择在宽敞的大厅举行，不少研究者同时展示他们的研究海报。会议与会者可以穿梭在大厅中，浏览不同的研究海报，若对海报感兴趣，会停下来与其研究者进行对话交流。他们可能会提出一些问题或者建议，也许有助于你的课题的持续发展。

另外，论文展示指的是根据你的研究进行一次口头报告。你可能有 10～15 分钟的时间在听众面前演讲你的研究和发现。通常来说，你会简要概述背景文献、方法、发现以及研究可能产生的影响，这基本与你的书面论文中的章节顺序一致。研究者通常使用投影仪或者计算机投影系统来呈现他们的报告。通常在展示之后听众有几分钟的提问时间。

如果计划参加会议并在会议上进行一次海报或者论文展示，你通常需要向会议的组织者提交一份关于你的展示的摘要以供评审。组织者会选择接收或者拒绝每一份提交的摘要。取决于会议的类型，接收率会有所差异；通常来说，为本科生而设的会议接收率比较高。为研究生以及教师而设的专业会议接收率要低一些。因为有评审过程，所以会议展示被认为是专业活动之一；你可以将这些活动写进你的履历中（一种学术版的简历，参见 Landrum & Davis, 2010）。研究者通常在试图发表研究之前先在会议上报告他们的研究。在提交文稿之前收到观众的反馈可能有助于文稿的进一步完善。

如果你决定尝试去发表自己的研究，你的指导老师可能会帮助你决定将文章投向哪里（我们也在第 1 章中给出了一些建议）。一旦已经做出了决定，你应当参考该期刊最近的一期，从而决定如何提交文稿，以及该期刊是否有一些特殊的要求。仔细遵循这些指引。在收到你提交的论文之后，主编很可能将你的文章发给几位（通常是三位）审稿人，他们会阅读、批判并评价你的工作。在审稿人完成阅读以及评判之后，每位审稿人都会向主编给出他们的出版建议（例如接受、小修后接受、大修后接受，或者拒绝）。主编会衡量审稿人的意见以及评论，然后做出最后的出版决定。你随后会收到电子版的来自主编的信，内容包括出版的决定以及审稿人的意见与建议（通常会附上标注过的你的文章的副本并返还给主编）。这一过程费时可以达到两个月甚至更多，因此请保持耐心。

在主编以及审稿人判断文章适合发表之前，你非常可能需要修改文章一次或者多次。不要放弃！如果你对于从主编的视角来看待发表过程感兴趣，我们建议你去阅读 Smith（1998）的文章。在这一过程的每一步，请向你的指导老师咨询建议。拥有发表的文章完全值得你即将花费的时间和精力。

简单地说，这些是我们对于学术职业活动的看法；下面我们让三名学生讲述他们对于这些活动的看法。我们现在转向学生关于进行海报展示、论文展示以及发表文章的看法。

在本科生心理学会议上的海报展示

我的本科生生活多数时候是相当反传统的，具体地说，我比其他学生要年长并且有一份全职工作。在本科学习快要结束的时候，我开始思考研究生学习的可能性。我查看了所选择领域的申请－接受比例，很快得出的结论是：我需要展示一些与众不同的东西，这些东西足以将我与其他申请人区分开来。

我开始利用所在大学提供的指导服务，并发现我可以在教授们的指导下完成一些研究项目。这些研究项目包括获得伦理审查委员会的批准、设计调查问卷、知情同意书、事后说明、实施问卷调查、收集数据以及分析数据这些内容。我立刻发现我喜爱研究。

我的其中一个研究课题是《性取向和家庭动态：从社会心理学角度进行探索》（*Sexual Orientation and Family Dynamics: Exploration of the Psychosocial View*），这一研究项目源于我对偏见的兴趣。我是在选修"人类性学"（Human Sexuality）课程时开始这一项目的。在我的课本里有一段话提到了社会心理学的性观点，其主要思想是培养环境决定了性取向的发展。两组由女同性恋者、男同性恋者、双性恋和变性人组成的成员在课上进行了发言；他们介绍了自己的成长历程，还谈到了他们的感触以及家庭和朋友的反应。我注意到所有发言者都有的一个共同点。他们全部声称自己在童年的早期（在 3 ～ 5 岁之间）就已经意识到与同龄人的"不同"。这一信息使得我质疑社会心理学的相关理论。

在完成问卷开发之后，我准备好了相关文书工作，获得了伦理审查委员会的批准。这一过程进行得非常顺利。心理学系的许多教授都鼓励他们的学生参加我的研究，仅从我所在的院系，就很快招募了超过 200 名参与人。

我对这个研究感到非常的骄傲；当发现结果展示了一些新的东西的时候，我非常愿意分享它。我的指导老师鼓励我在所在地区的区域性本科生会议上报告我的研究。我提交了申请并且在一周之内就收到了通过海报展示的接收函。我的下一个挑战是提炼出可供展示的信息。我的导师建议我出于简洁明了的考虑，将海报限制在 10 ～ 12 页的 PPT 上。我发现整个过程最困难的部分是如何挑选出最重要的信息。最后，我将展示从 37 页 PPT 缩减到 12 页。

我的研究海报展示在佐治亚本科生心理学研究（Georgia Undergraduate Research in Psychology, GURP）会议上；这一会议是为所有美国东南部大学而设的。我想要强调的一点是，许多学校有资助学生进行论文口头展示或者海报展示的资金资助计划。我建议你去搜寻一下可能获得的学校资助计划；参加会议是非常昂贵的。我足够幸运，教授告诉了我相关的信息并帮助我获得了所需的资助。

会议当天的早上，我想我大概换了 10 次衣服。我有在课堂上进行展示的经验（作为助教，我有授课的经验）；然而，海报展示是不一样的。你的材料被固定在海报展板上。参加会议的人是其他一些心理学专业的学生或者教授。这些与会者来回走动并阅读那些使他们产生兴趣的海报。因此，你实际上在给不断变换的人群进行迷你讲座。现在我还感到奇怪，因为我在给我的教授"讲授"一个他们以前没有学习过的课题。

参加 GURP 的经历有很好的回报。我得以扩展对于所感兴趣的领域的认识。我还与那些同样对这个领域感兴趣的人分享自己的发现。这个会议还让我能够到网罗到在大学里工作的人，他们工作的大学许多就在我的博士申请列表中。与他们的交流有助于集中我的精力，精简我的申请列表，我还从中获得了非常重要的申请方面的技巧。这一经历给我带来了非常重要的关于继续深造方面的知识，让我展开工作交际活动，适应出现在公众面前。这一经历还指引我未来的人生方向。

黛博拉·坎普（Deborah J. Kemp）
肯尼索州立大学（Kennesaw State University）

成为职业心理学家的催化剂

在追求心理学的职业生涯道路上，你会面临诸多挑战。我们本科生在持续汲取新知识、参加考试并且努力地获得成功。首次在众人面前进行公开报告，可能是许多本科生会面临的一个挑战。这个任务看起来难以完成并且令人生畏。然而，如果在这个过程中能够获得一些帮助和指引，我相信任何积极向上的学生都可以在这个任务中获得成功。最终，曾经认为难以胜任的公开报告成了本科心理学事业成功的催化因素，所有的努力都会变成回报。

我的第一次公开口头报告是在大二，强度很高，但是还在可承受的范围内。我选修了课程"研究和统计"（Research and Statistics）。一个课程作业是完成我的研究项目的相关文献综述。最后我在一个本科生心理学会议上公开口头报告了这个文献综述。我缺乏相关经验，之前并没有进行过学术研究，也没有撰写过文献综述或者公开口头报告过，因此这个任务对我来说特别具有挑战性。我有一个项目研究衣服和错误信息对于考试分数的影响，根据这个研究项目的内容，我选择了公开报告的主题，最后我选择的是实验者效应。我发现这个话题特别有趣，因为它对于所有实验性研究都会产生效应。我的文献综述从累积支持实验者效应存在的文献开始；我发现我在信息的海洋里徜徉。我不知道如何浓缩所有这些有用的信息，从而凝聚成一个主题鲜明的公开报告。另外，我的口头展示需要限制在 12 分钟之内。在这么有限的时间内，我需要概括非常大量的信息，还要说服听众相信实验者效应的存在，并且这个效应是很重要的。最后，我成功聚集了所有信息并将它们凝聚成非常简短的一组 PPT，这之后我去内布拉斯加州的奥马哈市参加 2005 大平原学生心理学会议（2005 Great Plains Students' Psychology Convention）的道路就非常平坦了。

我相信公开报告中最富有挑战性的部分就是在众人面前进行演讲。这个观点听起来更像是怯场，但这就是现实中最困难的一部分。在听众面前进行演讲不能仅仅照着 PPT 读。演讲要成功，演讲者需要非常了解其所要演讲的话题，而不仅仅是简单地复述演示文稿给读者。我的指导老师提供了一些建议，让我学习到了如何进行解释而不是复述文稿。她告诉我要把演讲想象成教学而非信息的展示。把公开报告想象成授课的时候，我会获得更多的自信，因为我把自己想象成了一名老师。在课堂上，授课老师认为他比听众对这门课的内容更为了解。这样，自信的增长会帮助演讲者对读者讲述他的研究而不是宣读信息。演示和讲授需要练习。我先在指导老师面前进行练习。在练习之前，我已经反复阅读相关材料无数次，因为这样我才能够制作 PPT。因此，当时我所需要做的仅仅是在教授面前向她讲述我的研究，其实就相当于我在教她我阅读过和学习过的内容。我惊奇于自己对这部分内容的自信。唯一的问题是 12 分钟的时间限制。我超时了。因此我回到家里进行更多的练习，这样可以缩短时间，同时仍然保留那么多的相关信息。这个任务与我之前完成的浓缩文献综述里的信息来制作PPT的任务非常类似。随后我在同伴面前进行练习，并且请求他们帮我指出演讲中相对而言较难以理解的部分。再之后，我在同伴和导师面前练习了五次外加无数次独自的练习。每多练习一次，我的自信就增加一点。

参加大平原会议是一次非常享受的经历。我与我的朋友度过了愉快的时光，新认识了具有影响力的人物，并且拓展了我喜爱的心理学领域的知识面。刚到会议场所的时候，我在准备演讲。我首先找到演讲的房间，下载了PPT，然后等待演讲的开始。当我第一次站在教授、同伴、具有影响力的专业人士以及本场讲座的评委面前时，我感到不可抑制的紧张。我担心在这些可能直接影响我的心理学未来的人面前，我会不会弄得一团糟。演讲初期，我确实犯了一个错误。然而，在那之后通过一个自我嘲讽，我逐渐平静下来。我开始意识到听众在倾听而非审视。听众坐在那里是在支持你；他们希望你能够成功。我开始放松下来，顺利地向我的听众讲解了我所知道的实验者效应。我的第一次公开口头报告结束了；我生存下来了。

我获得了所在场次演讲一等奖。这个消息被公布的时候，我激动得不能自已。除了这一认可，我还发展了新的工作关系并且通过参加会议我感觉我在工作方面获得了成长。对于公开报告，只要注意演讲的条理性，坚持练习，提高自信，你就能获得同样的成功。公开报告可以成为心理学事业成功的催化剂。

克里斯汀·耶茨（Christine Yates）
恩波利亚州立大学（Emporia State University）

在第4章和第8章中，你读过卡洛琳·利希特完成的关于职业压力的研究。这里展示的是她对于论文发表过程的看法。

研究者的舞蹈

发表论文的过程可以同时是充满挫败感和令人兴奋的过程。这个过程需要你的责任感、毅力以及律己性。这样，你的作品转变成为出版文字的时刻才会到来。在那一刻，你想不起曾经付出的时间曾经挥洒的汗水；在那一刻，你只想站起来跳一场吉格舞。

作为大二学生，我第一次遇到这样令人兴奋的机会，为成功展示和发表自己的研究成果而进行概念构思、梳理分析和充分准备。在此之前，我没有任何正式研究的经历。在这之前十年，我是一名芭蕾舞者。因此，面对实验心理学的作业，也就是让我们从头开始，提出自己的研究主题并完成实现该主题的研究时，我感到难以接受，这有些超出我的能力范围。我决定选择一个我以及其他人都或多或少有些关系的主题：职业压力。如果知道这个研究在接下来的几年里会那么费时费力，我可能会选择一个相对不那么"富有压力"的题目。这个作业打开了我的视野，让我了解了研究者在提出可行的研究假设、收集和分析数据以及呈现结果的过程中所要面临和衡量的问题，诸如研究的局限性、难点以及回报大小等方面的问题。

讽刺的是，我发现做研究和发表论文的过程中最有趣的是，它与我之前的芭蕾舞职业有多么相似。两种工作的终极目的以及满足感的源泉都在于能够与小圈子外的人分享你的劳动成果。须知，通向成功的路途充满了挫败、苦难、批评，当然还有兴奋；"一分耕耘、一分收获"的老生常谈似乎特别能够概括整个过程的特点。这场"舞蹈"从想法开始。这些想法在舞者（研究者）收集数据（舞蹈编排、音乐／文献综述以及调查结果），开始彩排，然后逐一分析组成部分以便查看组合效果的时候渐渐变得清晰起来。现实中各个环节的衔接并非想象中那么顺畅融洽，这会令你非常沮丧。这犹如分发了500份调查问卷却只收到了100份填好的问卷，更像背景音乐尚未结束但是所编排的舞蹈已经谢幕的情形。最终，你必须回到画板面前，要么收集更多的数据，要么重新整理作品最原始的前提假设。然而，这一时刻终究会到来，脑海中的想法最后总会变成现实，尽管它最终的模样可能远不是你最初想象的那样。

研究完成并投稿到某期刊之后你所感到的骄傲类似于第一次站在舞台上表演舞蹈的那种愉悦感。但是，在第一次收到期刊审稿人的批判性评论时，你很快意识到自己仍然处在彩排阶段，远没有到达可以进行最后演出的地步。我仍然清楚地记得打开装有四份"完美"论文文稿的牛皮纸信封的那一刻，我心跳如雷。然而，我只找到里面大量的红色标记以及评论，这些标记和评论指出了文稿中的谬误之处，还有其他有待解决的问题，都是那些在评价一份作品是否值得发表之前就需要解决的问题。不同审稿人的建议可能互相矛盾（其中一位很喜欢文章中的某一部分，另外一位却认为应当把这个部分整个删去），这个事实只增加了我的绝望感。感激的是，这些批评还是透露出有那么一丝希望，让我得以鼓起勇气进行更艰苦的排练，整个过程发生在审稿人的意见复选框内；现在标记的选项是"接受且待修改"，而该选框旁边的则是"拒绝"。在完成了比我预计更少的工作之后，接下来被标记的选项就变成了"接受发表"；当等待发表引起的兴奋占据了我所有的注意力时，之前付出的所有努力和精力看起来不再是麻烦了。

当我看到打印出来的我的名字时，那种自豪以及对于我自尊的提升是难以想象的，但是阅读自己的论文时，我意识到这只是我在心理学这个领域中终生探索中的第一步。我查看自己的文章并能够理解到，虽然我的结果看起来很有吸引力，但是因为我所研究的问题以及研究设计的性质，这些结果是有局限性的。我想要（不，我需要）继续探索我的发现，在更大的规模上，面向更具多样性的群体，在不同的情境下，我需要验证结果是否仍然成立。在那一刻，我了解了以往研究者从研究过程中所学到的，那就是任何研究问题都从来没有绝对正确的回答；相反，答案仅仅会引出更多的问题，它们会刺激研究者继续在探索的道路上前进。

最终，我的实验研究课程的作业变成两篇发表在 *Psi Chi Journal of Undergraduate Research*（Licht, 2000；Licht & Solomon, 2001）上的文章，一次在巴尔的摩举办的东部心理学协会全国会议上的海报展示，一次在本校举办的荣誉座谈会上公开报告，来自两本教材的引用，以及更为重要的，它们成为我做出继续心理学深造这个决定的重要因素，并且对于我最终被一临床心理学博士培养点录取起了很重要的积极作用。另外，通过我与期刊的主编之间的无数次互动，我发现论文的发表过程其实是认识其他同行的一种途径，可以发展工作关系和真正的友谊关系，这些都是学术路途上实实在在的回报。

卡洛琳·利希特（Carolyn Licht）
玛丽芒曼哈顿学院（Marymount Manhattan College）

我们希望你也拥有这样的机会，像 Deborah 和 Christine 那样展示你的研究，并且像 Carolyn 那样发表你的论文。尽管这里面需要付出努力，但是回报完全值得你的这些付出。我们在这里再次提醒你，我们在第 1 章中提到的发表论文的可能性。正如我们在整本书里强调的那样，发表论文不是什么能力范围之外的事情。如果永远不去尝试，你肯定不会成功。祝你好运！

回顾总结

1. 科学写作的主要目的在于清楚明了地交流。

2. 达到以下目标将有助于清楚明了的交流：有序地呈现你的想法，注重表达的流畅性和经济性，力图提高准确性和清晰性。

3. 要改善写作风格，你需要根据大纲进行写作，在进行修改之前先放下你的初稿一段时间，然后再让其他人来评价一下你的文章。

4. 撰写研究报告时，应当尽可能使用主动语态。

5. "that"只能用于限制性从句，所包括的应当是对句子的含意有着本质影响的信息。"which"应当用于非限定性从句，所包括的不应当是对句子的含义有着本质影响的信息。

6. "since"不应当用来替换"because"，也不应当用"while"来替换"although"。"since"和"while"都只能用于表达它们各自代表时间方面的词义。

7. 心理学研究者在写作中尽可能使用不带偏向性的语言。

8. APA 格式包括各个方面的指引，例如标点符号、大小写、引用、数字、附录以及排版方面的指引。

9. *PM*（2010）是心理学写作方式的写作手册。其中包含海量有关写作方面的信息。

检查你的进度

1. 按照马克·吐温、海明威或者福克纳的写作风格撰写研究论文会产生什么问题？答案越具体越好。

2. 改善写作风格的三条策略是什么？列出每种策略后，也请指明根据这条策略以及自身情况，你需要做出的改变具体是什么。

3. 下面的哪一句使用了被动语态？

   a. The experimenter gave the memory test to the participants.

   b. The participants took the personality test after a rest period.

   c. The endurance test was given by the experimenter's assistant.

   d. 以上所有

   e. 以上都不是

4. 将以下句子从被动语态改为主动语态。

   a. An experiment was conducted by Jones（1995）.

   b. The participants were seated in desks around the room.

   c. The stimulus items were projected from the rear of the cubicle.

   d. A significant interaction was found.

5. 从每对句子中选出正确的表述语句。如果有必要的话，请加入标点符号，并解释你的结果。

   a. The experimenter tested the animals which were older first.

   The experimenter tested the animals that were older first.

   b. A room which was a classroom was the testing environment.

   A room that was a classroom was the testing environment.

6. 判断以下语句的表述是否正确。如果不正确，请纠正。

   a. Since you are older, you should go first.

   b. Since I began that class, I have learned much about statistics.

   c. While we are watching TV. We can also study.

   d. While you are older than I, I should still go first.

7. 用无偏向的语言表达以下短语所描述的意思。

oriental	elderly
mankind	girls and man
mothering	chairman
homosexuals	depressives

8. 纠正以下格式不正确的地方。

a + b = c	trial - by - trial
– 1	Enter: Your name

展望

　　此时，我们已经到了本书主体文字的最后一页，因为后面没有第 15 章了。展望未来人生道路，期待你的研究生涯。可能你未来的人生道路与研究无关；再也不必像这门课程或者其他课程要求的那样，去设计、规划和进行实验。如果是这种情况，我们希望你已经从研究本身学到一些东西，帮助你将来成为一名具有批判能力的消费者，当然，消费的对象是研究成果。可能你的研究只有一项，那就是本课程要求你完成的研究。我们相信时间会证明本书对于从事研究这一事业是有帮助的。最后，可能你们中的几位预见了自己在研究道路上不断前行的未来。我们希望本书能够打开你的视野，让你看到心理学实验研究强大的可能性，坚定自己在这条道路上继续前行的决心。

　　不管你未来的研究计划如何，我们希望你去思考、去挑战、去努力工作。认真缜密进行科学研究的过程，也许某个时刻会给你带来愉悦和兴趣。未来的人生中，你们所有人总会面临某种意义上的研究。我们祝愿你有一个好的开始，祝愿你一帆风顺，前程无量！

统计临界值表

表 A-1：t 分布

自由度	双侧检验的 alpha 水平					
	0.20	0.10	0.05	0.02	0.01	0.001
	单侧检验的 alpha 水平					
	0.10	0.05	0.025	0.01	0.005	0.0005
1	3.078	6.314	12.706	31.821	63.657	636.619
2	1.886	2.920	4.303	6.965	9.925	31.598
3	1.638	2.353	3.182	4.541	5.841	12.924
4	1.533	2.132	2.776	3.747	4.604	8.610
5	1.476	2.015	2.571	3.365	4.032	6.869
6	1.440	1.943	2.447	3.143	3.707	5.959
7	1.415	1.895	2.365	2.998	3.499	5.408
8	1.397	1.860	2.306	2.896	3.355	5.041
9	1.383	1.833	2.262	2.821	3.250	4.781
10	1.372	1.812	2.228	2.764	3.169	4.587
11	1.363	1.796	2.201	2.718	3.106	4.437
12	1.356	1.782	2.179	2.681	3.055	4.318
13	1.350	1.771	2.160	2.650	3.012	4.221
14	1.345	1.761	2.145	2.624	2.977	4.140
15	1.341	1.753	2.131	2.602	2.947	4.073
16	1.337	1.746	2.120	2.583	2.921	4.015
17	1.333	1.740	2.110	2.567	2.898	3.965
18	1.330	1.734	2.101	2.552	2.878	3.922
19	1.328	1.729	2.093	2.539	2.861	3.883
20	1.325	1.725	2.086	2.528	2.845	3.850
21	1.323	1.721	2.080	2.518	2.831	3.819
22	1.321	1.717	2.074	2.508	2.819	3.792
23	1.319	1.714	2.069	2.500	2.807	3.767
24	1.318	1.711	2.064	2.492	2.797	3.745
25	1.316	1.708	2.060	2.485	2.787	3.725
26	1.315	1.706	2.056	2.479	2.779	3.707
27	1.314	1.703	2.052	2.473	2.771	3.690
28	1.313	1.701	2.048	2.467	2.763	3.674
29	1.311	1.699	2.045	2.462	2.756	3.659
30	1.310	1.697	2.042	2.457	2.750	3.646
40	1.303	1.684	2.021	2.423	2.704	3.551
60	1.296	1.671	2.000	2.390	2.660	3.460
120	1.289	1.658	1.980	2.358	2.617	3.373
∞	1.282	1.645	1.960	2.326	2.576	3.291

若显著，则依据数据所得的 t 值需要等于或者大于表中所列的数值。

资料来源：Table from *Statistical Tables for Biological, Agricultural and Medical Research*, by Fisher and Yates. Copyright © 1974 by the Longman Group Ltd.

表A-2: F分布

F分布的 alpha 水平, 0.05 (罗马体) 和 0.1 (粗体)

自由度(分子)

自由度(分母)	1	2	3	4	5	6	7	8	9	10	11	12	14	16	20	24	30	40	50	75	100	250	500	∞
1	161	200	216	225	230	234	237	239	241	242	243	244	245	246	248	249	250	251	252	253	253	254	254	254
	4,052	**4,999**	**5,403**	**5,625**	**5,764**	**5,859**	**5,928**	**5,981**	**6,022**	**6,056**	**6,082**	**6,106**	**6,142**	**6,169**	**6,208**	**6,234**	**6,258**	**6,286**	**6,302**	**6,323**	**6,334**	**6,352**	**6,361**	**6,366**
2	18.51	19.00	19.16	19.25	19.30	19.33	19.36	19.37	19.38	19.39	19.40	19.41	19.42	19.43	19.44	19.45	19.46	19.47	19.47	19.48	19.49	19.49	19.50	19.50
	98.49	**99.00**	**99.17**	**99.25**	**99.30**	**99.33**	**99.34**	**99.36**	**99.38**	**99.40**	**99.41**	**99.42**	**99.43**	**99.44**	**99.45**	**99.46**	**99.47**	**99.48**	**99.48**	**99.49**	**99.49**	**99.49**	**99.50**	**99.50**
3	10.13	9.55	9.28	9.12	9.01	8.94	8.88	8.84	8.81	8.78	8.76	8.74	8.71	8.69	8.66	8.64	8.62	8.60	8.58	8.57	8.56	8.54	8.54	8.533
	34.12	**30.82**	**29.46**	**28.71**	**28.24**	**27.91**	**27.67**	**27.49**	**27.34**	**27.23**	**27.13**	**27.05**	**26.92**	**26.83**	**26.69**	**26.60**	**26.50**	**26.41**	**26.35**	**26.27**	**26.23**	**26.18**	**26.14**	**26.12**
4	7.71	6.94	6.59	6.39	6.26	6.16	6.09	6.04	6.00	5.96	5.93	5.91	5.87	5.84	5.80	5.77	5.74	5.71	5.70	5.68	5.66	5.65	5.64	5.63
	21.20	**18.00**	**16.69**	**15.98**	**15.52**	**15.21**	**14.98**	**14.80**	**14.66**	**14.54**	**14.45**	**14.37**	**14.24**	**14.15**	**14.02**	**13.93**	**13.83**	**13.74**	**13.69**	**13.61**	**13.57**	**13.52**	**13.48**	**13.46**
5	6.61	5.79	5.41	5.19	5.05	4.95	4.88	4.82	4.78	4.74	4.70	4.68	4.64	4.60	4.56	4.53	4.50	4.46	4.44	4.42	4.40	4.38	4.37	4.36
	16.26	**13.27**	**12.06**	**11.39**	**10.97**	**10.67**	**10.45**	**10.27**	**10.15**	**10.05**	**9.96**	**9.89**	**9.77**	**9.68**	**9.55**	**9.47**	**9.38**	**9.29**	**9.24**	**9.17**	**9.13**	**9.07**	**9.04**	**9.02**
6	5.99	5.14	4.76	4.53	4.39	4.28	4.21	4.15	4.10	4.06	4.03	4.00	3.96	3.92	3.87	3.84	3.81	3.77	3.75	3.72	3.71	3.69	3.68	3.67
	13.74	**10.92**	**9.78**	**9.15**	**8.75**	**8.47**	**8.26**	**8.10**	**7.98**	**7.87**	**7.79**	**7.72**	**7.60**	**7.52**	**7.39**	**7.31**	**7.23**	**7.14**	**7.09**	**7.02**	**6.99**	**6.94**	**6.90**	**6.88**
7	5.59	4.74	4.35	4.12	3.97	3.87	3.79	3.73	3.68	3.63	3.60	3.57	3.52	3.49	3.44	3.41	3.38	3.34	3.32	3.29	3.28	3.25	3.24	3.23
	12.25	**9.55**	**8.45**	**7.85**	**7.46**	**7.19**	**7.00**	**6.84**	**6.71**	**6.62**	**6.54**	**6.47**	**6.35**	**6.27**	**6.15**	**6.07**	**5.98**	**5.90**	**5.85**	**5.78**	**5.75**	**5.70**	**5.67**	**5.65**
8	5.32	4.46	4.07	3.84	3.69	3.58	3.50	3.44	3.39	3.34	3.31	3.28	3.23	3.20	3.15	3.12	3.08	3.05	3.03	3.00	2.98	2.96	2.94	2.93
	11.26	**8.65**	**7.59**	**7.01**	**6.63**	**6.37**	**6.19**	**6.03**	**5.91**	**5.82**	**5.74**	**5.67**	**5.56**	**5.48**	**5.36**	**5.28**	**5.20**	**5.11**	**5.06**	**5.00**	**4.96**	**4.91**	**4.88**	**4.86**
9	5.12	4.26	3.86	3.63	3.48	3.37	3.29	3.23	3.18	3.13	3.10	3.07	3.02	2.98	2.93	2.90	2.86	2.82	2.80	2.77	2.76	2.73	2.72	2.71
	10.56	**8.02**	**6.99**	**6.42**	**6.06**	**5.80**	**5.62**	**5.47**	**5.35**	**5.26**	**5.18**	**5.11**	**5.00**	**4.92**	**4.80**	**4.73**	**4.64**	**4.56**	**4.51**	**4.45**	**4.41**	**4.36**	**4.33**	**4.31**
10	4.96	4.10	3.71	3.48	3.33	3.22	3.14	3.07	3.02	2.97	2.94	2.91	2.86	2.82	2.77	2.74	2.70	2.67	2.64	2.61	2.59	2.56	2.55	2.54
	10.04	**7.56**	**6.55**	**5.99**	**5.64**	**5.39**	**5.21**	**5.06**	**4.95**	**4.85**	**4.78**	**4.71**	**4.60**	**4.52**	**4.41**	**4.33**	**4.25**	**4.17**	**4.12**	**4.05**	**4.01**	**3.96**	**3.93**	**3.91**
11	4.84	3.98	3.59	3.36	3.20	3.09	3.01	2.95	2.90	2.86	2.82	2.79	2.74	2.70	2.65	2.61	2.57	2.53	2.50	2.47	2.45	2.42	2.41	2.40
	9.65	**7.20**	**6.22**	**5.67**	**5.32**	**5.07**	**4.88**	**4.74**	**4.63**	**4.54**	**4.46**	**4.40**	**4.29**	**4.21**	**4.10**	**4.02**	**3.94**	**3.86**	**3.80**	**3.74**	**3.70**	**3.66**	**3.62**	**3.60**
12	4.75	3.88	3.49	3.26	3.11	3.00	2.92	2.85	2.80	2.76	2.72	2.69	2.64	2.60	2.54	2.50	2.46	2.42	2.40	2.36	2.35	2.32	2.31	2.30
	9.33	**6.93**	**5.95**	**5.41**	**5.06**	**4.82**	**4.65**	**4.50**	**4.39**	**4.30**	**4.22**	**4.16**	**4.05**	**3.98**	**3.86**	**3.78**	**3.70**	**3.61**	**3.56**	**3.49**	**3.46**	**3.41**	**3.38**	**3.36**
13	4.67	3.80	3.41	3.18	3.02	2.92	2.84	2.77	2.72	2.67	2.63	2.60	2.55	2.51	2.46	2.42	2.38	2.34	2.32	2.28	2.26	2.24	2.22	2.21
	9.07	**6.70**	**5.74**	**5.20**	**4.86**	**4.62**	**4.44**	**4.30**	**4.19**	**4.10**	**4.02**	**3.96**	**3.85**	**3.78**	**3.67**	**3.59**	**3.51**	**3.42**	**3.37**	**3.30**	**3.27**	**3.21**	**3.18**	**3.16**
14	4.60	3.74	3.34	3.11	2.96	2.85	2.77	2.70	2.65	2.60	2.56	2.53	2.48	2.44	2.39	2.35	2.31	2.27	2.24	2.21	2.19	2.16	2.14	2.13
	8.86	**6.51**	**5.56**	**5.03**	**4.69**	**4.46**	**4.28**	**4.14**	**4.03**	**3.94**	**3.86**	**3.80**	**3.70**	**3.62**	**3.51**	**3.43**	**3.34**	**3.26**	**3.21**	**3.14**	**3.11**	**3.06**	**3.02**	**3.00**
15	4.54	3.68	3.29	3.06	2.90	2.79	2.70	2.64	2.59	2.55	2.51	2.48	2.43	2.39	2.33	2.29	2.25	2.21	2.18	2.15	2.12	2.10	2.08	2.07
	8.68	**6.36**	**5.42**	**4.89**	**4.56**	**4.32**	**4.14**	**4.00**	**3.89**	**3.80**	**3.73**	**3.67**	**3.56**	**3.48**	**3.36**	**3.29**	**3.20**	**3.12**	**3.07**	**3.00**	**2.97**	**2.92**	**2.89**	**2.87**

自由度(分母)

（续）

F 分布的 alpha 水平，0.05（罗马体）和 0.1（粗体）

自由度（分子）

df	1	2	3	4	5	6	7	8	9	10	11	12	14	16	20	24	30	40	50	75	100	250	500	∞
16	4.49	3.63	3.24	3.01	2.85	2.74	2.66	2.59	2.54	2.49	2.45	2.42	2.37	2.33	2.28	2.24	2.20	2.16	2.13	2.09	2.07	2.04	2.02	2.01
	8.53	**6.23**	**5.29**	**4.77**	**4.44**	**4.20**	**4.03**	**3.89**	**3.78**	**3.69**	**3.61**	**3.55**	**3.45**	**3.37**	**3.25**	**3.18**	**3.10**	**3.01**	**2.96**	**2.89**	**2.86**	**2.80**	**2.77**	**2.75**
17	4.45	3.59	3.20	2.96	2.81	2.70	2.62	2.55	2.50	2.45	2.41	2.38	2.33	2.29	2.23	2.19	2.15	2.11	2.08	2.04	2.02	1.99	1.97	1.96
	8.40	**6.11**	**5.18**	**4.67**	**4.34**	**4.10**	**3.93**	**3.79**	**3.68**	**3.59**	**3.52**	**3.45**	**3.35**	**3.27**	**3.16**	**3.08**	**3.00**	**2.92**	**2.86**	**2.79**	**2.76**	**2.70**	**2.67**	**2.65**
18	4.41	3.55	3.16	2.93	2.77	2.66	2.58	2.51	2.46	2.41	2.37	2.34	2.29	2.25	2.19	2.15	2.11	2.07	2.04	2.00	1.99	1.95	1.93	1.92
	8.28	**6.01**	**5.09**	**4.58**	**4.25**	**4.01**	**3.85**	**3.71**	**3.60**	**3.51**	**3.44**	**3.37**	**3.27**	**3.19**	**3.07**	**3.00**	**2.91**	**2.83**	**2.78**	**2.71**	**2.68**	**2.62**	**2.59**	**2.57**
19	4.38	3.52	3.13	2.90	2.74	2.63	2.55	2.48	2.43	2.38	2.34	2.31	2.26	2.21	2.15	2.11	2.07	2.02	2.00	1.96	1.94	1.91	1.90	1.88
	8.18	**5.93**	**5.01**	**4.50**	**4.17**	**3.94**	**3.77**	**3.63**	**3.52**	**3.43**	**3.36**	**3.30**	**3.19**	**3.12**	**3.00**	**2.92**	**2.84**	**2.76**	**2.70**	**2.63**	**2.60**	**2.54**	**2.51**	**2.49**
20	4.35	3.49	3.10	2.87	2.71	2.60	2.52	2.45	2.40	2.35	2.31	2.28	2.23	2.18	2.12	2.08	2.04	1.99	1.96	1.92	1.90	1.87	1.85	1.84
	8.10	**5.85**	**4.94**	**4.43**	**4.10**	**3.87**	**3.71**	**3.56**	**3.45**	**3.37**	**3.30**	**3.23**	**3.13**	**3.05**	**2.94**	**2.86**	**2.77**	**2.69**	**2.63**	**2.56**	**2.53**	**2.47**	**2.44**	**2.42**
21	4.32	3.47	3.07	2.84	2.68	2.57	2.49	2.42	2.37	2.32	2.28	2.25	2.20	2.15	2.09	2.05	2.00	1.96	1.93	1.89	1.87	1.84	1.82	1.81
	8.02	**5.78**	**4.87**	**4.37**	**4.04**	**3.81**	**3.65**	**3.51**	**3.40**	**3.31**	**3.24**	**3.17**	**3.07**	**2.99**	**2.88**	**2.80**	**2.72**	**2.63**	**2.58**	**2.51**	**2.47**	**2.42**	**2.38**	**2.36**
22	4.30	3.44	3.05	2.82	2.66	2.55	2.47	2.40	2.35	2.30	2.26	2.23	2.18	2.13	2.07	2.03	1.98	1.93	1.91	1.87	1.84	1.81	1.80	1.78
	7.94	**5.72**	**4.82**	**4.31**	**3.99**	**3.76**	**3.59**	**3.45**	**3.35**	**3.26**	**3.18**	**3.12**	**3.02**	**2.94**	**2.83**	**2.75**	**2.67**	**2.58**	**2.53**	**2.46**	**2.42**	**2.37**	**2.33**	**2.31**
23	4.28	3.42	3.03	2.80	2.64	2.53	2.45	2.38	2.32	2.28	2.24	2.20	2.14	2.10	2.04	2.00	1.96	1.91	1.89	1.84	1.82	1.79	1.77	1.76
	7.88	**5.66**	**4.76**	**4.26**	**3.94**	**3.71**	**3.54**	**3.41**	**3.30**	**3.21**	**3.14**	**3.07**	**2.97**	**2.89**	**2.78**	**2.70**	**2.62**	**2.53**	**2.48**	**2.41**	**2.37**	**2.32**	**2.28**	**2.26**
24	4.26	3.40	3.01	2.78	2.62	2.51	2.43	2.36	2.30	2.26	2.22	2.18	2.13	2.09	2.02	1.98	1.94	1.89	1.86	1.82	1.80	1.76	1.74	1.73
	7.82	**5.61**	**4.72**	**4.22**	**3.90**	**3.67**	**3.50**	**3.36**	**3.25**	**3.17**	**3.09**	**3.03**	**2.93**	**2.85**	**2.74**	**2.66**	**2.58**	**2.49**	**2.44**	**2.36**	**2.33**	**2.27**	**2.23**	**2.21**
25	4.24	3.38	2.99	2.76	2.60	2.49	2.41	2.34	2.28	2.24	2.20	2.16	2.11	2.06	2.00	1.96	1.92	1.87	1.84	1.80	1.77	1.74	1.72	1.71
	7.77	**5.57**	**4.68**	**4.18**	**3.86**	**3.63**	**3.46**	**3.32**	**3.21**	**3.13**	**3.05**	**2.99**	**2.89**	**2.81**	**2.70**	**2.62**	**2.54**	**2.45**	**2.40**	**2.32**	**2.29**	**2.23**	**2.19**	**2.17**
26	4.22	3.37	2.98	2.74	2.59	2.47	2.39	2.32	2.27	2.22	2.18	2.15	2.10	2.05	1.99	1.95	1.90	1.85	1.82	1.78	1.76	1.72	1.70	1.69
	7.72	**5.53**	**4.64**	**4.14**	**3.82**	**3.59**	**3.42**	**3.29**	**3.17**	**3.09**	**3.02**	**2.96**	**2.86**	**2.77**	**2.66**	**2.58**	**2.50**	**2.41**	**2.36**	**2.28**	**2.25**	**2.19**	**2.15**	**2.13**
27	4.21	3.35	2.96	2.73	2.57	2.46	2.37	2.30	2.25	2.20	2.16	2.13	2.08	2.03	1.97	1.93	1.88	1.84	1.80	1.76	1.74	1.71	1.68	1.67
	7.68	**5.49**	**4.60**	**4.11**	**3.79**	**3.56**	**3.39**	**3.26**	**3.14**	**3.06**	**2.98**	**2.93**	**2.83**	**2.74**	**2.63**	**2.55**	**2.47**	**2.38**	**2.33**	**2.25**	**2.21**	**2.16**	**2.12**	**2.10**
28	4.20	3.34	2.95	2.71	2.56	2.44	2.36	2.29	2.24	2.19	2.15	2.12	2.06	2.02	1.96	1.91	1.87	1.81	1.78	1.75	1.72	1.69	1.67	1.65
	7.64	**5.45**	**4.57**	**4.07**	**3.76**	**3.53**	**3.36**	**3.23**	**3.11**	**3.03**	**2.95**	**2.90**	**2.80**	**2.71**	**2.60**	**2.52**	**2.44**	**2.35**	**2.30**	**2.22**	**2.18**	**2.13**	**2.09**	**2.06**
29	4.18	3.33	2.93	2.70	2.54	2.43	2.35	2.28	2.22	2.18	2.14	2.10	2.05	2.00	1.94	1.90	1.85	1.80	1.77	1.73	1.71	1.68	1.65	1.64
	7.60	**5.42**	**4.54**	**4.04**	**3.73**	**3.50**	**3.33**	**3.20**	**3.08**	**3.00**	**2.92**	**2.87**	**2.77**	**2.68**	**2.57**	**2.49**	**2.41**	**2.32**	**2.27**	**2.19**	**2.15**	**2.10**	**2.06**	**2.03**
30	4.17	3.32	2.92	2.69	2.53	2.42	2.34	2.27	2.21	2.16	2.12	2.09	2.04	1.99	1.93	1.89	1.84	1.79	1.76	1.72	1.69	1.66	1.64	1.62
	7.56	**5.39**	**4.51**	**4.02**	**3.70**	**3.47**	**3.30**	**3.17**	**3.06**	**2.98**	**2.90**	**2.84**	**2.74**	**2.66**	**2.55**	**2.47**	**2.38**	**2.29**	**2.24**	**2.16**	**2.13**	**2.07**	**2.03**	**2.01**

df																							
32	4.15	3.30	2.90	2.67	2.51	2.40	2.32	2.25	2.19	2.14	2.10	2.07	2.02	1.97	1.91	1.86	1.82	1.76	1.74	1.69	1.67	1.64	1.61	1.59
	7.50	5.34	4.46	3.97	3.66	3.42	3.25	3.12	3.01	2.94	2.86	2.80	2.70	2.62	2.51	2.42	2.34	2.25	2.20	2.12	2.08	2.02	1.98	1.96
34	4.13	3.28	2.88	2.65	2.49	2.38	2.30	2.23	2.17	2.12	2.08	2.05	2.00	1.95	1.89	1.84	1.80	1.74	1.71	1.67	1.64	1.61	1.59	1.57
	7.44	5.29	4.42	3.93	3.61	3.38	3.21	3.08	2.97	2.89	2.82	2.76	2.66	2.58	2.47	2.38	2.30	2.21	2.15	2.08	2.04	1.98	1.94	1.91
36	4.11	3.26	2.86	2.63	2.48	2.36	2.28	2.21	2.15	2.10	2.06	2.03	1.98	1.93	1.87	1.82	1.78	1.72	1.69	1.65	1.62	1.59	1.56	1.55
	7.39	5.25	4.38	3.89	3.58	3.35	3.18	3.04	2.94	2.86	2.78	2.72	2.62	2.54	2.43	2.35	2.26	2.17	2.12	2.04	2.00	1.94	1.90	1.87
38	4.10	3.25	2.85	2.62	2.46	2.35	2.26	2.19	2.14	2.09	2.05	2.02	1.96	1.92	1.85	1.80	1.76	1.71	1.67	1.63	1.60	1.57	1.54	1.53
	7.35	5.21	4.34	3.86	3.54	3.32	3.15	3.02	2.91	2.82	2.75	2.69	2.59	2.51	2.40	2.32	2.22	2.14	2.08	2.00	1.97	1.90	1.86	1.84
40	4.08	3.23	2.84	2.61	2.45	2.34	2.25	2.18	2.12	2.07	2.04	2.00	1.95	1.90	1.84	1.79	1.74	1.69	1.66	1.61	1.59	1.55	1.53	1.51
	7.31	5.18	4.31	3.83	3.51	3.29	3.12	2.99	2.88	2.80	2.73	2.66	2.56	2.49	2.37	2.29	2.20	2.12	2.05	1.97	1.94	1.88	1.84	1.81
42	4.07	3.22	2.83	2.59	2.44	2.32	2.24	2.17	2.11	2.06	2.02	1.99	1.94	1.89	1.82	1.78	1.73	1.68	1.64	1.60	1.57	1.54	1.51	1.49
	7.27	5.15	4.29	3.80	3.49	3.26	3.10	2.96	2.86	2.77	2.70	2.64	2.54	2.46	2.35	2.26	2.17	2.08	2.02	1.94	1.91	1.85	1.80	1.78
44	4.06	3.21	2.82	2.58	2.43	2.31	2.23	2.16	2.10	2.05	2.01	1.98	1.92	1.88	1.81	1.76	1.72	1.66	1.63	1.58	1.56	1.52	1.50	1.48
	7.24	5.12	4.26	3.78	3.46	3.24	3.07	2.94	2.84	2.75	2.68	2.62	2.52	2.44	2.32	2.24	2.15	2.06	2.00	1.92	1.88	1.82	1.78	1.75
46	4.05	3.20	2.81	2.57	2.42	2.30	2.22	2.14	2.09	2.04	2.00	1.97	1.91	1.87	1.80	1.75	1.71	1.65	1.62	1.57	1.54	1.51	1.48	1.46
	7.21	5.10	4.24	3.76	3.44	3.22	3.05	2.92	2.82	2.73	2.66	2.60	2.50	2.42	2.30	2.22	2.13	2.04	1.98	1.90	1.86	1.80	1.76	1.72
48	4.04	3.19	2.80	2.56	2.41	2.30	2.21	2.14	2.08	2.03	1.99	1.96	1.90	1.86	1.79	1.74	1.70	1.64	1.61	1.56	1.53	1.50	1.47	1.45
	7.19	5.08	4.22	3.74	3.42	3.20	3.04	2.90	2.80	2.71	2.64	2.58	2.48	2.40	2.28	2.20	2.11	2.02	1.96	1.88	1.84	1.78	1.73	1.70
50	4.03	3.18	2.79	2.56	2.40	2.29	2.20	2.13	2.07	2.02	1.98	1.95	1.90	1.85	1.78	1.74	1.69	1.63	1.60	1.55	1.52	1.48	1.46	1.44
	7.17	5.06	4.20	3.72	3.41	3.18	3.02	2.88	2.78	2.70	2.62	2.56	2.46	2.39	2.26	2.18	2.10	2.00	1.94	1.86	1.82	1.76	1.71	1.68
55	4.02	3.17	2.78	2.54	2.38	2.27	2.18	2.11	2.05	2.00	1.97	1.93	1.88	1.83	1.76	1.72	1.67	1.61	1.58	1.52	1.50	1.46	1.43	1.41
	7.12	5.01	4.16	3.68	3.37	3.15	2.98	2.85	2.75	2.66	2.59	2.53	2.43	2.35	2.23	2.15	2.06	1.96	1.90	1.82	1.78	1.71	1.66	1.64
60	4.00	3.15	2.76	2.52	2.37	2.25	2.17	2.10	2.04	1.99	1.95	1.92	1.86	1.81	1.75	1.70	1.65	1.59	1.56	1.50	1.48	1.44	1.41	1.39
	7.08	4.98	4.13	3.65	3.34	3.12	2.95	2.82	2.72	2.63	2.56	2.50	2.40	2.32	2.20	2.12	2.03	1.93	1.87	1.79	1.74	1.68	1.63	1.60
65	3.99	3.14	2.75	2.51	2.36	2.24	2.15	2.08	2.02	1.98	1.94	1.90	1.85	1.80	1.73	1.68	1.63	1.57	1.54	1.49	1.46	1.42	1.39	1.37
	7.04	4.95	4.10	3.62	3.31	3.09	2.93	2.79	2.70	2.61	2.54	2.47	2.37	2.30	2.18	2.09	2.00	1.90	1.84	1.76	1.71	1.64	1.60	1.56
70	3.98	3.13	2.74	2.50	2.35	2.23	2.14	2.07	2.01	1.97	1.93	1.89	1.84	1.79	1.72	1.67	1.62	1.56	1.53	1.47	1.45	1.40	1.37	1.35
	7.01	4.92	4.08	3.60	3.29	3.07	2.91	2.77	2.67	2.59	2.51	2.45	2.35	2.28	2.15	2.07	1.98	1.88	1.82	1.74	1.69	1.62	1.56	1.53
80	3.96	3.11	2.72	2.48	2.33	2.21	2.12	2.05	1.99	1.95	1.91	1.88	1.82	1.77	1.70	1.65	1.60	1.54	1.51	1.45	1.42	1.38	1.35	1.32
	6.96	4.88	4.04	3.56	3.25	3.04	2.87	2.74	2.64	2.55	2.48	2.41	2.32	2.24	2.11	2.03	1.94	1.84	1.78	1.70	1.65	1.57	1.52	1.49
100	3.94	3.09	2.70	2.46	2.31	2.19	2.10	2.03	1.97	1.92	1.88	1.85	1.79	1.75	1.68	1.63	1.57	1.51	1.48	1.42	1.39	1.34	1.30	1.28
	6.90	4.82	3.98	3.51	3.20	2.99	2.82	2.69	2.59	2.51	2.43	2.36	2.26	2.19	2.06	1.98	1.89	1.79	1.73	1.64	1.59	1.51	1.46	1.43
125	3.92	3.07	2.68	2.44	2.29	2.17	2.08	2.01	1.95	1.90	1.86	1.83	1.77	1.72	1.65	1.60	1.55	1.49	1.45	1.39	1.36	1.31	1.27	1.25
	6.84	4.78	3.94	3.47	3.17	2.95	2.79	2.65	2.56	2.47	2.40	2.33	2.23	2.15	2.03	1.94	1.85	1.75	1.68	1.59	1.54	1.46	1.40	1.37

(续)

F分布的 alpha 水平, 0.05 (罗马体) 和 0.1 (粗体)

自由度 (分子)

自由度(分母)	1	2	3	4	5	6	7	8	9	10	11	12	14	16	20	24	30	40	50	75	100	250	500	∞	
150	3.91	3.06	2.67	2.43	2.27	2.16	2.07	2.00	1.94	1.89	1.85	1.82	1.76	1.71	1.64	1.59	1.54	1.47	1.44	1.37	1.34	1.29	1.25	1.22	150
	6.81	**4.75**	**3.91**	**3.44**	**3.14**	**2.92**	**2.76**	**2.62**	**2.53**	**2.44**	**2.37**	**2.30**	**2.20**	**2.12**	**2.00**	**1.91**	**1.83**	**1.72**	**1.66**	**1.56**	**1.51**	**1.43**	**1.37**	**1.33**	
200	3.89	3.04	2.65	2.41	2.26	2.14	2.05	1.98	1.92	1.87	1.83	1.80	1.74	1.69	1.62	1.57	1.52	1.45	1.42	1.35	1.32	1.26	1.22	1.19	200
	6.76	**4.71**	**3.88**	**3.41**	**3.11**	**2.90**	**2.73**	**2.60**	**2.50**	**2.41**	**2.34**	**2.28**	**2.17**	**2.09**	**1.97**	**1.88**	**1.79**	**1.69**	**1.62**	**1.53**	**1.48**	**1.39**	**1.33**	**1.28**	
400	3.86	3.02	2.62	2.39	2.23	2.12	2.03	1.96	1.90	1.85	1.81	1.78	1.72	1.67	1.60	1.54	1.49	1.42	1.38	1.32	1.28	1.22	1.16	1.13	400
	6.70	**4.66**	**3.83**	**3.36**	**3.06**	**2.85**	**2.69**	**2.55**	**2.46**	**2.37**	**2.29**	**2.23**	**2.12**	**2.04**	**1.92**	**1.84**	**1.74**	**1.64**	**1.57**	**1.47**	**1.42**	**1.32**	**1.24**	**1.19**	
1000	3.85	3.00	2.61	2.38	2.22	2.10	2.02	1.95	1.89	1.84	1.80	1.76	1.70	1.65	1.58	1.53	1.47	1.41	1.36	1.30	1.26	1.19	1.13	1.08	1000
	6.66	**4.62**	**3.80**	**3.34**	**3.04**	**2.82**	**2.66**	**2.53**	**2.43**	**2.34**	**2.26**	**2.20**	**2.09**	**2.01**	**1.89**	**1.81**	**1.71**	**1.61**	**1.54**	**1.44**	**1.38**	**1.28**	**1.19**	**1.11**	
∞	3.84	2.99	2.60	2.37	2.21	2.09	2.01	1.94	1.88	1.83	1.79	1.75	1.69	1.64	1.57	1.52	1.46	1.40	1.35	1.28	1.24	1.17	1.11	1.00	∞
	6.64	**4.60**	**3.78**	**3.32**	**3.02**	**2.80**	**2.64**	**2.51**	**2.41**	**2.32**	**2.24**	**2.18**	**2.07**	**1.99**	**1.87**	**1.79**	**1.69**	**1.59**	**1.52**	**1.41**	**1.36**	**1.25**	**1.15**	**1.00**	

若显著, 则依据数据 所得的 F 值需要等于或者大于本表中所列的数值。

资料来源: Table from *Statistical Methods* (6th ed.) by G. W. Snedecor and W. G. Cochran, Ames, Iowa: Iowa State University Press. Used by permission of the Iowa State University Press, 1967.

表 A-3 皮尔逊积差相关系数的临界值。若显著，则相关系数估计 r 等于或大于表中所列数值

	双侧检验的 alpha 水平				
自由度	0.1	0.05	0.02	0.01	0.001
	单侧检验的 alpha 水平				
自由度 =N−2	0.05	0.025	0.01	0.005	0.0005
1	0.98769	0.99692	0.999507	0.999877	0.9999988
2	0.90000	0.95000	0.98000	0.990000	0.99900
3	0.8054	0.8783	0.93433	0.95873	0.99116
4	0.7293	0.8114	0.8822	0.91720	0.97406
5	0.6694	0.7545	0.8329	0.8745	0.95074
6	0.6215	0.7067	0.7887	0.8343	0.92493
7	0.5822	0.6664	0.7498	0.7977	0.8982
8	0.5494	0.6319	0.7155	0.7646	0.8721
9	0.5214	0.6021	0.6851	0.7348	0.8371
10	0.4973	0.5760	0.6581	0.7079	0.8233
11	0.4762	0.5529	0.6339	0.6835	0.8010
12	0.4575	0.5324	0.6120	0.6614	0.7800
13	0.4409	0.5139	0.5923	0.6411	0.7603
14	0.4259	0.4973	0.5742	0.6226	0.7420
15	0.4124	0.4821	0.5577	0.6055	0.7246
16	0.4000	0.4683	0.5425	0.5897	0.7084
17	0.3887	0.4555	0.5285	0.5751	0.6932
18	0.3783	0.4438	0.5155	0.5614	0.6787
19	0.3687	0.4329	0.5034	0.5487	0.6652
20	0.3598	0.4227	0.4921	0.5368	0.6524
25	0.3233	0.3809	0.4451	0.4869	0.5974
30	0.2960	0.3494	0.4093	0.4487	0.5541
35	0.2746	0.3246	0.3810	0.4182	0.5189
40	0.2573	0.3044	0.3578	0.3932	0.4896
45	0.2428	0.2875	0.3384	0.3721	0.4648
50	0.2306	0.2732	0.3218	0.3541	0.4433
60	0.2108	0.2500	0.2948	0.3248	0.4078
70	0.1954	0.2319	0.2737	0.3017	0.3799
80	0.1829	0.2172	0.2565	0.2830	0.3568
90	0.1726	0.2050	0.2422	0.2673	0.3375
100	0.1638	0.1946	0.2301	0.2540	0.3211

资料来源：Table from *Statistical Table for Biological, Agricultural and Medical Research*, by Fisher and Yates. Copyright © 1963 by Longman Group Ltd.

附录B

统计公式节选

为了帮助刷新和加深你对正文中提到的主要统计检验的记忆和理解，我们在这一附录中附上完整的相应公式。所有公式均从原始分数出发，只有一个例外（这个例外是方差公式，这里我们列出的是基于离差分数的公式）。

在任何情况下，我们都尽可能以最简洁的方式展示公式。如果你还是觉得它们看起来复杂而且陌生，请咨询你的指导老师；因为每个公式存在无数种呈现方式。在可能引起混淆或者无默认做法的情况下，我们会特别注明相关统计符号或者标识的意义。有了这些公式，你应当可以通过手算完成所有正文中的数据分析例子。

Ⅰ.方差和标准差
样本

$$\text{方差} = \frac{\sum\left(X - \overline{X}\right)^2}{N-1}$$

$$\text{标准差} = \sqrt{\text{方差}}$$

总体

$$\text{方差} = \frac{\sum\left(X - \overline{X}\right)^2}{N}$$

$$\text{标准差} = \sqrt{\text{方差}}$$

Ⅱ.皮尔逊积差相关系数

$$r = \frac{N\sum XY - (\sum X)(\sum Y)}{\sqrt{\left[N\sum X^2 - (\sum X)^2\right]\left[N\sum Y^2 - (\sum Y)^2\right]}}$$

式中　N——数据对对数。

Ⅲ.独立样本 t 检验

$$t = \frac{\overline{X}_1 - \overline{X}_2}{\sqrt{\dfrac{\left(\sum X_1^2 - \dfrac{(\sum X_1)^2}{N_1}\right) + \left(\sum X_2^2 - \dfrac{(\sum X_2)^2}{N_2}\right)}{(N_1 - 1) + (N_2 - 1)}\left(\dfrac{1}{N_1} + \dfrac{1}{N_2}\right)}}$$

Ⅳ.相关样本 t 检验

$$t = \frac{\overline{X}_1 - \overline{X}_2}{\sqrt{\dfrac{\sum D^2 - \dfrac{(\sum D)^2}{N}}{N-1}\left(\dfrac{1}{N}\right)}}$$

式中　D——测量1和测量2的差；
　　　N——数据对对数。

Ⅴ.单因素方差分析

$$\text{组间平方和} = \left(\frac{(\sum X_1)^2}{N_1} + \frac{(\sum X_2)^2}{N_2} + \cdots + \frac{(\sum X_j)^2}{N_j}\right) - \frac{(\sum X_{\text{Total}})^2}{N_{\text{Total}}}$$

$$\text{组内平方和} = \left(\sum X_1^2 - \frac{(\sum X_1)^2}{N_1}\right) + \left(\sum X_2^2 - \frac{(\sum X_2)^2}{N_2}\right) + \cdots + \left(\sum X_j^2 - \frac{(\sum X_j)^2}{N_j}\right)$$

$$\text{总平方和} = \sum X_{\text{Total}}^2 - \frac{(\sum X_{\text{Total}})^2}{N_{\text{Total}}}$$

含三自变量的多因素设计

独立样本三因素方差分析

正如我们在第 12 章提到的那样，多因素设计的各种形式几乎是不计其数的，这是因为你可以改变自变量的数量，改变自变量的水平数以及选择如何分配参与人到各组等。因此，第 12 章无法涵盖多因素设计的每种可能。我们集中介绍了最简单的多因素设计（2×2），目的在于保证对基本概念的介绍足够清晰。本附录将要介绍的是含三个自变量的多因素设计。独立样本三因素方差分析适用的条件是含三个自变量（因此得名三因素）并且全部使用独立样本。

为了介绍这一设计，我们将对第 12 章中的第一个实验，即穿着风格和消费者性别的实验（使用多因素组间设计）做最后一次扩展。假定你在与朋友讨论这个实验的结果（还记得吧，我们发现了一个显著的穿着风格和性别的交互作用，具体地说，衣衫褴褛的男性最慢得到销售人员的帮助）。你的朋友想知道这一结果是否适用于所有类型的商场。（有些时候研究思路就是这样想出来的！）这样的想法激起了你的好奇心，你开始计划检验这个新的研究问题。为了尽可能使用简单的设计，你决定只比较两种不同类型的商场（大型折扣商场 vs. 服装专卖店）。这样一来，你的实验设计就是一个 2×2×2（穿着风格 × 消费者性别 × 商场类型）完全随机设计（不同参与人加入不同的组）。图 12-11 展现了该实验的基本设计。销售人员在不同实验处理条件下接待消费者的反应时在表 C-1 中列出。变量的均值以及均值的组合同样在表 C-1 中列出。

表 C-1　在不同类型商场工作的销售人员接待不同穿着风格、不同性别的消费者时的反应时

穿着风格		服装专卖店 消费者性别		大型折扣店 消费者性别		
		女性	男性	女性	男性	
日常休闲		46	38	66	58	日常休闲 M = 55.25
		39	50	59	70	
		50	38	70	58	
		52	*M* = 45.67 44	72	*M* = 65.67 64	
		48	49	48	69	
		54	55	54	75	
		M = 48.17		*M* = 61.50		
衣衫褴褛		37	47	57	61	衣衫褴褛 M = 62.54
		47	69	67	52	
		44	69	64	54	
		62	74	82	59	
		49	77	69	67	
		70	76	90	58	
		M = 51.50	*M* = 68.67	*M* = 71.50	*M* = 58.50	

女性　　*M* = 58.17　　　　服装专卖店　*M* = 53.50
男性　　*M* = 59.63　　消费者性别　*M* = 64.29
总样本 *M* = 58.90

计算机结果

表 C-2 展示了对这个数据的统计分析结果——变异性来源表。正如你所看到的，表格所呈现的信息相当丰富，按照主效应、两因素交互以及三因素交互作用的划分整洁罗列出相应结果。还记得吧，我们反复强调过多次，交互作用高于主效应。在检验三因素交互作用的时候，我们发现了显著的效应（$p = 0.001$）。如果这个交互作用不显著，那么我们应当检查两因素交互作用并用图将其展示出来。[尽管两个两因素交

互作用（穿着风格 × 商场类型以及消费者性别 × 商场类型）都是显著的，但我们并不对其进行解释，因为三因素交互作用高于两因素交互作用。] 如果三因素交互作用不显著并且两个两因素交互作用也不显著，那么我们只需要按照最直接的方式解释主效应就行了。尽管穿着风格和商场类型的主效应都是显著的，但我们并不试图解释它们，因为在这个例子中，三因素交互作用是显著的。要更好地解释穿着风格 × 消费者性别 × 商场类型的交互作用，我们必须借助图像技术（参见图 C-1）。

表 C-2　独立样本三因素方差分析的计算机结果输出

来源表				
变异性来源	平方和	自由度	均方	F	p
穿着风格	638.02	1	638.02	7.69	0.008
消费者性别	25.52	1	25.52	0.31	0.582
商场	1397.52	1	1397.52	16.85	0.001
穿着风格 × 消费者性别	4.69	1	4.69	0.06	0.813
穿着风格 × 商场	414.19	1	414.19	4.99	0.031
消费者性别 × 商场	414.19	1	414.19	4.99	0.031
穿着风格 × 消费者性别 × 商场	1017.52	1	1017.52	12.27	0.001
残差	3316.83	40	82.92		
总和	7228.48	47			

将统计结果翻译成文字

我们发现了显著的三因素交互作用。其他效应（包括主效应和两因素交互作用）都因此可以暂时忽略。在图 C-1 中，我们看到了典型的交互作用模式，也就是图中的直线彼此相交。

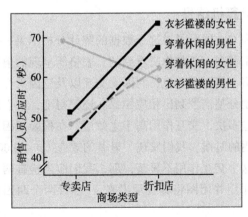

图　C-1

通过仔细查看图 C-1，我们可以发现销售人员接

待消费者的快慢与消费者的穿着风格、性别以及销售人员所在的商场类型有关。图中有一条线明显与其他线不同，即代表衣衫褴褛的男性消费者的直线。请注意，其他三组（穿着休闲的男性、穿着休闲的女性以及衣衫褴褛的女性）得到来自销售人员帮助的时长在大型折扣商场中比在专卖店中要长。然而，对于衣衫褴褛的男性而言，这个趋势是相反的；在折扣商场中他们更快地得到来自销售人员的帮助。我们并不清楚结果为什么会是这样的；我们能做的只有猜测。三组参与人所呈现的趋势与我们大多数人的经历相吻合；相比在大型折扣商场，在"高大上"的专卖店中，你更容易找到销售人员并寻求帮助。另外，可能这样的专卖店的销售人员觉得与衣衫褴褛的男性消费者没有什么生意可做，因此他们在开头的很长一段时间里直接忽略这样的消费者。在大型折扣商场，这样的消费者相对快一些得到帮助，因为销售人员可能会怀疑他是商场窃贼。这仅仅是一种猜测，因此我们应当暂且将其保留，在讨论一节再进行具体分析。

关于这种设计的最后一点：我们需要按照 APA 格式报告结果。对于用 APA 格式撰写如此大量的结果，你可能感到困难。幸运的是，面对规模如此庞大的设计，研究者们通常仅是重点地进行结果展示。以下例子展示了研究者如何简略地报告研究结果。

三因素完全随机方差分析用于分析销售人员的反应时，其中穿着风格、消费者性别以及商场类型为三个自变量。结果表明，穿着风格 × 消费者性别 × 商场类型的交互作用显著，$F(1, 40) = 12.27, p = 0.001$，$\eta^2 = 0.23$，交互作用图参见图 1（图 C-1）。因三因素交互作用显著，所有主效应以及两因素交互作用无须特别解释。

正如你所看到的，大部分的篇幅花费在解释显著的三因素交互作用上，对于剩下的六个效应（三个主效应以及三个两因素交互作用），我们只用了一句话来进行解释。这样的分配不仅相对省事，同时也更加突出重要的信息，即强调其中重要的，一笔带过剩余不太重要但又显著的结果。还记得吧，在第 12 章中我们指出，交互作用会使得对主效应的解释变得没有意义。尽管我们的来源表显示三因素方差分析的结果表明，穿着风格和商场类型的主效应显著，但是单单解释它们本身并没有任何意义。我们无法说销售人员在接待穿着休闲的消费者时反应更快，也无法说专卖店的销售人员反应更快；显著的三因素交互作用告诉我们，基于穿着风格或者商场类型的想法过于简单，难以完整描述我们发现的现象。

你可能还记得在第 12 章中我们讲到过，在多因素设计中，人们很少同时使用三个或者四个因素。在这一附录中，你看到了三因素交互作用的复杂性；想象一下再加入第四个变量！然而，考虑到这种设计所能够提供的海量信息，含两个或者三个变量的多因素设计仍然被研究者广泛使用。在规划你的研究时，我们鼓励你考虑这样的设计。

附录 D

检查你的进度之参考答案

第1章　心理学研究与研究方法课程

第7页 检查你的进度

1.科学研究所涉及的步骤包括以下几个方面。

（1）发现问题。发现知识体系里的漏洞。

（2）综述文献。阅读以往文献，收集所感兴趣的研究领域已获得的研究成果。

（3）理论思考。通过综述文献总结相关理论，根据理论按图索骥，找出相关研究项目。

（4）建立研究假设。根据文献综述总结以往研究的理论假设（在一个相对集中的研究领域内，陈述相关变量之间的关系）。这样的假设有助于发展属于你的研究的实验假设，即你预计的研究结果。

（5）研究计划。指定研究项目的综合计划。

（6）开展研究。依据研究设计完成研究项目。

（7）分析研究结果。根据数据分析的结果，你能够判断研究结果的重要性（显著性）。

（8）根据以往研究与理论做出决定。依据对研究结果的分析，处理当前研究项目和过往研究以及理论发展的关系。

（9）准备研究报告。依据美国心理学会颁布的格式撰写研究项目的理论基础、执行过程以及研究结果。

（10）分享你的结果：报告和出版论著。在职业协会会议上与同行分享你的研究成果或在专业期刊上刊登你的研究报告。

（11）发现新的问题。你的研究结果发掘了知识体系中的另一漏洞，于是研究过程又从新的起点开始。

2. d

3. d

4. d

5. b

6.选修研究方法或者实验心理学课程的理由包括：

　　a. 有助于其他心理学课程。

　　b. 让你在毕业之后能够有能力开展研究项目。

　　c. 有助于研究生深造。

　　d. 可助你成为一名知识渊博的心理学研究消费者。

第2章　提出良好的研究问题并开展合乎伦理的研究项目

第16页 检查你的进度

1.（1）-C；（2）-A；（4）-B；（5）-D

2. 可验证的；成功率

3. 研究想法的非系统性来源包括那些让我们认为研究思路是难以计划的瞬间或情境。这类型的研究想法通常从"灵感""巧合"和"日常事件"中获得。研究想法的系统性来源则是经过精心梳理以及逻辑推理而得出的。这种类型的研究想法通常从"以往研究""理论"以及"课堂讲课内容"中获得。

4. c

5. d

6. a

7. c

第26页 检查你的进度

1. 二战期间发生了许多惨无人道的恶行。一些战俘被强制参加了一些涉及药物、病毒或者有毒物质的实验。塔斯克吉梅毒项目记录了一组并不知情的男性患者的梅毒病情发展过程，期间患者未能接受任何治疗。威洛布鲁克实验项目的医生有意让病人感染肝炎病毒，并且不提供任何治疗，以便达到他们观察疾病发展历程的目的。米尔格拉姆的服从研究考察了被误导的参与人对于权威命令的反应。

2. 纽伦堡准则强调了以下伦理要求：

a. 被试应该同意参加研究

b. 被试应该完全知晓研究计划的特点

c. 必须尽可能避免风险

d. 必须最大限度保护被试以避免风险

e. 研究计划应该由在科学上合格的人员执行

f. 被试有权在任何时候终止参与

3. 如果因为参与人知道实验的目的从而导致研究结果发生偏差或者被污染，那么你需要进行额外的解释。知情同意书可能需要使用更为全面的陈述方式，并且需要明确指出参与人在任何时候都有退出实验的权利。实验后需提供完整的事后说明。

4. a

5. d

6. 在研究中使用动物被试的伦理准则有以下几点要求。

（1）论述研究的必要性。研究必须有一个清晰的科学目的。

（2）研究组成员。只有熟悉动物保护原则并且经过训练的人员才能加入研究成员组。所有的研究程序都必须服从相关联邦法律、法规。

（3）动物护理与饲养环境。动物的饲养环境必须遵循当前条例。

（4）动物的获取。如果动物并非由实验室培育长大，获取动物的途径必须是合法的、符合人道主义的。

（5）实验程序。对于动物身心健康方面的人道主义考虑必须在实验设计以及涉及动物的所有相关实验程序中得到体现，同时需要铭记实验程序的首要目的：获得有效的可重复的数据。

（6）现场研究。现场研究必须获得相关伦理审查委员会的批准。研究人员应当采用相关预防措施，从而尽可能地降低干扰所研究的对象群体以及所处环境。

（7）动物的教学性使用。对动物的教学性使用需获得相关伦理审查委员会的批准。讲授动物研究的道德伦理规范值得提倡。

7. IRB 指伦理审查委员会。大学中的伦理审查委员会通常由来自不同学科的教职工、不同领域的人以及（如果提案中涉及动物的话）兽医组成。伦理审查委员会检查提案中所提议的研究程序、调查问卷、知情同意书、事后说明计划、对动物的使用计划以及事后动物处理程序。

8. 实验者对于研究项目开展和呈现结果过程中的伦理规范负有主要责任。

9. 剽窃是指未注明来源或认可原作者的贡献就使用他人工作的行为。数据造假是指实验者刻意修改或编造数据的行为。工作安全压力（获得终身教职）、提薪压力以及自我实现压力都是引发这些不道德行为的因素之一。

第 3 章　定性研究方法

第 35 页 检查你的进度

1. 定性研究致力于理解社会或者人类问题；试图得出关于这些问题的全局画卷；用文字而非统计来描述其研究发现；主要采用知情人士的视角；并且是在自然环境下完成的。

2. b

3. b

4. d

5. 结构式访谈有预定的脚本、方案或者协议。与之相反，除了少数几点基本准则之外，采用非结构式访谈的研究者允许议题的任何走向。由于非结构式访谈并没有什么标准化格式，所以分析这样的访谈并从中得出结论，特别是在有多名受访者的情况下，是相当困难的。

6. 人工制品分析通常指对现存人工制品的研究和检查。尽管史学分析所使用的数据来源大部分与人工制品分析的一样，但是它们的目的不同，史学分析的目的在于重现已经发生的事件。

7. 研究者使用互动符号研究方法来考察待研究的社交群体所使用的社交符号，诸如具有宗教意义的图标、竞技体育的徽标、帮派相关的涂鸦等，同时研究并考察这些符号之间的关系。

8. d

9. a

10. a

11. d

第4章　非实验方法：描述性方法、相关性研究、事后回溯研究、问卷调查、抽样以及基本研究策略

第42页 检查你的进度

1. 感应或反应效应指的是参与人因为知道他们正在被观测而导致他们的得分或者反应发生偏差或者受到影响的现象。档案研究能够回避感应效应是因为研究者并不直接观测参与人，并且研究项目所使用的数据在进行研究之前就已经记录完毕。

2. d

3. a

4. b

5. 情境抽样和时间抽样被用来增加研究项目的可推广性。

6. 两个观察者之间的一致性被称为观察者间信度。计算方法为用观察者间结论一致的次数除以做结论的总次数再乘以100。所得的结果为一致性的百分比。

7. c

第53页 检查你的进度

1.（1）-D；（2）-F；（3）-G；（4）-C；（5）-A；（6）-E；（7）-B

2. 要开发一个好的调查问卷，需要做到以下几步：①选定信息收集的方式以及选定获取信息的工具类型，②选定问卷题目的类型，③撰写调查问卷的题目，④进行先导测验，⑤选定相关人口学数据，以及⑥制定实施问卷调查所需遵循的程序。

3. d

4. 信件调查的低回复率可以通过以下措施得到改善：①在首次邮寄时加入一封简要总结研究项目的本质和重要性的信件（首次邮寄时需加入一个含收件人地址的预付信封），以及②以每隔两到三周的间隔再次邮寄额外的调查问卷。

5. 使用私人访谈的概率在下降是因为：①所耗费的金钱增长迅速，②同一人完成所有的调查可能会带来有偏向的结论，以及③上门访谈的现象越来越罕见，因为城市居民留居家中的比例在降低而犯罪率在不断上升。

6. 成就测验用于衡量个体的能力掌握水平。能力倾向测验用于测量个体的潜在技巧和能力。

7. d

8. 总体；样本

9. b

10. 随机抽样是指总体中的每个个体都有同样的概率被选中。有放回随机抽样是指所选中的个体可以被放回到总体中，并且在未来可以再次被选中。无放回随机抽样是指被选中的个体不再放回到总体中。

11. 分层随机抽样是指从总体的某个单层中随机选取参与人（例如某个年龄范围的参与人）。使用分层随机抽样，组内同质性就增加了。样本越同质，受到干扰变量的影响就越小。干扰变量的影响越小，组内变异性就越小。

12. 单层研究方法试图从目标总体的某个子群体中获取研究数据。横向研究方法是指在一段相对有限的时间段内比较两组或者更多的参与人。纵向研究方法是指在一段较长的时间内从同一组参与人身上反复获取信息。

第5章　心理学的科学方法

第62页 检查你的进度

1. 科学方法的要素包括客观性（无偏向的收集数据）、发现的可验证性（能够重复或者复制研究项目的能力）、自我纠正（通过重复研究去除错误的发现），以及控制（控制意料之外因素的效应以及对自变量的直接操纵）。

2. 自我纠正是指通过对科学研究的重复实验，纠正其中的错误以及不正确的发现。

3. b

4. 实验者试图确定自变量（因）和之后因变量上发生的变化（效应）之间的关系。

5. b

6. d

7. 综合性命题常用于构建实验假设因为它们既可以为真也可以为假。

8. 通用表达格式按照"如果……那么……"的格式呈现实验假设，其中"如果"部分具体说明对自变量的操纵，而"那么"部分则说明所预测的因变量的变化。

9. d

10. 归纳；演绎

11. b

第 6 章　好的实验 I：变量以及控制

第 70 页 检查你的进度

1. 变量

2.（1）-E；（2）-C；（3）-A；（4）-F；（5）-B；（6）-D

3. c

4. c

5. 如果你认为加入额外的因变量所带来的额外信息是有意义的话，那么应当记录多个因变量。

6. c

第 77 页 检查你的进度

1.（1）-C；（2）-A；（3）-B；（4）-E；（5）-D

2. a

3. a

4. 使用被试内抵消平衡时，每位参与人体验到多种自变量呈现次序。使用组内抵消平衡时，每位参与人只体验到一种自变量呈现次序，并且人人次序不同。

5. $n!$ 是指阶乘或者说将数字分解成逐一递减直至 1 的数列，然后将数列的数字全部乘起来。$n!$ 可以用于确定完全抵消平衡中呈现次序的总数量：$4! = 4 \times 3 \times 2 \times 1 = 24$

6. 不完全抵消平衡程序是指使用部分而非全部可能的呈现实验处理的次序。

第 7 章　好的实验 II：最后的思考、难以预计的影响因素以及跨文化问题

第 81 页 检查你的进度

1. 一旦形成了使用某类参与人的先例或者趋势，那么该研究领域的研究者很可能继续在实验中使用同样的参与人。

2. 小白鼠和大学生是心理学研究最受欢迎的参与人，因为两者的便易性，也因为两者同为典型先例。也就是说，在研究中使用这两种群体的趋势早已确立，并且非常容易获取。

3. b

4. c

5. a

6. 实验者必须注意避免成为精密设备的奴隶。如果这样的事情发生了，那么很可能就变成了设备主导正在开展的研究的类型和 / 或有待考察的因变量的类型。

第 87 页 检查你的进度

1. 实验者的生理特征、心理特征，以及对实验结果的个人预期可能会成为影响参与人反应的无关变量。

2.（1）-C；（2）-A；（3）-B；（4）-E；（5）-D

3. a

4. 自动化的设备和工具常用于呈现指导语和记录数据，这样可以帮助控制实验者预期的效应，因为它们有助于降低实验者与参与人之间的接触。通过降低与参与人的接触，实验者影响实验结果的可能性就大大降低了。

5. b

6. c

第 91 页 检查你的进度

1. a

2. b

3. 跨文化心理学的目的与自我文化中心主义不可兼容，这是因为自我文化中心主义将其他文化视为自我文化的延伸。因此，根据自我文化中心主义的观点，没有必要进行跨文化研究。

4. 文化会影响对研究问题的选择，实验假设的本质，对自变量、因变量的选择，对参与人的选择，抽样程序的选择，以及所使用的调查问卷的类型。

5. b

第 8 章　内部效度和外部效度

第 98 页 检查你的进度

1. a

2. b

3. 评估实验的内部效度是非常重要的，因为如果实验缺乏内部效度，你就很难对结果拥有信心。因果命题在缺乏内部效度的情况下也难以成立。

4.（1）-B；（2）-C；（3）-D；（4）-A

5.（1）-D；（2）-A；（3）-B；（4）-C

6. 该实验可能存在有偏向的被试选取这一对内部效度的威胁。由于所选参与人均为老年人，较今天的大学生而言，他们接受的正规教育可能要少得多。在当今老年人年轻的时代，大学教育的普遍性远不如当今年轻人所处的时代。

7. b

第 108 页 检查你的进度

1. 外部效度是指将实验结果推广到比实验参与人更广泛的人群中的能力。这对于心理学来说非常重要，因为这样我们才可以发展出足够普适的成果并将之运用到大的组织机构中。

2. b

3. 人群可推广性涉及将结果应用到比研究参与人更广泛的群体中。环境可推广性涉及将结果推广到与原实验情境不同的情境中。时间可推广性涉及将实验结果推广到与原实验时段不同的时间段中。

4. 使用不同类型的参与人有助于提高研究结果的外部效度。

5. 跨文化心理学涉及在不同的文化下检验同一心理学原理，从而确定这些原理的可推广性。其与本章的关联之处在于它与外部效度有关。

6. 1-C；2-B；3-D；4-A

7. Mook 认为外部效度只有在我们试图预测真实世界中的行为时才是有意义的。由于许多心理学研究并不致力于这样的预测，因此 Mook 认为外部效度在这些情境中不是必需的。

8. 单个实验基本上是无法拥有高外部效度的，这是因为存在大量对于外部效度的威胁。通常一个实验一次只能控制其中一种威胁。

第 9 章　用统计去回答研究问题

第 118 页 检查你的进度

1.（1）-G；（2）-E；（3）-A；（4）-C；（5）-B；（6）-F；（7）-D

2. c

3. 由于正态分布中三种集中趋势的测量（均值、中位数和众数）是相等的，所以它们中的任何一种都可以作为集中趋势的测量。

4. d

5. 纵坐标是垂直的那个坐标轴；它应当大概是横坐标（水平轴）的 2/3 大小。因变量应当在纵坐标上，自变量则在横坐标上。

6. 因为全距只考虑了最大最小值，完全忽视了其间的整个分数分布，因此全距难以提供太多的信息。

7. a

8. 由于距离均值任意标准差距离的百分比是恒定的，所以以标准差为单位的分数可以横向比较来自不同分布的分数。

第 126 页 检查你的进度

1.（1）-F；（2）-H；（3）-I；（4）-B；（5）-D；（6）-C；（7）-G；（8）-E；（9）-A

2. 正相关意味着一个变量的取值增加，另一个变量的取值也随之增加；完全正相关则意味着一个变量一个单位的增加对应着另一个变量一个单位的增加。

3. 零相关意味着一个变量的变化与另一个变量的变化之间不存在系统性关联。

4. 在比较两个独立组的时候，t 检验比较的是两组的均值差异相对于组内变异性（误差）的大小。因为实验开始时，两组被认定为相等的，因此 t 值越大意味着自变量的影响越大。

5. "显著性"是指实验者认为结果不太可能是由于随机因素造成的那个阈值。如果实验结果不太可能是由于随机因素造成的，我们就做出结论结果显著。尽管实验者可以随意设定显著水平，但是存在惯例将显著水平定为 0.05。

6. 因为研究者往往难以确定研究结果的方向，因此我们总是建议采用无方向的研究假设并使用双侧检验。如果研究假设是有方向的，而出来的结果却恰好相反，那么此时研究者理论上需要强制拒绝实验假设，尽管各组之间可能存在差异。

7. a

8. a

9. c

第 10 章　设计、开展、分析以及解释两组设计实验

第 134 页 检查你的进度

1. 如果只有一组参与人，那么我们无法进行有效的实验，因为我们需要第二组担当比较组。在缺乏一个控制组作为实验组的对照的情况下，我们无法确定自变量是否有效应。

2. 水平

3. 各独立组的参与人彼此之间是不相关的。相关组的参与人彼此之间存在某种关系，因为他们①可能彼此之间存在先天的自然关系（自然成对），②是根据匹配程序挑选出来的（匹配成对），又或者③就是同一

参与人（重复测量）。两者之间的差异对于如何选择恰当的实验设计来说相当重要，因为这是选择实验设计时指引我们决策过程的三个问题之一。

4.（1）-D；（2）-A；（3）-B；（4）-C

5. 在参与人数量较小的情况下，对于随机分配的使用必须保持谨慎，这是因为各组在实验前可能并不相等。

6. 如果实验既可以使用独立组也可以相关组，那么你很可能会根据潜在参与人的数量大小来做出决定。我们通常在参与人数量较小的情况下使用相关组，因为这样我们对于各组之间的等同性更有信心。如果你有大量的潜在参与人，那么独立组（由随机分配产生的）也胜任同样的工作。

7. b

第 138 页 检查你的进度

1. 实验前保证各组是相等的非常重要，因为这样我们才能将所观测到的因变量上的差异归因为自变量。

2. 组间变异性；误差变异性

3. b

4. 相关组在保证实验前各组参与人的等同性以及降低误差变异性方面有着自己的优势。独立组胜在比相关组简单并且能够用于相关组所不能使用的实验情境。

5. 有多种答案。关键点在于比较自变量的不同量级。具有代表性的答案包括学习时间的长短或者说学习实验中强化的强度，薪金或者奖金多少之于工作绩效，以及治疗某种疾病的疗程长短。只要你只使用一个自变量并且操纵的是自变量的量级（而不是有或者无），你的答案就是正确的。

6. 存在许多可能的正确答案。以下是一些可能的答案：不同类型的生活体验、不同专业、不同音乐偏好，以及不同籍贯。只要你所选择的自变量的两个水平都是无法操纵的，答案就是正确的。

第 144 页 检查你的进度

1. 要比较女执行官和男执行官的刻板印象的效应，你应当使用独立样本 t 检验，因为男性和女性是独立的两个人群。

2. 要比较 ERA 之前和之后男执行官的刻板印象的变化，你应当使用相关样本 t 检验，因为这实际上

是重复测量。

3. a

4. 我们通常首先查看计算机输出中的描述性统计，因为这个信息帮助我们掌握各组在因变量上的表现。

5. 方差同质性；方差异质性

6. 文字；数字（统计信息）

7. 组 A，均值为 75，显著高于组 B 的均值 70。

8. 研究是一个循环递进的过程，因为每个实验总是会引出新的问题。有关研究过程循环递进的例子不胜枚举。例如，你可能通过对比控制组考察了某种新型治疗多动症药物的疗效。如果药物有效，那么你需要后续的研究来帮助确定有效的剂量。在未来你还需要对比该药物和即将面市的新型药物。

第 11 章　设计、开展、分析以及解释多组设计实验

第 153 页 检查你的进度

1. 两组设计是多组设计的基本构建模块，因为多组设计本质上就是多个两组设计的组合。因此，多组设计类似于将两组设计组装成三组设计（或更多组）。

2. 1；3

3. 一个多组设计能够回答的问题比一个两组设计所能够回答的多。你可能只能完成一个实验而不是两个或者三个。因此，多组设计比两组设计更有效率，因为你节省了时间、精力、参与人等。

4. 存在多种正确答案。如果你所选的自变量含多个水平（大于二），你的答案就是正确的。例如，如果你想考察大学生出勤率与所在年级的关系，可能会使用含四组参与人的多组设计（大一、大二、大三、大四）。

5. 匹配成组、重复测量以及自然成组均为相关组的生成方法，因为这样产生出来的不同组的参与人彼此之间存在某种相关。

6. 多组设计的组数不存在上限。然而从实际层面出发，对于同一自变量，很少使用超过四组或者五组。

7. 需要多少组才能够充分检验实验假设呢？如果增加自变量的水平数，你会得到更多的重要结果吗？

8. 比独立组设计提供了更全面的控制。

9. 在多相关组设计中，实际方面的考虑更为突出，因为需要平衡更多的参与人。在重复测量设计中，参与人需要完成更多的实验分期。匹配成组必须产生三组（或者更多）相匹配的参与人。自然成组则需要大量的参与人组合。

10. 为了比较长子/女，幼子/女以及独生子女的人格特质，我们应当使用多独立组设计（除非我们根据某些变量对参与人进行匹配程序）。重复测量和自然成组也是可能的（你发现为什么了吗）。如果是这样，我们就是在使用事后回溯研究设计，因为我们无法操纵个体的出生顺序。

第 161 页 检查你的进度

1.

年级

大一	大二	大三	大四

这个实验需要含四组参与人的多独立组设计。适合的统计检验是独立样本单因素方差分析（学生不能同时处于不同年级）。

2.

参加 ACT/SAT 考试

第一次参加	第二次参加	第三次参加

这个问题涉及含三组的多相关组设计。适合的统计检验是相关样本单因素方差分析，因为每位学生参加了同一考试三次（重复测量）。

3. 因为有多于两个组，所以需要事后检验来告诉我们哪两组之间存在显著差异。

4. 组间；组内

5. 根据所给统计信息，你可以做出结论，学生的三次 ACT 或者 SAT 成绩存在显著的不同（也就是存在统计意义上的显著差异）。

6. 要完整而全面地总结问题 5 的结果，你需要进行事后检验，从而比较三个均值。有了这一信息，你就可以判断反复参加入学考试是否会使学生的成绩不断提高。

7. 从第 10 章的"研究的扩展"一节学到东西非常重要，因为从中你学到在证实消费者的穿着会影响销售人员的反应时之后如何进行后续实验。然后后续实验就可以比较三种不同穿着风格对销售人员反应时

的影响。

8. 视情况而定。你是想测量一年四季同一参与人的情绪（多相关组设计）还是测量处于四种不同季节的参与人的情绪（多独立组设计）？两种方法都有可能。你能够为自己的答案辩护吗？如果选择多相关组设计，你的理由应当围绕控制问题展开。如果选择多独立组设计，你应当提到测量大量的参与人。

9. 视情况而定。你是希望让参与人品尝全部四个餐馆的食物（多相关组）还是调查在不同餐馆进餐的人（多独立组）？两种都是可行的。两种选择的理由与问题 8 所总结的类似。

第 12 章 设计、开展、分析以及解释多自变量实验

第 171 页 检查你的进度

1. 两组设计与多因素设计有关，因为它是多因素设计的基石。例如，一个 2×2 多因素设计可以简单地由两个两组设计组装而成（参见以下阴影部分）。

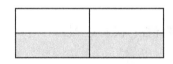

2. 实验所能够使用的自变量数量有实际应用层面的上限，因为这样你才能够简便地解释结果。涉及多个变量的交互作用非常难以理解。

3. d

4.（1）-C；（2）-A；（3）-B

5. 2；4

6. 存在许多不同的正确答案。你的答案应当包括一个含两自变量的实验。一个自变量应当是被试间变量（不同组的参与人之间不存在关联）；另一个则是被试内变量（重复测量或经匹配、自然形成的分组）。例如，你可能将参与人分配到参加 ACT 或者 SAT 培训班的小组或者不参加这类课程的小组（被试间）。每组都参加 ACT 或者 SAT 两次（重复测量）。

第 177 页 检查你的进度

1. 多因素设计是第 10 章、第 11 章设计的组合，因为多因素设计实际上可以通过将两个（或更多）简单设计（单自变量设计）组合成一个含两个（或更多）自变量的单一设计（例如，参见图 12-10）。

2. 一个 2×4×3 的实验设计包含三个自变量；

一个有两个水平、一个四水平、一个三水平。

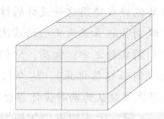

3. 完全组间设计对每个自变量均采用独立组。完全组内设计则均采用相关组。混合设计则至少一个自变量使用独立组、一个使用相关组。这些设计的相似之处在于它们都是多因素设计。当然，它们在如何分配参与人形成分组上存在差异。

4. 在选择哪一种多因素设计时，你的实验问题是你的第一考虑因素，因为你提出的实验问题个数决定了实验所涉及的自变量数量。

5. 测量出来的

6. 你的朋友列出了六个希望加入实验的自变量。这对于起步实验来说有点儿过于冒进了，并且如果你考虑到那么多的交互作用的话，解释这样的结果将会是难以想象的困难。

7. a

第 187 页 检查你的进度

1. 你的实验设计有两个自变量：年级和性别。两个都是被试间变量，因为同一名参与人不可能同时在两个或者更多组中。你应当使用组间多因素设计并且使用独立样本多因素方差分析来进行数据的检验。你的模块示意图如下。

	男性	女性
大一		
大二		
大三		
大四		

2. 这个实验有两个自变量：考试练习以及培训课程。两个都是被试内变量，因为每位参与人反复参加了考试并且参加了培训课程。你应当使用组内多因素设计并使用相关样本多因素方差设计来分析数据。你的模块示意图如下。

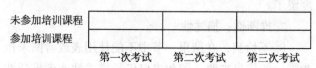

	第一次考试	第二次考试	第三次考试
未参加培训课程			
参加培训课程			

3. 你有两个自变量：练习和课程。然而培训课程现在是一个被试间变量，因为有些参与人参加了培训课程有些则没有。考试练习则是一个被试内变量，因为每位参与人都参加了考试三次（重复测量）。因此，你所使用的是混合多因素设计并且应当使用混合设计多因素方差分析来进行数据分析。你的模块示意图应当与问题 2 的一样，只除了分配参与人所使用的方法不同。

4. 交互作用是指两个自变量同时起作用并且其中一个自变量的效应取决于第二个自变量的具体水平。显著的交互作用掩蔽任何主效应，因为交互作用改变了显著主效应的意义。

5. a

6. 这个实验含两个自变量：季节和性别。性别总是被试间变量，因此你只能在组间多因素设计和混合多因素设计之间进行选择。你的决定取决于你如何对待不同季节中的参与人。如果你想在不同季节中使用不同的参与人，那么两个自变量都是被试间变量，这样你应当使用组间多因素设计。如果你想让每位参与人遍历所有季节，那么你所使用的就是混合多因素设计。你的选择还可能取决于你能够找到的参与人数量，因为参与人数量多，使用被试间设计是可以被接受的。

7. 这个实验有两个自变量：餐馆和年龄。年龄一定是被试间的；餐馆可以是被试间的，也可以是被试内的，取决于是同一参与人还是不同参与人在不同餐馆就餐。因此你面临的选择与问题 6 的一致。

第 13 章　备选研究设计

第 193 页 检查你的进度

1. 随机分配；实验设计

2. 使用随机分配是非常重要的，因为它有助于保证实验开始时各组之间的相等性。

3. 随机选取是指以非系统化的方式从总体中抽取参与人。随机分配则指以非系统化的方式将随机选取来的参与人分配到不同组中。

4. 使用前测后测控制组设计来保障内部效度存在问题，因为这一设计无法控制所有对内部效度的威胁。

5. d

6. 使用所罗门四组设计来提高内部效度的主要问

题在于不存在能够分析这种设计下所采集的所有数据的统计检验。

7. 仅后测控制组设计是一种很好的可以提高内部效度的选择，因为它看起来控制了第8章中提到的对内部效度的威胁。画出仅后测控制组设计的通用示意图是不可能的，因为根据实验中所涉及的处理组的数量，这种设计存在许多不同的衍生设计（例如，参见图 13-5 以及图 13-6）。

第 201 页 检查你的进度

1. 近期，单个案设计的使用在逐步降低，因为统计技术的进步，包括统计检验和计算机化分析程序的发展。

2. 单个案设计可以用于否定一个理论，因为否定一个理论的普遍适用性只需要一个反例。

3. 基线；3

4. a

5. 支持：对数据进行简单的视觉检查可能得出错误的结论。统计分析能够增加准确性。

反对：实验处理所产生的效应应当是视觉可察的。临床重要性（显著）比统计重要性（显著）重要得多。

6.（1）-C；（2）-A；（3）-B

7. 在实际研究中，你可能被迫选择 A–B 单个案设计，因为撤回一种实验处理可能是不合乎实际或者不道德的。这样的例子有很多。假定你的参与人是患有厌食症或者贪食症的个体，你实施了某种治疗方法，个体的症状得到很大改善。若停止治疗，你可能会担心病情的复发。

第 208 页 检查你的进度

1. 实验设计包括对自变量的操纵、对无关变量的控制以及对因变量的测量，最终建立因果关系。事后回溯设计涉及早已发生或者事先已经确定的自变量，例如性别。准实验设计涉及对自变量的操纵，但是参与人的分组是事先就已经完成的，例如让男性和女性参与人的某个方面发生变化。

2. 在随机分配不可行或者在评估一个正在进行的项目时，你可能愿意选择使用准实验设计而不是实验设计。

3.（1）-B、C、F、；（2）-A、D①、E

①图 13-15 给人的印象是间断时间序列设计含有

前测——在某些情境中，它确实可能含有前测这一过程。然而，在其他许多使用这一设计的情境中，在研究处理之前的观测并非真正意义上的前测，因为它们并不在我们计划的实验之中；相反，它们代表的仅仅是现有的数据（例如销售记录）。这个区别相当的细微，并且我们很容易就认为两种设计都含有前测。

4. Geronimus 研究中支撑青少年妈妈生育有正面影响的结论的关键之处在于意识到找到一个真正意义上的控制组是不可能的任务；因此我们需要一个有力的比较组。

5. 对于头盔法案的结论，我们更有把握是因为它实际上是一种 A–B–A 设计，而 AFDC 研究仅仅是一种 A–B 设计。如果我们能够回到基线水平，对结果的解读通常会更加完善。

6. d

第 14 章 按 APA 格式编撰研究报告

第 232 页 检查你的进度

1. APA 格式是指美国心理学会所采用标准写作格式，用于规范心理学研究报告的撰写。该格式获得广泛接受。发展 APA 格式的目的在于标准化和规范化心理学领域的学术发表。

2.（1）-D；（2）-C；（3）-B；（4）-A

3. 摘要是大多数研究报告中被阅读最多的部分，因为摘要在 *Psychological Abstracts* 上公开发表并且在 PsycINFO 中被录入到计算机化索引系统中。

4. 导论与典型的期末报告类似，它概括了相对狭窄的课题的相关知识要点。它又与期末报告有所不同，因为它还展示了如何从已有知识推至新实验的逻辑连接过程。

5. c

6. 方法一节主要用于描述①研究参与人，②研究所使用的设备或者材料，以及③实验是如何进行的。尽管所有这些信息都是重要的，但实验程序可能是其中最重要的，因为它能够让研究者重复研究。使用不同的参与人或者设备（材料）其实仅仅是增加外部效度罢了。

7. 推断性；描述性

8. 不恰当，在结果一节中不能使用表或者图来作为唯一的信息来源。图和表仅仅是描述性或者推断性统计的辅助，而不能替代它们。

9. 尽管这一答案可能有不少争议，但是这个论点确实强而有力：讨论一节是最重要的部分，因为它总结了支持实验的论据，将论据与以往的发现联系起来，并且得出更为全面的结论。

10. 引用串编书籍的章节远比引用期刊论文或者书籍要复杂得多，因为这样的引用需要包括所在章节和所在书籍的信息。

11.（1）-E；（2）-B；（3）-G；（4）-H；（5）-A；（6）-D；（7）-F；（8）-C

第 243 页　检查你的进度

1. 不应当采用类似著名作家那样的风格来撰写研究论文，因为我们的主要目的是交流而不是娱乐。

2. 改善写作风格的三种策略是①根据提纲撰写报告；②撰写初稿后停一段时间然后重新阅读；以及③让第三人阅读和评价你的写作。你需要询问自己根据这三条建议，如何改善写作。

3. c

4. a. Jones（1995）conducted an experiment.

b. The participants sat in desks around the room.

c. I（or "The experimenter"）projected the stimulus items from the rear of the cubicle.

d. I found a significant interaction. Or The data showed a significant interaction.

5. a. The participants that were older were tested first.（将老年参与人与年轻参与人区分开来是不可或缺的）

b. The room, which was a classroom, was used for testing.（所用房间是一间教室可能仅仅是一个辅助信息，对于房间的描述并非至关重要。）

6. a. Because you are the oldest, you should go first. 这里"Since"是错误的，因为 since 之后是在给出某种判定的理由而与时间无关。

b. "Since" I began that class I have learned much about statistics. 这里使用"Since"是正确的，因为 since 在这里指代选修课程之前这个时间点。

c. "While" we are watching TV, we can also study. 正确，因为 while 在这里指代看电视和学习是同时进行的。

d. Although you are older than I, I should still go first. "while"在这里是不正确的，因为这里讲述的是对比而不是时间。

7. Orientals—Asians

Mankind—humankind or humans

Mothering—parenting

Homosexuals—lesbian, gay

Elderly—elderly people（或者具体指明年龄段）

Girls and men—women and men

Chairman—chair

Depressives—depressed patients

8. a + b = c　　　　　trial-by-trail

　−1　　　　　　　　Enter: Your name

参 考 文 献

Adair, J. G., & Vohra, N. (2003). The explosion of knowledge, references, and citations: Psychology's unique response to a crisis. *American Psychologist, 58.*

Allen, A. M., & Riedle, J. E. (2011). The effects of framing on attitudes toward marijuana use. *Psi Chi Journal of Undergraduate Research, 16,* 3–11.

The American Enterprise. (1993, September/October). p. 101. From Figure 9-3.

American Psychological Association. (1973). *Ethical principles in the conduct of research with human participants.* Washington, DC: Author.

American Psychological Association. (1982). *Ethical principles in the conduct of research with human participants.* Washington, DC: Author.

American Psychological Association. (2001). *Publication manual of the American Psychological Association,* pp. 61–62.

American Psychological Association. (2001). *Publication manual of the American Psychological Association,* pp. 239, 240, 248, 239.

American Psychological Association. (2010). *Publication manual of the American Psychological Association* (6th ed.). Washington, DC: Author.

American Psychological Association. (2001). *Thesaurus of psychological index terms* (9th ed.). Washington, DC: Author.

American Psychological Association (APA). (2002). Ethical principles of psychologists and code of conduct. *American Psychologist, 57,* 1060–1073.

American Psychological Association. (2003). *APA Style. org: Electronic references.* Retrieved July 17, 2005, from http://www.apastyle.org/elecref.html.

Anastasi, A. (1988). *Psychological testing* (6th ed.). New York: Macmillan.

Anastasi, A., & Urbina, S. (1997). *Psychological testing* (7th ed.). Upper Saddle River, NJ: Prentice Hall.

Aronson, Eliot, & Carlsmith, J. M. (1968). Experimentation in social psychology. *The Handbook of social psychology* (2nd ed., vol. 2). Reading, MA: Addison Wesley, pp. 1–79.

Ball, R. M., Kargl, E. S., Kimpel, J. D., & Siewert, S. L. (2001). Effect of sad and suspenseful mood induction on reaction time. *Psi Chi Journal of Undergraduate Research, 6,* 21–27.

Barlow, D. H., & Hersen, M. (1973). Single-case experimental designs. *Archives of General Psychiatry, 29,* 319–325.

Baumrind, D. (1964). Some thoughts on the ethics of research: After reading Milgram's "Behavioral study of obedience." *American Psychologist, 19,* 421–423.

Beach, F. A. (1950). The snark was a boojum. *American Psychologist, 5,* 115–124.

Beauchamp, T. L., & Childress, J. F. (1979). *Principles of biomedical ethics.* New York: Oxford University Press.

Bedlow, M., Hymes, R., & McAuslan, P. (2011). Hair color stereotypes and their associated perceptions in relationships and the workplace. *Psi Chi Journal of Undergraduate Research, 16,* 12–19.

Bellquist, J. E. (1993). *A guide to grammar and usage for psychology and related fields.* Hillsdale, NJ: Erlbaum.

Benjamin, L. T., Jr. (1992, April). *Health, happiness, and success: The popular psychology magazine of the 1920s.* Paper presented at the annual meeting of the Eastern Psychological Association, Boston, MA.

Bennett, S. K. (1994). The American Indian: A psychological overview. In W. J. Lonner & R. Malpass (Eds.), *Psychology and culture* (pp. 35–39). Boston: Allyn and Bacon.

Bishop's University Psychology Department (1994). *Plagiarism pamphlet.*

Blumenthal, A. L. (1991). The intrepid Joseph Jastrow. In G. A. Kimble, M. Wertheimer, & C. L. White (Eds.), *Portraits of pioneers in psychology* (pp. 75–87). Washington, DC: American Psychological Association.

Blumer, H. (1969). *Symbolic interactionism: Perspective and methods.* Berkeley, CA: University of California Press.

Bodner, D., Cochran, C. D., & Blum, T. L. (2000). Unique invulnerability measurement in skydivers: Scale validation. *Psi Chi Journal of Undergraduate Research, 5,* 104–108.

Boice, M. L., & Gargano, G. J. (2001). Part-set cuing is due to strong, not weak, list cues. *Psi Chi Journal of Undergraduate Research, 6,* 118–122.

Boring, E. G. (1950). *A history of experimental psychology.*

Brayko, C., Harris, S., Henriksen, S., & Medina, A. M. (2011). Personal prejudice: Examining relations among trait characteristics, parental experiences, and implicit bias. *Psi Chi Journal of Undergraduate Research, 16,* 20–25.

Brewer, Charles L. (2002). Reflections on an academic career: From which side of the looking glass? In S. F. Davis & W. Buskist, *The teaching of psychology: Essays in honor of Wilbert J. McKeachie and Charles L. Brewer,* pp. 499–507.

Bridgman, P. W. (1927). *The logic of modern physics*. New York: Macmillan.

Broad, W. J. (1980). Imbroglio at Yale (I): Emergence of a fraud. *Science, 210*, 38−41.

Burkley, McFarland, Walker, & Young. (2000). Informed consent: A methodological confound? *Psi Chi Journal of Undergraduate Research, 5*, 44.

Campbell, Donald T. (1957). Factors Relevant to the validity of experiments in social settings. *Psychological Bulletin*, 297−312.

Campbell, D. T. (1969). Reforms as experiments. *American Psychologist, 24*, 409−429.

Campbell & Stanley. (1966). *Experimental and quasi experimental designs for research*.

Claus, M. K. (2000). Gendered toy preferences and assertiveness in preschoolers. *Journal of Psychological Inquiry, 5*, 15−18.

Cochran, W. G., Snedecor, G. W. (1967). Table A-2, the F distribution. *Statistical methods* (6th ed.). Iowa State University Press. Used by permission of the Iowa State University Press.

Cohen, J. (1977). *Statistical power analysis for the behavioral sciences* (rev. ed.). New York: Academic Press.

Cook, T. D., & Campbell, D. T. (1979). *Quasi-experimentation: Design & analysis issues for field settings*. Boston: Houghton Mifflin.

Corkin, S. (1984). Lasting consequences of bilateral medial temporal lobectomy: Clinical course and experimental findings in H. M. *Seminars in Neurology, 4*, 249−259.

Creswell. J. W. (1994). *Research design: Qualitative and quantitative approaches*.

Darley, J. M., & Latané, D. (1968). Bystander intervention in emergencies: Diffusion of responsibility. *Journal of Personality and Social Psychology, 8*, 377−383.

Davis, S. F., Grover, C. A., & Erickson, C. A. (1987). A comparison of the aversiveness of denatonium saccharide and quinine in humans. *Bulletin of the Psychonomic Society, 25*, 462−463.

Davis, S. F., Grover, C. A., Erickson, C. A., Miller, L. A., & Bowman, J. A. (1987). Analyzing the aversiveness of denatonium saccharide. *Perceptual and Motor Skills, 64*, 1215−1222.

Dickson et al. (2001). Eminem vs. Charley Pride: Race, stereotypes and perceptions of rap and country music performers. *Psi Chi Journal of Undergraduate Research, 6*, 175−180.

Doyle, A. C. (1927). *The complete Sherlock Holmes*. Garden City, NY: Doubleday.

Driggers, K. J., & Helms, T. (2000). The effects of salary on willingness to date. *Psi Chi Journal of Undergraduate Research, 5*, 76−80.

Dukes, W. F. (1965) *N* = 1. *Psychological Bulletin, 64*, 74−79.

Duncan, K., & Hughes, F. (2011). Parental support mediates the link between marital conflict and child internalizing symptoms. *Psi Chi Journal of Undergraduate Research, 16*, 8−89.

Dunham, R. G., & Yandell, L. R. (2005). A measure of drawing self-efficacy: A psychometric evaluation. *Psi Chi Journal of Undergraduate Research, 10*, 18.

Dunn, J., Ford, K., Rewey, K. L., Juve, J. A., Weiser, A., & Davis, S. F. (2001). A modified presubmission checklist. *Psi Chi Journal of Undergraduate Research, 6*, 142−144.

Early, K. E., Holloway, A. L., & Welton, G. L. (2005). A look into forgiveness: The roles of intentionality, severity, and friendship. *Psi Chi Journal of Undergraduate Research, 10.2*, 54−59.

Einsel, K., & Turk, C. L. (2011). Social anxiety and rumination: Effect on anticipatory anxiety, memory bias, and beliefs. *Psi Chi Journal of Undergraduate Research, 16*, 26−31.

Featherston, J. (2008). Qualitative research. In S. F. Davis & W. Buskist (Eds.), *21st century psychology: A reference handbook*, 93−100.

Festinger, L. (1957). *A theory of cognitive dissonance*. Stanford, CA: Stanford University Press.

Fine, M., et al. (2003). Participatory action research: From within and beyond prison bars. In P. M. Camic, J. E. Rhodes, & L. Yardley (Eds.), *Qualitative research in psychology: Empirical studies of scientific change*, 197−230.

Franklin, M. B. (1990). Reshaping psychology at Clark: The Werner Era. *Journal of the History of the Behavioral Sciences, 26*, 176−189.

Freeman, N. J., & Punzo, D. L. D. (2001). Effects of DNA and eyewitness evidence on juror decisions. *Psi Chi Journal of Undergraduate Research, 6*, 109−117.

Geronimus, A. T. (1991). Teenage childbearing and social and reproductive disadvantage: The evolution of complex questions and the demise of simple answers. *Family Relations, 40.4*, 463−471.

Gibson, A. R., Smith, K., & Torres, A. (2000). Glancing behavior of participants using automated teller machines while bystanders approach. *Psi Chi Journal of Undergraduate Research, 5*, 148−151.

Gilbert, D. T., & Malone, P. S. (1995). The correspondence bias. *Psychological Bulletin, 117*, 21−38.

Glesne, C. (1999). *Becoming qualitative researchers: An introduction* (2nd ed.). New York: Longman.

Goodwin, C. J. (2005). *A history of modern psychology* (2nd ed.). Hoboken, NJ: Wiley.

Gray, A. D., & Lucas, J. L. (2001). Commuters' subjective perceptions of travel impedance and their stress levels. *Psi Chi Journal of Undergraduate Research, 6*, 79−83.

Grazer, B. (Producer), & Howard, R. (Producer/Director). 2001. *A beautiful mind* [Motion picture]. United States: Universal Studios.

Grazer, B. (Producer), & Howard, R. (Producer/Director). 2001. *A beautiful mind* [Motion picture]. United States: Universal Studios.

Guba, E. G., & Lincoln, Y. S. (1994). Competing paradigms in qualitative research. In N. K. Denzin & Y. S. Lincoln (Eds.), *Handbook of qualitative research* (pp. 60−69). Thousand Oaks, CA: Sage.

Guerin, B. (1986). Mere presence effects in humans: A review. *Journal of Personality and Social Psychology, 22*, 38−77.

Guthrie, R. V. (1976). *Even the rat was white: A historical view of psychology*. New York: Harper & Row.

Hall, R. V. et al. (1971). The teacher as observer and experimenter in the modification of disputing and talking-out behaviors. *Journal of Applied Behavior Analysis, 4*, 141−149.

Hatch, J. A. (2002). *Doing qualitative research in educational settings*. Albany: State University of New York Press.

Hayes, K. M., Miller, H. R., & Davis, S. F. (1993). *Examining the relationships between interpersonal flexibility, self-esteem, and death anxiety*. Paper presented at the annual meeting of the Southwestern Psychological Association, Corpus Christi, TX.

Hedrick, T. E., Bickman, L., & Rog, D. J. (1993). *Applied research design: A practical guide*. Newbury Park, CA: Sage, p. 59

Hedrick, T. E., & Shipman, S. L. (1988). Multiple questions require multiple designs: An evaluation of the 1981 changes to the AFDC program. *Evaluation Review, 12*, 427–448.

Helmreich, R., & Stapp, J. (1974). Short form of the Texas Social Behavior Inventory (TSBI), an objective measure of self-esteem. *Bulletin of the Psychonomic Society, 4*, 473–475.

Hersen, M. (1982). Single-case experimental designs. In A. S. Bellack, M. Hersen, & A. E. Kazdin (Eds.), *International handbook of behavior modification and therapy* (pp. 167– 203). New York: Plenum Press.

Hersen, M., & Barlow, D. H. (1976). *Single-case experimental designs: Strategies for studying behavioral change*.

Hilts, P. J. (1995). *Memory's ghost: The strange tale of Mr. M and the nature of memory*. New York: Simon & Schuster.

Horvat, J., & Davis, S. F. (1998). *Doing psychological research*. Upper Saddle River, NJ: Prentice Hall.

Howard, D. (1997). Language in the human brain. In M. D. Rugg (Ed.), *Cognitive neuroscience* (pp. 277–304). Cambridge: MA: MIT Press.

Huff, D. (1954). *How to lie with statistics*. New York: Norton.

Ittayem, N. M., & Cooley, E. L. (2004). Self-disclosure of emotional experiences: Narrative writing and drawing for stress reduction. *Psi Chi Journal of Undergraduate Research, 9*, 126–133.

James, N., & Pritchard, M. (2005). The relationship between disordered eating and stress, class year, and figure dissatisfaction among college students. *Psi Chi Journal of Undergraduate Research, 10*, 60–65.

Jones, J. H. (1981). *Bad blood: The Tuskegee syphilis experiment*. New York: Free Press.

Jones, J. M. (1994). The African American: A duality dilemma? In W. J. Lonner & R. Malpass (Eds.), *Psychology and culture* (pp. 17–21). Boston: Allyn and Bacon.

Jones, M. D. (2001). The effects of noise and sex on children's performance on recall and spatial tasks. *Psi Chi Journal of Undergraduate Research, 6*, 63–67.

Jones, R. R., Vaught, R. S., & Weinrott, M. (1977). Time-series analysis in operant research. *Journal of Applied Behavior Analysis, 10*, 151–166.

Kalat, J. (2001). *Biological psychology* (7th ed.). Belmont, CA: Wadsworth.

Kaser, R. T. (1998). Secondary information services—Mirrors of scholarly communication: Forces and trends. In A. Henderson (Ed.), *Electronic databases and publishing* (pp. 9–23). New Brunswick, NJ: Transaction.

Kazdin, A. E. (1976). Statistical analyses for single-case experimental designs. In M. Hersen & D. H. Barlow (Eds.), *Single-case experimental designs: Strategies for studying behavioral change* (pp. 265–316). New York: Pergamon Press.

Kazdin. (1976). Psychometric properties of the psychopathology instrument for mentally retarded adults. *Applied Research in Mental Retardation, 5.1*, 81–89.

Kazdin, A. E. (1984). *Behavior modification in applied settings* (3rd ed.). Homewood, IL: Dorsey Press.

Kazlauskas, M. A., & Kelland, M. D. (1997). Behavioral evaluation of the stargazer mutant rat in a tactile startle paradigm. *Psi Chi Journal of Undergraduate Research, 2*, 90–98.

Keith-Spiegel, P., & Wiederman, M. W. (2000). *The complete guide to graduate school admission: Psychology, counseling, and related professions* (2nd ed.). Mahwah, NJ: Erlbaum.

Keppel, G., Saufley, W. H., Jr., & Tokunaga, H. (1992). *Introduction to design & analysis: A student's handbook* (2nd ed.). New York: W. H. Freeman.

Kiker, K. (2001). Developmental changes in children's measurement errors. *Psi Chi Journal of Undergraduate Research, 6*, 68–74.

Kimmel, A. J. (1988). *Ethics and values in applied social research*. Beverly Hills, CA: Sage.

Kirk, R. E. (1968). *Experimental design: Procedures for the behavioral sciences*. Belmont, CA: Brooks/Cole.

Kirk, R. E. (1996, April). *Practical significance: A concept whose time has come*. Southwestern Psychological Association presidential address. Houston, TX.

Koestler, A. (1964). *The act of creation*. New York: Macmillan.

Kohn, P. M., Lafreniere, K., & Gurevich, M. (1990). The Inventory of College Students' Recent Life Experiences: A decontaminated hassles scale for a special population. *Journal of Behavioral Medicine, 13*, 619–630.

Korn, J. H. (1988). Students' roles, rights, and responsibilities as research participants. *Teaching of Psychology, 15*, 74–78. Sage Publications Ltd. Reprinted with permission.

Krantz, D. S., Glass, D. C., & Snyder, M. L. (1974). Helplessness, stress level, and the coronary-prone behavior pattern. *Journal of Experimental Social Psychology, 10*, 284–300.

Kuckertz, J. M., & McCabe, K. M. (2011). Factors affecting teens' attitudes toward their pregnant peers. *Psi Chi Journal of Undregraduate Research, 16*, 32–42.

Landrum, R. E., & Davis, S. F. (2006). *The psychology major: Career options and strategies for success* (3rd ed.). Upper Saddle River, NJ: Prentice Hall.

Lang, P. J., & Melamed, B. G. (1969). Avoidance conditioning therapy of an infant with chronic ruminative vomiting. *Journal of Abnormal Psychology, 74*, 1–8.

Langley, W. M., Theis, J., Davis, S. F., Richard, M. M., & Grover, C. A. (1987). Effects of denatonium sacccharide on the drinking behavior of the grasshopper mouse (*Onychomys leucogaster*). *Bulletin of the Psychonomic Society, 25*, 17–19.

Larey, A. (2001). Effect of massage and informal touch on body-dissatisfaction, anxiety, and obsessive-compulsiveness. *Journal of Psychological Inquiry, 6*, 78–83.

Lee, D. J., & Hall, C. C. I. (1994). Being Asian in North America. In W. J. Lonner & R. Malpass (Eds.), *Psychology and culture* (pp. 29–33). Boston: Allyn and Bacon.

Leonard, V., & Mooney, R. (1950). *Mooney problem check lists*.

Licht, C. A., & Solomon, L. Z. (2001). Occupational stress as a function of type of organization and sex of employee: A reassessment. *Psi Chi Journal of Under-*

graduate Research, 6, 14–20.

Lincoln, Y. S., & Guba, E. G. (1985). Naturalistic inquiry. Beverly Hills, CA: Sage.

Lonner, W. J., & Malpass, R. (1994a). Preface. In W. J. Lonner & R. Malpass (Eds.), Psychology and culture (pp. ix–xiii). Boston: Allyn and Bacon.

Lonner, W. J., & Malpass, R. (1994b). When psychology and culture meet: An introduction to cross-cultural psychology. In W. J. Lonner & R. Malpass (Eds.), Psychology and culture (pp. 1–12). Boston: Allyn and Bacon.

Losch, M. E., & Cacioppo, J. T. (1990). Cognitive dissonance may enhance sympathetic tonus, but attitudes are changed to reduce negative affect rather than arousal. Journal of Experimental Social Psychology, 26, 289–304.

Lucas, G. M., et al. (2005). Memory for computer-generated graphics: Boundary extension in photographic vs. computer-generated images. Psi Chi Journal of Undergraduate Research, 10, 43–48.

Luehring, J., & Altman, J. D. (2000). Factors contributing to sex differences on the mental rotation task. Psi Chi Journal of Undergraduate Research, 5, 29–35.

Mahoney, M. J. (1987). Scientific publication and knowledge politics. Journal of Social Behavior and Personality, 2, 165–176.

Marín, G. (1994). The experience of being a Hispanic in the United States. In W. J. Lonner & R. Malpass (Eds.), Psychology and culture (pp. 23–27). Boston: Allyn and Bacon.

Marzola, L. M., & Brooks, C. I. (2004). Journal citation frequency in the Psi Chi Journal of Undergraduate Research. Psi Chi Journal of Undergraduate Research, 9, 146–149.

Matsumoto, D. (2000). Culture and psychology: People around the world (2nd ed.). Belmont, CA: Wadsworth.

McClellan, K. S., & Woods, E. B. (2001). Disability and society: Appearance stigma results in discrimination toward deaf persons. Psi Chi Journal of Undergraduate Research, 6, 57–62.

McGuigan, F. J. (1960). Experimental psychology. Englewood Cliffs, NJ: Prentice Hall.

McInerny, R. M. (1970). A history of Western philosophy. Notre Dame, IN: University of Notre Dame Press.

McKibban, A. R., & Nelson, S. (2001). Subjective well-being: Are you busy enough to be happy? Psi Chi Journal of Undergraduate Research, 6, 51–56.

Medewar, P. B. (1979). Advice to a young scientist. New York: Harper & Row.

Meyer, C. A., & Mitchell, T. L. (2011). Rapist development: An investigation of rapists' attitudes toward women and parental style. Psi Chi Journal of Undergraduate Research, 16, 43–52. Psi Chi Journal of Undergraduate Research, 16, 73–79.

Milgram, S. (1963). Behavioral study of obedience. Journal of Abnormal and Social Psychology, 67, 371–378.

Milgram, S. (1964). Issues in the study of obedience: A reply to Baumrind. American Psychologist, 19, 848–852.

Milgram, S. (1974). Obedience to authority: An experimental view. New York: Harper & Row.

Miller, H. B., & Williams, W. H. (1983). Ethics and animals. Clifton, NJ: Humana Press.

Miller, J. G. (1984). Culture and the development of everyday social explanation. Journal of Personality and Social Psychology, 46, 961–978.

Miller, N. E. (1985). The value of behavioral research on animals. American Psychologist, 40, 423–440.

Montgomery, M. D., & Donovan, K. M. (2002, April). The "Mozart effect" on cognitive and spatial task performance, revisited. Poster presented at the annual meeting of the Southwestern Psychological Association, Corpus Christi, TX.

Mook, D. G. (1983). In defense of external invalidity. American Psychologist, 38, 379–387.

Nash, S. M. (1983). The relationship between early ethanol exposure and adult taste preference. Paper presented in J. P. Guilford/Psi Chi undergraduate research competition.

Noel, J-P, Robinson, T., & Wotton, J. (2011). Can multilingualism deter the effect of implicit misleading cues? Psi Chi Journal of Undergraduate Research, 16, 73–79.

Novaco, R. W., Stokols, D., & Milanesi, L. (1990). Objective and subjective dimensions of travel impedance as determinants of commuting stress. American Journal of Community Psychology, 18, 231–257.

Orne, M. T. (1962). On the social psychology of the psychological experiment: With particular reference to demand characteristics and their implications. American Psychologist, 17, 776–783.

Pepperberg, I. M. (1994). Numerical competence in an African gray parrot (Psittacus erithacus). Journal of Comparative Psychology, 108, 36–44.

Peshkin, A. (1986). God's choice: The total world of a fundamentalist Christian school. Chicago: University of Chicago Press.

Prieto, L. R. (2005). The IRB and psychological research: A primer for students. Eye on Psi Chi, 9, 24–25.

Proctor, R. W., & Capaldi, E. J. (2001). Improving the science education of psychology students: Better teaching of methodology. Teaching of Psychology, 28, 173–181.

Reagan, T. (1983). The case for animal rights. Berkeley: University of California Press.

Reid, D. W., & Ware, E. E. (1973). Multidimensionality of internal-external control: Implications for past and future research. Canadian Journal of Behavioural Research, 5, 264–271.

Riepe, S. M. (2004). Effects of education level and gender on achievement motivation. Psi Chi Journal of Undergraduate Research, 9, 33–38.

Robinson, K. (2005). Effects of environmental factors on the health of college students. Psi Chi Journal of Undergraduate Research, 10, 3–8.

Roethlisberger, F. J., & Dickson, W. J. (1939). Management and the worker.

Rosenthal, R. (1966). Experimenter effects in behavioral research. New York: Appleton-Century-Crofts.

Rosenthal, R. (1977). Biasing effects of experimenters. ETC: A review of general semantics, 34, 253–264.

Rosenthal, R. (1985). From unconscious experimenter bias to teacher expectancy effects. In J. B. Dusek, V. C. Hall, & W. J. Meyer (Eds.), Teacher expectancies (pp. 37–65). Hillsdale, NJ: Lawrence Erlbaum Associates.

Rosenthal, R., & Fode, K. L. (1963). The effect of experimenter bias on the performance of the albino rat.

Behavioral Science, 8, 183–189.

Rosenthal, R., & Jacobson, L. (1968). *Psychodynamics in the classroom.* New York: Holt.

Rosenthal, R., & Rosnow, R. L. (1984). *Essentials of behavioral research.* New York: McGraw-Hill.

Rosenthal, R., & Rosnow, R. (1991). *Essentials of behavioral research* (2nd ed.). New York: McGraw-Hill.

Ross, L. (1977). The intuitive psychologist and his shortcomings: Distortions in the attribution process. In L. Berkowitz (Ed.), *Advances in experimental social psychology* (Vol. 10, pp. 173–220). New York: Academic Press.

Sagles, S. E., et al. (2002). Effects of racial background and sex on identifying facial expressions and person perception. *Psi Chi Journal of Undergraduate Research, 7 (1),* 31–37.

Salhany, J., & Roig, M. (2004). Academic dishonesty policies across universities: Focus on plagiarism. *Psi Chi Journal of Undergraduate Research, 9,* 150–153.

Sasson, R., & Nelson, T. M. (1969). The human experimental subject in context. *Canadian Psychologist, 10,* 409–437.

Scali, R. M., & Brownlow, S. (2001). Impact of instructional manipulation and stereotype activation on sex differences in spatial task performance. *The Psi Chi Journal of Undergraduate Research, 6,* 3–13.

Schroeppel, N., & Carlo, G. (2001). Sympathy and perspective taking as mediators of gender differences in altruism. *Journal of Psychological Inquiry, 6,* 7–11.

Sears, D. O. (1986). College sophomores in the laboratory: Influences of a narrow data base on social psychology's view of human nature. *Journal of Personality and Social Psychology, 51,* 515–530.

Serrano-Rodriguez, J., Brunolli, S., & Echolds, L. (2007). Approval of religious attitudes on approval of organ donation. *Journal of Psychological Inquiry, 12,* 63–68.

Shuter, R. (1977). A field study of nonverbal communication in Germany, Italy, and the United States. *Communication Monographs, 44,* 298–305.

Singer, P. (1975). *Animal liberation.* New York: Random House.

Skinner, B. F. (1961). *Cumulative record* (expanded edition). New York: Appleton-Century-Crofts. (Appleton-Lange/ PH)

Skinner, B. F. (1966). Operant behavior. *Operant behavior: Areas of research and application* (W. K. Honig, Ed.), pp. 12–32.

Small, W. S. (1901). An experimental study of the mental processes of the rat. *American Journal of Psychology, 11,* 133–165.

Smith, L. N., & Gaines, M. T., IV. (2005). Prescription medication, backward masking performance, and attention deficit hyperactivity disorder. *Psi Chi Journal of Undergraduate Research, 10,* 9–15.

Smith, R. A. (1998). Another perspective on publishing: Keeping the editor happy. *Psi Chi Journal of Undergraduate Research, 3,* 51–55.

Smith, R. A., Davis, S. F., & Burleson, J. (1996). *Snark hunting revisited: The status of comparative psychology in the 1990s.* Paper presented at the meeting of the Southwestern Comparative Psychology Association, Houston, TX.

Solomon, R. L. (1949). An extension of control group

Sou, E. K., & Irving, L. M. (2002). Students' attitudes toward mental illness: A Macao-U.S. cross-cultural comparison. *Psi Chi Journal of Undergraduate Research, 7,* 13–22.

Spatz, C. (2011). *Basic statistics: Tales of distributions* (10th ed.). Belmont, CA: Wadsworth.

Steele, C. M., Southwick, L. L., & Critchlow, B. (1981). Dissonance and alcohol: Drinking your troubles away. *Journal of Personality and Social Psychology, 41,* 831–846.

Strauss, A., & Corbin, J. (1990). *Basics of qualitative research: Grounded theory procedures and techniques.* Newbury Park, CA: Sage.

Sullivan, C. J., & Buckner, C. E. (2005). The influence of perceived role models on college students' purchasing intention and product-related behavior. *Psi Chi Journal of Undergraduate Research, 10,* 66–71.

Table A-1, The t Distribution. (1974). Table III In Fisher & Yates, *Statistical tables for biological, agricultural and medical research.* Longman Group UK Ltd., Pearson Education.

Table. (1963). In Fisher & Yates, *Statistical tables for biological, agricultural and medical research.* Longman Group UK Ltd., Pearson Education.

Table. (1974). In Fisher & Yates, *Statistical tables for biological, agricultural and medical research.* Longman Group UK Ltd., Pearson Education.

Table A-3, Critical values for Pearson product–moment correlation coefficients, r. To be significant, the obtained r must be equal to or larger than the table value. (1963). Table VII In Fisher & Yates, *Statistical tables for biological, agricultural and medical research.* Longman Group UK Ltd., Pearson Education.

Tavris, C. (1992). *The mismeasure of woman: Why women are not the better sex, the inferior sex, or the opposite sex.* New York: Touchstone.

Taylor, J. J. (2011). Paternal support of emergent literacy development: Latino fathers and their children. *Psi Chi Journal of Undergraduate Research, 16,* 58–72.

Templer, D. I. (1970). Templer's death anxiety scale.

Thomas, J., Rewey, K. L., & Davis, S. F. (2002). Professional development benefits of publishing in the *Psi Chi Journal of Undergraduate Research. Eye on Psi Chi, 6,* 30–35.

Torres, A., Zenner, C., Benson, D., Harris, S., & Koberlein, T. (2007). Relationships between self-esteem and factors known to affect college attendance. *Psi Chi Journal of Undergraduate Research, 12,* 204–207.

Traffanstedt, B. (1998). Weight reduction using behavior modification: Modifying sedentary behavior. *Journal of Psychological Inquiry, 3,* 19–23.

Tuleya, L. G. (Ed.). (2007). *Thesaurus of psychological index terms* (11th ed.). Washington, DC: American Psychological Association.

U.S. General Accounting Office. (1991, July). *Motorcycle helmet laws save lives and reduce costs to society* (GAO/RCED-91-170). Retrieved from http://www.gao. gov/assets/160/150870.pdf.

Vandenberg, S. G., & Kuse, A. R. (1978). Mental rotations, a group test of three-dimensional spatial visualization. *Perceptual and Motor Skills, 47,* 599–604.

Vaughn, E. J. (2002, April). *Matching hypothesis and physical attractiveness.* Paper presented at the Arkansas Symposium for Psychology Students, Arkadelphia.

Walker, K. A., Arruda, J. E., & Greenier, K. D. (1999). Assessment of perceptual biases extracted from the Visual Analogue Scale. *Psi Chi Journal of Undergraduate Research, 4*, 57–63.

Walter, K. D., Brownlow, S., Ervin, S. L., & Williamson, N. (1998). Something in the way she moves: The influence of shoe-altered gait on motion and trait impressions of women. *Psi Chi Journal of Undergraduate Research, 3*, 163–169.

Wann, D. L., & Dolan, T. J. (1994). Spectators' evaluations of rival and fellow fans. *The Psychological Record, 44*, 351–358.

Weinberg, R. A. (1989). Intelligence and IQ: Landmark issues and great debates. *American Psychologist, 44*, 98–104.

Wells, R. (2001). Susceptibility to illness: The impact of cardiovascular reactivity and the reducer-augmenter construct. *Journal of Psychological Inquiry, 6*, 12–16.

Welterlin, A. (2004). Social initiation in children with autism: A peer playgroup intervention. *Psi Chi Journal of Undergraduate Research, 9*, 97–104.

Yang, K. S. (1982). Causal attributions of academic success and failure and their affective consequences. *Chinese Journal of Psychology, 24*, 65–83.

Zajonc, R. B. (1965). Social facilitation. *Science, 149*, 269–274.

Zapatel, J., & Garcia-Lopez, S. (2004). Perceptions of lyrics based on music category and perceiver's race. *Psi Chi Journal of Undergraduate Research, 9*, 68–74.

Zenner, C., & Pritchard, M. (2007). What college students know about breast cancer and eating disorders. *Psi Chi Journal of Undergraduate Research, 12*, 131–134.

Zhao, T., Moon, C., Lagercrantz, H., & Kuhl, P. (2011). Prenatal motherese? Newborn speech perception may be enhanced by having a young sibling. *Psi Chi Journal of Undergraduate Research, 16*, 90–94.

心理学教材

《工程心理学与人的作业（原书第4版）》

作者：[美] 克里斯托弗 D. 威肯斯 等 译者：张侃 孙向红 等

本书是当今西方使用广、影响大的一本工程心理学教科书，由美国知名专家所著，主要讲述工程设计、使用过程中人机交互的心理因素，意在从心理的角度关注并改善人类作业的绩效

《工业与组织心理学（原书第7版》

作者：[美] 保罗·E. 斯佩克特 译者：孟慧 等

全球名校学生喜爱的心理学教材，企业管理者、人力资源从业者必读。华东师范大学孟慧教授领衔翻译。理论与实践结合，对招聘、培训、绩效评估等有较大指导意义

《神经科学原理（英文版·原书第5版）》

作者：[美] 埃里克 R. 坎德尔 等编著

诺贝尔奖获得者坎德尔领衔主编，多位神经科学泰斗级人物共同编著；国际上最权威神经科学教科书，被称为"神经科学圣经"，全面更新至第5版

《认知心理学：理论、研究和应用（原书第8版）》

作者：[美] 玛格丽特·马特林 译者：李永娜

简洁明了，通俗易懂；畅销30余年、注重科学思维和实验方法的经典认知心理学教材；认知心理学领域杰出教授马特林撰写

《认知心理学：认知科学与你的生活(原书第5版)》

作者：[美] 凯瑟琳·加洛蒂 译者：吴国宏 等

美国著名认知心理学家加洛蒂代表作；涵盖了有关人类思维的基本问题；与日常生活结合紧密的教材；全面展现认知心理学对我们现实生活的重大意义

心 理 学 教 材

《发展心理学：探索人生发展的轨迹（原书第3版）》
作者：[美] 罗伯特 S. 费尔德曼 译者：苏彦捷 等

哥伦比亚大学、明尼苏达大学等美国500所大学正在使用，美国畅销的心理与行为科学研究方法教材，出版30余年，已更新至第11版，学生与教师的研究指导手册

《儿童发展心理学：费尔德曼带你开启孩子的成长之旅（原书第8版）》
作者：[美] 罗伯特·S. 费尔德曼 译者：苏彦捷 等

全面、综合介绍了儿童和青少年的发展。北京大学心理与认知科学学院苏彦捷教授领衔翻译；享誉国际的发展心理学大师费尔德曼代表；作哈佛大学等数百所美国高校采用的经典教材；畅销多年、数次再版，全球超过250万学生使用

《发展心理学：桑特洛克带你游历人的一生（原书第5版）》
作者：[美] 约翰·W.桑特洛克 译者：倪萍萍 翟舒怡 李瑗媛 等

全美畅销发展心理学教材，作者30余年发展心理学授课精华，南加利福尼亚大学、密歇根大学安娜堡分校等美国高校采用的经典教材

《教育心理学：主动学习版（原书第13版）》
作者：[美]安妮塔·伍尔福克 译者：伍新春 董琼 程亚华

国际著名教育心理学家、美国心理学会（APA）教育心理学分会前主席安妮塔·伍尔福克代表作；北京师范大学心理学部伍新春教授领衔翻译

《教育心理学：激发自主学习的兴趣（原书第2版）》
作者：[美]莉萨·博林 谢里尔·西塞罗·德温 马拉·里斯-韦伯
译者：连榕 缪佩君 陈坚 林荣茂 等

第一部模块化的教育心理学教材；国内外广受好评的教育心理学教科书；集实用性、创新性、前沿性于一体。本书针对儿童早期、小学、初中、高中各年龄阶段的学生，分模块讲解各种教育策略的应用。根据各阶段学生的典型特征，各部分均设置了相关的生动案例，使读者可以有效地将理论和实践结合起来

更多>>>   《斯滕伯格教育心理学（原书第2版）》 作者：[美] 罗伯特J.斯滕伯格 温迪M.威廉姆斯 译者：姚梅林 张厚粲 等

心理学教材

《社会心理学（原书第14版)》

作者：[美]尼拉 R.布兰斯科姆 罗伯特 A.巴隆 著 译者：邹智敏 翟晴 等

版次最高的社会心理学教材之一！权威经典，生动有趣，前沿趋势，实用全面！非心理学专业读者的第一本社会心理学读物！顶级社会心理学家为普通读者经营的心理学百货商店！著名心理学家菲利普·津巴多热烈推荐！最时尚的思潮与久经考验的古老真理天衣无缝地结合在一起

《变态心理学（原书第3版）》

作者：[美]德博拉 C.贝德尔 辛西娅 M.布利克 梅琳达 A.斯坦利 译者：袁立壮

哥伦比亚大学等100多所美国大学采用教材
根据DSM-5标准全新改版
生动活泼，通俗易懂，案例丰富
国内广受欢迎的外版变态心理学教材

《心理学导论（原书第9版）》

作者：[美]韦恩·韦登 译者：高定国 等

中山大学心理学系系主任高定国教授领衔翻译
中国著名心理学家、《普通心理学》主编彭聃龄教授推荐
美国心理学会颁发的卓越教学奖得主韦登教授撰写
心理学导论类优秀教材之一

《人格心理学：全面、科学的人性思考（原书第10版）》

作者：[美]杜安·舒尔茨 西德尼·艾伦·舒尔茨 译者：张登浩 李森

美国200多所高校使用教材；大量研究主题与不同理论流派相融合；发现什么使我们成为现在这个样子；探索什么决定了我们看待世界的方式；华中师范大学心理学院教授、博士生导师郭永玉倾力推荐

《人格心理学：经典理论和当代研究（原书第6版）》

作者：[美]霍华德·S.弗里德曼 米利亚姆·W.舒斯塔克 译者：王芳 等

全球名校学生喜爱的心理学教材，著名心理学家许燕推荐，北师大心理学部王芳教授团队翻译。阐述人格心理学8大理论取向和科学研究，启发读者对于人性的批判性思考

更多>>>　《心理学入门：日常生活中的心理学（原书第2版）》 作者：[美]桑德拉·切卡莱丽 诺兰·怀特 译者：张智勇 等
《心理学史（原书第2版）》 作者：[美] 埃里克·希雷 译者：郑世彦 刘思诗 柴丹 张潇涵
《变态心理学：布彻带你探索日常生活中的变态行为（原书第2版）》 作者：[美]詹姆斯·布彻 等 译者：王建平 等